数据、模型与决策

郭均鹏　李汶华◎编著

中国财经出版传媒集团

经济科学出版社
Economic Science Press

图书在版编目（CIP）数据

数据、模型与决策/郭均鹏，李汶华编著．--北京：经济科学出版社，2023.6（2024.1 重印）
ISBN 978-7-5218-4765-9

Ⅰ.①数… Ⅱ.①郭…②李… Ⅲ.①数据模型②决策模型 Ⅳ.①TP311.13②C934

中国国家版本馆 CIP 数据核字（2023）第 083014 号

责任编辑：崔新艳
责任校对：隗立娜
责任印制：范 艳

数据、模型与决策
郭均鹏 李汶华 编著
经济科学出版社出版、发行 新华书店经销
社址：北京市海淀区阜成路甲 28 号 邮编：100142
经管中心电话：010-88191335 发行部电话：010-88191522
网址：www.esp.com.cn
电子邮箱：expcxy@126.com
天猫网店：经济科学出版社旗舰店
网址：http://jjkxcbs.tmall.com
北京季蜂印刷有限公司印装
787×1092 16 开 19.5 印张 420000 字
2023 年 7 月第 1 版 2024 年 1 月第 2 次印刷
ISBN 978-7-5218-4765-9 定价：65.00 元
（图书出现印装问题，本社负责调换。电话：010-88191545）

前　言

互联网和信息技术的快速发展促生了大数据时代的到来，人们的生活越来越离不开各种数字媒体，人们获取数据变得比以往更加方便。如何使这些数据更好地为管理决策服务？最常用的方法是通过建立数学模型对其进行定量分析。数据、模型与决策是在一定决策目标下，基于对数据的获取和分析，通过建立数学模型，为决策者提供科学决策依据的一门应用学科，是管理科学和现代管理方法的重要组成部分。

本书比较全面地介绍了数据、模型与决策的基本内容，总体可以分成运筹学和统计学两大部分。运筹学解决的主要问题是，帮助决策者在有限的资源条件下最优地实现组织目标，并为决策提供科学依据，涉及本书的前两篇共 6 章的内容。统计学是收集、分析、展示和解释数据的科学，也称为数据科学，涉及本书的后两篇共 7 章的内容。

本书主要有三个特色。第一，本书内容为编者多年教学经验的提炼和升华。本书编者多年处在本科生和研究生的教学第一线，对数据、模型与决策的理论方法有较深的理解和把握。第二，本书侧重管理决策问题的实践，强调建模和分析，对于过深的理论细节则从略。第三，本书体现了数据、模型与决策的最新研究进展和成果，具有较强的时代感。与一般的教材相比，本书增加了大数据与商务智能的相关内容，并对当今机器学习的应用热点——深度学习进行了介绍。

本书的前 7 章和第 10 章、第 14 章由郭均鹏编写，第 8、第 9、第 11、第 12、第 13 章由李汶华编写。研究生李鸿涛、勾思圆、毛佳欣、肖湘、任杨、王盼盼、冯婧妮、张浩然、刘忠瑞、姜嘉琪等同学进行了文献整理、文字校阅、编程绘图等大量工作。

本书的编写得到了天津大学管理与经济学部教材专项基金和专业学位发展基金教材专项以及天津大学研究生创新人才培养项目（YCX2023019）的资助。本书所涉及的部分内容和例题来自编者的科研成果，这些研究工作得到了国家自然科学基金项目（72171165）的资助。对上述资助表示衷心感谢。本书编写过程中参考了相关教材、论文和网络资源，我们尽可能地在参考文献中列出，如有遗漏，在此深表歉意，并向所有作者表示诚挚的谢意。

本书可以作为工商管理硕士（MBA）、工程管理硕士（MEM）等专业学位教育的研究生教材，也可以作为管理科学与工程、工商管理、公共管理等学术型硕士研究生和管理类本科生的参考教材，并可供企业管理人员和数据分析人员参考学习。

由于本书涉及面广，技术难度较大，加之作者水平的局限，书中不妥之处在所难免，敬请广大读者批评指正。

编者

2023年2月于天津大学

目　录

CONTENTS

第二篇　决策与对策

第三篇　数据描述与统计推断

第四篇　大数据分析与商务智能

第 1 章

概　　述

1.1　数据、模型和决策的关系

互联网的快速发展促生了大数据时代的到来，人们的生活越来越离不开各种数字媒体，人们获取数据变得比以往更加方便。按照表现形式，数据可分为定性数据和定量数据，而定量数据又可进一步按其取值的连续性分为离散数据和连续数据。离散数据只能离散取值，而连续数据则可取任意实数。按照时间变化性质，可以将数据分为截面数据和时间序列数据。按照数据的获取手段，可以分为一手数据、二手数据等。

如何使这些数据为管理决策服务？最常用的方法是通过建立数学模型对其进行定量分析。管理中的定量分析方法是为管理决策提供决策支持的一种科学方法，又称为数量分析、管理科学或数量模型方法等。常用的数量分析方法主要包括运筹学的方法和统计学的方法等。

与定量分析相对应的是定性分析。在解决问题的实践中，决策者一般需要同时考虑定性和定量因素。例如，当我们购买商品房时，除了要考虑价格这样的定量因素外，我们有可能还需要考虑房子的地理位置、周边环境等定性因素。再如，某企业对其一笔资金进行投资决策，可能的投资方案包括存入银行获取利息、股票市场投资、房地产投资等。此时，可以使用数量分析方法，对各个方案分别进行评价。具体地，通过银行给定的利率来计算存放一定年限的价值，进而对第一个方案进行评价；通过股市投资的几家公司的资产负债表来计算各公司的财务比率，对第二个方案进行评价；通过运用某种数量方法预测投资房地产的回报率来评价第三个方案。除了考虑这些定量因素外，企业的投资决策还需要考虑国家宏观政策的调整、突发事件、决策者的风险偏好等定性因素。

相比而言，定量分析方法往往以数据为基础，客观、全面、准确的数据获取是成功应用数量分析方法的重要前提。不同类型的决策问题，定量分析方法所起的作用也可能不同。有些决策问题受定性因素的影响很小，当这些问题的模型和输入数据保持不变时，定量分析的结果可以使决策过程自动化。例如，一些生产型企业可以通过建立线性规划模型的方法来安排生产，并相应地开发了排产软件。当输入数据给定后，排产软件就会自动给出最优生产方案。对于大部分决策问题，定量分析方法起到了为决策提供科学依据的作用，但最终的决策往往需要结合定性的因素和信息。

表 1－1 概括地描述了管理中定量分析方法和定性分析方法的主要区别。

表 1－1　　定量分析方法和定性分析方法的主要区别

不同点	定量分析方法	定性分析方法
决策依据	数据	历史事实和经验
解决问题的手段	建立数学模型	逻辑推理、主观判断
学科基础	运筹学、统计学等	逻辑学、历史学等
结论的表现形式	数据、模型、图形等	文字描述

基于以上分析可知，我们要想使丰富的数据资源为管理决策服务，离不开数学模型，相应的方法称为定量分析方法。因此，数据、模型和决策这三者之间的关系，可以用图 1－1 来示意。

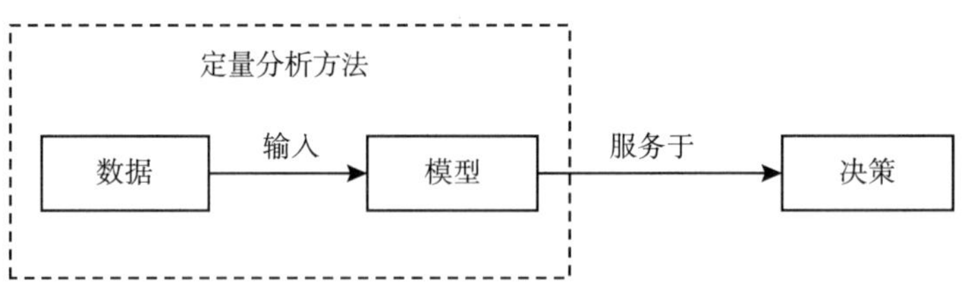

图 1－1　数据、模型和决策的关系

1.2　数学模型相关概念

建立数学模型是实施定量分析方法的关键问题，因此本节对数学模型及其相关概念进行介绍。

1.2.1　数学模型及其结构

模型是指对某个物体、人或系统的一种信息表示。模型可分为物理模型、概念模型和数学模型等。所谓物理模型，是指物体的较小或较大的物理副本，例如汽车模型、某个城市的缩尺模型等。概念模型是指系统的理论表示或抽象表示，在不同的学科领域，概念模型有着不同的含义。例如，在计算机科学领域，实体关系模型（E－R 模型）就是一种概念模型。在管理学和社会科学的实证研究过程中，经常需要建立变量之间关系的研究模型，也属于一种概念模型。

数学模型是用数学概念和语言对一个系统的描述。建立数学模型的过程通常称为数学建模。数学模型可以广泛地应用于自然科学、社会科学、工程技术科学和管理学等领域。数学模型由变量、参数以及描述变量和参数之间关系的数学表达式构成。其中变量分为可控变量和不可控变量两类。可控变量又称为决策变量，是数学模型最终要确定和求解的变量。参数和变量都是可测量的量，但参数是问题或系统中固有的常量，而变量则是可变化的量。

例如，某企业在制订生产计划时，产品的产量是该问题的决策变量，而产品的市场价格则是参数。又如，金融投资决策中的通货膨胀率为不可控变量。

数学模型的一般结构如图 1 –2 所示。

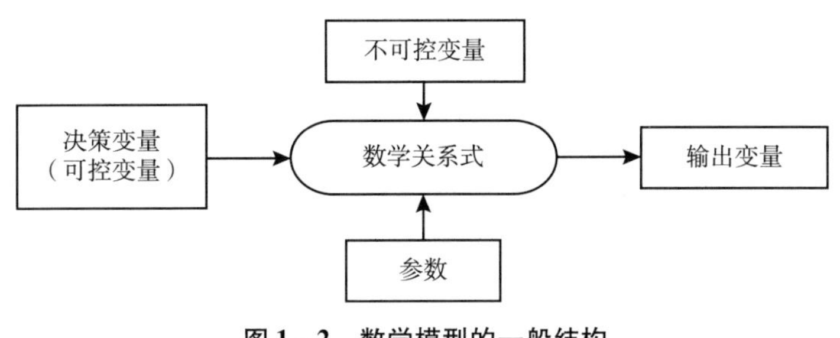

图 1 –2 数学模型的一般结构

图 1 –3 给出一个线性规划模型的例子。

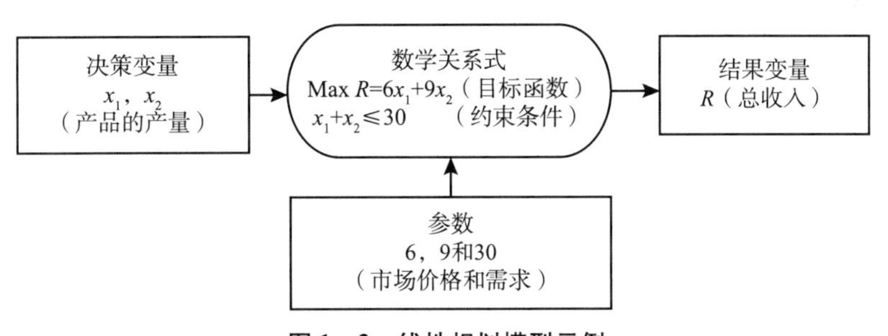

图 1 –3 线性规划模型示例

1.2.2 数学模型的分类

从不同的角度，可以对数学模型进行不同的分类。

1. 线性模型和非线性模型

如果一个数学模型中的所有运算都表现为线性，则模型称为线性模型。否则称为非线性模型。例如，运筹学里有线性规划模型和非线性规划模型，统计学里有线性回归模型和非线性回归模型等。

2. 静态模型和动态模型

静态模型指模型所处的系统不随时间变化而变化，而动态模型描述的是随时间变化而不断变化的系统。动态模型通常用微分方程或差分方程来表示。本书中所介绍的各种模型和方法都是静态的。

3. 确定性模型和随机模型

确定性模型是指每一组变量的取值都是确定的模型。相反，在随机模型（通常称为"统计模型"）中，随机性是存在的，变量不是用唯一的值来描述，而往往用概率分布来描述。

本书中运筹学部分的模型都是确定性模型，而统计学方法都是基于随机模型来分析的。

4. 离散模型和连续模型

离散模型是指变量的取值是离散形式，而连续模型的变量取值是以连续形式出现，往往可用连续函数来描述。本书中所介绍的各种模型和方法都是连续的。

5. 运筹学模型、统计学模型及其他

运筹学是运用数学方法为决策者进行最优决策提供科学依据的一门应用科学。基于运筹学的模型都属于优化模型，通过建立数学模型为某决策目标进行优化。统计学是对数据进行收集、组织、分析、解释和表示的学科，基于统计学的模型分析的前提是大量数据。

1.3 数据、模型与决策的工作步骤

数据、模型与决策的应用过程一般可以分为七步，如图 1－4 所示。

步骤 1　明确问题

运用数量模型和方法解决管理决策的实际问题，首先明确要解决的问题是什么。这就需要数量分析工作者与管理决策者进行沟通和咨询，对他所提供的问题状况进行认真研究和系统分析。要明确问题的目标是什么，有哪些构成要素，其中哪些是可控因素，哪些是不可控因素等。

当问题难以量化时，我们有必要制定具体的、可量化的目标来代替原问题。例如，我们要解决的问题是某个城市的卫生保健服务不足，为了量化该问题，可以考虑将问题的目标定义为增加病床数量、提高医生与病人的比率等。

步骤 2　问题归类

当明确问题后，接下来需对问题进行归类。此处的归类分成两个层次。

第一，将问题进行方法的类别判断，判断适合用哪一类数量分析方法来解决。例如，如果是一个优化类决策问题，可以归为运筹学方法类别；如果是基于大量样本数据进行的建模和分析，则属于统计学方法类别。

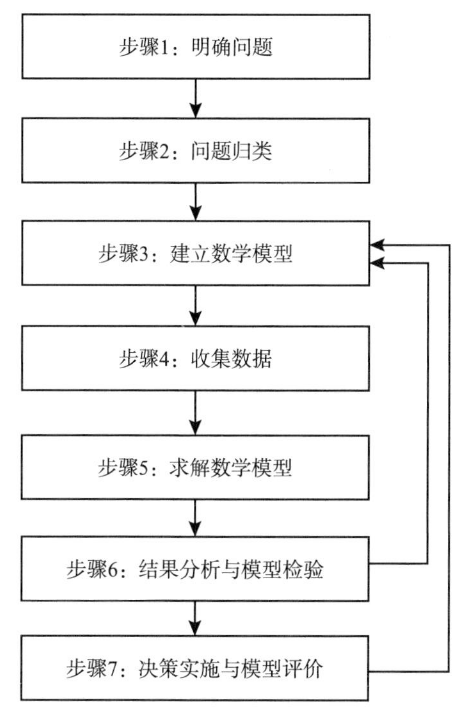

图1－4　数据、模型与决策的工作步骤

第二，在上面的方法类别判断基础上，进一步判断问题属于什么具体的分支、适合用什么具体的方法来求解。例如，当判别属于运筹学方法类别时，对于该问题，需进一步判断属于线性规划问题、网络分析问题、库存决策问题、多目标决策问题、博弈论问题中的哪个具体分支。

步骤3　建立数学模型

在上述对问题进行明确和归类的基础上，接下来的一个重要步骤是建立数学模型。数学模型是对现实世界的抽象刻画和描述。建立数学模型是数据、模型与决策的应用过程中最核心的一步，因为其实现了从现实世界到数学模型的转换。现实世界的管理决策问题很复杂，如何抽取其中的关键要素和约束，建立一个能反映实际问题的数学模型，是一个开创性的工作，需要数量分析者的大量实践经验的积累。

步骤4　收集数据

建立数学模型后，接下来必须获得模型中使用的数据，称为输入数据。为模型获取准确的数据是数量分析必不可少的一步。即使模型是现实的完美代表，不恰当的数据也会导致误导的结果。这种情况被称为错误输入导致错误输出。对于一个复杂的管理决策问题，收集准确的数据可能是数量分析中最困难的步骤之一。

收集数据的渠道有多种，一般可分为一手数据和二手数据。一手数据也称为原始数据，是为了解决某个实际问题而通过访谈、问卷等方式直接获得的数据，二手数据则是别人或其他机构已经收集好的统计资料，例如统计年鉴、公司报表数据等。与原始数据相比，二手数据具有取得迅速、成本低、易获取等优点，但由于其不是专门针对所研究问题的，因此数据分析者需要从中甄别、提取自己研究所需数据。

对于本书来说，统计学的方法如回归分析、主成分分析等，其所需数据要比运筹学方法更多。

步骤 5　求解数学模型

求解数学模型常用的方法可分为解析法和数值法两大类。其中解析的方法能直接得到模型的准确解或解的解析表达式。对于无法求出准确解或者解的解析表达式求解非常困难的数学模型，往往需要借助数值的方法。数值方法通过设计一定的迭代算法，逐步求出模型达到某个精度要求的近似解。随着计算机技术的发展，许多智能算法，如遗传算法、模拟退火算法等，被广泛应用于各种数学模型数值解的求解。

例如，求解整数规划问题，常用的解析方法有分支定界法和割平面法，但是对于大规模的整数规划问题，解析方法变得异常困难，故一般借助于数值法求解。

目前，运筹学和统计学均有了一些成熟的计算机软件，来帮助我们从烦琐的计算中解脱出来。运筹学比较常用的软件有 Lindo、Lingo、Matlab、Gurobi 等，统计学比较常用的有 R、Stata、Minitab、SPSS 等。

步骤 6　结果分析与模型检验

当求解模型后，需要对求得的解进行分析，进而对步骤 3 中所建立的数学模型进行检验。检验的目标是解是否符合实际情况，是否能直接付诸实施。此外，还需对解进行灵敏度分析，即模型的参数发生扰动时，对模型的解是否带来影响。

经过结果分析和模型检验，如果发现结果与实际情况相差较远，无法直接付诸实施，则很有可能是因为在步骤 3 里建立的数学模型存在问题，需要反馈回步骤 3，对模型进行适当修改。出现模型求解结果与实际不符的原因有很多，其中最主要的原因是，对于复杂的管理决策问题，存在着许多不确定的因素，而数学模型则是一个准确的刚性模型，实际问题中存在的许多不易刻画的因素和条件，只能用数学式来简化描述，导致模型和问题之间不可避免地存在误差，如图 1－5 所示。

步骤 7　决策实施与模型评价

数据、模型与决策的最终目的是为管理决策者提供决策支持，并最终付诸实施。在上一步对模型的求解结果进行分析和模型检验后，将解的分析结果提交管理决策者；如果管理决策者认为可以实施，则数据、模型与决策的结果得以实现；如果决策者认为仍不能实施，数量分析者仍需再次对问题进行分析并反馈到步骤 3，进行模型的再次修订。

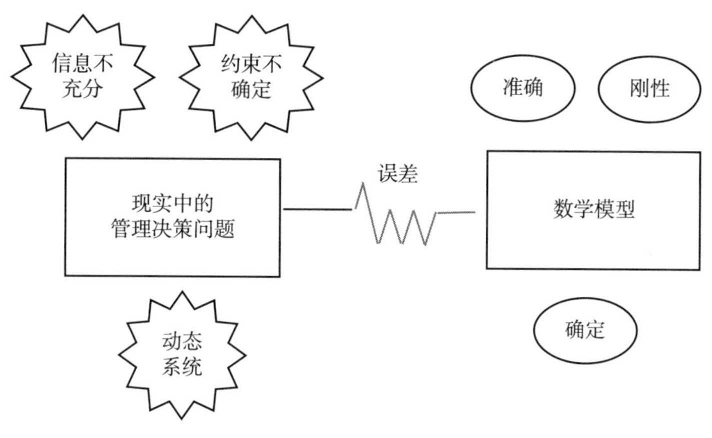

图1－5 数学模型与现实问题之间的误差

1.4 数据、模型与决策的主要内容及本书结构

1.4.1 运筹学方法

运筹学方法是管理中使用最广泛的数量方法。运筹学（美式英语：Operations Research，英式英语：Operational Research），在欧美缩写为 OR，也称为管理科学（Management Science），是研究运用数学模型和方法来为管理决策者改进决策并达到最优的一门学科。运筹学诞生于二战时期，20 世纪 50 年代由钱学森、许国志等科学家引入国内，最初直译为“运作研究”或“运用学”，后来钱学森与许国志、刘源张、周华章等科学家斟酌再三，考虑到司马迁《史记》所记刘邦对张良的评论，精妙地定名为“运筹学”。运筹学经过近百年的发展，已经产生了多个相对独立的研究分支，形成了相对完善的学科理论体系（见图1－6）。近年来，运筹学方法成功地在工业工程、物流与供应链、项目管理、企业管理、信息管理等诸多学科领域得以应用。

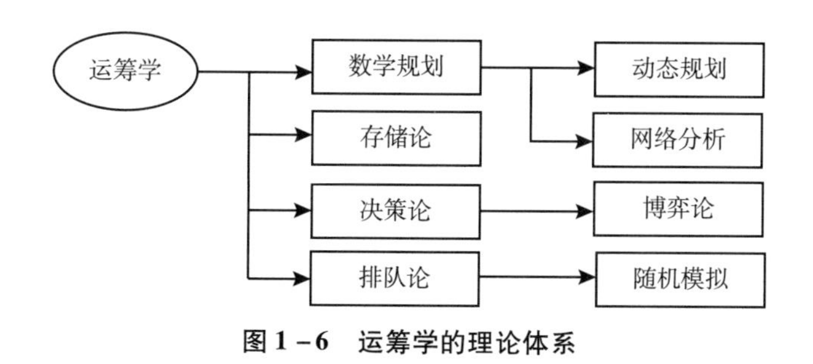

图1－6 运筹学的理论体系

下面将对本书中涉及的主要的运筹学方法和技术进行简要概述。

1. 数学规划技术

数学规划技术是运筹学中最成熟和使用最广泛的方法，其基本形式为：

$$\min z = f(\boldsymbol{X})$$
$$\text{s. t.} \quad \boldsymbol{X} \in R$$

其中 $\boldsymbol{X} = [x_1, x_2, \cdots, x_n]^{\mathrm{T}}$ 为决策向量，$f(\boldsymbol{X})$ 为目标函数，$\boldsymbol{X} \in R$（R 为可行域）为约束条件。

数学规划有几种常用的模型：线性规划、非线性规划、多目标规划。其中线性规划是运筹学中研究较早、发展较快、应用广泛、方法较成熟的一个重要分支，本书主要介绍线性规划。

2. 图与网络分析技术

图与网络分析技术是一种使用由点、线、权值三要素构成的图（称为网络）来直观描述实际问题，并在图上进行优化运算的方法。常用的网络分析模型有最小支撑树问题、最短路问题、最大流问题、网络计划技术等。这些内容都将在本书中加以介绍。

3. 决策分析理论和方法

决策是人们从事各项活动时的一种择优手段。任何一个组织都离不开管理，而决策是管理工作的核心。当代著名管理学家赫伯特·西蒙教授指出“管理就是决策”，这一精辟论断突出了决策在管理中的核心地位，现代决策理论已经成为经济学和管理科学的重要分支。本书将要介绍的决策理论和方法有风险型决策、多目标决策、库存决策等。

4. 博弈论

又称对策论，是研究决策主体的行为发生直接作用时的决策以及这种决策的均衡问题的方法论。博弈论可以分为两大分支：非合作博弈和合作博弈。两者的主要区别是当事人能否达成一个强有力的约束协议，如果能达成，则是合作博弈，否则是非合作博弈。合作博弈强调的是集体理性，是全局最优；而非合作博弈强调的是个体理性，是个体最优。

1.4.2 统计学方法

统计学是收集、分析、展示和解释数据的科学，也称为数据科学。下面简要介绍本书涉及的统计学方法和技术。

1. 数据描述与展示

经典统计学方法处理的数据通常是结构化数据，即以二维表的形式整理显示出来的数据。通常数据中会包含很多变量，而每个变量又包含多个个体的观测值，统计方法如何帮助我们整理这样庞大而杂乱的数据，从而提炼出数据中的可靠信息呢？一是通过直观的统计表和统计图来展示数据的主要特征和变化趋势；二是把数据看成一个整体来研究，通过特征数对数据进行综合概况。

2. 经典统计推断

统计推断是研究根据收集上来的随机样本信息对研究对象（称为总体）的特征进行推断的基本理论和方法。

统计推断的经典内容包括两部分：一是参数估计，研究如何由样本统计量对未知参数给出一个合理的估计，包括点估计和区间估计；二是假设检验，对参数给出两种可能的基本假设，然后利用随机样本的信息去对这两种可能做出选择。

3. 多元统计分析

多元统计分析是研究多个变量间相互关系的统计分析方法，主要包括多元随机变量理论和多元分析技术。多元随机变量理论主要研究多元正态分布理论和多元统计推断，多元分析技术包括多元回归分析、判别分析、主成分分析、因子分析、聚类分析和典型相关分析等。

多元统计分析的应用主要包括多元统计推断、预测分析、分类问题、数据降维和简化系统结构、变量间相关性和关联性的研究等。

1.4.3 本书结构

本书共分为四篇，分别为优化模型与网络分析、决策与对策、数据描述与统计推断、大数据分析与商务智能。其中第一篇包括“线性规划”和“图与网络分析”两章内容。第二篇包括“决策分析”“多目标决策”“库存决策”“博弈论”4章内容。第三篇包括“数据展示与描述”和“统计推断”两章内容。第四篇包括“大数据与商务智能基础”“线性回归模型”“线性分类模型”“无监督学习”“深度学习简介”5章内容。前两篇属于传统意义下运筹学的范畴，后两篇属于统计学的范畴。本书内容结构如图1-7所示。

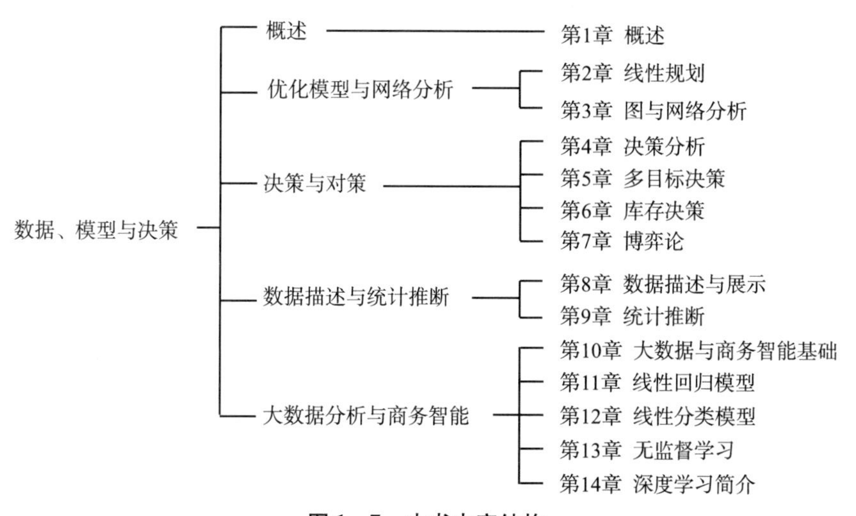

图1-7 本书内容结构

第一篇　优化模型与网络分析

第2章

线性规划

在生产过程、管理决策和一般的经济活动中，经常会遇到如何合理配置有限的资源以取得最好的经济效果的问题。线性规划（linear programming，LP）即为通过建立数学模型，在有限资源约束的条件下，追求某一经济目标达到最优的一类方法。线性规划是运筹学最重要和最基础的一个分支，在经济和管理决策等领域都可以发挥重要作用。线性规划已成为现代管理科学的重要手段之一。

2.1 线性规划的模型

例2－1 某新能源汽车厂商计划生产甲、乙两种类型的智能驾驶系统，需用三种传感器（分别记为A、B和C）。生产1个甲智能驾驶系统，需用9个传感器A、4个传感器B和3个传感器C，生产1个乙智能驾驶系统，需用4个传感器A、5个传感器B和10个传感器C。该厂商现分别有三种传感器36000个、20000个和30000个。每个甲、乙智能驾驶系统售价分别是2万元和3万元。在上述条件下决定生产方案，使总收入最大，具体数据如表2－1所示。

表2－1 智能驾驶系统的资源消耗情况

资源	甲	乙	资源限量
传感器A	9	4	36000
传感器B	4	5	20000
传感器C	3	10	30000
单位价格（万元）	2	3	—

该问题即为一个典型的线性规划问题。为求解上述问题，我们需要明确三个要素，即线性规划模型的三要素。

1. 决策变量

决策变量即问题最终需要求解的变量。

该问题中，设 x_1 为甲智能驾驶系统的产量，x_2 为乙智能驾驶系统的产量，x_1 和 x_2 为决策变量。一个生产方案可表示为向量 $[x_1 \quad x_2]^T$。

2. 目标函数

任何优化问题都追求至少某一个目标达到最优。把目标表示为决策变量的函数形式，称为目标函数。

该问题中，最终生产目标是“总收入最大”。把总收入记为 z，则 $z=2x_1+3x_2$ 为目标函数。

3. 约束条件

决策变量必须满足的条件称为约束条件。约束条件往往用不等式或等式表示，而且在同一个线性规划模型中，约束条件往往不止一个。

该问题中，由于三种资源的限制，生产方案 $[x_1 \quad x_2]^T$ 的取值也必受到一定限制。例如，采取生产方案 $[x_1 \quad x_2]^T$，传感器 A 的消耗总量为 $9x_1+4x_2$，它不能超过其资源总量。这样所取的生产方案 $[x_1 \quad x_2]^T$ 必须满足条件

$$9x_1+4x_2 \leqslant 36000 \qquad \text{（传感器 A 资源限制）}$$

同样，$[x_1 \quad x_2]^T$ 必须满足条件

$$4x_1+5x_2 \leqslant 20000 \qquad \text{（传感器 B 资源限制）}$$

$$3x_1+10x_2 \leqslant 30000 \qquad \text{（传感器 C 资源限制）}$$

同时，x_1 和 x_2 不能取负数，即须满足

$$x_1 \geqslant 0,\ x_2 \geqslant 0 \qquad \text{（非负限制）}$$

所以，一个可行生产方案 $[x_1 \quad x_2]^T$ 必须满足条件

$$\begin{cases} 9x_1+4x_2 \leqslant 36000 \\ 4x_1+5x_2 \leqslant 20000 \\ 3x_1+10x_2 \leqslant 30000 \\ x_1 \geqslant 0,\ x_2 \geqslant 0 \end{cases}$$

综上所述，该例中求解最优方案的问题可由下列数学模型描述：

$$\max z=2x_1+3x_2$$

$$\text{s. t.} \begin{cases} 9x_1+4x_2 \leqslant 36000 \\ 4x_1+5x_2 \leqslant 20000 \\ 3x_1+10x_2 \leqslant 30000 \\ x_1 \geqslant 0,\ x_2 \geqslant 0 \end{cases} \qquad (2-1)$$

式中“s. t.”是英文 subject to 的缩写，表示满足条件。一般的模型中也可略去不写。

由于式（2-1）中目标函数与约束均为线性，且决策变量为连续性变量，所以称

此模型为线性规划模型。

例2-2 某社区团购平台在某蔬菜收购点收购了100吨物资需要运往销地城市仓。现有大卡车和农用车分别为10辆和20辆，若每辆卡车载重8吨，运费960元，每辆农用车载重2.5吨，运费360元，问两种车各租多少辆时，可全部运完农产品，且运费最低。

解：用线性规划模型要求。设 x_1 为大卡车的数量；x_2 为农用车的数量。线性规划模型为：

$$\min z = 960x_1 + 360x_2$$

$$\begin{cases} 8x_1 + 2.5x_2 \geqslant 100 \\ x_1 \leqslant 10 \\ x_2 \leqslant 20 \\ x_1 \geqslant 0,\ x_2 \geqslant 0 \end{cases}$$

例2-3 某大学早春时期需在校园内草坪上施肥，计划在电商平台上购买肥料，该平台销售的三种肥料的成分和价格与草坪需要的氮、磷、钾的最低数量如表2-2所示。

表2-2 每1000千克肥料成分及价格

肥料	氮含量（千克）	磷含量（千克）	钾含量（千克）	价格（元）
Ⅰ	25	10	5	4000
Ⅱ	10	5	10	3200
Ⅲ	5	10	5	2800
各元素最低需量	10	7	5	—

这所大学可以根据需要不受限制地购买到各种肥料，混合后施放到草坪上，列出一个线性规划模型确定购买各种肥料的数量，使之总成本最低。

解：设 x_1 购买肥料Ⅰ的数量为 x_1 千克，购买肥料Ⅱ的数量为 x_2 千克，购买肥料Ⅲ的数量为 x_3 千克，则线性规划模型为：

$$\min z = \frac{4000}{1000}x_1 + \frac{3200}{1000}x_2 + \frac{2800}{1000}x_3$$

$$\begin{cases} 25x_1 + 10x_2 + 5x_3 \geqslant 10 \\ 10x_1 + 5x_2 + 10x_3 \geqslant 7 \\ 5x_1 + 10x_2 + 5x_3 \geqslant 5 \\ x_1,\ x_2,\ x_3 \geqslant 0 \end{cases}$$

对于一般线性规划模型，目标函数可以求最大（如求利润最大），也可以求最小

（如求成本最小），约束条件可以是“≤”，也可以是“≥”或“=”型的。因此，一般线性规划模型可表示为：

$$\max(\min) z = c_1x_1 + c_2x_2 + \cdots + c_nx_n$$

$$\begin{cases} a_{11}x_1 + a_{12}x_2 + \cdots + a_{1n}x_n \leqslant (\geqslant, =) \ b_1 \\ a_{21}x_1 + a_{22}x_2 + \cdots + a_{2n}x_n \leqslant (\geqslant, =) \ b_2 \\ \vdots \\ a_{m1}x_1 + a_{m2}x_2 + \cdots + a_{mn}x_n \leqslant (\geqslant, =) \ b_m \\ x_j \geqslant 0, \ j = 1, 2, \cdots, n \end{cases}$$

式中，$\boldsymbol{X} = [x_1 \quad x_2 \quad \cdots \quad x_n]^{\mathrm{T}}$ 为决策变量；$z = c_1x_1 + c_2x_2 + \cdots + c_nx_n$ 为目标函数；$a_{i1}x_1 + a_{i2}x_2 + \cdots + a_{in}x_n \leqslant (\geqslant, =) \ b_i$ 为约束条件（$i = 1, 2, \cdots, m$）；$x_j \geqslant 0 (j = 1, 2, \cdots, n)$ 为变量的非负约束条件。

2.2 图解法与解的性质

2.2.1 图解法

对于只有两个变量的线性规划问题，可以直接用图解法求解。图解法比较直观，而且对一般问题的解决很有启发作用。一个线性规划的问题**有解**，是指总能找到一组 $x_j (j = 1, \cdots, n)$，满足约束条件，这组 x_j 被称为问题的**可行解**。通常线性规划问题含有多个可行解，全部可行解的集合被称为**可行域**，可行域中使目标函数值达到最优的可行解称为**最优解**。对不存在可行解的线性规划问题，称该问题**无解**。

图解法可分为两步进行：第一步，根据约束条件画出与约束条件相应方程的直线，由这些直线共同确定的区域即为可行域；第二步，画出目标函数的等值线，然后平行移动至与可行区域边界“相切”之点，此点即为最优点，相应坐标 $[x_1 \quad x_2]^{\mathrm{T}}$ 即为最优解。

以例 2－1 为例说明，式（2－1）的约束中每个不等式都表示一个半平面。第一步画出这些半平面的分界直线，即：

$$9x_1 + 4x_2 = 36000$$

$$4x_1 + 5x_2 = 20000$$

$$3x_1 + 10x_2 = 30000$$

确定它们与 $x_1 \geqslant 0$，$x_2 \geqslant 0$ 共同围成的部分（见图 2－1）即为可行域（即画影线部分）。

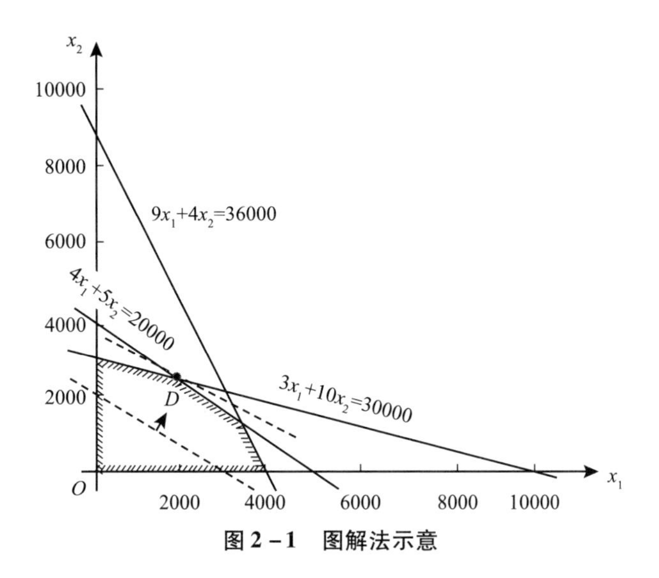

图2-1　图解法示意

第二步作目标函数等值线 $2x_1+3x_2=k$ 沿 k 增大方向平行移动，与可行域“相切”于 D 点，故点 D 为最优点。求解两直线之交点，即解以下方程组：

$$\begin{cases}4x_1+5x_2=20000\\3x_1+10x_2=30000\end{cases}$$

得 D 的坐标为 $x_1=2000$，$x_2=2400$，即 $\boldsymbol{X}^*=[2000\quad 2400]^{\mathrm{T}}$ 为最优生产方案，最大收入为：

$$z^*=(2\times2000)+(3\times2400)=11200$$

2.2.2　线性规划解的性质

用图解法求解线性规划时，可能会出现下面4种情况：

（1）有唯一最优解（见图2-1），目标函数等值线“相切”于约束集合的一个角点 D，则 D 点是线性规划问题的唯一最优解；

（2）有多个最优解（见图2-2），目标函数等值线平行于一条约束边界，则此边上所有点都是最优解；

（3）有可行解，但没有使目标值为有限的最优解，无有限最优解，也称无界解（见图2-3）；

（4）无可行解（见图2-4），约束集合是空集，即无可行解。

例2-4　（与图2-2对应）

$$\max z=2x_1+2x_2$$

$$\begin{cases}x_1+x_2\leqslant3\\-x_1+x_2\leqslant1\\x_1\geqslant0,\ x_2\geqslant0\end{cases}$$

例 2－5 （与图 2－3 对应）

$$\max z = x_1 + x_2$$

$$\begin{cases} -2x_1 + x_2 \leqslant 4 \\ x_1 - x_2 \leqslant 2 \\ x_1 \geqslant 0, \ x_2 \geqslant 0 \end{cases}$$

例 2－6 （与图 2－4 对应）

$$\max z = x_1 + 2x_2$$

$$\begin{cases} x_1 + x_2 \leqslant 1 \\ x_1 - 2x_2 \geqslant 2 \\ x_1 \geqslant 0, \ x_2 \geqslant 0 \end{cases}$$

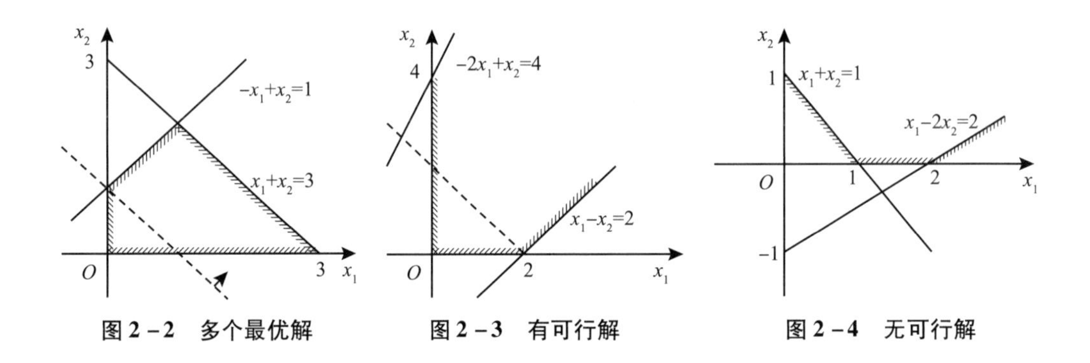

图 2－2　多个最优解　　**图 2－3　有可行解**　　**图 2－4　无可行解**

图解法只能用于两个变量的情况，但从图解法能得到两个重要结论：

（1）线性规划的可行域是凸集；

（2）线性规划若有最优解，则最优解一定能在可行域的角点（顶点）上达到。

这样，问题就转化为从有限多个角点中去寻找最优点，使原来从所有可行解中去寻找最优解的工作大大简化。线性规划的单纯形解法的依据就是这两个结论。单纯形法本书不做介绍。

2.2.3　线性规划的类型

线性规划在应用过程中，按照决策变量的类型，一般可以分成四种类型。

（1）普通线性规划。如果不做任何变量类型的限制，线性规划的决策变量可以取值为任意实数，为区别于其他类型的线性规划，可将其称为普通线性规划。

（2）整数线性规划。整数线性规划是指决策变量只能取值为整数，简称整数规划。例如，例 2－1 的新能源汽车智能驾驶系统生产问题，即为整数规划。对于一些整数规划问题，如果决策变量取值很大，可以把它们看成实数，从而用线性规划模型处理。另外，在管理决策应用中，整数规划和普通线性规划的建模思路、建模过程没有什么区别，在运用软件求解时，只需对变量类型加以说明即可，因此本书将不对其进行单独介绍。

（3）混合整数规划。混合整数规划指的是一个线性规划中，部分变量要求取值为整数，另外的变量不做限制，可以取值为实数。

（4）0－1规划。0－1规划是指决策变量仅取0或1的特殊的整数规划。该类线性规划在管理决策中有着区别于其他类型线性规划的重要作用，故本书将在2.4节进行详细介绍。

2.3 线性规划应用举例

2.3.1 最优下料问题

在生产实践中，往往需要将规格一定的原材料裁剪成所需大小，在一般情况下，很难使原材料得到完全利用。不同的切割方案对原材料的利用程度不同。在裁剪过程中如何使得原材料消耗最少或余料最少成为我们需要关注的问题。

1. 圆钢下料问题

例2－7 某工厂要做100套钢架，每套用长为2.9米、2.1米、1.5米的圆钢各一根。已知原料每根长7.4米，问：应如何下料，可使所用原料最节省？

解：将长为7.4米的原料，分别截成2.9米、2.1米、1.5米三种规格的圆钢，共有如表2－3所列的可能截法。

表2－3 **原料裁截方案** 单位：米

方案	Ⅰ	Ⅱ	Ⅲ	Ⅳ	Ⅴ	Ⅵ	Ⅶ	Ⅷ
截成2.9米	2	1	1	1	0	0	0	0
截成2.1米	0	2	1	0	3	2	1	0
截成1.5米	1	0	1	3	0	2	3	4
余料	0.1	0.3	0.9	0	1.1	0.2	0.8	1.4

为了节省原料，不能一根钢管只截一段一种规格的材料，而应采用合理的截取方案，为此，我们必须综合考虑这八种截法。

设x_j采用第j种方案下料的原材料根数（$j=1, 2, \cdots, 8$）。根据题意，该数学模型为：

$$\min z = x_1 + x_2 + x_3 + x_4 + x_5 + x_6 + x_7 + x_8$$

$$\begin{cases} 2x_1 + x_2 + x_3 + x_4 \geqslant 100 \\ 2x_2 + x_3 + 3x_5 + 2x_6 + x_7 \geqslant 100 \\ x_1 + x_3 + 3x_4 + 2x_6 + 3x_7 + 4x_8 \geqslant 100 \\ x_1, x_2, x_3, x_4, x_5, x_6, x_7, x_8 \geqslant 0 \text{ 且为整数} \end{cases}$$

运用 Lingo 软件（具体将在 2.5 节中介绍），可求得最优解为 $[x_1\ \ x_2\ \ x_3\ \ x_4\ \ x_5\ \ x_6\ \ x_7\ \ x_8] = [10\ \ 50\ \ 0\ \ 30\ \ 0\ \ 0\ \ 0\ \ 0]$，$\min z = 90$。最优方案为方案Ⅰ裁剪 10 次，方案Ⅱ裁剪 50 次，方案Ⅳ裁剪 30 次，此时使用原料最少。

2. 易拉罐下料问题

例 2-8 某公司采用一套冲压设备生产一种罐装饮料的易拉罐，这种易拉罐是用镀锡板冲压制成的（见图 2-5）。易拉罐为圆柱形，包括罐身、上盖和下底，罐身高 10 厘米，上盖和下底的直径均为 5 厘米。该公司使用两种不同规格的镀锡板原料，规格 1 的镀锡板为正方形，边长 24 厘米；规格 2 的镀锡板为长方形，长、宽分别为 32 厘米和 28 厘米。由于生产设备和生产工艺的限制，对于规格 1 的镀锡板原料，只可以按照图 2-5 中的模式 1、模式 2 或模式 3 进行冲压；对于规格 2 的镀锡板原料只能按照模式 4 进行冲压。使用模式 1、模式 2、模式 3、模式 4 进行每次冲压所需要的时间分别为 1.5 秒、2 秒、1 秒、3 秒。

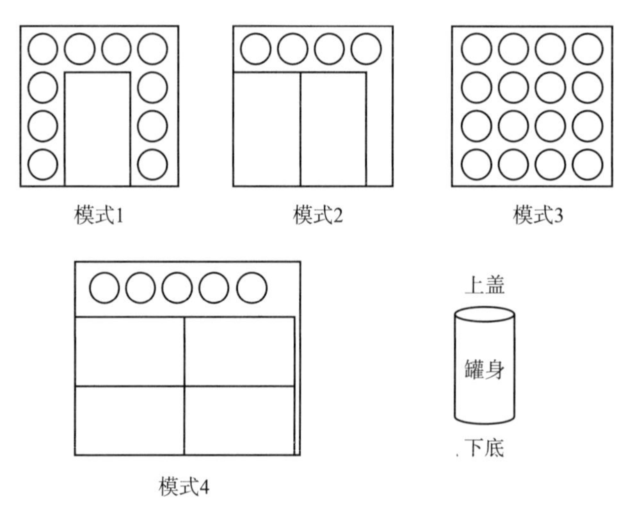

图 2-5 易拉罐下料模式

该工厂每周工作 40 小时，每周可供使用的规格 1、规格 2 的镀锡板原料分别为 5 万张和 2 万张，目前每只易拉罐的利润为 0.10 元，原料余料损失为 0.001 元/平方厘米（如果周末有罐身、上盖或下底不能配套组装成易拉罐出售，也看作原料余料损失）。工厂应如何安排每周的生产可使其净利润最大？①

解：（1）问题分析。

与圆钢下料问题不同的是，这里的切割模式已经确定，只需计算各种模式下的余料损失。根据已知条件，计算可得易拉罐的底面积为 $S_1 = 19.6$ 平方厘米，侧面积 $S_2 =$

① 该例题改编自谢金星，薛毅．优化建模与 LINDO/LINGO 软件［M］．北京：清华大学出版社，2005.

157.1 平方厘米，于是模式 1 下的余料损失为 $24^2-10S_1-S_2=222.6$（平方厘米）。同理计算其他模式下的余料损失，并可将 4 种冲压模式的特征归纳如表 2－4 所示。

表 2－4　　4 种冲压模式的特征

冲压模式	罐身个数	底、盖个数	余料损失（平方厘米）	冲压时间（秒）
模式 1	1	10	222.6	1.5
模式 2	2	4	183.3	2
模式 3	0	16	261.8	1
模式 4	4	5	169.5	3

问题的目标显然应是易拉罐的利润扣除原料余料损失后的净利润最大，约束条件除每周工作时间和原料数量外，还要考虑罐身和底、盖的配套组装。

（2）模型建立。

①决策变量：用 x_i 表示按照第 i 种模式的冲压次数（$i=1, 2, 3, 4$），y_1 表示一周生产的易拉罐个数，为计算不能配套组装的罐身和底、盖造成的原料损失，用 y_2 表示不配套的罐身个数，y_3 表示不配套的底、盖个数。虽然实际上 x_i 和 y_1，y_2，y_3 应该是整数，但是由于生产量相当大，可以把它们看成实数，从而用线性规划模型处理。

②决策目标：假设每周生产的易拉罐能够全部售出，公司每周的销售利润是 $0.1y_1$。原料余料损失包括两部分：4 种冲压模式下的余料损失；不配套的罐身和底、盖造成的原料损失。按照前面的计算及表 2－4 的结果，总损失为 $0.001(222.6x_1+183.3x_2+261.8x_3+169.5x_4+157.1y_2+19.6y_3)$。

于是，决策目标为：

$$\max 0.1y_1-0.001(222.6x_1+183.3x_2+261.8x_3+169.5x_4+157.1y_2+19.6y_3) \tag{2-2}$$

③约束条件：

第一，时间约束。每周工作时间不超过 40 小时 = 144000 秒，由表 2－4 最后一列得

$$1.5x_1+2x_2+x_3+3x_4\leqslant 144000 \tag{2-3}$$

第二，原料约束。每周可供使用的规格 1、规格 2 的镀锡板原料分别为 50000 张和 20000 张，即：

$$x_1+x_2+x_3\leqslant 50000 \tag{2-4}$$

$$x_4\leqslant 20000 \tag{2-5}$$

（3）配套约束。

由表 2－4 可知，一周生产的罐身个数为 $x_1+2x_2+4x_4$，一周生产的底、盖个数为 $10x_1+4x_2+16x_3+5x_4$。因为应尽可能将它们配套组装成易拉罐销售，所以 y_1 满足：

$$y_1 = \min\left\{x_1 + 2x_2 + 4x_4, \frac{10x_1 + 4x_2 + 16x_3 + 5x_4}{2}\right\} \tag{2-6}$$

这时不配套的罐身个数 y_2 和不配套的底、盖个数 y_3 应为：

$$y_2 = x_1 + 2x_2 + 4x_3 - y_1 \tag{2-7}$$

$$y_3 = 10x_1 + 4x_2 + 16x_3 + 5x_4 - 2y_1 \tag{2-8}$$

式（2-2）~式（2-8）就是我们得到的模型，其中式（2-6）是一个非线性关系，可将其等价地化为两个线性约束：$y_1 \leqslant x_1 + 2x_2 + 4x_4$，$y_1 \leqslant (10x_1 + 4x_2 + 16x_3 + 5x_4)/2$。

运用 Lingo 软件，可求得最优解为 $[x_1 \quad x_2 \quad x_3 \quad x_4 \quad y_1 \quad y_2 \quad y_3] = [0 \quad 40125 \quad 3750 \quad 20000 \quad 160250 \quad 0 \quad 0]$，最优目标值为4298.3，即分别采用模式2、模式3、模式4进行冲压，冲压次数分别是40125次、3750次、20000次，这样一周能生产160250个易拉罐，获得净利润4298.3元。

2.3.2 航空公司飞机租赁问题

飞机租赁是航空公司引进飞机的重要方式，是以飞机为租赁物的一种租赁业务，是航空公司（或承租人）从租赁公司（或直接从制造厂家）选择一定型号、数量的飞机并与租赁公司（或出租人）签订有关租赁飞机的协议，出租人拥有飞机的所有权，将飞机的使用权转让给承租人，承租人向出租人支付租金，租期结束航空公司可以归还或者不归还飞机给出租人。飞机租赁的形式主要有两种：融资租赁和经营租赁。融资租赁是指租赁公司购买飞机的融资金额能够在租期内全额得到清偿的融资方式。经营租赁则通常是指租赁公司购买飞机将飞机出租给航空公司，租赁公司的购机金额在租期内不能得到全额清偿，租赁期末航空公司需要将飞机按照一定的条件返还给租赁公司。为了更好地进行租赁决策，航空公司可以借助于建立优化模型的方法为其决策提供科学依据。

例2-9 考虑某航空公司现考虑未来 $T=5$ 年的飞机租赁决策，现有两种租赁方案。方案一为经营租赁，租期为 $O=12$ 年，每年经营租赁的租金为租赁时飞机购机价格的5%。方案二为融资租赁，租期为 $C=20$ 年，在租期内等额还清租赁时的飞机购机价格，此外，每年还需对未支付费用偿还利息，利息率为2.85%。在计算资产负债率时，折旧期限为25年，残值为10%，每架飞机的使用年限 $U=20$ 年。该公司计划，每年至少引进5架飞机，并要求资产负债率不得超过90%。设第 t 年飞机的市场价格为 $v_t(t=1, 2, \cdots, 5)$，公司预算为 $K_t(t=1, 2, \cdots, 5)$。在上述条件下决定每年的租赁方案，使总成本最低。①

解：（1）决策变量。设 x_{ij} 表示第 i 年采用第 j 种方案引进的飞机数量，其中 $j=1, 2$ 分别表示经营租赁、融资租赁两种方案，$i=1, 2, \cdots, 5$ 表示五个年份。

（2）目标函数。令 F_t 表示第 $t(t=1, 2, \cdots, 5$；下同）年引进飞机数下限，r_{i1} 表示

① 该例题改编自 Chen W T, Huang K, Ardiansyah M N. A Mathematical Programming Model for Aircraft Leasing Decisions [J]. Journal of Air Transport Management, 2018, 69: 15-25.

第 i 年经营租赁的单位租金，r_{i2}第 i 年以融资租赁方式引进飞机应付的成本，r^c 表示融资租赁的利息率，ε 表示资产负债率上限。则目标函数可表示为：$\min z = \sum_{i=1}^{T}\sum_{j=1}^{2} R_{ij}$。$R_{t1}$为第 t 年的经营租赁成本，$R_{t1} = \sum_{i=1}^{t} x_{i1} r_{i1}$；$R_{t2}$为第 t 年的融资租赁成本，$R_{t2} = \sum_{i=1}^{t} x_{i2}(p_{i2} + s_{i2})$，其中第 i 年以融资租赁方式引进的飞机应付的租金 p_{i2}表示为 $p_{i2} = \frac{1}{C}\nu_i$，第 i 年以融资租赁方式引进飞机应付的利息 s_{i2}表示为 $s_{i2} = \frac{C+i-t}{C}\nu_i r^c$。

（3）约束条件。

①租赁需求约束。每年租赁飞机数应满足机组规模约束：

$$\sum_{j=1}^{2} x_{tj} \geqslant F_t (1 \leqslant t \leqslant T)$$

②预算约束。每年两种方案的租赁成本之和应满足预算约束：

$$\sum_{i=1}^{t}\left[x_{i1} r_{i1} + x_{i2}\left(\frac{1}{C}\nu_i + \frac{C+i-t}{C}\nu_i r^c\right)\right] \leqslant K_t (1 \leqslant t \leqslant T)$$

③资产负债率约束。第 t 年新增资产为：

$$A_t = x_{t1}\frac{O}{U}\nu_t + x_{t2}\nu_t (1 \leqslant t \leqslant T)$$

第 t 年应付的折旧费为：

$$D_t = \sum_{i=1}^{t} 0.9 \cdot \left(\frac{1}{25}x_{i1} + \frac{1}{25}x_{i2}\right)\nu_i$$

因此，第 t 年的资产负债率可表示为：

$$\frac{\sum_{i=t}^{t+O} R_{i1} + \sum_{i=t}^{t+C} R_{i2}}{\sum_{i=1}^{t}(A_i - D_i)} \leqslant \varepsilon (1 \leqslant t \leqslant T)$$

综上，可建立该问题的线性规划模型：

$$\min z = \sum_{i=1}^{T}\sum_{j=1}^{2} R_{ij}$$

$$\begin{cases} \sum_{j=1}^{2} x_{tj} \geqslant F_t (1 \leqslant t \leqslant T) \\ \sum_{i=1}^{t}\left[x_{i1} r_{i1} + x_{i2}\left(\frac{1}{C}\nu_i + \frac{C+i-t}{C}\nu_i r^c\right)\right] \leqslant K_t (1 \leqslant t \leqslant T) \\ \frac{\sum_{i=t}^{t+O} R_{i1} + \sum_{i=t}^{t+C} R_{i2}}{\sum_{i=1}^{t}(A_i - D_i)} \leqslant \varepsilon (1 \leqslant t \leqslant T) \\ x_{ij} \geqslant 0 \ (i=1,2,3,4,5,\ j=1,2) \end{cases}$$

2.3.3 控制大气污染问题

例 2－10 某钢铁制造公司排放的污染气体中三种主要的成分是：大气微尘、氧化硫和碳氢化合物。为达到规定的排放标准，公司需降低这些污染气体的排放量，具体要求如表 2－5 所示。①

表 2－5　　污染物排放要求　　单位：万磅

污染物	要求每年排放减少量
大气微尘	6000
氧化硫	15000
碳氢化合物	12500

公司的污染气体主要来自两个方面，一是铸生铁的鼓风炉，二是炼钢的敞口式反射炉。在这两方面，工程师都认为降低污染最有效的方法是：（1）增加烟囱的高度；（2）在烟囱中加入过滤装置；（3）在燃料中加入清洁的高级燃料。三种方法都有其技术限制（例如，烟囱可增加的高度是有限的），但考虑在各自的技术限制内，采取一定程度的措施。表 2－6 显示了在技术允许的范围内，最大限度地使用各种方法可以降低两个炉子污染气体的排放量。

表 2－6　　最大限度地使用各种降污方法可以降低污染气体的年排放量　　单位：万磅

污染气体	增加烟囱的高度		加入过滤装置		加入清洁的高级燃料	
	鼓风炉	反射炉	鼓风炉	反射炉	鼓风炉	反射炉
大气微尘	1200	900	2500	2000	1700	1300
氧化硫	3500	4200	1800	3100	5600	4900
碳氢化合物	3700	5300	2800	2400	2900	2000

表 2－7 表示的是最大限度地使用各种降污方法估计的年成本。假设各种方法也可以在技术允许的范围内部分实施，从而达到一定程度地减少污染气体的效果，并设各种方法的使用成本与可获得的降污能力是呈比例的，也就是说，要取得一定比例的降污效果，所实施方法的成本在总成本中占同样的比例。

① 该例题改编自 Hillier F S，Lieberman G J. Introduction to Operations Research（Tenth Edition）[M]. New York：McGraw-Hill，2015.

表2－7　最大限度地使用各种降污方法估计的年成本　单位：万美元

降污方法	鼓风炉	反射炉
增加烟囱的高度	5600	7000
加入过滤装置	4900	4200
加入清洁的高级燃料	7700	6300

要求以最小的成本实现降低各种污染气体的年排放量要求，应如何确定在两个炉子上使用哪几种方法，以及每种方法的实施程度。

解：（1）决策变量的设置。令 x_{11}、x_{12}、x_{13}分别为鼓风炉的各种降污方法所实施的比例，x_{21}、x_{22}、x_{23}分别为反射炉的各种降污方法所实施的比例。

（2）目标函数：总成本最低。表示为：

$$\min z = 56x_{11} + 49x_{12} + 77x_{13} + 70x_{21} + 42x_{22} + 63x_{23}$$

（3）约束条件为：

$$\begin{cases} 12x_{11} + 9x_{21} + 25x_{12} + 20x_{22} + 17x_{13} + 13x_{23} \geqslant 60 \\ 35x_{11} + 42x_{21} + 18x_{12} + 31x_{22} + 56x_{13} + 13x_{23} \geqslant 150 \\ 37x_{11} + 53x_{21} + 28x_{12} + 24x_{22} + 29x_{13} + 20x_{23} \geqslant 125 \\ 0 \leqslant x_{ij} \leqslant 1，\ i = 1，2；\ j = 1，2，3 \end{cases}$$

为了书写简单，上面模型中各系数都缩小到原来的 1/100。通过 Lingo 软件求解，可得最优解如表 2－8 所示。

表2－8　降污问题最优解

降污方法	鼓风炉	反射炉
增加烟囱高度	$x_{11} = 1$	$x_{21} = 0.62$
加入过滤装置	$x_{12} = 0.34$	$x_{22} = 1$
加入高级燃料	$x_{13} = 0.05$	$x_{23} = 1$

2.3.4　投资组合问题

银行和投资公司的经理经常遇到的一个问题是从众多的投资方案中选择特定的投资组合。在给定一组法律、政策或风险限制的情况下，管理者的总体目标通常是最大化预期的投资回报。

1. 一个简单的投资组合问题

例2－11　某公司计划投资于短期贸易信贷、公司债券、黄金股和建设贷款。为了鼓励多元化的投资组合，董事会对任何一种类型的投资都设置了限额。ICT 有 500 万美元可供立即投资，并希望做两件事：第一，在未来 6 个月内最大限度地提高投资回报；第二，满足董事会制定的多样化要求。

此外，董事会还规定，投资于黄金股和建设贷款的比例不低于 55%，投资于贸易信贷的比例不低于 15%。各投资方式的回报率和投资控制如表 2－9 所示。

表 2－9　　各投资方式的回报率和投资控制

投资方式	回报率（%）	投资控制（万美元）
贸易信贷	7	100
公司债券	11	250
黄金股	19	150
建设贷款	15	180

问题是该公司应该如何进行投资组合，可以获得最高的投资回报？[①]

解：该问题是一个简单的投资组合问题。

（1）决策变量的设置。令 x_1、x_2、x_3、x_4 分别表示贸易信贷、公司债券、黄金股和建设贷款的投资额度，单位为万美元。

（2）目标函数：投资回报最高。表示为：

$$\max z = 0.07x_1 + 0.11x_2 + 0.19x_3 + 0.15x_4$$

（3）约束条件为：

$$\begin{cases} x_1 \leqslant 100 \\ x_2 \leqslant 250 \\ x_3 \leqslant 150 \\ x_4 \leqslant 180 \\ x_3 + x_4 \geqslant 0.55(x_1 + x_2 + x_3 + x_4) \\ x_1 \geqslant 0.15(x_1 + x_2 + x_3 + x_4) \\ x_1 + x_2 + x_3 + x_4 \leqslant 500 \\ x_1,\ x_2,\ x_3,\ x_4 \geqslant 0 \end{cases}$$

运用 Lingo 软件求解，可得最优解 $[x_1 \quad x_2 \quad x_3 \quad x_4] = [75 \quad 95 \quad 150 \quad 180]$，最优目标值为 71.2，即贸易信贷、公司债券、黄金股和建设贷款的最优投资额度分别为 75 万美元、95 万美元、150 万美元、180 万美元，可获得投资回报 71.2 万美元。

① 该例题改编自 Render B, Stair JR R M, Hanna M E, et al. Quantitative Analysis for Management (Thirteenth edition) [M]. New York: Pearson Education Limited, 2018.

2. 考虑投资风险的投资组合模型

上面的投资组合问题，没有考虑投资的风险问题。实际上，许多投资方式（例如股票投资）的投资回报往往不是确定的，是一个随机变量，所以投资时除了考虑收益外，还应该考虑投资风险。早在1952年，马科维茨（Markowith）就提出了考虑收益和风险的投资组合模型，该模型是一个非线性规划模型。以投资若干股票为例，该模型基于股票的历史数据，以股票收益的历史均值来衡量投资收益，以股票收益的历史方差来衡量投资风险。后来又有许多学者对这个模型进行了不断研究和改进。

考虑 n 只股票的投资组合问题。设 r_i 表示股票 $i(i=1, \cdots, n)$ 的历史收益率，x_i 表示在股票 i 上投入的资金比例，希望达到的目标收益为 μ。建立如下模型：

$$\min \sigma^2 = \sum_{i=1}^{n}\sum_{j=1}^{n} x_i x_j \operatorname{cov}(x_i, x_j)$$

$$\begin{cases} \sum_{i=1}^{n} x_i E(r_i) \geqslant \mu \\ \sum_{i=1}^{n} x_i = 1 \\ x_i \geqslant 0 \end{cases} \tag{2-9}$$

该模型的目标函数是使风险 σ^2 最小，约束条件分别为 n 只股票的总期望收益不低于目标期望收益 μ，n 只股票的投资比例 x_i 之和为1。需要注意的是，该模型由于出现了变量相乘的情形，因而是一个非线性规划，关于非线性规划问题的求解方法，本书并不做介绍，但是可以用2.5节将要介绍的Lingo软件求解。

例2-12 某投资者考虑股票的投资组合问题：现有5只股票A，B，C，D，E股票在2022年1月3日至12月30日的股票日收盘价，基于这些数据，可计算得到每只股票的预期年化收益率为：

$$[E(r_1) \quad E(r_2) \quad E(r_3) \quad E(r_4) \quad E(r_5)] = [0.304 \quad 0.299 \quad 0.351 \quad 0.361 \quad 0.191]。$$

进一步，计算得到各股票之间的协方差矩阵为：

$$\boldsymbol{COV} = \begin{bmatrix} 0.000366 & 0.000174 & 0.000197 & 0.000210 & 0.000071 \\ 0.000174 & 0.000507 & 0.000186 & 0.000237 & 0.000079 \\ 0.000197 & 0.000186 & 0.000793 & 0.000224 & 0.000092 \\ 0.000210 & 0.000237 & 0.000224 & 0.000653 & 0.000072 \\ 0.000071 & 0.000079 & 0.000092 & 0.000072 & 0.000311 \end{bmatrix}$$

假设该投资者在2023年时有一笔资金准备投资这5只股票，并期望年化收益率至少达到30%，那么应当如何投资？

解： 根据问题背景，用决策变量 $x_1 \sim x_5$ 分别表示投资者在5只股票的投资比例。假设市场上没有其他投资渠道，且手上资金必须全部用于投资这5只股票。将题中预期年化收益率和协方差的数据代入模型（2-9），并令 $\mu=0.3$，运用Lingo软件求解，可得

最优解 $X^* = [0.314 \quad 0.151 \quad 0.147 \quad 0.198 \quad 0.190]$，即这5只股票的最优投资比例分别为0.314、0.151、0.147、0.198、0.190。

2.3.5 人力资源配置问题

例2-13 某航空公司正在增加往返其枢纽机场的航班，因此需要雇用更多的客服代理。管理层认识到成本控制的必要性，同时也始终如一地为客户提供满意的服务。因此，为了以最小的人力成本来提供满意的服务，需进行合理的人力资源配置。

根据新的航班时间表，为了提供令人满意的服务水平，公司将一天划分为10个时段，并分析了不同时间段所需的客服代理的最低数量，如表2-10所示。规定每个客服代理每班连续工作8小时，可执行的班次有如下5个：

第1班次：6:00~14:00；

第2班次：8:00~16:00；

第3班次：12:00~20:00；

第4班次：16:00~24:00；

第5班次：22:00~转天6:00。

表2-10的"√"表示各班次所涵盖的时段，表的最下一行给出的是各班次的每个客服代理的日薪。问题是，公司应该如何进行人力资源配置，以使总人力成本最低。[①]

表2-10　　某航空公司的人员配置数据

时段	班次覆盖情况					客服代理的需求人数
	1	2	3	4	5	
6:00~8:00	√					48
8:00~10:00	√	√				79
10:00~12:00	√	√				65
12:00~14:00	√	√	√			87
14:00~16:00		√	√			64
16:00~18:00			√	√		73
18:00~20:00			√	√		82
20:00~22:00				√		43
22:00~24:00				√	√	52
24:00~6:00					√	15
每位客服日薪（美元）	170	160	175	180	195	

① 该例题改编自Hillier F S，Lieberman G J. Introduction to Operations Research（Tenth Edition）[M]. New York：McGraw-Hill，2015.

解：令 $x_i(i=1, 2, 3, 4, 5)$ 分别表示第 i 个班次安排的人数，则建立如下模型：

$$\min z = 170x_1 + 160x_2 + 175x_3 + 180x_4 + 195x_5$$

$$\begin{cases} x_1 \geqslant 48 \\ x_1 + x_2 \geqslant 79 \\ x_1 + x_2 \geqslant 65 \\ x_1 + x_2 + x_3 \geqslant 87 \\ x_2 + x_3 \geqslant 64 \\ x_3 + x_4 \geqslant 73 \\ x_3 + x_4 \geqslant 82 \\ x_4 \geqslant 43 \\ x_4 + x_5 \geqslant 52 \\ x_5 \geqslant 15 \\ x_i \geqslant 0 \text{ 且为整数}（i=1, 2, 3, 4, 5） \end{cases}$$

运用 Lingo 软件，可求得最优解为 $[x_1 \quad x_2 \quad x_3 \quad x_4 \quad x_5] = [48 \quad 31 \quad 39 \quad 43 \quad 15]$，$\min z = 30610$。所以最优的人力资源配置方案为这 5 个班次分别安排 48 人、31 人、39 人、43 人、15 人，这样可使公司支付最小的人力成本 30610 美元。

2.4 0－1 规划

0－1 型整数规划是变量仅取 0 或 1 的特殊的整数规划，简称 **0－1 规划**。其模型一般形式为：

$$\max \boldsymbol{CX}$$

$$\begin{cases} \boldsymbol{AX} = b \\ \boldsymbol{X} \text{ 为 } 0-1 \text{ 向量} \end{cases}$$

0－1 规划在实际的管理决策问题中有着广泛的应用。有许多决策问题可以看成一系列“是与否”的决策，而这恰好可以用 0－1 变量来描述。下面将分几类问题，讨论 0－1 规划模型在实际中的应用。

2.4.1 选址问题

某城市拟在东、西、南三区设立商业网点，备选位置有 $A_1 \sim A_7$ 共 7 个，如果选 A_i，估计投资为 b_i 元，利润为 c_i 元，要求总投资不超过 B 元，并且规定：东区：A_1、A_2、A_3 中至多选 2 个；西区：A_4、A_5 中至少选一个；南区：A_6、A_7 中至少选一个。求如何设置商业网点使得总利润最大。

分析：这样的选址问题可以用 0－1 规划进行求解。

首先，引入决策变量 x_i，令

$$x_i=\begin{cases}1 & \text{A}_i\text{ 被选中}\\0 & \text{A}_i\text{ 未被选中}\end{cases}$$

其次，根据上述条件建立数学模型如下：

$$\max z=\sum_{i=1}^{7}c_ix_i$$

$$\begin{cases}\sum_{i=1}^{7}b_ix_i\leqslant B\\x_1+x_2+x_3\leqslant 2\\x_4+x_5\geqslant 1\\x_6+x_7\geqslant 1\\x_i=0\text{ 或 }1\end{cases}$$

例 2－14 某社区团购平台需要 $S_1\sim S_{10}$10 个备选开城区域选择 5 个区域，如果选择 S_i，估计开城费用为 c_i 元，并且开城区域要满足下列条件：或选择 S_1 和 S_7，或者选择 S_8；选择了 S_3 或 S_4 就不能选择 S_5，反过来也一样；在 S_5，S_6，S_7，S_8 中最多只能选 2 个。问如何选择开城区域使得总费用最小，写出数学模型。

解：令

$$x_i=\begin{cases}1 & A_i\text{ 被选中}\\0 & A_i\text{ 未被选中}\end{cases}$$

则：

$$\min z=\sum_{i=1}^{10}c_ix_i$$

$$\begin{cases}\sum_{i=1}^{10}x_i=5\\x_1+x_8=1\\x_7+x_8=1\\x_3+x_5\leqslant 1\\x_4+x_5\leqslant 1\\x_5+x_6+x_7+x_8\leqslant 2\\x_i=0\text{ 或 }1(i=1,2,\cdots,10)\end{cases}$$

例 2－15 篮球队有 8 名队员，其身高和专长如表 2－11 所示，现要选拔 5 名球员上场参赛，要求：（1）中锋只有 1 人上场；（2）后卫至少有一人上场；（3）只有 2 号上场，6 号才上场。要求平均身高最高，应如何选拔队员？

表 2-11 队员基本信息

队员	1	2	3	4	5	6	7	8
身高（米）	1.92	1.90	1.88	1.86	1.85	1.83	1.80	1.78
专长	中锋	中锋	前锋	前锋	前锋	后卫	后卫	后卫

解：令

$$x_i = \begin{cases} 1 & \text{球员 } i \text{ 被选中} \\ 0 & \text{球员 } i \text{ 未被选中} \end{cases}$$

并令 $c_i(i=1, \cdots, 8)$ 表示各球员的身高。则建立0-1规划模型如下：

$$\min z = \frac{1}{5}\sum_{i=1}^{8} c_i x_i$$

$$\begin{cases} \sum_{i=1}^{8} x_i = 5 \\ x_1 + x_2 = 1 \\ x_6 + x_7 + x_8 \geqslant 1 \\ x_6 \leqslant x_2 \\ x_i = 0 \text{ 或 } 1 (i = 1, 2, \cdots, 8) \end{cases}$$

2.4.2 指派问题

指派问题的标准形式是：有 n 个人和 n 件事，已知第 i 人做第 j 事的费用为 $c_{ij}(i, j = 1, 2, \cdots, n)$，要求确定人和事之间的一一对应的指派方案，使完成这 n 件事的总费用最少。令 $x_{ij}=1$ 表示指派第 i 个人完成第 j 个任务，令 $x_{ij}=0$ 表示不指派第 i 个人完成第 j 个任务，则此类问题可以描述为以下0-1整数规划问题：

$$\min z = \sum_{i=1}^{n}\sum_{j=1}^{n} c_{ij}x_{ij}$$

$$\begin{cases} \sum_{i=1}^{n} x_{ij} = 1, j = 1, 2, \cdots, n (\text{每项任务只能由 1 人完成}) \\ \sum_{j=1}^{n} x_{ij} = 1, i = 1, 2, \cdots, n (\text{每人只能完成 1 项任务}) \\ x_{ij} = 0 \text{ 或 } 1, i, j = 1, 2, \cdots, n \end{cases}$$

例 2-16 有一份中文说明书，需译成英、日、德、俄四种文字，分别记作任务E、J、G、R，现有甲、乙、丙、丁四人，他们将中文说明书翻译成不同语种说明书所需的时间如表2-12所示，问应指派何人去完成何项任务，使所需总时间最少？

表 2-12　　翻译说明书所需时间

人员	E	J	G	R
甲	2	15	13	4
乙	10	4	14	15
丙	9	14	16	13
丁	7	8	11	9

解：

$$x_{ij}=\begin{cases}1 & \text{指派第 } i \text{ 人做 } j \text{ 工作}\\ 0 & \text{不指派第 } i \text{ 人做 } j \text{ 工作}\end{cases}(i,\ j=1,\ 2,\ 3,\ 4)$$

则有：

$$\min z=2x_{11}+15x_{12}+13x_{13}+4x_{14}+10x_{21}+4x_{22}+14x_{23}+15x_{24}+9x_{31}+14x_{32}+16x_{33}+13x_{34}+7x_{41}+8x_{42}+11x_{43}+9x_{44}$$

$$\begin{cases}x_{1j}+x_{2j}+x_{3j}+x_{4j}=1(j=1,\ 2,\ 3,\ 4)\\ x_{i1}+x_{i2}+x_{i3}+x_{i4}=1(i=1,\ 2,\ 3,\ 4)\\ x_{ij}=0 \text{ 或 } 1(i,\ j=1,\ 2,\ 3,\ 4)\end{cases}$$

可求解得到最优解为：

$$\begin{bmatrix}x_{11} & x_{12} & x_{13} & x_{14}\\ x_{21} & x_{22} & x_{23} & x_{24}\\ x_{31} & x_{32} & x_{33} & x_{34}\\ x_{41} & x_{42} & x_{43} & x_{44}\end{bmatrix}=\begin{bmatrix}0 & 0 & 0 & 1\\ 0 & 1 & 0 & 0\\ 1 & 0 & 0 & 0\\ 0 & 0 & 1 & 0\end{bmatrix}$$

最优值为 $\min z=28$。

大家可以思考一下，如果允许指派每个人做不止一项工作，或者允许不给某人指派工作，则模型应如何修改？

2.4.3　背包问题

背包问题是指 m 个物品，编号为 1，2，…，m，第 i 件物品重 a_i 千克，价值为 c_i 元，在背包携带物品重量不能超过 b 千克的条件下，如何装载物品可使总价值最大。其数学模型表示如下：

引入 0-1 变量 x_i，设：

$$x_i=\begin{cases}1 & \text{携带第 } i \text{ 件物品}\\ 0 & \text{不携带第 } i \text{ 件物品}\end{cases}$$

则：

$$\max z=\sum_{i=1}^{m}c_ix_i$$

$$\begin{cases}\sum_{i=1}^{m} a_i x_i \leqslant b \\ x_i = 0 \text{ 或 } 1\end{cases}$$

背包问题去掉整数约束条件变成一普通的线性规划问题是极易求解的，只要将变量按照它们在目标两数中的系数与约束条件中系数之比的大小进行排列，即按“单位重量的价值”的大小进行排列，如：

$$\frac{c_1'}{a_1'} \geqslant \frac{c_2'}{a_2'}$$

其中 c_1'、c_2'、a_1'、a_2'等是按比值大小排列后的新编号。在不破坏约束条件的情况下，取 x_1'的值尽可能大，再根据已取定的 x_1'值，取 x_2'的值尽可能大，以此类推。这种算法也称作“贪婪算法”。但对变量取整数的背包问题，贪婪算法只是一种近似算法。

例2-17 电商广告是广告主接触其目标用户的重要手段。普遍的广告目标是在预算约束下触达用户实现转化。某公司用于广告投放的预算为150万元，现有以下几种广告投放方式，每种投放方式需要不同的费用，能够带来不同的用户购买期望，具体如表2-13所示，问该公司如何投放广告能够实现用户购买期望的最大化。

表2-13 **广告投放明细** 单位：万元

广告投放方式	投放费用	用户购买期望
开屏广告	50	50
信息流广告	54	70
沉浸式广告	40	45
Banner 广告	25	30
激励视频广告	60	80

解： 引入0-1变量 x_i，设：

$$x_i = \begin{cases}1 & \text{投放 } i \text{ 类广告} \\ 0 & \text{不投放 } i \text{ 类广告}\end{cases} (i=1, 2, \cdots, 5)$$

则有：

$$\max z = 50x_1 + 70x_2 + 45x_3 + 30x_4 + 80x_5$$

$$\begin{cases}50x_1 + 54x_2 + 40x_3 + 25x_4 + 60x_5 \leqslant 150 \\ x_i = 0 \text{ 或 } 1 (i=1, 2, \cdots, 5)\end{cases}$$

“单位重量价值”由大到小的顺序为：

$$\frac{80}{60}>\frac{70}{54}>\frac{30}{25}>\frac{45}{40}>\frac{50}{50}$$

在满足约束条件的情况下，首先应选取$\frac{80}{60}$对应的变量 x_5 对应的变量尽可能大，取 $x_5=1$。同理根据选定的 x_5 的值，取$\frac{70}{54}$对应的变量 x_2 尽可能大，以此类推。由此可得该问题的最优解为：

$$x_1=0 \quad x_2=1 \quad x_3=0 \quad x_4=1 \quad x_5=1$$

2.4.4 固定费用问题

如某工厂为了生产某种产品，有几种不同的生产方式可供选择，如选定的生产方式投资高（选购自动化程度高的设备），由于产量大，因而分配到每件产品的变动成本就降低；反之，如选定的生产方式投资低，将来分配到每件产品上的变动成本可能增加，因此必须全面考虑。现设有 n 种生产方式可供选择，其他的资源约束表示为 $\boldsymbol{AX}\leqslant\boldsymbol{b}$。令 x_j 表示采用第 j 种生产方式时的产量，c_j 表示采用第 j 种生产方式时每件产品的变动成本，k_j 表示采用第 j 种生产方式时的固定成本。于是生产第 i 种产品的总成本函数可写成：

$$P_j(x_j)=\begin{cases}k_j+c_jx_j & x_j>0\\ 0 & x_j=0\end{cases} \quad (j=1,\ 2,\ \cdots,\ n)$$

另设

$$y_j=\begin{cases}0 & x_j=0，当不选第 j 种生产方式\\ 1 & x_j>0，当选择第 j 种生产方式\end{cases} \quad (j=1,\ 2,\ \cdots,\ n)$$

这样，初步考虑固定费用问题的模型如下：

$$\min z=\sum_{j=1}^{n}(k_jy_j+c_jx_j)$$

$$\begin{cases}\boldsymbol{AX}\leqslant\boldsymbol{b}\\ x_j\geqslant 0\\ y_j=0 \text{ 或 } 1 \quad (j=1,\ 2,\ \cdots,\ n)\end{cases}$$

根据题意，应该有 $x_j>0$ 时，$y_j=1$。它的含义是，当生产 x_j 任何正的数量时，都应支付一笔固定费用 $k_j>0$。然而，当 $x_j>0$ 时，$y_j=1$ 这种逻辑关系在上述模型形式中并没有得以体现。为此，取 x_j 的一个上界 M_j，使得 $x_j\leqslant M_j$，对满足 $\boldsymbol{AX}\leqslant\boldsymbol{b}$，$\boldsymbol{X}\geqslant 0$ 的 x_j 值都成立，并在上述模型中加入约束条件 $x_j\leqslant M_jy_j(j=1,\ 2,\ \cdots,\ n)$，则该问题的数学模型可写成：

$$\min z=\sum_{j=1}^{n}(k_jy_j+c_jx_j)$$

$$\begin{cases} \boldsymbol{AX} \leqslant \boldsymbol{b} \\ x_j \geqslant 0 \\ x_j \leqslant M_j y_j \\ y_j = 0 \text{ 或 } 1 \quad (j=1, 2, \cdots, n) \end{cases}$$

例 2-18 某企业每日需交付 5000 千克的产品，现有三种生产过程可供选择，各生产过程所需固定成本、生产成本、最大日产量如表 2-14 所示，该企业如何安排生产才能在保证按合同交货的情况下实现总成本最小，试建立这个问题的数学模型。

表 2-14 **生产过程明细表**

生产过程种类	固定成本（元）	生产成本（元/千克）	最大日产量（千克）
A	1500	5	2500
B	2000	4	3500
C	3000	3	4500

解：设 x_i 为第 i 种生产过程的日产量

$$y_i = \begin{cases} 1 & \text{采用第 } i \text{ 种生产过程} \\ 0 & \text{不采用第 } i \text{ 种生产过程} \end{cases} \quad (i=1, 2, 3)$$

则有：

$$\min z = 1500y_1 + 5x_1 + 2000y_2 + 4x_2 + 3000y_3 + 3x_3$$

$$\begin{cases} x_1 + x_2 + x_3 = 5000 \\ x_1 \leqslant 2500y_1 \\ x_2 \leqslant 3500y_2 \\ x_3 \leqslant 4500y_3 \\ x_i \geqslant 0, \ y_i = 0 \text{ 或 } 1 \end{cases}$$

2.4.5 消防站布设问题

例 2-19 某城市共有 6 个区，每个区都可以建消防站，市政府希望设置的消防站最少，但必须满足在城市任何地区发生火警时，消防车要在 15 分钟内赶到现场。据实地测定，各区之间消防车行驶的时间见表 2-15，请帮助该市制订一个布点最少的计划。

表 2-15　　消防车行驶时间　　单位：分钟

地区	地区 1	地区 2	地区 3	地区 4	地区 5	地区 6
地区 1	0	10	16	28	27	20
地区 2	10	0	24	32	17	10
地区 3	16	24	0	12	27	21
地区 4	28	32	12	0	15	25
地区 5	27	17	27	15	0	14
地区 6	20	10	21	25	14	0

解：引入 0-1 变量 x_i，设

$$x_i=\begin{cases}1 & \text{表示在地区 } i \text{ 设消防站}\\ 0 & \text{表示在地区 } i \text{ 不设消防站}\end{cases}\quad (i=1,\ 2,\ \cdots,\ 6)$$

该题的约束是要保证每个地区都有一个消防站在 15 分钟行程内。如地区 1，在地区 1 及地区 2 内设消防站都能达到此要求，即 $x_1+x_2\geqslant 1$，以此类推，建立模型如下：

$$\min z=x_1+x_2+x_3+x_4+x_5+x_6$$

$$\begin{cases}x_1+x_2\geqslant 1\\ x_1+x_2+x_6\geqslant 1\\ x_3+x_4\geqslant 1\\ x_3+x_4+x_5\geqslant 1\\ x_4+x_5+x_6\geqslant 1\\ x_2+x_5+x_6\geqslant 1\\ x_i=0 \text{ 或 } 1(i=1,\ 2,\ \cdots,\ 6)\end{cases}$$

2.5　线性规划的软件求解

2.2 节中介绍的图解法只能求解不超过 3 个决策变量的线性规划问题。对于含有 4 个或更多个决策变量的线性规划，图解法就显得无能为力了。1947 年美国数学家丹捷格（G. B. Dantzig）提出了单纯形法（simplex method），线性规划问题的这一个代数解法是运筹学发展史上的一大里程碑。到目前为止，它仍是线性规划问题最有效的解法。单纯形法是一种迭代算法，它利用线性规划最优解一定能在可行域的角点上达到这一性质，首先找一个初始角点，然后通过某种方法对其进行最优性检验。如果初始角点不是最优解，那就寻找一个比它更优的解，如此进行下去，直到找到最优解为止。

由于单纯形法的原理涉及较多的线性代数基本知识，且计算复杂，本书不对其进行详细介绍。实际应用线性规划时，我们往往借助于计算机软件来求解。

2.5.1 求解线性规划的常用软件

市面上有多种线性规划的求解软件，在此对其中一些目前常用的软件进行简介。

1. Excel 规划求解器

微软 Office 办公套装软件的 Excel 有一个称为“规划求解器”的工具，可用来求解线性规划问题。在使用时，要首先加载求解器加载项。具体操作为在“文件”选项卡上，单击“选项”，然后在“加载项”下，选择“规划求解加载项”。加载后，在“数据”选项卡上的“分析”组中即可找到“规划求解”。

该软件的优点是易于获取，只要安装有 Office 软件即可使用。缺点是功能过于简单，且具体操作时比较麻烦，求解效率较低。

2. Matlab

Matlab 是美国 MathWorks 公司出品的商业数学软件，用于数据分析、无线通信、深度学习、图像处理与计算机视觉等领域。

利用 Matlab 的优化工具箱，可以求解线性规划、非线性规划等优化问题。其中线性规划的求解是调用 linprog 函数，它要求目标函数为最小化（最大化问题可以通过将系数求相反数转化为最小化问题）。linprog 函数的调用方法为 linprog(f, A, b, Aeq, beq, lb, ub)，其中 f 为目标函数的系数向量，A 是线性不等式约束的系数矩阵，b 是线性不等式约束的右端常数项构成的列向量，Aeq 是线性等式约束的系数矩阵，beq 是线性等式约束的右端常数项构成的列向量，lb 是变量的下限构成的向量，ub 是变量的上限构成的向量。

3. Cplex

Cplex 是美国 IBM 公司推出的一款功能强大的规划求解器，可用于求解线性规划、整数规划、混合整数规划等数学规划问题。它既可以在软件自带的运行环境 Cplex Optimization Studio IDE 中，运用 OPL（Optimization Programming Language）建模语言编程解线性规划问题，也支持使用 C、C ++ 、Java、C#或 Python 等进行 API 建模求解。

4. Gurobi

Gurobi 是由美国 Gurobi 公司开发的新一代大规模数学规划优化器，可用于求解线性规划、整数规划、混合整数规划等数学规划问题。由于软件采用最新优化技术，充分利用多核处理器优势，因此其具有更快的优化速度和精度，其优化性能显著超过传统优化工具。Gurobi 软件没有自己的独立允许环境或建模语言，只能通过其他编程语言调用，其为 C，C ++ ，Java，Python，Matlab，R 等多种编程语言提供了 API 接口。

5. Lingo

Lingo 是 linear interactive and general optimizer 的缩写，即“交互式的线性和通用优化求解器”，是美国 LINDO 系统公司推出的求解最优化问题的专业综合工具软件包，含有求解线性规划、整数规划、非线性规划、随机规划等优化问题的几十种最先进的优化算法和求解器。Lingo 的主要特色之一是内置建模语言，可以用接近标准数学符号的方式来自然的表达数学模型。Lingo 能方便地与 Excel、数据库和其他软件（例如 Matlab 等）交换数据，还为众多编程语言提供了丰富的接口支持，如 C、C ++ 、Java、C#、VB、. NET、R 以及 Python 等。本书接下来将详细介绍如何运用 Lingo 软件求解线性规划。

2.5.2 运用 Lingo 软件求解简单线性规划

1. Lingo 中的基本运算符

（1）算术运算符。算术运算符是针对数值进行操作的。Lingo 提供了 5 种二元运算符：^(乘方)，*(乘)，/(除)，+(加)，-(减)。Lingo 唯一的一元算术运算符是取反函数“ - ”。

（2）逻辑运算符。在 Lingo 中，逻辑运算符主要用于集（集的概念和用法，将在 2.5.3 做介绍）循环函数的条件表达式中，来控制在函数中哪些集成员被包含，哪些被排斥。本书对此不做详细介绍，具体可参考文献（谢金星，2005）。

（3）关系运算符。Lingo 有三种关系运算符：=，<= 和 >= 。

2. Lingo 中的函数

Lingo 中的函数以“@”开始，主要包括以下几类：

（1）数学函数。

@abs(x)：返回 x 的绝对值。

@sin(x)：返回 x 的正弦值，x 采用弧度。

@cos(x)：返回 x 的余弦值，x 采用弧度。

@tan(x)：返回 x 的正切值，x 采用弧度。

@exp(x)：返回自然常数 e 的 x 次幂。

@log(x)：返回 x 的自然对数。

@lgm(x)：返回 x 的 gamma 函数的自然对数。

@mod(x, y)：返回 x 除以 y 的余数。

@sign(x)：如果 $x<0$ 则返回 -1；否则，返回 1。

@floor(x)：返回 x 的整数部分。当 $x \geqslant 0$ 时，返回不超过 x 的最大整数；当 $x<0$ 时，返回不低于 x 的最大整数。

@smax(x_1, x_2, …, x_n)：返回 x_1, x_2, …, x_n 中的最大值。

@smin(x_1, x_2, …, x_n)：返回 x_1, x_2, …, x_n 中的最小值。

（2）变量界定函数。

变量界定函数实现对决策变量取值范围的附加限制，共有以下 4 种。

@bin(x) 限制 x 为 0 或 1。

@bnd(L, x, U) 限制 $L \leqslant x \leqslant U$。

@ free(x) 表示 x 为自由变量，无正负限制。

@ gin(x) 限制 x 为整数。

除了上述两类函数外，Lingo 还提供了金融函数、概率函数、集的操作函数等丰富的函数。

3. Lingo 求解算例

下面以例 2－1 的线性规划模型为例，演示如何运用 Lingo 软件来求解线性规划。在 Lingo 软件的窗口，输入如图 2－6 所示的语句。

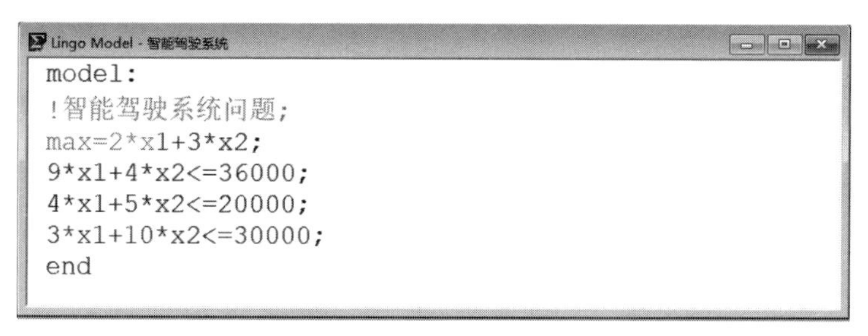

图 2－6　Lingo 程序示例

运行软件后，得到如图 2－7 所示的报告窗口。

```
Global optimal solution found.
Objective value:                              11200.00
Infeasibilities:                              0.000000
Total solver iterations:                             2
Elapsed runtime seconds:                          0.10

Model Class:                                        LP

Total variables:                      2
Nonlinear variables:                  0
Integer variables:                    0

Total constraints:                    4
Nonlinear constraints:                0

Total nonzeros:                       8
Nonlinear nonzeros:                   0


                    Variable           Value        Reduced Cost
                          X1        2000.000            0.000000
                          X2        2400.000            0.000000

                         Row    Slack or Surplus      Dual Price
                           1        11200.00            1.000000
                           2        8400.000            0.000000
                           3        0.000000           0.4400000
                           4        0.000000       0.8000000E-01
```

图 2－7　Lingo 程序运行结果

由程序运行结果，可得线性规划的最优目标值（Objective value）为11200。图2－7的下半部分中，“Variable”表示决策变量，该例中有两个决策变量 x1 和 x2。“Value”指的是决策变量的最优解，即 x1 = 2000，x2 = 2400。“Row”代表图2－6所示的模型的行编号，其中第1行为目标函数，第2行、第3行和第4行分别表示模型的三个约束条件。

除了这些关于解的基本信息外，还有两部分信息特别说明如下。

（1）“Slack or Surplus”表示松弛变量或剩余变量的值。所谓“松弛变量或剩余变量”，指的是不等式约束条件中，不等式两边的“差”，在该例题中，具体表示三种资源在最优生产计划中的剩余量。由图2－7可知，第一种资源（传感器A）剩余了8400，其他两种资源均没有剩余。

（2）“Dual Price”指的是对偶价格，表示一种边际贡献率，即生产计划中各资源分别增加一个单位时最优目标值——总收入增加多少。这个概念在西方经济学中称为影子价格。例如，由图2－7可知，传感器B的影子价格是0.44，表示在现有资源量的基础上，每增加1个传感器B，可以使最大总收入增加0.44万元。又如，传感器A的影子价格是0，表示在现有资源量的基础上，每增加1个传感器A，最大总收入没有变化。由于传感器A在最优生产计划里剩余了8400，所以它的影子价格是0。

影子价格说明了不同资源对总的经济效益产生的影响。因此，一般来说，影子价格对企业的经营管理能够提供一些有价值的信息。

第一，影子价格一般不等于市场价格。对二者进行比较，可以为决策者如何处置资源提供决策支持。例如，当某种资源的影子价格大于市场价格时，可考虑从市场购入该资源，以使企业获得更高的生产利润。反之，当某种资源的影子价格小于市场价格时，可考虑卖出该资源。

第二，影子价格反映了资源的稀缺性。影子价格越高，说明该资源的稀缺性越大，影子价格越低，则稀缺性越小。当影子价格为0时，说明资源有剩余。例如，上例中煤的影子价格为0，说明在最优生产计划中，煤资源有剩余。

4. 关于Lingo建模语言的一些说明

一个Lingo程序以“model:”开始，以“end”结束，但它们不是必需的。除了这两个语句外，其他语句都以“;”结束。Lingo中默认所有的变量都是非负的，除非用变量界定函数@free(x)另行说明。Lingo中是不区分大小写字符的。可以使用“!”引导一个注释语句，注释语句也要以“;”结束。另外，Lingo中以“;”分隔的各语句之间可以打乱顺序。

2.5.3 Lingo的集及求解大规模线性规划

集（Sets）是Lingo建模语言一个强有力的工具，它类似于一般编程语言中的数组或矩阵的概念，可用于方便地求解大规模变量和约束条件的线性规划问题。

理解Lingo建模语言，最重要的是理解集及其属性的概念。为了理解这些概念，以例2－15的球员选拔问题为例，输入如图2－8所示的Lingo程序。

```
model:
!球员选拔问题;
sets:
Hoopster/1..8/:x,c;
endsets

data:
c=1.92,1.9,1.88,1.86,1.85,1.83,1.8,1.78;
enddata

@for(Hoopster(i):@bin(x(i))); !定义0-1变量;
max=@sum(Hoopster(i):x(i)*c(i))/5;
@sum(Hoopster(i): x(i))=5;
x(1)+x(2)=1;
x(6)+x(7)+x(8)>=1;
x(2)>=x(6);
end
```

图2－8　球员选拔问题的Lingo程序

由图2－8可知，该程序由三部分组成。

1. 集的定义部分

从“sets:”到“endsets”，定义了集及其属性。该例中语句“Hoopster/1..8/：x，c;”定义了集Hoopster，“{1，…，8}”表示集的所有成员，即8名球员，并定义了对应于集的两个属性x、c，分别表示决策变量和球员身高。

下面给出集的正式定义。**集**是一群相联系的对象，这些对象也称为集的**成员**。每个集成员可能有一个或多个与之有关联的特征，这些特征称为**属性**。属性值可以预先给定，也可以是有待于Lingo求解的未知量。例如，Hoopster集中的每个成员有两个属性x、c，其中x表示球员是否上场，是Lingo求解的决策变量，而c为球员身高，是已知常量。

一般集定义的语法格式如下：

sets:

setname[/member_list/][:attribute_list];

endsets

方括号（[ ]）中的内容，表示是可选项。

（1）“setname”是我们给集定义的名字，例如该例中的Hoopster。

（2）“member_list”是集成员列表，可采取显式罗列和隐式罗列两种方式。

显式罗列为每个成员输入一个不同的名字，中间用空格或逗号隔开，允许混合使用。

隐式罗列不必罗列出每个集成员，可采用如下语法：

setname/member1..memberN/ [：attribute_list];

其中member1是集的第一个成员名，memberN是集的最末一个成员名。Lingo将自动产生中间的所有成员名。例如，该例中的“Hoopster/1..8/：x，c;”即为隐式罗列。

（3）“attribute_list”是属性列表，各属性之间必须以逗号隔开。

2. 数据部分

在集的使用过程中，通常需要事先给出集中的某些属性赋值以便 Lingo 求解，这些赋值构成 Lingo 程序的数据部分。因此，Lingo 中的数据部分一般与集搭配使用。数据部分的表达式以“data:”开始，以“enddata”结束，其一般形式为：

data:

attribute = value_list;

enddata

其中 value_list 表示给某个属性赋值的常数列表，数值之间以逗号或空格分开。

例如，该例中“c = 1.92, 1.9, 1.88, 1.86, 1.85, 1.83, 1.8, 1.78;”给出常量 c 的值，即 $c(1)=1.92$，$c(2)=1.9$，等等。

3. 其他部分

该部分给出模型的目标函数和约束条件。该例此处用到了集的循环函数。集循环函数是指对集的元素（下标）进行循环操作的函数，一般用法如下：

@function(setname[(set_index_list)[|condition]]:expression_list);

其中“function”是函数名，是 for、sum、prod、max、min 五种之一；setname 是集名：set_index_list 是集合索引列表（不需使用索引时可以省略）；condition 是用逻辑表达式描述的过滤条件（无条件时可以省略），用来限制循环函数的范围，当集循环函数遍历集的每个成员时，Lingo 都要对该条件进行判断，若条件成立，则对该成员执行 @function 操作，否则跳过，继续执行下一次循环；expression_list 是被应用到每个集成员的一个表达式（对@for 函数，可以是多个表达式）。

五个集函数具体解释如下：

@for（集元素的循环函数）：对集 setname 的每个元素独立地生成表达式，表达式由 expression_list 描述（通常是优化问题的约束）。

@sum（集属性的求和函数）：返回集 setname 上的表达式的和。

@prod（集属性的乘积函数）：返回集 setname 上的表达式的积。

@max（集属性的最大值函数）：返回集 setname 上的表达式的最大值。

@min（集属性的最小值函数）：返回集 setname 上的表达式的最小值。

习　题

1. 某工厂在计划期内要安排生产Ⅰ、Ⅱ两种产品，这些产品分别需要在 A、B、C、D 共四种不同的设备上加工。按工艺规定，产品Ⅰ和Ⅱ在各设备上所需要的加工台时数及有关数据如题表 2－1 所示。现工厂需拟定使总利润最大的生产计划。（1）建立此问题的数学模型；（2）用图解法求解最优计划和最大利润。

题表 2-1

产品	A	B	C	D	每件利润
Ⅰ	2	1	4	0	2
Ⅱ	2	2	0	4	3
台时限制	12	8	16	12	—

2. 某市场调查公司受某企业的委托，调查消费者对某种新产品的了解和反应情况。该企业对市场调查公司提出以下要求：

（1）共对500个家庭进行调查；

（2）在被调查的家庭中，至少有200个是没有孩子的家庭，同时至少有200个是有孩子的家庭；

（3）至少对300个被调查家庭采用问卷式书面调查，对其余家庭可采用口头调查；

（4）在有孩子的被调查家庭中，至少对50%的家庭采用问卷式书面调查；

（5）在没有孩子的被调查家庭中，至少对60%的家庭采用问卷式书面调查。

对不同家庭采用不同调查方式的费用见题表2-2。

题表 2-2　　单位：元

家庭背景	调查费	
	问卷式书面调查	口头调查
有孩子的家庭	50	30
没有孩子的家庭	40	25

请问：市场调查公司应如何调查，使得在满足厂方要求的前提下，使得总费用最少，试列出数学模型。

3. 用图解法求解下面的线性规划。

（1）
$$\max z = 2x_1 + x_2$$
$$\begin{cases} 3x_1 + 5x_2 \leqslant 15 \\ 6x_1 + 2x_2 \leqslant 24 \\ x_1,\ x_2 \geqslant 0 \end{cases}$$

（2）
$$\min z = 2x_1 + 3x_2$$
$$\begin{cases} x_1 + x_2 \leqslant 4 \\ 2x_1 - x_2 \geqslant -2 \\ -x_1 + 2x_2 \geqslant 2 \\ x_1,\ x_2 \geqslant 0 \end{cases}$$

（3）
$$\max z = 2x_1 - 2x_2$$
$$\begin{cases} -2x_1 + x_2 \geqslant 2 \\ x_1 - x_2 \geqslant 1 \\ x_1,\ x_2 \geqslant 0 \end{cases}$$

（4）
$$\max z = 3x_1 + x_2$$
$$\begin{cases} 5x_2 \leqslant 15 \\ 6x_1 + 2x_2 \leqslant 24 \\ x_1 + x_2 \leqslant 5 \\ x_1,\ x_2 \geqslant 0 \end{cases}$$

4. 某无人机工厂生产4种型号的无人机：A、B、C、D。各型号每台所需组装时间、调试时间、销售收入以及该厂组装调试能力如题表 2－3 所示。

题表 2－3

时间资源	A	B	C	D	工厂能力
组装时间（小时）	8	10	12	15	2000
调试时间（小时）	2	2	4	5	500
售价（千元）	4	6	8	10	—

由于设备的限制，目前每月最多只能生产 180 台，其中型号 C 和型号 D 不超过 100 台。令 x_1、x_2、x_3、x_4 依次表示各型号每月计划产量。现工厂需拟定使目标总销量收入 z 为最大的生产计划。

（1）写出该问题的数学模型，并引入松弛变量使约束条件为等式。

（2）运用 Lingo 软件求解该模型，并分别回答：

①最优生产计划是什么？

②组装时间的影子价格是多少？

③如果该无人机厂可以从市场上以 0.6 千元/小时的价格购入一些调试时间资源，请问：该厂是否考虑购入该资源？

5. 某工厂需要将长度为 19 米原料裁截成一系列木棍，现需要 4 米长的木棍 50 根、6 米长的木棍 20 根、8 米长的木棍 15 根，问如何裁剪能使余料最少，试列出数学模型。

6. 已知 30 个物品，其中 6 个长 0.51 米，6 个长 0.27 米，6 个长 0.26 米，余下 12 个长 0.23 米，箱子长 2 米。问至少需多少个箱子，才能把 30 个物品全部装下。试建立该问题的 0－1 规划模型，不要求求解。（注：该问题为一维问题，不考虑物品和箱子的截面，只考虑长度）

7. 背包可装入 8 单位重量，10 单位体积物品，备选物品具体信息如题表 2－4 所示，如何携带能使价值最大，试列出数学模型。

题表 2－4

物品	重量	体积	价值
书	5	2	20
摄像机	3	1	30
枕头	1	4	10
休闲食品	2	3	18
衣服	4	5	15

8. 某市为方便学生上学，拟在新建的居民小区增设若干所小学。已知备选校址代号及其能覆盖的居民小区编号如题表 2－5 所示，问为覆盖所有小区至少应建多少所小学，试列出数学模型。

题表 2-5

备选校址代号	覆盖的居民小区编号
A	1、5、7
B	1、2、5
C	1、3、5
D	2、4、5
E	3、6
F	4、6

9. 某厂商制造 A、B、C 三种智能家电，所用资源分别记为Ⅰ、Ⅱ、Ⅲ和设备。制造一台智能家电所需各种资源的数量如题表 2-6 所示（单位已适当给定）。不考虑固定费用，每种智能家电售出一件所得利润分别为 1000 元、1200 元、1300 元，现有可用Ⅰ资源 1500 个，Ⅱ资源 1000 个，Ⅲ资源 3500 个，设备 2800 小时。此外，每种智能家电不管生产多少件，只要做都要支付一定的固定费用，类型 A 为 12000 元，类型 B 为 15000 元，类型 C 为 18000 元。现欲制订一生产计划使获得的利润为最大，写出数学模型。

题表 2-6

资源	A	B	C
Ⅰ资源	1.5	1.7	1.8
Ⅱ资源	1.3	1.5	1.6
Ⅲ资源	4	4.5	5
设备	2.8	3.8	4.2

10. 某平台人工客服 24 小时在线，每 4 个小时划为一个班次。题表 2-7 显示了一天内六个时间段（对应于留个班次）所需的最低客服人数，他们分别在各时间区段开始上班，并连续工作 8 小时。问该平台最少需要配备多少名客服，建立该问题的数学模型。

题表 2-7

班次	时间段	所需人数
1	3:00~7:00	3
2	7:00~11:00	12
3	11:00~15:00	16
4	15:00~19:00	9
5	19:00~23:00	11
6	23:00~3:00	4

11. 网约车平台需要将现有订单指派给最近的司机以减少用户等待时间，目前某区域平台有四个用户需配车，同时该区域有四个空闲司机，具体距离见题表2－8。问怎样指派司机能使用户等待时间最短。

题表2－8　　单位：千米

司机	用户1	用户2	用户3	用户4
司机1	6	7	11	2
司机2	4	5	9	8
司机3	3	1	10	4
司机4	5	9	8	2

12. 编写Lingo程序，求解本书2.3节中的各个问题，编写程序中注意集的灵活运用。

13. 案例分析：S食品公司的广告混合问题。

（1）背景。S食品公司最近推出一款新的早点谷类食品——“脆酥”，公司营销部副总裁尤文正面临着一个棘手的挑战：如何才能大规模地进入已有许多供应商的早点谷类食品市场。值得庆幸的时，“脆酥”有许多受欢迎的优点：口味佳、营养、松脆。尤文对这一切都如数家珍，她坚信这一食品是能够赢得市场的。

然而，尤文清楚她必须避免上一次产品促销活动中所犯的错误。那是她晋升以后第一项重大任务，结果简直是个悲剧！她本以为已经大功告成，却没想到那次活动并没有触及至关重要的目标市场——幼年儿童以及幼年儿童的父母。同时，她还领悟到未将优惠券附在杂志与报纸的广告中是另一大失误。

这一次，必须吸取上次的教训。公司的总裁已经向她表示“脆酥”产品成功与否对公司前途有着重要影响。她清楚地记得总裁跟她谈话时说的话：“公司的股东对公司的现状极为不满，我们必须再次纠正方向，增加公司收入。”尤文以前也曾听到过这样的语调，但这一次，她从总裁极为严肃的目光中意识到了问题的严重性。

尤文在攻读MBA运筹学课程时，曾经学习过如何通过建立数学模型来解决管理决策问题。现在是时候让她仔细考虑一下问题，并准备应用所学知识解决问题了。

（2）问题。克莱略已经雇用了一家一流的广告公司——G公司来帮助设计全国性的促销活动，以使“脆酥”取得尽可能多的消费者的认可。S食品公司将根据该广告公司所提供的服务付给一定的酬金（不超过100万元），并已经预留了另外的400万元作为广告费用。

G公司已经确定了这一产品最有效的三种广告媒介：媒介1：星期六上午儿童节目的电视广告；媒介2：食品与家庭导向的杂志上的广告；媒介3：主要报纸星期天增刊上的广告。现在，要解决的问题是如何确定各广告活动的使用水平以取得最有效的绩效。

为了确定这一广告投放问题的最佳活动水平组合，首先必须明确该问题的总绩效测度以及每一活动对该测度的贡献。S食品公司的最终目标是利润最大化，但是利润与广告影响范围间的直接关系很难确定。因此，尤文决定以广告受众的期望数量代替利润作为问题的总绩效测度，并用广告的浏览量来衡量广告的受众数量。

G司已经为三种媒介广告进行了初步的计划，并且估计了每种媒介广告的每次广告的受众数量（见题表2－9）。

题表2－9

成本分类	成本（万元）		
	每次电视广告	每份杂志广告	每份星期天增刊广告
1. 广告预算	30	15	10
2. 酬金预算	9	3	4
广告受众期望量（万人）	130	60	50

每种媒介上可投放的广告数目受广告预算（400万元）与酬金预算（100万元）的限制。另一限制条件是：在促销活动期间，媒介1，即星期六上午儿童节目的电视广告已所剩无几，很难买到，只有5个广告时段的长度适合（另外两种广告媒介上有足够的选择余地）。

（3）需问题的解决。

①建立线性规划模型求解该问题。

②模型的准确性评价。模型与实际问题并不是完全吻合的，数学模型只能使实际问题的抽象表示，而为了将实际问题抽象出来，就必须进行一些近似或简化的假设。因此，公司所要求的只是数学模型与实际问题具有较高的关联性，该公司决策团队现在面临的工作是确定上述模型是否符合这一标准。请分析该模型可能存在的与实际不符的问题。

参考答案请扫二维码查看

第3章

图与网络分析

日常生活、生产实践和管理决策中的很多问题可以用图论的理论和方法来解决。图论的研究已经成为数学、计算机科学、管理学等学科的重要组成部分。

本章在介绍图的基本概念的基础上，重点介绍最小支撑树问题、最短路问题、最大流问题以及网络计划等网络优化问题。

3.1 图的基本概念

3.1.1 图论的起源

图论的起源可以追溯到1736年。当时的瑞士数学家莱昂哈德·欧拉（Leonhard Euler）发表在圣彼得堡科学院的论文研究了著名的哥尼斯堡七桥问题。普雷格尔河穿过格尼斯堡城，河中有两座岛屿，共有7座桥将岛屿以及陆地相连，如图3－1（a）所示。城中的人们好奇这样一个问题：从城中任意一个地方出发，能否存在一个路线，走过这7座桥且每座桥只走一次，最后返回原地？欧拉将该问题中的4块陆地与7座桥间的关系用一个图形描述，如图3－1（b）所示，其中4块陆地分别用4个点表示，而陆地之间有桥相连者则用连接两个点的边表示。这样，上述的哥尼斯堡桥问题，就变成对由点和边所组成的图形的研究问题，具体地说就是这样一个问题：从图中任一点出发，通过每条边一次而返回原点的路线是否存在？或称为图3－1（b）的一笔画问题。这样，问题就显得简洁多了，同时也更广泛、深刻多了。在此基础上，欧拉证明了该问题不存在答案，因为它要求图中的每个点所关联的边数必须全为偶数。欧拉的研究奠定了图论的基础。

1936年，匈牙利数学家丹尼斯·柯尼希（Dénes König）发表了奠定现代图论的开创性著作《有限与无限图理论》。20世纪50年代，研究者将图论引入运筹学，重点关注了路径和网络流问题。经过几十年的发展，基于图论的网络分析已经成为运筹学中的重要分支。

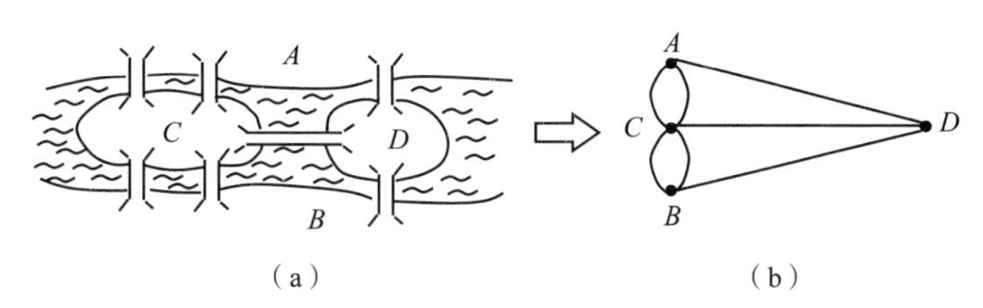

图 3－1　哥尼斯堡七桥问题

3.1.2　图与子图

图在生产和日常生活中经常出现，如公路或铁路交通图、电路图、社交网络图、推荐系统中的用户—项目关系图等。管理学对上述各类图进行抽象概括，研究问题所涉及的对象以及它们之间的相互关系。

例如，有 5 个社交软件用户甲、乙、丙、丁、戊，他们之间有的存在“好友”关系。可以用图来建模他们之间的社交网络：用 v_1、v_2、v_3、v_4、v_5 分别表示这 5 个用户，如果两个人之间是好友关系，则在他们之间连一条线（称为边）e_i，如图 3－2 所示。

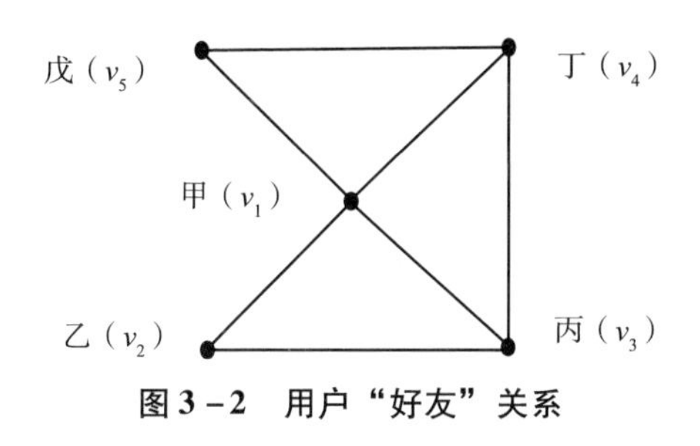

图 3－2　用户“好友”关系

若用点表示实体，用边表示实体之间的关系，则一个**图** G 是由这两部分构成的一个整体，记作 $G=(V, E)$，其中 $V=\{v_1, \cdots, v_n\}$ 为结点集，$E=\{e_1, \cdots, e_m\}$ 为边集。其中每条边 e_k 都与一个结点对 (v_i, v_j) 对应，称 e_k 与结点 v_i 和 v_j **相关联**。

若两个图 $G_1=(V_1, E_1)$ 和 $G_2=(V_2, E_2)$ 满足 $V_2\subseteq V_1$，$E_2\subseteq E_1$，则称 G_2 为 G_1 的**子图**。特别地，如果 G_2 为 G_1 的子图且满足 $V_2=V_1$，则称 G_2 为 G_1 的**支撑子图**。

例如，如图 3－3 所示的两个图，G_2 既是 G_1 的子图，又是支撑子图。

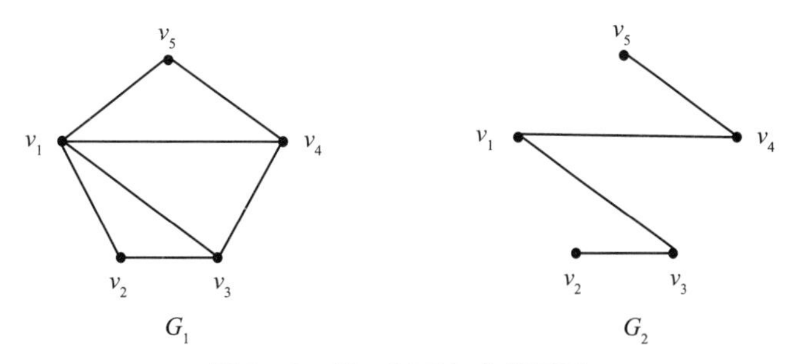

图 3－3　图、子图与支撑子图

3.1.3 无向图与有向图

若把图 3－2 所示的“好友”关系改为“点赞”关系，那么只用两点的连线就不能完全刻画这些用户之间的关系了。例如，当乙给丙点了赞，而丙并没有给乙点赞，这时可以引入一个带箭头的连线。其他人之间的“点赞”的关系同样用带箭头的连线表示，如图 3－4 所示。这时，边具有了方向性。

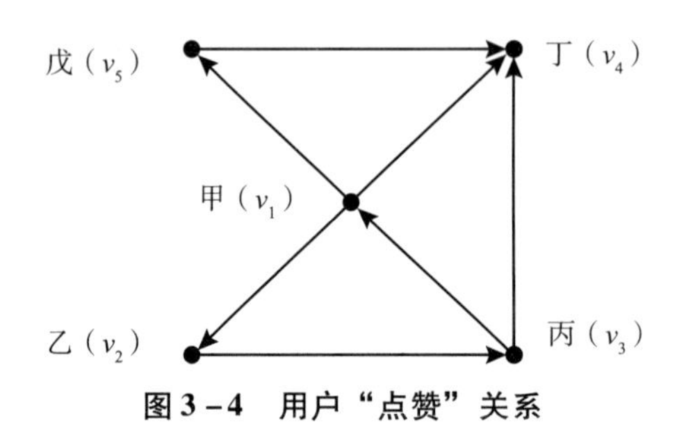

图 3－4　用户“点赞”关系

根据图中边的无向与有向性可将图分成无向图、有向图与混合图三种类型：如果图中所有的边均为无向边，则称为**无向图**，例如图 3－2；如果图中所有的边均为有向边，则称为**有向图**，例如图 3－4；如果图中既有有向边又有无向边，则称为**混合图**。

一般为区别起见，图中结点 v_i 和 v_j 之间的无向边记为 $[v_i, v_j]$，从结点 v_i 到 v_j 的有向边记为 (v_i, v_j)，有向边也称为**弧**。

3.1.4 简单图与多重图

若一个结点对 (v_i, v_j) 对应两条或两条以上的边，则称为**多重边**，不含多重边的图称为**简单图**，否则称为**多重图**。

例如，图 3－2 为无向的简单图，而哥尼斯堡七桥问题的图 3－1（b）为无向多重图。对于有向图的情形，需注意：如果两个结点之间对应方向相反的两条边，并不是多重边。例如，图 3－5（a）为有向简单图，而图 3－5（b）为有向多重图。

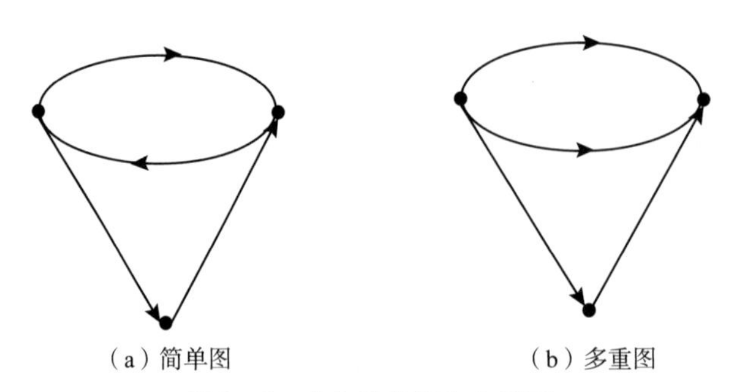

图 3－5　有向简单图和多重图

3.1.5　链、圈、路与回路

链与圈的概念主要在无向图中讨论，路与回路主要在有向图中讨论。

在无向图中，由 G 中的某些点与边相间构成的序列 $\{v_1e_1v_2e_2\cdots e_{k-1}v_k\}$，若满足 $e_i=[v_i, v_{i+1}]$，则称此点边序列为 G 中的一条**链**。封闭的链称为**圈**。例如，图 3－2 中，(v_1, v_2, v_3, v_4) 就是连接 v_1 和 v_4 的一条链。显然连接 v_1 和 v_4 的链不是唯一的，而 $(v_1, v_2, v_3, v_4, v_1)$ 是一个圈。

在有向图中，由 G 中的某些点弧交错且可达的序列 $\{v_1e_1v_2e_2\cdots e_{k-1}v_k\}$，若满足 $e_i=(v_i, v_{i+1})$，则称此点弧序列为 G 中的一条**路**。封闭的路称为**回路**。例如，在图 3－4 中，(v_1, v_2, v_3) 就是从 v_1 到 v_3 的一条路，而 (v_1, v_2, v_3, v_1) 是一个回路。

3.1.6　连通图

有向图的连通性比较复杂，本章只讨论无向图中的连通图。在无向图中，任何两点之间至少存在一条链的图称为**连通图**，否则称为**不连通图**。

例如，图 3－6 中，G_1 是不连通图，G_2 是连通图。

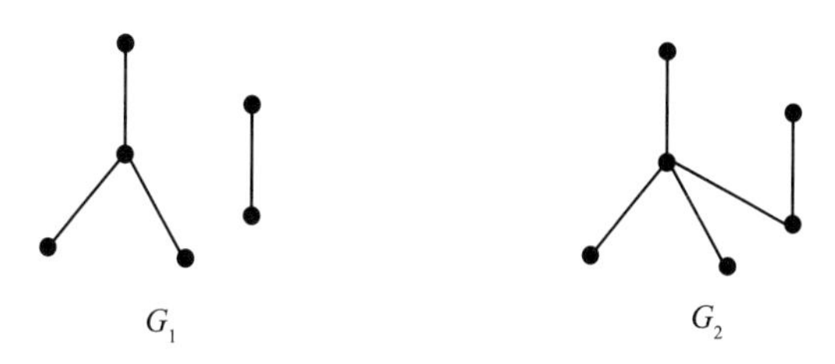

图 3－6　连通图与不连通图

3.1.7　赋权图

为图的每条边都添加一个表示一定实际含义的权数，则构成**赋权图**，赋权图又被称为**网络**，记作 $D=(V, A, C)$，其中 $C=\{c_{ij}\}$ 为权数的集合。根据问题的不同，权数可以表示多种实际含义，例如时间、距离、费用、容量等。

赋权图在解决实际问题过程中的使用非常广泛。例如，在快递物流运输图 3－7 中，站点 A、B、C、D、E 之间有路线相连，边的权数表示两个站点之间的距离。

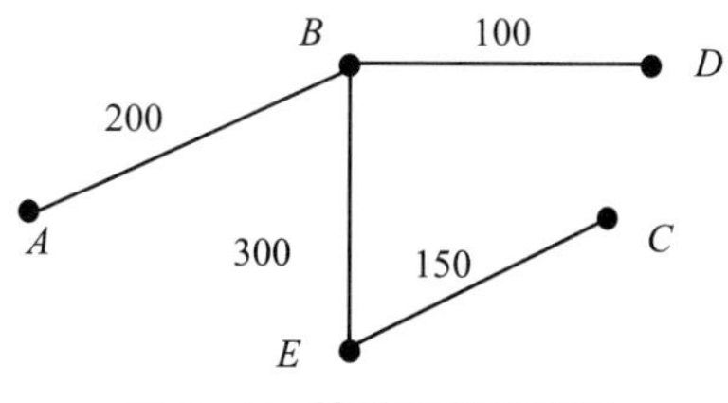

图 3－7　快递物流运输图

3.1.8 图的邻接矩阵

上面讨论图时所使用的集合表示方法与图形表示方法并不能在计算机中直接存储和运算，这就需要借助图的另一种表示方法——图的邻接矩阵。基于图的邻接矩阵可以判断图的连通性、回路（圈）的存在性等。

对于有向图 $D=(V,\ A)$，其中 $V=\{\nu_1,\ \cdots,\ \nu_n\}$，$A=\{a_1,\ \cdots,\ a_m\}$，令 $\boldsymbol{B}=(b_{ij})_{n\times n}$，其中：

$$b_{ij}=\begin{cases}1, & \text{如果}\ (\nu_i,\ \nu_j)\in A\\ 0, & \text{如果}\ (\nu_i,\ \nu_j)\notin A\end{cases}$$

则称矩阵 $\boldsymbol{B}$ 为有向图 G 的**邻接矩阵**。例如，图 3-4 中图的邻接矩阵为：

$$\boldsymbol{B}=\begin{bmatrix}0 & 1 & 0 & 1 & 1\\ 0 & 0 & 1 & 0 & 0\\ 1 & 0 & 0 & 1 & 0\\ 0 & 0 & 0 & 0 & 0\\ 0 & 0 & 0 & 1 & 0\end{bmatrix}$$

对于无向图 $G=(V,\ E)$，其中 $V=\{\nu_1,\ \cdots,\ \nu_n\}$，$E=\{e_1,\ \cdots,\ e_m\}$，令

$$\boldsymbol{B}=(b_{ij})_{n\times n}，\text{其中}\ b_{ij}=\begin{cases}1, & \text{如果}\ [\nu_i,\ \nu_j]\in E\\ 0, & \text{如果}\ [\nu_i,\ \nu_j]\notin E\end{cases}$$

则称矩阵 $\boldsymbol{B}$ 为无向图 G 的**邻接矩阵**。显然，无向图的邻接矩阵为对称矩阵。

对于简单赋权简单图 $D=(V,\ A,\ C)$，也可以定义其邻接矩阵 $\boldsymbol{B}=(b_{ij})_{n\times n}$，其中：

$$b_{ij}=\begin{cases}c_{ij}, & \text{如果}\ (\nu_i,\ \nu_j)\in A\ \text{且}\ i\neq j\\ \infty, & \text{如果}\ (\nu_i,\ \nu_j)\notin A\ \text{且}\ i\neq j\\ 0, & i=j\end{cases}$$

例如，图 3-7 所示的赋权图，其邻接矩阵为：

$$\boldsymbol{B}=\begin{bmatrix}0 & 200 & \infty & \infty & \infty\\ 200 & 0 & \infty & \infty & 300\\ \infty & \infty & 0 & \infty & 150\\ \infty & 100 & \infty & 0 & \infty\\ \infty & 300 & 150 & \infty & 0\end{bmatrix}$$

3.2 最小支撑树问题

3.2.1 树的概念与性质

无圈的连通图称为**树**，如图 3-8 所示。树作为一种特殊的图，存在于许多实体关

系中，简单又实用。例如，描述产品构成、谱系关系等。

树的性质包括：

（1）树的任两点间有且仅有一条链；

（2）树中任去掉一边，则不连通；

（3）树的边数 = 结点数 − 1。

上述性质中，（1）和（2）可以由树的定义直接得到，（3）需要用数学归纳法证明。

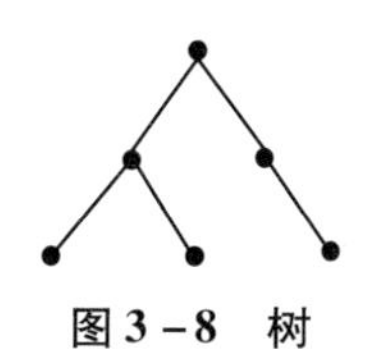

图 3 − 8　树

3.2.2　图的支撑树

若图 $G=(V, E)$ 的支撑子图 $T=(V, E')$ 是树，则称 T 为 G 的**支撑树**，又称为生成树或部分树。只有连通图才有可能存在支撑树。在实际问题中，在图的结点之间建立边是会产生“成本”的，因此有必要考虑以最少的边数连接所有实体结点，即求图的支撑树。

例 3 − 1　已知某无人机航行编队有 6 架正在航行中的无人机，它们的相对位置如图 3 − 9 所示。现需要在编队中建立临时通信网络，任意 2 架无人机都可通信（允许通过其他无人机），最少需要建立几个通信连接？

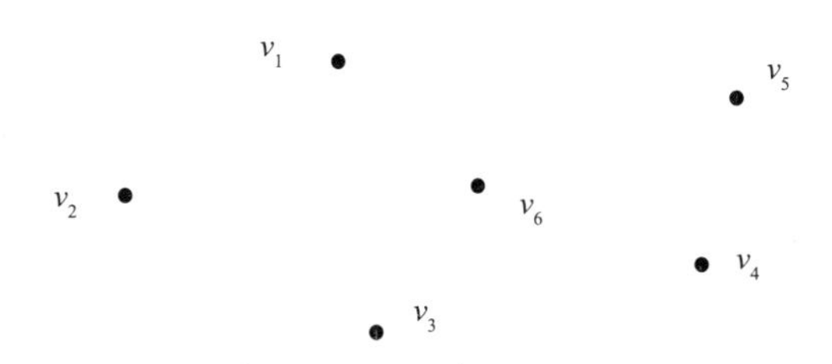

图 3 − 9　编队无人机群在某时刻的相对位置

解：该问题可转化为求图的支撑树问题。显然，一个图可能不只有一个支撑树，其任意一个支撑树均可作为一种通信方案，如图 3 − 10 所示。由树的性质可知，该问题的支撑树的边数是确定的，所以最少要建立 5 个通信连接。

若这些无人机之间建立通信的代价（包括耗能和通信延迟）与距离正相关，如何使整个机群通信总代价最小？这便转化为最小支撑树问题。

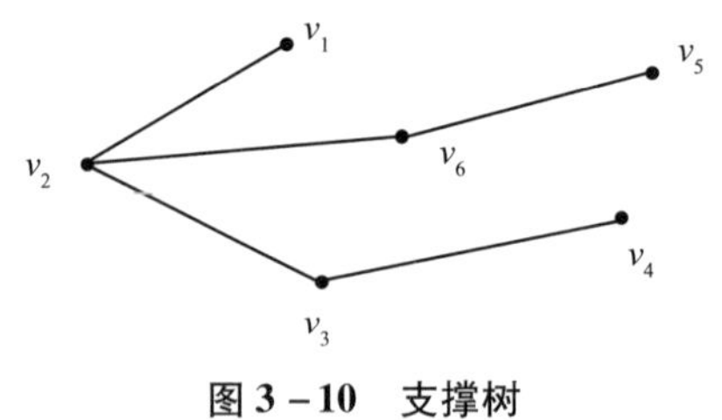

图 3－10　支撑树

3.2.3　最小支撑树问题

最小支撑树问题可描述为：求网络 D 的支撑树，使其权和最小。最小支撑树模型将管理决策及工程实践中的最优化问题转化为无向网络图，并求解其最小总“代价”的连通方法。此处的代价是广义的概念，在实际问题中它可以具体表示时间、距离、费用等许多含义。求解最小支撑树问题常用的方法有两种：避圈法和破圈法。

1. 避圈法

把边按权从小到大依次添入图中，若出现圈，则删去其中最大边，直至填满 $n-1$ 条边为止（n 为结点数）。

2. 破圈法

在图中找圈，并删除该圈中最大的边。如此进行下去，直至图中不存在圈为止。

避圈法和破圈法从两个不同的角度来求解图的最小支撑树。避圈法是一种从少到多的“加入”过程，一步一步地把最小支撑树画出来，破圈法是一种从多到少的“减少”过程，即在原图上直接删除冗余边得到最小支撑树。

一般地，避圈法适合于求解结点数较少而边数较多的网络图，破圈法更适合于求解结点数较多而边数较少的网络图。

例 3－2　仍以例 3－1 为背景，由于设备受限，可建立的候选通信连接如图 3－11 所示。图中各边上的权表示这些无人机之间建立通信的代价，要求给出方案满足：任 2 架无人机都可通信且总代价最小。

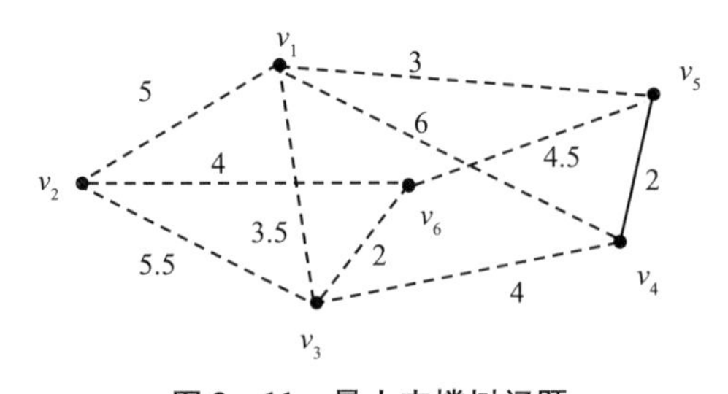

图 3－11　最小支撑树问题

下面分别用避圈法和破圈法求图 3－11 的最小支撑树，求解过程如图 3－12 和图 3－13 所示。图 3－12（j）和图 3－13（f）即为总代价最小的通信方案，最小总代价为 14.5 单位。

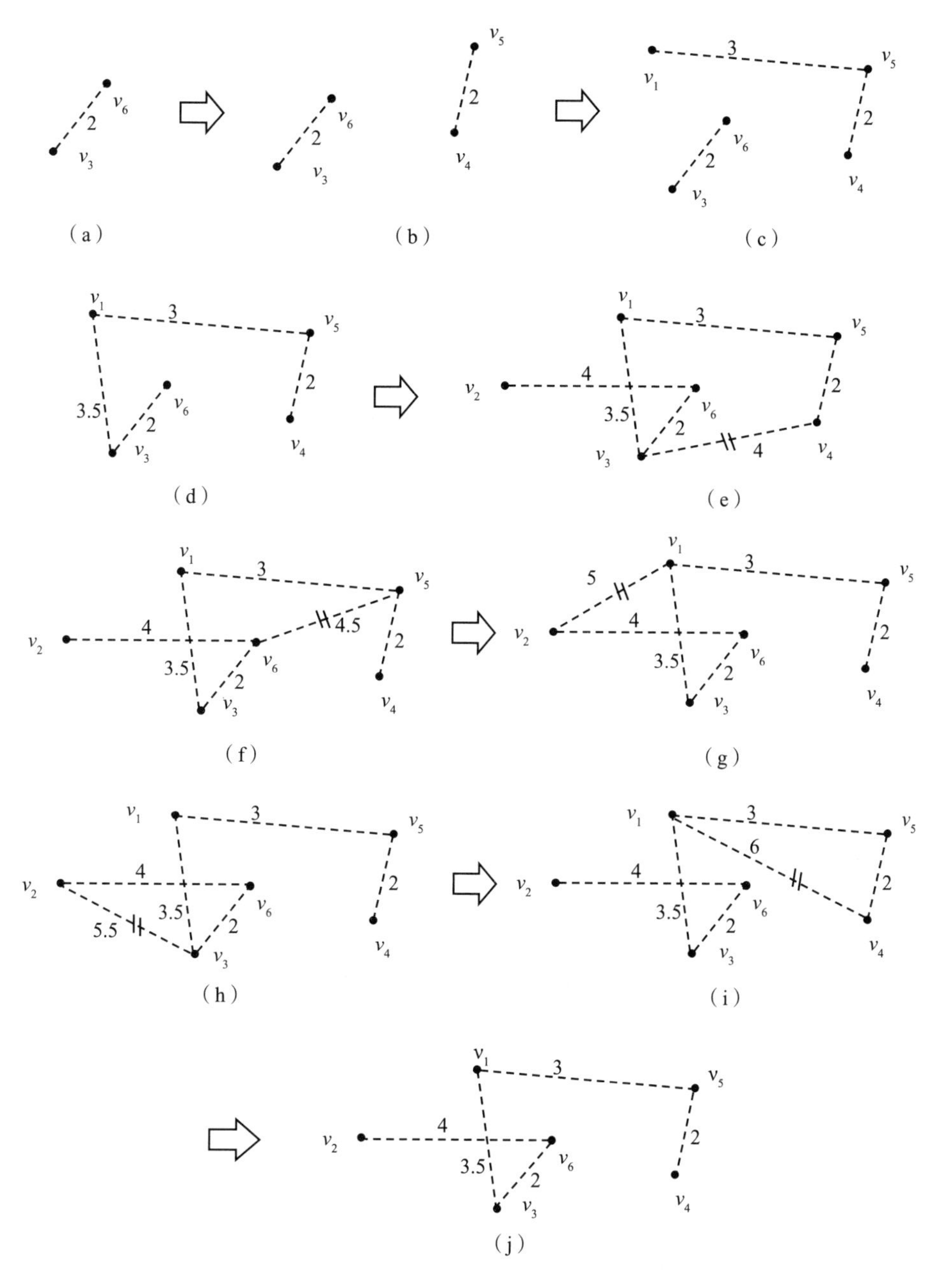

图 3-12 最小支撑树的避圈法求解

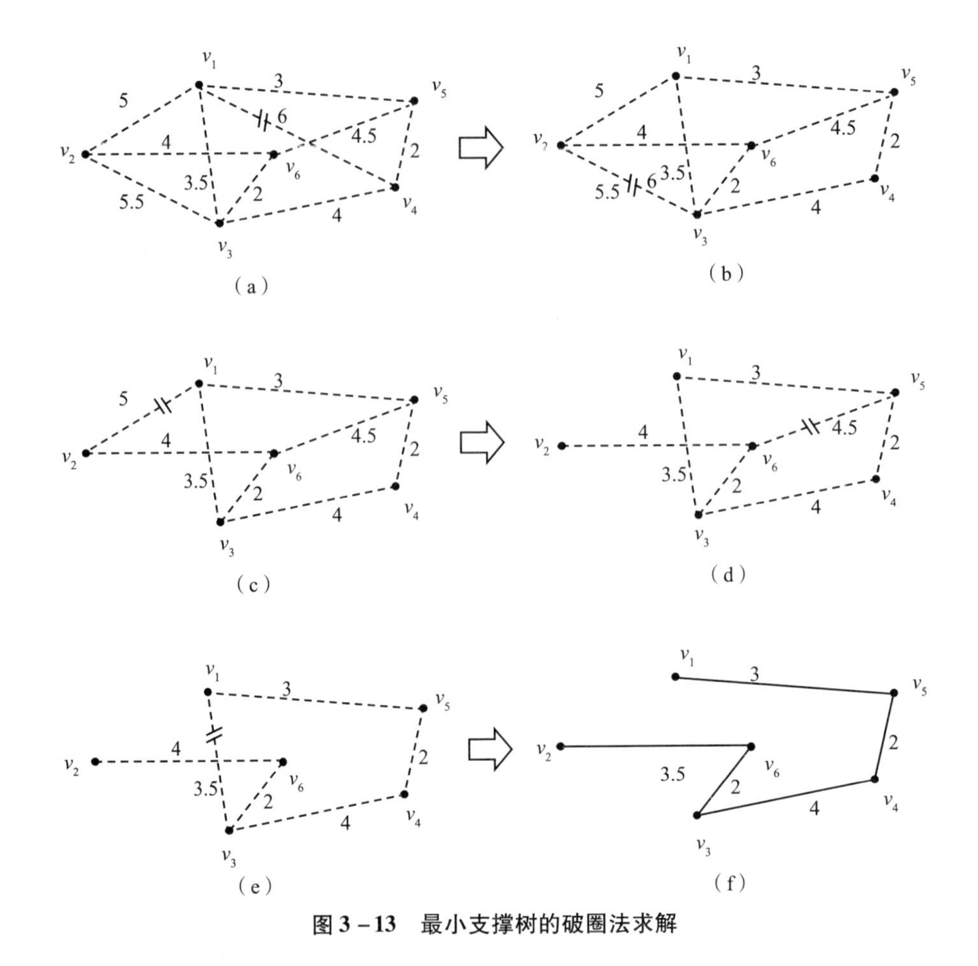

图 3－13 最小支撑树的破圈法求解

例 3－3 某公司打算铺设光纤网络，为它的主要中心之间提供高速通信。图 3－14 中的结点显示了该公司主要中心的分布图。虚线是铺设光缆可能的位置，每条虚线旁边的数字表示如果选择在这个位置铺设光缆需要花费的成本（万元）。求最经济的铺设方法。

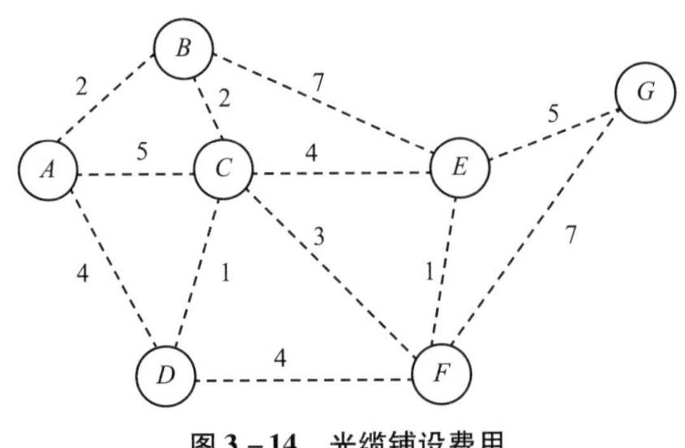

图 3－14 光缆铺设费用

解：该问题为最小支撑树问题，可用破圈法或避圈法求解，最后答案如图3－15所示。

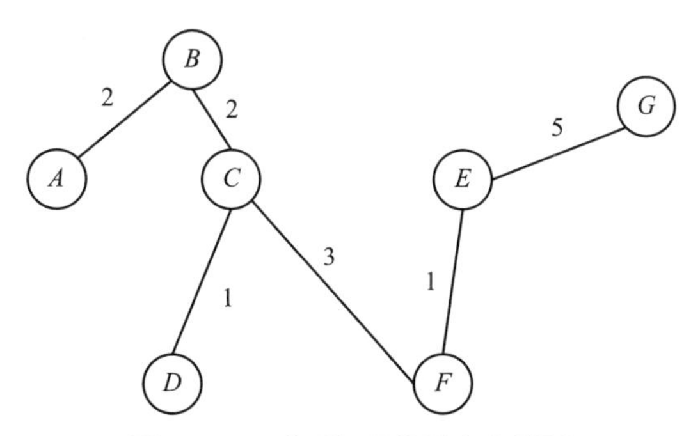

图3－15 联网问题的最小支撑树

例3－4 今有煤气站A，拟铺设管道给一居民区供应煤气，居民区各用户所在位置及可能的铺设线路如图3－16所示，图中边上的数字表示铺设管道所需费用（单位：万元）。要求设计一个总费用最低的煤气管道铺设方案。

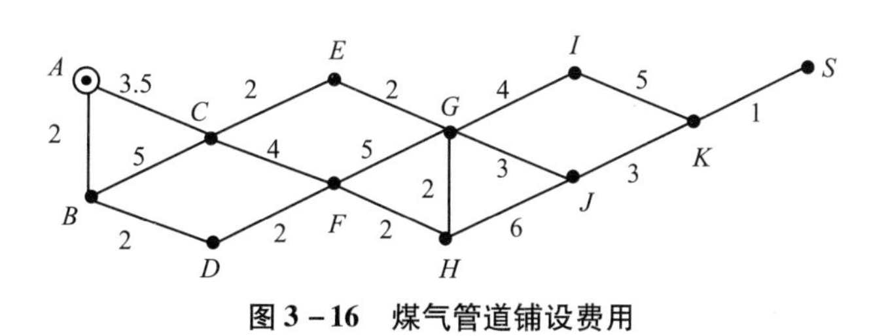

图3－16 煤气管道铺设费用

解：该问题为最小支撑树问题，可用破圈法求解，最小支撑树如图3－17所示，所需的总费用为25万元。

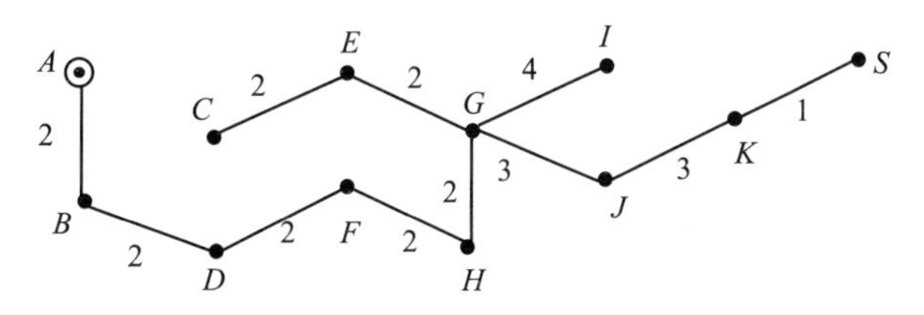

图3－17 最经济的煤气管道路线

基于上述问题，可以继续思考这样的问题，在例3－1背景下，若需要尽快让ν_2向ν_4发出返航指令，应该如何规划通信线路？例3－4中，若只需要从煤气站A往S点供应煤气，其他结点均为路过结点，应如何求解？这就是下一节将要介绍的最短路问题。

3.3 最短路问题

给定一个赋权有向图 $D=(V, A)$，对每一个弧 $a=(v_i, v_j)$，相应地有权 $\omega(a)=\omega_{ij}$（表示沿弧 a 从结点 v_i 直接到结点 v_j 的成本），又给定 D 中的两个结点 v_s，v_t，最短路问题即是对 D 中指定的两个点 v_s 和 v_t 找到一条从 v_s 到 v_t 的路，使得这条路上所有弧的权数的总和最小，这条路被称为从 v_s 到 v_t 的**最短路**，最短路上所有弧的权数的总和即为从 v_s 到 v_t 的**距离**。

求解最短路问题时，一种简单的思路是找出 v_s 到 v_t 的所有可能的通路，从中选择路长最短的一条。但实际问题比较复杂，枚举所有通路的工作量往往非常大，这样的枚举方法是行不通的，只能利用一些特殊的方法求解。常用的方法有 Dijkstra 算法和 Floyd 算法等，本书重点介绍 Dijkstra 算法。

3.3.1 Dijkstra 算法

Dijkstra 算法由艾兹格・W・迪科斯彻（Edsger Wybe Dijkstra）于 1959 年提出。Dijkstra 算法适用于每条弧的赋权数 c_{ij} 都大于等于零的情况，Dijkstra 算法也称为双标号法。所谓双标号，也就是对图 D 中的点 v_j 赋予两个标号 $[d_j, v_i]$，第一个标号 d_j 表示从起点 v_s 到 v_j 的最短路的长度，第二个标号 v_i 表示在 v_s 至 v_j 的最短路上 v_j 前面一个结点，从而找到 v_s 到 v_t 的最短路及 v_s 与 v_t 的距离。

下面给出此算法的基本步骤。

算法 3.1 最短路问题的 Dijkstra 算法

（1）给起点 v_s 以标号 $[0, v_s]$，表示从 v_s 到 v_s 的距离为 0，v_s 为起点。

（2）把顶点集 V 分为互补的两部分，V_1 表示已标号结点集合，$\bar{V}_1$ 表示未标号结点集合。

（3）考虑弧集合 $\{(v_i, v_j) \mid v_i \in V_1, v_j \in \bar{V}\}$，令 $s_{ij}=d_i+c_{ij}$，若存在该弧集中某条弧 (v_{i*}, v_{j*}) 使得 $d_{j*}=s_{i*j*}=\min\limits_{v_i \in V_1, v_j \in \bar{V}_1}\{s_{ij}\}$，则给 v_{j*} 进行标号 $[d_{j*}, v_{i*}]$。

（4）重复（2）、（3），直至终点 v_t 标上号 $[d_t, v_i]$，则 d_t 即为 v_s 到 v_t 的距离，然后根据每个结点所标号内容的前一结点信息反向追踪，可求出最短路。

例 3-5 求图 3-18 中 v_1 到 v_6 的最短路。

解：（1）给起始点 v_1 标以 $[0, v_1]$，表示从 v_1 到 v_1 的距离为 0，v_1 为起始点。

（2）此时已标结点集合 $V_1=\{v_1\}$，未标结点集合 $\bar{V}_1=\{(v_2, v_3, v_4, v_5, v_6)\}$。

（3）考虑弧集合 $\{(v_i, v_j) \mid v_i \in V_1, v_j \in \bar{V}_1\}=\{(v_1, v_2), (v_1, v_3), (v_1, v_4)\}$，并有：

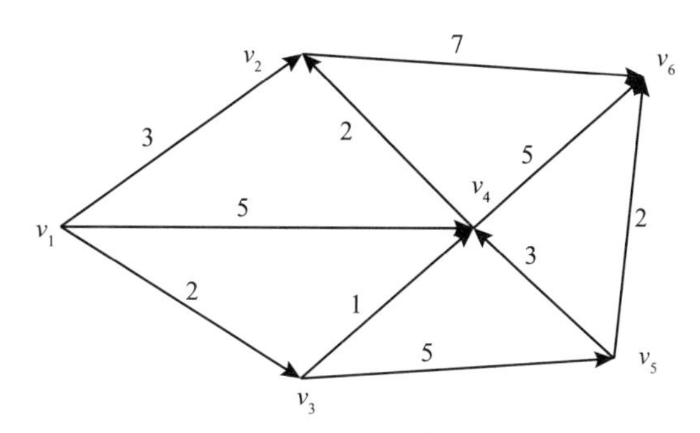

图3-18　最短路问题

$$s_{12}=d_1+c_{12}=0+3=3$$
$$s_{13}=d_1+c_{13}=0+2=2$$
$$s_{14}=d_1+c_{14}=0+5=5$$
$$\min(s_{12},\ s_{13},\ s_{14})=s_{13}=2$$

所以给弧（v_1，v_3）的终点 v_3 标以［2，v_1］，表示从 v_1 到 v_3 的最短距离为2，并且在 v_1 到 v_3 的最短路径中，v_3 前面一个点是 v_1。

（4）重复（2）、（3），此时 $V_1=\{v_1,\ v_3\}$，$\bar{V}_1=\{(v_2,\ v_4,\ v_5,\ v_6)\}$，弧集合 $\{(v_i,\ v_j)\mid v_i\in V_1,\ v_j\in\bar{V}_1\}=\{(v_1,\ v_2),\ (v_1,\ v_4),\ (v_3,\ v_4)\}$，并有：

$$s_{34}=d_3+c_{34}=2+1=3$$
$$\min(s_{12},\ s_{14},\ s_{34})=s_{12}=s_{34}=3$$

此时有两条弧同时达到最小，可给他们的终点同时标号。所以给弧（v_1，v_2）的终点 v_2 标以［3，v_1］，表示从 v_1 到 v_2 的距离为3，并且在 v_1 到 v_2 的最短路径中的 v_2 前面的一个点是 v_1；同时给弧（v_3，v_4）的终点 v_4 标以［3，v_3］，表示从 v_1 到 v_4 的距离为3，并且在 v_1 到 v_4 的最短路径中，v_4 前面的一个点是 v_3。

如此不断进行下去，接下来分别给 v_5 标以［7，v_3］，给 v_6 标以［8，v_4］，终点 v_6 标号以后，整个标号过程结束，标号过程如图3-19所示。

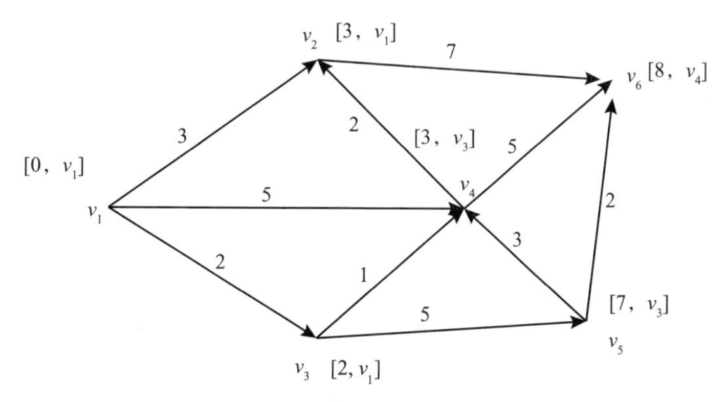

图3-19　最短路问题的求解

所以，根据终点 v_6 的标号内容可知，v_1 到 v_6 的距离为 8，然后从 v_6 反向追踪，可得 v_1 到 v_6 的最短路为 $v_1 \to v_3 \to v_4 \to v_6$。

关于 Dijkstra 算法有如下几点需要补充说明。

（1）若在步骤（4）中，使得 s_{ij} 值为最小的弧有多条，则这些弧的终点既可以任选一个标定，也可以都予以标定；若这些弧中有些弧的终点为同一点，则此点应有多个双标号，以便最后可找到多条最短路径。

另外，同一个问题可能存在多条最短路，但距离是唯一的，这是所有最优化问题的一个共有性质，即可能存在多个最优解，但最优值是唯一的。

（2）当网络中存在负的权数时，Dijkstra 算法失效。例如，图 3－20 所示的网络中，显然 v_1 到 v_3 的最短路为 $v_1 \to v_2 \to v_3$，距离为 －1。然而，若用 Dijkstra 算法求解，则得最短路为 $v_1 \to v_3$，算法失效。

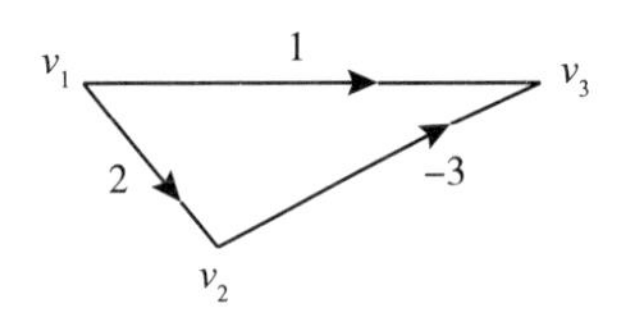

图 3－20　具负权数的网络图

（3）标号过程中间结点的标号内容有明确的意义，例如对于某个中间结点 $v_j(j \neq s, t)$，其标号内容为 $[d_j, v_i]$，则 d_j 表示网络起点 v_s 到该点的距离，而根据其标的结点信息 v_i 反向追踪即可找到 v_s 到该点的最短路。

（4）前面的算法描述针对有向网络图，但对于无向网络图，只需将第（3）步中的弧 (v_i, v_j) 改为边 $[v_i, v_j]$，算法同样适用。

例 3－6　求如图 3－21 网络中 v_1 至 v_7 的最短路，图中数字为两点间距离。

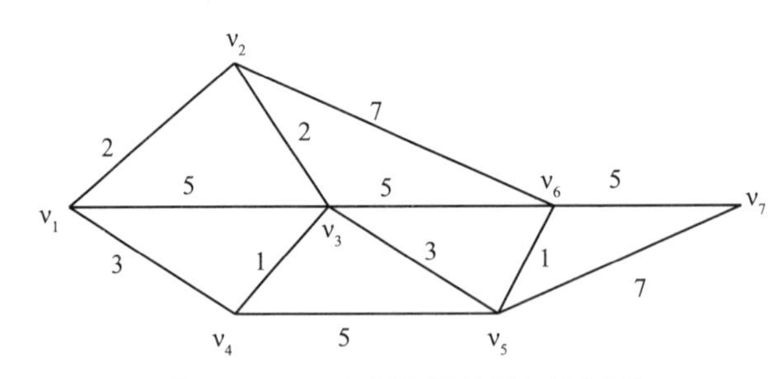

图 3－21　无向网络图的最短路问题

解： 求解过程如图 3－22 所示。v_1 至 v_7 的最短路有两条，分别为：$v_1 \to v_4 \to v_3 \to v_5 \to v_6 \to v_7$ 和 $v_1 \to v_2 \to v_3 \to v_5 \to v_6 \to v_7$，距离为 13。

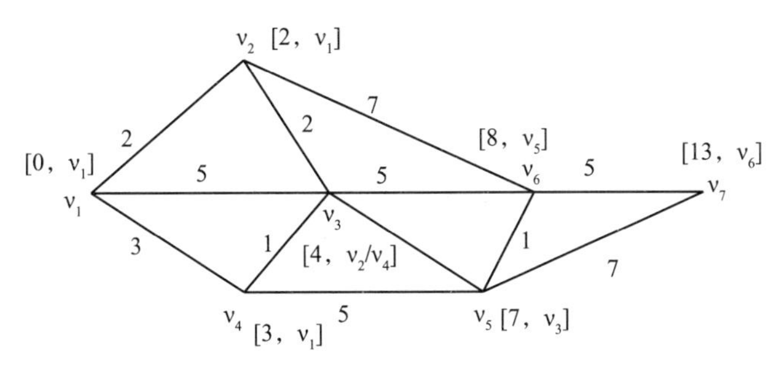

图 3－22　无向网络图的最短路问题的标号求解

例 3－7　某无人救援机器人接到命令，需要从 v_1 点赶往 v_6 进行救援。根据现场态势，可选路线及距离如图 3－23 所示，请为机器人规划 v_1 至 v_6 的最短路线。

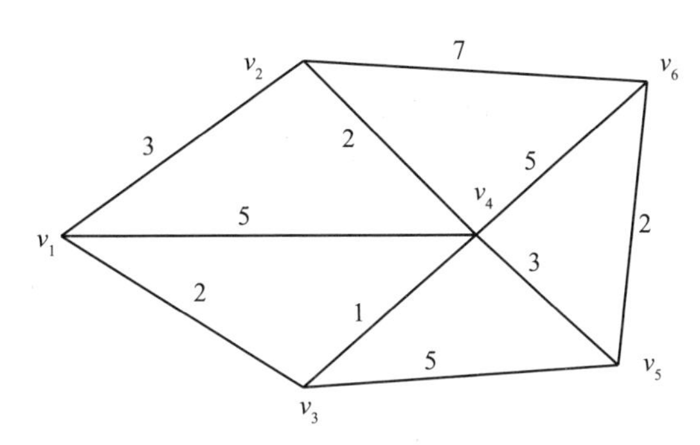

图 3－23　无人救援路线图

解：求解过程如图 3－24 所示。v_1 至 v_6 的最短路线为 $v_1 \to v_3 \to v_4 \to v_6$，距离为 8。

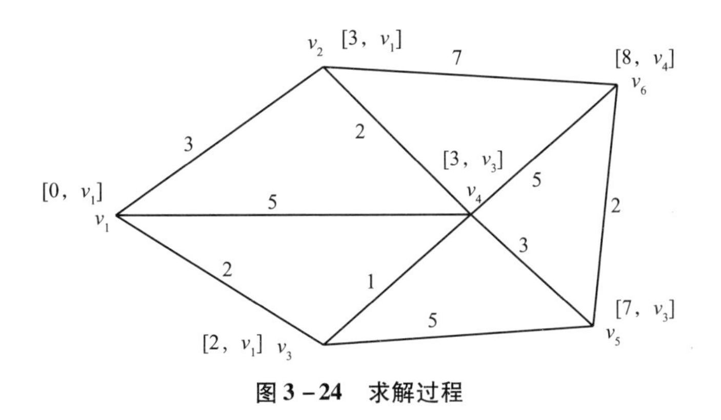

图 3－24　求解过程

3.3.2　最短路问题模型的应用

例 3－8　（设备更新问题）某厂使用一种特种设备，每年年初需要决策是否对该设备进行更新，购置新设备费用和继续使用旧设备的维修费用分别如表 3－1 和表 3－2

所示。现该厂第1年年初购置了一台新设备，问在第5年内如何制订设备更新计划，以使新设备购置费用和旧设备维修费的总费用最小?

表3-1　　新设备在5年内各年初的价格

第 i 年	1	2	3	4	5
价格 a_i	11	11	12	12	13

表3-2　　设备使用一定年数后的维修费用

使用年数	0~1	1~2	2~3	3~4	4~5
费用 b_j	5	6	8	11	18

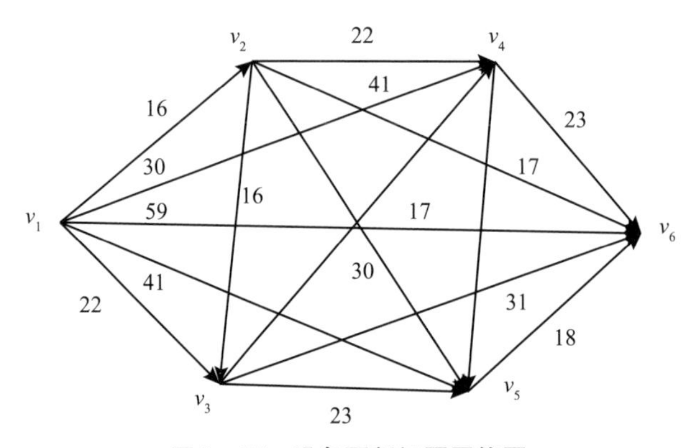

图3-25　设备更新问题网络图

解：　设 $V=\{v_1, v_2, v_3, v_4, v_5, v_6\}$，$v_i(i=1, 2, 3, 4, 5)$ 表示状态“第 i 年年初购进一台新设备”，v_6 表示第5年年末的状态；$E=\{(v_i, v_j), i, j=1, 2, \cdots, 6, i<j\}$，弧 (v_i, v_j) 相当于第 i 年年初购买一台设备一直用到 j 年年初。如此便可建立本问题的网络模型，网络图中每一条从 v_1 至 v_6 的通路表示一种可能的设备更新方案，例如通路 $v_1 \to v_3 \to v_5 \to v_6$ 相当于第1、第3、第5年年初购买设备这一方案。

网络弧上权表示对应的设备维修费和购买费之和。例如，弧 (v_2, v_5) 表示第2年年初购买一台新设备，使用至第4年年底，相应购买费为11，维修费为 $5+6+8=19$，弧 (v_2, v_5) 上的权 $w_{2,5}=30$。

这样，制订一个最优设备更新方案的问题就等价于寻求图3-25中 v_1 至 v_6 的最短路径问题，使用Dijkstra算法得上述问题的最短路有两条，分别为 $v_1 \to v_3 \to v_6$ 和 $v_1 \to v_4 \to v_6$，即第1年和第3年年初购买设备或第1年和第4年年初购买设备，五年最小总费用为53。

由此可知，最短路问题模型不仅能解决寻找最短距离问题，也适合一些其他类型的应用问题，如设备更新、投资决策、计划安排等，也能建模求解。在这些问题中，网络

中的弧 c_{ij}上的权重不再表示距离，而是可以表示费用、时间等更加广泛的含义。

3.3.3 最短路问题的线性规划模型

最短路问题本质上是一个线性规划问题，更具体地说，是一个 0－1 规划问题。设求网络 $D=(V, A, C)$ 中 ν_s 到 ν_t 的最短路，其中 V 为结点集，A 为弧集，$C=\{c_{ij}\}$ 为权数集。令

$$x_{ij}=\begin{cases}1,\ (\nu_i,\ \nu_j)\ \text{是最短路上的弧}\\0,\ (\nu_i,\ \nu_j)\ \text{不是最短路上的弧}\end{cases}$$

则最短路问题可用下面的 0－1 规划模型表示：

$$\min z=\sum_{(\nu_i,\nu_j)\in V} c_{ij}x_{ij}$$

$$\begin{cases}\sum\limits_{(\nu_i,\nu_j)\in V} x_{ij}-\sum\limits_{(\nu_j,\nu_i)\in V} x_{ij}=\begin{cases}1 & (i=s)\\0 & (i\neq s,t)\\-1 & (i=t)\end{cases}\\x_{ij}=0\ \text{或}\ 1,\ (\nu_i,\nu_j)\in V\end{cases}$$

例 3－9 对于图 3－18 所示的网络图，写出求解 ν_1 到 ν_6 最短路问题的线性规划模型。

$$\min z=100x_{12}+30x_{13}+20x_{23}+10x_{34}+60x_{35}+15x_{42}+50x_{45}$$

$$\begin{cases}x_{12}+x_{13}+x_{14}=1\\x_{12}+x_{42}=x_{26}\\x_{13}=x_{34}+x_{35}\\x_{14}+x_{34}+x_{54}=x_{42}+x_{46}\\x_{35}=x_{54}+x_{56}\\x_{26}+x_{46}+x_{56}=1\\x_{ij}=0\ \text{或}\ 1\end{cases}$$

大家可以自己尝试写出图 3－23 网络中，求解 ν_1 到 ν_6 最短路问题的线性规划模型。

3.4 最大流问题

最大流问题是一类应用极为广泛的问题，例如在交通运输网络中有人流、车流、货物流、供水系统中有水流，金融系统中有现金流，通信系统中有信息流等。

3.4.1 最大流问题及其基本条件

已知网络 $D=(V, A, C)$，其中 V 为顶点集，A 为弧集，$C=\{c_{ij}\}$ 为容量集，c_{ij}为弧（ν_i，ν_j）上的容量。现 D 上要通过一个**流** $f=\{f_{ij}\}$，其中 f_{ij}为弧（ν_i，ν_j）上的**流**

量。问应如何安排流量f_{ij}可使D上通过的总流量W最大?

例如，某石油公司拥有一个管道网络，使用这个网络可以把石油从采地运送到一些销售点，网络图如图3-26所示。由于管道的直径的变化，它的各段管道（v_i，v_j）的运输能力（容量）c_{ij}也是不一样的，图中权数表示该容量，单位是万升/小时。如果使用该网络系统从采地v_s向销地v_t运送石油，问每小时能运送多少升石油？这就是一个典型的最大流问题。

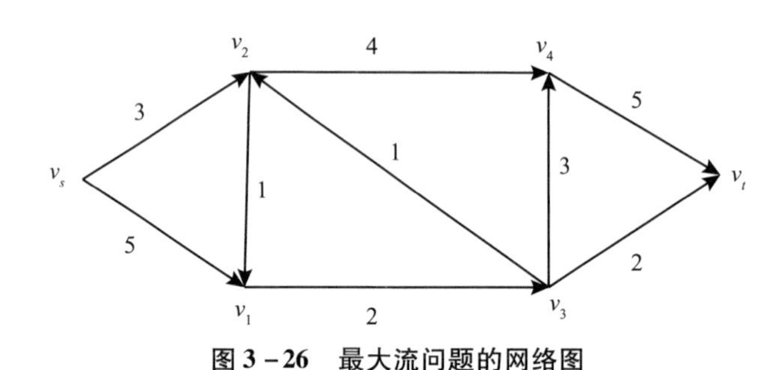

图3-26　最大流问题的网络图

最大流问题的网络图要满足下述基本条件：

（1）网络有一个始点v_s和一个终点v_t；

（2）有向网络图，各弧的方向为流量通过的方向；

（3）网络的每一条弧（v_i，v_j）上都赋予一容量$c_{ij}\geq 0$，表示容许通过该弧的最大流量。

我们称满足上述条件的网络为**容量网络**。

3.4.2　最大流问题的线性规划模型

最大流问题本质上是一个线性规划问题。其决策变量为各弧（v_i，v_j）上的流量f_{ij}，目标函数为网络的总流量最大，约束条件包括容量条件和平衡条件。

1. 容量条件

对于每一个弧（v_i，v_j）$\in E$，有$0\leq f_{ij}\leq c_{ij}$。

2. 平衡条件

对于始点v_s，有 $\sum_{(v_s,v_j)\in E} f_{sj} - \sum_{(v_j,v_s)\in E} f_{js} = W$；

对于终点v_t，有 $\sum_{(v_t,v_j)\in E} f_{tj} - \sum_{(v_j,v_t)\in E} f_{jt} = -W$；

对于中间点，有 $\sum_{(v_i,v_j)\in E} f_{ij} - \sum_{(v_j,v_i)\in E} f_{ji} = 0$。

平衡条件描述了始点的流出总量应该等于终点的流入总量，即为网络的总流量。而对于中间结点而言，他们只是网络流的路过结点，流量经过这些结点时不应被“吞掉”或“增加”，即流入任何中间点的各弧上的流量之和应等于流出之和。

所以，最大流问题的线性规划模型为：

$$\max W = W(f)$$

$$\begin{cases} 0 \leqslant f_{ij} \leqslant c_{ij} & \text{（容量条件）} \\ \sum\limits_{j} f_{ij} - \sum\limits_{j} f_{ji} = \begin{cases} W(f), & i = s \\ 0, & i \neq s, t \\ -W(f), & i = t \end{cases} & \text{（平衡条件）} \end{cases}$$

称满足上述约束条件的流为**可行流**，它是线性规划的一个可行解。

例如，图 3－26 所示的最大流问题，可以找到其一个可行流，如图 3－27 所示，各弧（v_i，v_j）上的数字为（c_{ij}，f_{ij}）。

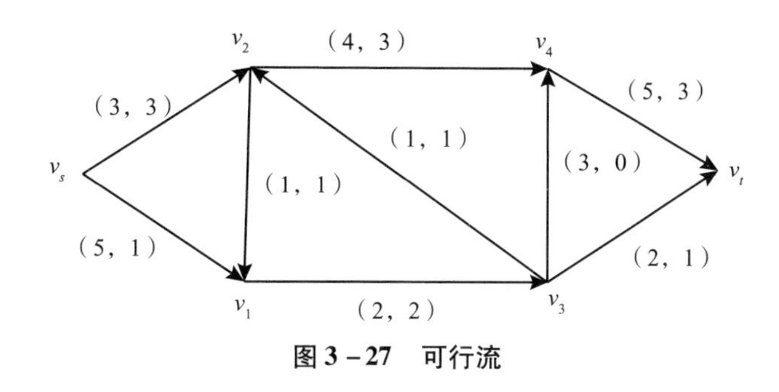

图 3－27　可行流

3.4.3　基本概念与定理

1. 弧的分类

可行流中$f_{ij} = c_{ij}$的弧叫作**饱和弧**，$f_{ij} < c_{ij}$的弧叫作**非饱和弧**。$f_{ij} = 0$ 的弧叫作**零流弧**，$f_{ij} > 0$ 的弧为**非零流弧**。

例如，对于图 3－27，（v_s，v_2）为饱和弧，（v_2，v_4）为非饱和弧；（v_3，v_4）为零流弧，其余为非零流弧。

2. 增广链（可增值链）

容量网络 D，若 μ 为网络暂时忽略边的方向所对应无向图中从 v_s 到 v_t 的一条链，给 μ 定向为从 v_s 到 v_t，μ 上凡与 μ 方向相同的弧称为前向弧，凡与 μ 方向相反的弧称为后向弧，其集合分别用 μ^+ 和 μ^- 表示。f 是网络的一个可行流，如果满足：μ^+ 中的每一条弧都是非饱和弧，μ^- 中的每一条弧都是非零流弧，则称 μ 为从 v_s 到 v_t 的关于 f 的一条**增广链**，也称为可增值链。

例如，图 3－27 中，令 $\mu = \{v_{s1}$，（v_s，v_1），v_1，（v_1，v_2），v_2，（v_2，v_4），v_4，（v_4，v_t），$v_t\}$，如图 3－28 所示，其中 $\mu^+ = \{$（v_s，v_1），（v_2，v_4），（v_4，v_t）$\}$，$\mu^- = \{$（v_1，v_2）$\}$。μ 是一个增广链，显然图中增广链不止一条。

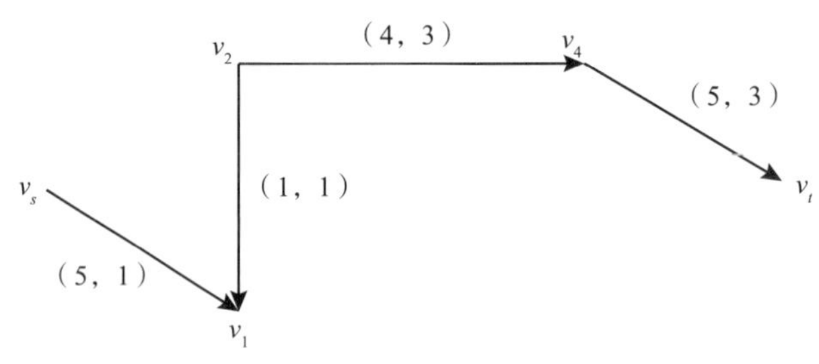

图 3-28　增广链

增广链顾名思义，指的是可以沿着该链对原有流量进行增广，从而使网络的总流量增大。具体的增广方法将在后面的求解方法中详细介绍。关于增广链，有如下定理。

定理 3-1　可行流 f 是最大流的充分必要条件是：不存在从 v_s 到 v_t 的关于 f 的一条增广链。

该定理是将在后面介绍的最大流的标号求解方法的理论依据。

3. 截集与截量

容量网络 $D=(V, A, C)$。如果把 V 分成两个互不相交的非空集合 V_1 与 $\bar{V}_1$（称为 V 的一个划分），使 $v_s\in V_1$，$v_t\in\bar{V}$，则所有始点属于 V_1、终点属于 $\bar{V}_1$ 的弧的集合，称为 D 的一个截集（或成为割集），记作 $(V_1, \bar{V}_1)$。截集 $(V_1, \bar{V}_1)$ 中所有弧的容量之和称为这个截集的截量（或称为割量），记为 $C(V_1, \bar{V}_1)$。

例 3-10　图 3-29 中，若 $V_1=\{v_s, v_1\}$，请指出相应的截集与截量。

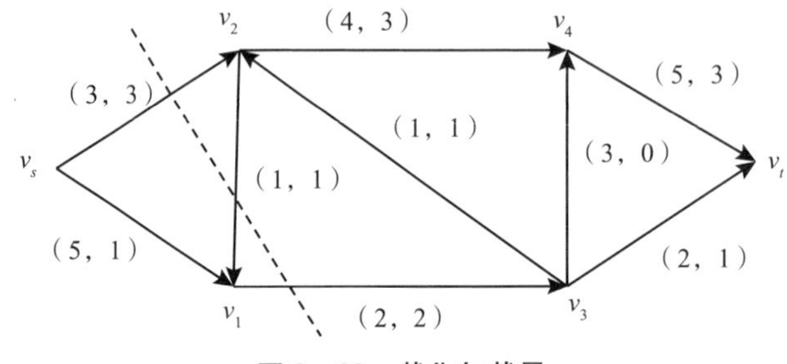

图 3-29　截集与截量

解：$(V_1, \bar{V}_1)=\{(v_s, v_2), (v_1, v_3)\}$，$C(V_1, \bar{V}_1)=3+2=5$。

显然，网络的截集有多个，表 3-3 列出了图 3-29 的一些截集及其截量。

表 3-3　截集与截量

V_1	$\bar{V}_1$	截集 $(V_1, \bar{V}_1)$	截量 $C(V_1, \bar{V}_1)$
$\{v_s\}$	$\{v_1, v_2, v_3, v_4, v_t\}$	$\{(v_s, v_1), (v_s, v_2)\}$	8
$\{v_s, v_1\}$	$\{v_2, v_3, v_4, v_t\}$	$\{(v_s, v_2), (v_1, v_3)\}$	5

续表

V_1	$\bar{V}_1$	截集$(V_1, \bar{V}_1)$	截量$C(V_1, \bar{V}_1)$
$\{v_s, v_2\}$	$\{v_1, v_3, v_4, v_t\}$	$\{(v_s, v_1), (v_2, v_1), (v_2, v_4)\}$	10
$\{v_s, v_1, v_2\}$	$\{v_3, v_4, v_t\}$	$\{(v_1, v_3), (v_2, v_4)\}$	6
……	……	……	……

4. 流量与截量的关系

流量与截量是一对矛盾统一体，二者具有密切的关系。

定理3－2 网络的任一可行流的流量小于或等于任一截集的截量。

关于该定理，此处不给出严格证明，但可基于图3－29对其进行简单说明：假设对于结点集V的某一划分形成一个截集（V_1，$\bar{V}_1$），给定一可行流f，网络的流量可以基于该截集来计算，即$W(f)=f(V_1, \bar{V}_1)-f(\bar{V}_1, V_1)$，其中$f(V_1, \bar{V}_1)$表示截集上的流量和，$f(\bar{V}_1, V_1)$表示相应于截集的反向弧上流量，而$f(V_1, \bar{V}_1)-f(\bar{V}_1, V_1)\leqslant f(V_1, \bar{V}_1)\leqslant C(V_1, \bar{V}_1)$。由此定理得证。

作为上述定理的推论，有如下最大流最小截定理。

推论3－1 （最大流最小截定理）网络的最大流量等于最小截量。

也可借助常识对最大流最小截定理加以理解，即某一时刻往瓶中灌水的最大量等于瓶子的最小截面面积（瓶颈）。由此可见，要想提高最大流量，必须增加最小截集上弧的容量，即解决瓶颈问题。

3.4.4　求最大流的标号法

由定理3－1可知，可行流f是最大流的充分必要条件是不存在从v_s到v_t的关于f的一条增广链。标号法求解网络最大流的基本想法也就是从某一可行流入手，寻找是否存在关于该可行流的增广链，若存在，说明该可行流不是最大流，需要调整，使其流量增大；否则找到最大流。所以该方法大体上可分为两个过程，第一是通过标号寻找增广链的过程，给每点v_j标号［θ_j，v_i］，其中θ_j为可增值上限，v_i为v_j在增广链上的前一结点；第二是调整过程。

初始可行流的获得有两种方法，第一是对于任何网络普遍适用的零流，第二是根据可行流的条件通过观察的方法找到可行流。第一种方法简单，但调整次数可能较多；第二种方法可以得到流量较大的可行流，调整次数较少，但对于复杂的网络来说比较困难。

下面给出具体的标号过程。

（1）给v_s标号［∞，v_s］。

（2）把顶点集V分为$\begin{cases} V_1：已标号点集 \\ \bar{V}_1：未标号点集 \end{cases}$。

（3）考虑所有这样的弧（ν_i，ν_j），其中 $\nu_i \in V_1$，$\nu_j \in \bar{V}_1$ 或反之，若（ν_i，ν_j）为流出未饱和弧，则给 ν_j 标号 $[\theta_j, \nu_i]$，其中 $\theta_j = c_{ij} - f_{ij}$；若（$\nu_i$，$\nu_j$）为流入非零弧，则给 ν_j 标号 $[\theta_j, -\nu_i]$，其中 $\theta_j = f_{ij}$。依此进行的结局由两种：① $\bar{V}_1 = \Phi$，说明存在增广链 μ，反向追踪找出 μ，转（4）；② $\bar{V}_1 \neq \Phi$，但进行不下去，说明不存在可增值链，当前流即 f^*，同时得最小截集（V_1，$\bar{V}_1$）。

（4）调整：取 $\theta = \min\limits_{\nu_j \in \mu}\{\theta_j\}$，令 $f'_{ij} = \begin{cases} f_{ij} + \theta, & (\nu_i, \nu_j) \in \mu^+ \\ f_{ij} - \theta, & (\nu_i, \nu_j) \in \mu^- \\ f_{ij}, & (\nu_i, \nu_j) \notin \mu \end{cases}$，得新流 $\{f'_{ij}\}$ 后，转（1）。

例 3－11　求图 3－27 所示网络的最大流，弧旁数为（c_{ij}，f_{ij}）。

解：（1）第一次标号，依次给 ν_s、ν_1、ν_2、ν_3、ν_t 标号，并得到增广链 $\nu_s \to \nu_1 \to \nu_2 \to \nu_3 \to \nu_t$ 如图 3－30 所示，调量 $\theta = 1$。

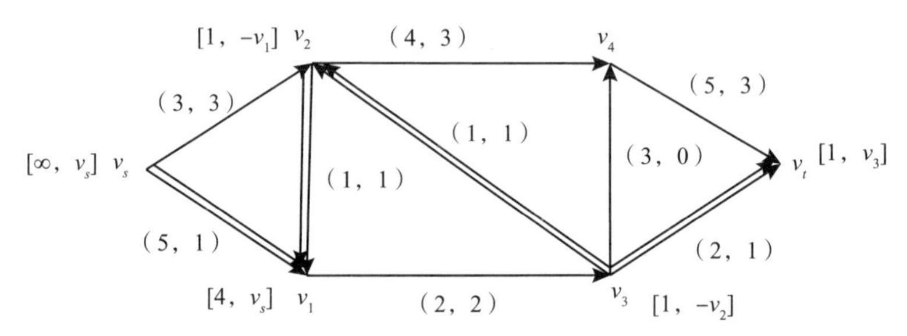

图 3－30　最大流问题第一次标号过程

第二次标号未进行到底，得最大流如图 3－31 所示，最大流量 $W = 5$，同时得最小截 $\{(\nu_s, \nu_2), (\nu_1, \nu_3)\}$，最小截量为 5。

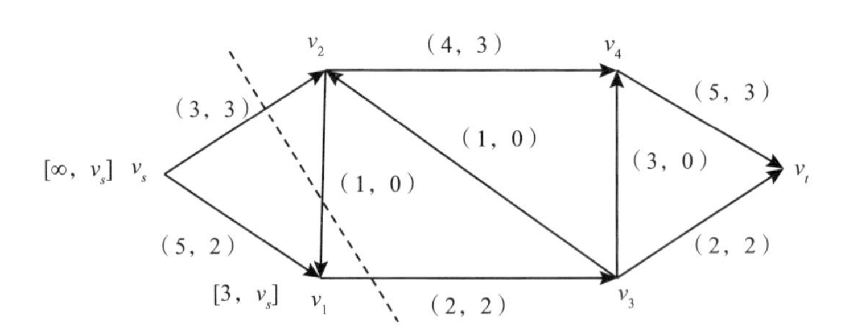

图 3－31　最大流问题第二次标号过程

3.4.5　最大流模型的应用

最大流模型的应用至少包括两个方面，即最大流问题和最小截问题。有的问题需要综合应用这两个方面，因为最小截等于最大流，所以最小截成为制约网络最大流的瓶颈，在求出最大流后，若决策者需要进一步提高最大流量，就需在最小截集上进行扩容。有的问题可能会单独使用最小截模型，主要解决网络流的最小截断问题。下面分别举例说明。

例3-12　有三个发电站（结点 v_1、v_2、v_3），发电能力分别为15兆瓦、10兆瓦和40兆瓦，经输电网可把电力送到8号地区（结点 v_8），电网的能力如图3-32所示。

（1）求三个发电站输到这地区（结点 v_8）的最大电力。

（2）若想进一步提高最大电力，应考虑改善哪些线路的电力输送能力?

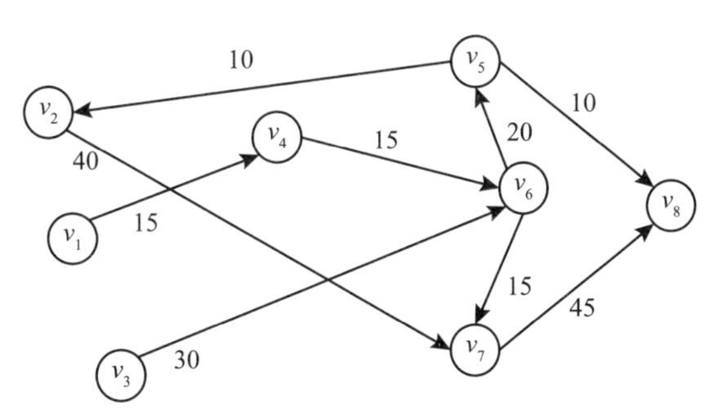

图3-32　电网能力

解：（1）该问题属于最大流问题。由于最大流问题的网络图要求只有一个始点和一个终点，所以有必要添加一个虚设的起点 v_0 和弧（v_0，v_1）、（v_0，v_2）、（v_0，v_3）。弧上容量 $c_{01}=15$，$c_{02}=10$，$c_{03}=40$ 分别为 v_1、v_2、v_3 三点的发电能力，如图3-33所示。

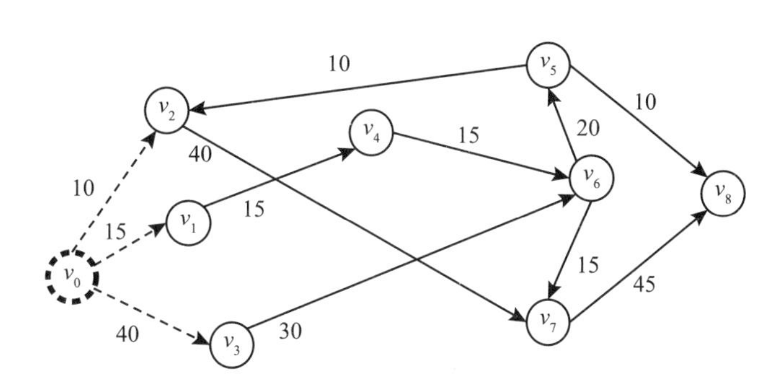

图3-33　虚设始点 v_0 的网络图

用标号法求最大流，需要一初始可行流。用观察法，根据可行流的条件，得一初始可行流，如图3-34所示，弧旁数为（c_{ij}，f_{ij}）。通过标号可知，无法给终点 v_8 标号，所以该可行流即为最大流，最大流量为45，即三个发电站输到这地区的最大电力为45。

（2）为了进一步提高最大电力，由于最小截是制约网络最大流的瓶颈，所以需在最小截集上进行扩容。由标号法可得最小截集为 $\{(v_0, v_2), (v_6, v_5), (v_6, v_7)\}$。如果在（$v_0$，$v_2$）上扩容，实际上需提高 v_2 发电站的发电能力，然而目前三个发电站的发电能力已经过剩，所以在保持现有发电能力的前提下，不能考虑该方案。如果在（v_6，v_5）上扩容，则需同时考虑在（v_5，v_2）和（v_5，v_8）上扩容。所以，在（v_6，v_7）上扩容是最佳方案。读者可以思考为什么只在（v_6，v_5）上扩容不能达到目的，而只在（v_6，v_7）上扩容却可以？事实上，可以验证该网络的最小截不唯一，当网络同时存在多个最小截时，要想提高最大流，必须同时提高所有的最小截量。而（v_6，v_7）是多个最小截的公共弧，所以只在（v_6，v_7）上扩容使得所有最小截量同时提高，而（v_6，v_5）不是多个最小截的公共弧，所以只在（v_6，v_5）上扩容后最小截量并没有改变。

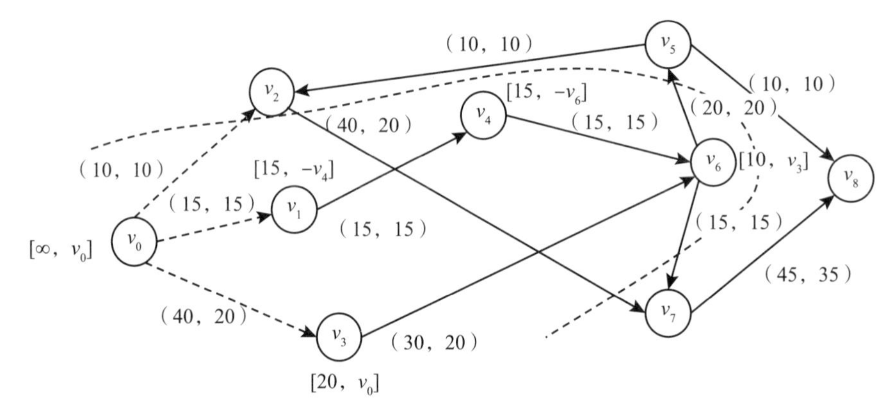

图 3-34　最大流的标号求解

3.5 网络计划

作为一个管理者，常常面临着一些复杂、大型的工程项目，这些工程项目涉及众多部门和单位的大量独立工序或活动，如何来编制计划、安排进度并进行有力的控制，这是管理的重要内容。

网络计划是解决这些问题的强有力工具。从 20 世纪 50 年代起，人们就试用网络方法来编制计划，用网络来代替传统的横道图，其中最著名的是“关键路线法”（Critical Path Method，CPM）和“计划评审技术”（Program Evaluation and Review Technique，PERT）。

PERT 最早应用于美国海军北极星导弹的研制系统，由于该导弹的系统非常庞大复杂，为找到一种有效的管理技术，设计了 PERT 这种方法，并使北极星导弹的研制周期缩短了一年半时间。CPM 是与 PERT 十分相似但又独立发展的另一种技术，是 1957 年美国杜邦公司的沃克（Morgan. R. Walker）和兰德公司的小凯利（Janes. E. Kelly. Jr）共同研制的一种方法，并首次应用于一个化学工厂设备维修计划中。

CPM与PERT网络计划技术的原理基本一致，都是用网络表示的工程项目，以确定关键路线。这一思想是它们的基础。这两种方法的主要区别在于：PERT是针对完成工序的时间不能确定而是一个随机变量时的计划编制方法，活动的完成时间通常用三点估计法，注重计划的评价和审查；CPM以经验数据确定工序时间，看作确定的数值，主要研究项目的费用与工期的相互关系。通常将这两种方法融为一体，统称为网络计划技术（PERT/CPM）。

网络计划主要应用于新产品研制与开发、大型工程项目的计划编制与计划的优化，是项目管理和项目安排领域目前比较科学的一种计划编制方法，比甘特图（Cantt chart）［或称横道图（bar chart）］计划方法有许多优点。网络计划有利于对计划进行控制、管理、调整和优化，更清晰地了解工序之间相互联系和相互制约的逻辑关系，掌握关键工序和计划的全盘情况。

1964年，我国著名数学家华罗庚以国外的CPM和PERT方法为核心，进行提炼加工，通俗形象化，提出了中国式的统筹方法（Overall Planning Method）。1965年华罗庚著的《统筹方法平话及其补充》由中国工业出版社出版，书中用“泡茶”这一浅显的例子，讲述了统筹法的思想和方法。该书的核心是提出了一套较系统的、适合我国国情的项目管理方法，包括调查研究、绘制箭头图、找主要矛盾线以及在设定目标条件下优化资源配置等。1964年华罗庚带领中国科技大学部分老师和学生到西南三线建设工地推广应用统筹法，在修铁路、架桥梁、挖隧道等工程项目管理上取得了成功。

网络计划方法一般由两个阶段组成：初始计划阶段和计划方案优化调整阶段。前者是先把工程划分为多个相互衔接的工序，估计工序完工时间，然后用网络图表示，按计划时间参数确定完成工程的各关键工序及由其组成的关键路线，拟订一初始计划方案。后者则根据要求，综合考虑时间、费用、咨询等目标，对初始计划方案进行调整改善，直至得出满意的计划方案。其中，前一初始计划阶段又包括网络绘制与关键路线确定两个环节。本节首先介绍网络图的绘制。

3.5.1　工程计划网络图的绘制

1. 网络图的组成要素

一项工程总由许多彼此关联的独立活动组成。这些活动称为**工序**。各道工序之间先后关联，完成每道工序的时间称为**工序时间**。因此，可以采用一个网络图（赋权的有向图）表示各道工序之间的顺序及工序时间。

一般表示工程计划的网络图由三部分组成，即箭线、结点和权。

（1）箭线。箭线又分为实箭线和虚箭线。实箭线表示一道具体工序。箭头所指方向表示工序进行方向，箭尾表示工序开始，箭头表示工序结束。箭头和箭尾与结点相连，结点用圆圈表示，并编上号码。箭线两端的结点号码就表示一道工序，通常称为**双代号表示法**。虚箭线表示一道**虚工序**。虚工序不是实际中的具体工序，它仅用于表示工序与工序之间的关联关系。虚工序不需时间、费用和资源。相邻的两道工序互称为**紧前工序**和**紧后工序**。

（2）结点。它表示一个**事项**。事项又称为事件，表示一些工序的结束或开始。在相邻工序首尾连接处的结点用圆圈表示，圈内注上该结点（事项）的序号。整个网络图其实结点称为总开工事项，而最后工序的结束结点为完工事项。网络中所有工序都是用事项（结点）进行相互联系并互相制约的，只有当事项的所有紧前工序完成后，事项的紧后工序才能开始。

（3）权。在每条弧上标一个权，表示工序的完成时间。

网络计划中还常用到路线的概念。**路线**是指从最初结点（总开工事项）开始顺着箭头方向连续不断地到达终点（总完工事项）的通路，这样的通路有许多条，各条路线上工序时间的和可能不同，其中时间和最大的路线为**关键路线**，相应有次关键路线。关键路线上的工序称为**关键工序**。

2. 绘制网络图的基本规则

一张正确的网络图，不但需要明确地表达出工序的内容，而且要准确地表达出各项工序之间的先后顺序和相互关系。因此，绘制网络图必须遵守一定的规则。

（1）图中不能出现缺口。在网络图中，除始点、中点外，其他各个结点的前后都应有弧连接，即图中不能有缺口，使网络图从始点经任何路线都可以到达终点。否则，将使某些工序失去与其紧后（或紧前）工序应有的联系。

（2）图中不能出现回路。出现回路意味着循环现象，这将使组成回路的工序永远不能结束，工程永远不能完工，出现了逻辑错误。

（3）图中不能出现多重边。多重边指的是两点间有多于一条的边，如图 3－35（a）所示。但实际中确实存在着这样的工序关系，即两道工序具有相同的开始事项和结束事项。解决该问题的方法是引入虚工序（见图 3－35）。

图 3－35　多重边问题的解决方法

（4）网络图的事项要统一编号。编号由左至右进行，每道工序的箭尾事项号应小于箭头事项号。

3. 绘制网络图的准备工作

在绘制工程计划网络图前，首先要完成下列准备工作。

（1）确定目标。工程计划目标是多方面综合的，但按侧重点不同大致可分成三类：

即时间要求为主、资源要求为主和费用要求为主三类。

（2）工程任务的分解和分析。分析工程由哪些工序组成，并列出全部工序及其代号清单。工程任务的分解，根据不同对象有不同要求。例如，对领导机构，重要的是综观全局，掌握关键，因此，工程可以分解得粗一些；对基层生产单位，要根据网络图组织生产，因此，工程应该分解得细一些。

（3）确定各工序之间先后顺序及衔接关系。要确定每一道工序开工之前有哪些工序必须先期完成，即确定每一道工序的紧前工序是哪些。

（4）确定工序完成时间。由于制订网络计划是在项目开始之前，所以需实现估计每道工序（i, j）的完成时间 $t(i, j)$。通常确定工序时间有两种方法。

①一点估计法，即对各道工序的完成时间仅估计一个数值。估计时，以完成工序所需要最大作业时间为准。在工序的工时定额资料比较健全或者有同类工序时间的统计资料时，经常使用一点估计法，根据资料，通过分析对比确定各工序的工序时间。

②三点估计法。三点估计法是事先估计出工序的三种可能完成时间，其期望值就作为工序时间的估计值。三种时间是：乐观时间 a_{ij}，指顺利完成的最短时间；最可能时间 m_{ij}，指正常情况下最可能的完成时间；悲观时间 b_{ij}，指极不顺利条件下完成工序的最长时间。则工序（i, j）完成时间一般用下面的公式来确定：

$$t(i, j) = \frac{a_{ij} + 4m_{ij} + b_{ij}}{6}$$

例3－13　某公司进行技术改造，需要拆掉旧厂房、建造新厂房和安排设备。这项改建工程可以分解为7道工序，其相关资料如表3－4所示。

表3－4　某公司技术改造工序相关资料

工序	内容	紧前工序	工序时间（周）
A	拆迁	—	2
B	工程设计	—	3
C	土建工程设计	B	2.5
D	采购设备	B	6
E	厂房土建	C、A	20
F	设备安装	D、E	4
G	设备调试	F	2

根据上述资料，可绘制该工程的网络图，如图3－36所示。

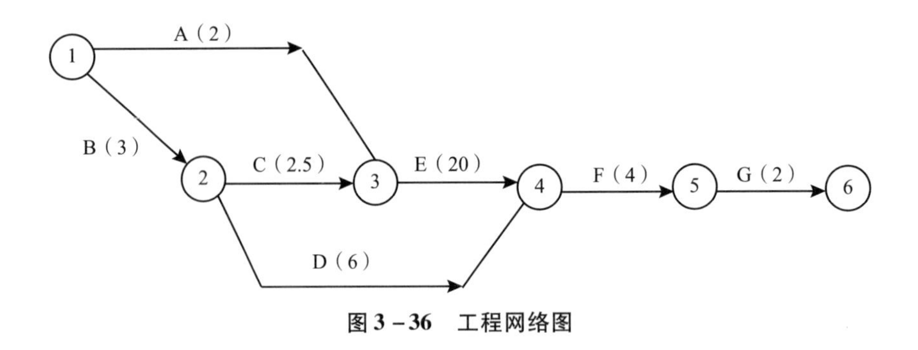

图 3－36 工程网络图

例 3－14 已知某工程项目相关资料如表 3－5 所示，试绘制工程网络图。

表 3－5 某工程项目工序相关资料

工序	紧前工序	工序时间（周）
A	—	2
B	—	3
C	—	2
D	A	3
E	A	4
F	B	7
G	B	6
H	D、E	4
I	B、C	10
J	G、I	3

解： 工程网络如图 3－37 所示。

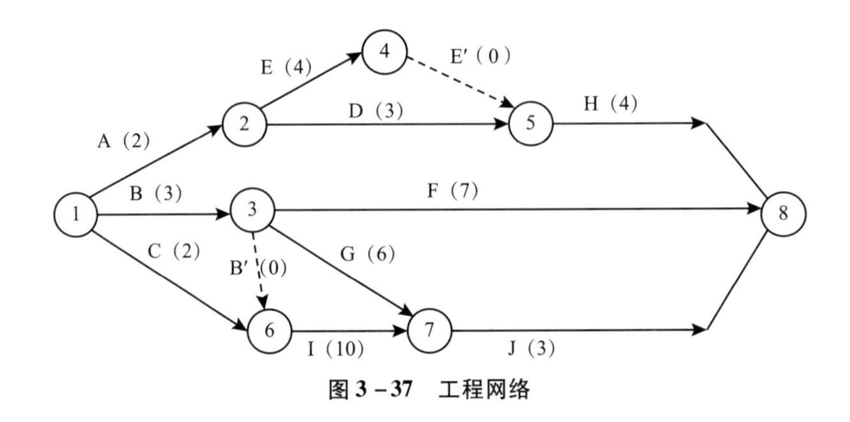

图 3－37 工程网络

该例中一共有两道虚工序。一般有两种情况需要引入虚工序。第一，两个工序A、B有相同的始点和终点，即多重边问题。这在前面绘制网络图的基本规则中曾经提到，如图3－35所示。例3－14中的E′即为此情形。第二，四个工序A、B、X、Y有如下关系，A是X的紧前工序，A和B同时又是Y的紧前工序，则此时需要画A的虚工序，如图3－38所示。例3－14中的B′即为此情形。

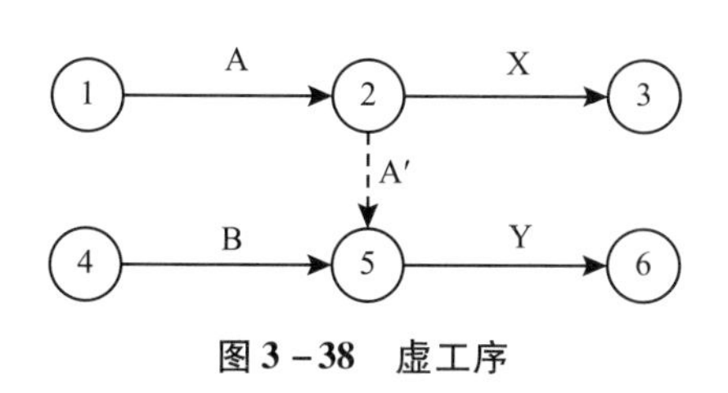

图3－38　虚工序

3.5.2　关键路线的确定

1. 时间参数公式及其含义

（1）事项最早时间 $t_E(i)$。

这是指事项最早可能发生时间。其计算方法是从始点事项开始，设 $t_E(1)=0$，表示工程从零时刻开工，然后自左至右逐步计算各事项最早时间，直至终点事项。一个箭头事项的最早时间等于相关箭尾事项的最早时间加上该箭线时间（即工序时间）。若一个事项同时是几个箭线的箭头事项，则选择其中箭尾事项的最早时间加箭线时间之和的最大值作为该事项最早时间。这可用下列公式确定：

$$\begin{cases} t_E(1)=0 \\ t_E(j)=\max\{t_E(i)+t(i,\ j)\}\ (j=2,\ 3,\ \cdots,\ n) \end{cases}$$

终点事项最早时间记为 $T_E=t_E(n)$，通常称 T_E 为工程的最早完工期，简称为**工程工期**。从网络角度看，T_E 就是从起点到终点最长路的路长。其中箭线的路长表示工序时间。

事项最早时间 $t_E(i)$ 的计算方法归纳如下：

①$t_E(1)=0$；

②从左至右计算；

③$t_E(j)=\max\{t_E(i)+t(i,\ j)\}\ (j=2,\ 3,\ \cdots,\ n)$；

④$T_E=t_E(n)$。

（2）事项最迟时间 $t_L(i)$。

一个事项若晚于某一时刻发生，就会推迟整个工程的最早完工期，这个时间称为事项最迟时间。终点事项（总完工事项）最迟时间就是工程最早完工工期，即有 $t_L(n)=T_E$。事项最迟时间是从终点事项起，自右至左逐个计算，即有公式：

$$\begin{cases} t_L(n) = t_E = t_E(n) \\ t_{L(i)} = \min\{t_L(j) - t(i,\ j)\} \end{cases}$$

事项最迟时间计算方法归纳如下：

①$t_L(n) = t_E = t_E(n)$；

②从右至左计算；

③$t_{L(i)} = \min\{t_L(j) - t(i,\ j)\}$　$(i = n-1,\ n-2,\ \cdots,\ 1)$。

（3）工序 $(i,\ j)$ 最早可能开工时间 $t_{ES}(i,\ j)$（earliest start time）。

一道工序必须在其所有紧前工序完工后才能开工，所以工序$(i,\ j)$最早可能开工时间即为工序箭尾事项的最早时间，即有：

$$t_{ES}(i,\ j) = t_E(i)$$

（4）工序 $(i,\ j)$ 最迟必须开工时间 $t_{LS}(i,\ j)$（latest start time）。

这个参数是指在不影响整个工期 T_E 的条件下工序最迟必须开始的时刻，等于这个工序箭头事项最迟时间减去工序时间，即有：

$$t_{LS}(i,\ j) = t_L(j) - t(i,\ j)$$

（5）工序 $(i,\ j)$ 最早可能完工时间 $t_{EF}(i,\ j)$（earliest finish time）和最迟必须完工时间 $t_{LF}(i,\ j)$（latest finish time）。

显然，它们分别为：

$$t_{EF}(i,\ j) = t_{ES}(i,\ j) + t(i,\ j)$$

$$t_{LF}(i,\ j) = t_{LS}(i,\ j) + t(i,\ j)$$

（6）工序 $(i,\ j)$ 的总时差 $R(i,\ j)$。

在不影响整个工程工期 T_E 的条件下，工序最早可能开工时间可以推迟的时间数称为工序的总时差，它表示工序安排上可以松动的时间数。显然，总时差为：

$$R(i,\ j) = t_{LS}(i,\ j) - t_{ES}(i,\ j) = t_{LF}(i,\ j) - t_{EF}(i,\ j)$$

（7）工序 $(i,\ j)$ 的单时差 $r(i,\ j)$。

单时差是指不影响紧后工序最早可能开工时间条件下，工序最早可能完工时间可以推迟的时间，即：$r(i,\ j) = t_E(j) - t_{EF}(i,\ j)$，这里的工序 $(i,\ j)$ 与其紧后工序不能都是虚工序。

2. 关键路线

根据网络图中的参数，可以确定关键路线。要确定关键路线，必须先找出关键工序。关键工序是指总时差为零的工序。关键路线是由关键工序连接而成的路线。

一般可用标号法来确定工期和关键路线，具体步骤为：

（1）求工期：从始点开始，自左向右标出各事项的最早时间 $t_E(i)$，并将其填在矩形"□"之中。终点的标号即为完工期。

（2）确定关键工序：从终点开始，自右向左标出各事项的最迟时间 $t_L(i)$，并将其填在三角形"△"之中。然后按照前面的公式，计算出各工序的总时差 $R(i,\ j)$。关键

工序为 $R(i, j)=0$ 的工序。

例 3-15　计算例 3-14 的工程工期和关键工序。

解： 在图 3-37 上进行标号，标出各事项的最早时间和最迟时间，如图 3-39 所示。

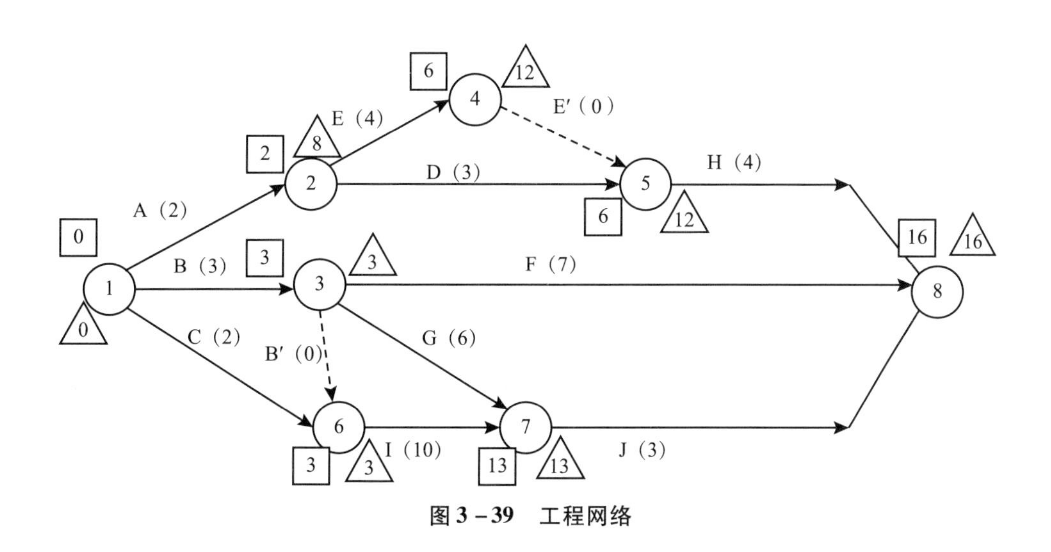

图 3-39　工程网络

由标号结果可知，该问题的工期为 16。可以计算，各工序的总时差分别为 $R(A)=6$、$R(B)=0$、$R(B')=0$、$R(C)=1$、$R(D)=7$、$R(E)=6$、$R(F)=6$、$R(G)=4$、$R(I)=0$、$R(J)=0$。所以关键工序为 B、B'、I、J，他们构成了关键路线。

可以看出，关键工序满足首尾结点最早时间等于最迟时间，但反之未必成立，如该例中的 B、F 等工序。

例 3-16　某大学拟对体育馆进行改造和升级，整个工程分为 11 道工序，相关资料见表 3-6。求该项目的完工期 T 及关键路线。

表 3-6　体育馆改造项目资料

工序	内容	紧前工序	所需天数
A	地基与混凝土	—	65
B	改造观众看台	—	60
C	改造走廊和电梯	B	50
D	内部布线	A	30
E	检查审批	D	1
F	改造下水管道	C、D	30
G	粉刷	F	20

续表

工序	内容	紧前工序	所需天数
H	硬件安装	G	25
I	瓷砖与地毯铺设	G	10
J	检查验收	I	1
K	清洁	H、J	25

解：首先绘制工程网络图，然后进行标号，如图 3－40 所示。工期为 210 天，可求出关键路线为 B→C→F→G→H→K。

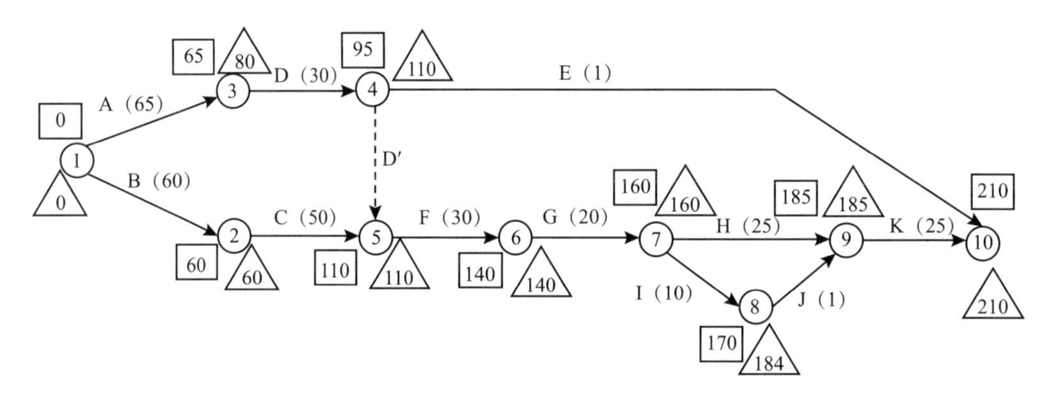

图 3－40　体育馆改造项目网络

3.5.3　网络计划的优化

缩短工程工期是网络计划方法要解决的主要问题之一，当然，应该在保证质量和不增加人力、物力的前提下，尽量缩短工期。具体做法大致可概括为：在工程网络图上确定关键路线，明确哪些工序是关键工序，然后设法缩短关键工序的时间，从而达到缩短工期的目的。经常采用的措施如下。

（1）压缩关键工序的工序时间。在关键工序上采取先进技术、工艺和设备等措施，尽量先保证关键工序所需的人力和物力。当非关键工序和关键工序在人力、物力上有矛盾时，非关键工序要尽可能让路，以缩短关键工序时间。

（2）在非关键工序上尽量挖掘潜力。利用非关键工序的时差（机动余地）进行合理调度，抽调人力、物力支援关键工序，缩短关键工序时间。例如，造船工程计划中，下料是关键工序，而装配不是关键工序，且有时差（即有机动时间），因此把一部分装配工人调来突击下料。

（3）尽量采用平行作业和交叉作业。如果能把一道工序拆成几道平行进行，无疑可以缩短作业时间，例如挖沟，两头同时挖比一头挖快。对相连的几道工序尽量交叉进行，例如在机床检修中，拆卸、清洗和检查这三道工序也可交叉进行，也就是拆一部分就洗，洗一部分就检查，这样可以缩短这三道工序的总时间。

（4）注意关键路线的变化。在计划执行过程中，要特别注意关键路线的变化。在实施过程中，工程计划网络图绝不会一成不变。因此，在计划执行过程中，由于压缩关键工序时间可能会引起关键路线变化，必须充分注意生产进展情况，注意关键路线的变化，并相应地调整网络图。

3.5.4　工序时间不确定的网络计划（PERT）

网络计划中最基本的参数是工序时间。一般来讲，工序时间是一个随机变量，在 PERT 方法中采用三点估计法：

$$\bar{t}_{ij}=\frac{a_{ij}+4m_{ij}+b_{ij}}{6}$$

其中 a_{ij}为工序最乐观时间，b_{ij}为最悲观时间，m_{ij}为最可能时间。t_{ij}的方差为：

$$\sigma_{ij}^2=\left(\frac{b_{ij}-a_{ij}}{6}\right)^2$$

工序时间 t_{ij}是随机变量，从而完工期 T 也是随机的。但由中心极限定理，可近似认为 T 服从于 $N(T_E,\ \sigma^2)$。其中 T_E 为关键路线上各工序时间之和，即：

$$T_E=\sum_{(i,j)\in I}\bar{t}_{ij}=\sum_{(i,j)\in I}\frac{a_{ij}+4m_{ij}+b_{ij}}{6}$$

其中 I 表示关键路线，而方差为关键路线上各工序方差之和，即：

$$\sigma^2=\sum_{(i,j)\in I}\sigma_{ij}^2=\sum_{(i,j)\in I}\left(\frac{b_{ij}-a_{ij}}{6}\right)^2$$

所以，工程完工期的分布函数为：

$$f(T)=\frac{1}{\sqrt{2\pi}}\int_{-\infty}^{T}e^{-\frac{(t-T_E)^2}{2\sigma^2}}\mathrm{d}t$$

工期的正态分布如图 3－41 所示。

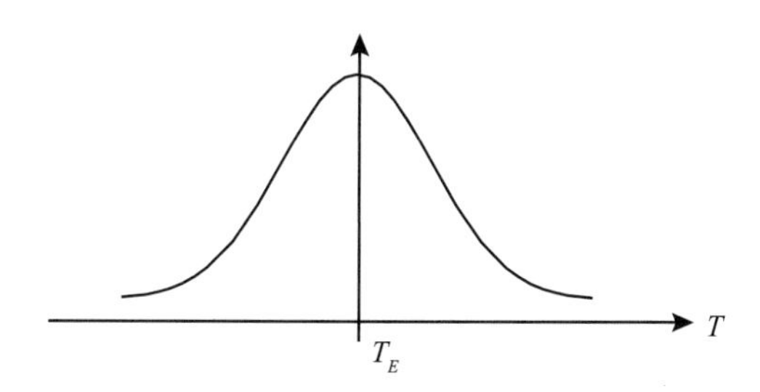

图 3－41　工期的正态分布

为了查表计算方便，常常需要对工期随机变量标准化：

$$\lambda = \frac{T - T_E}{\sigma} \sim N(0,\ 1)$$

然后就可通过查标准正态分布表进行相关概率分析了。

PERT一般包括两方面内容：（1）给定时间 T^*，求工期 $T \leqslant T^*$ 内完工的概率；（2）给定概率 p，求完工可能性为 p 的工期。下面分别讨论。

1. 给定时间 T^*，求工期 $T \leqslant T^*$ 内完工的概率

当给定时间 T^* 时，首先标准化 $\lambda^* = \frac{T^* - T_E}{\sigma}$，有：

$$P\{T \leqslant T^*\} = P\{\lambda \leqslant \lambda^*\} = \frac{1}{\sqrt{2\pi}}\int_{-\infty}^{\lambda^*} e^{-\frac{t^2}{2}}\mathrm{d}t = \Phi(\lambda^*)$$

然后通过查标准正态分布表得到要求的概率值，其含义如图3－42所示。

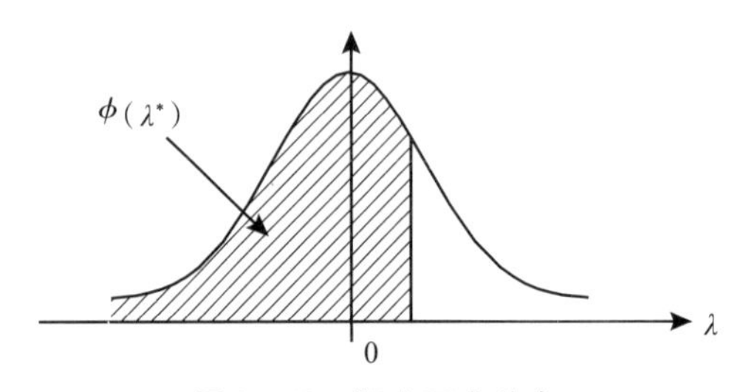

图3－42　标准正态分布

例3－17　某工程可分为11项工序，有关资料如表3－7所示。

表3－7　某工程计划资料

工序	紧前工序	工序时间		
		a	m	b
A	—	1	2	3
B	—	1	2	3
C	—	1	2	3
D	A	1	10.5	17
E	B	2	5	14
F	B	3	6	15
G	C	2	3	10
H	C	1	2	9
I	G、H	1	4	7
J	D、E	1	2	9
K	F、I、J	4	4	4

（1）画出施工网络图，确定关键路线及完工期 T_E；

（2）估计工程在20周内完工的概率。

解：（1）首先计算各工序的平均时间和方差，如表3－8所示。然后画出工程网络图，如图3－43所示。

表3－8　　某工程平均工序时间及工期方差

工序	紧前工序	工序时间			$\bar{t}_{ij}$	σ_{ij}^2
		a	m	b		
A	—	1	2	3	2	0.11
B	—	1	2	3	2	0.11
C	—	1	2	3	2	0.11
D	A	1	10.5	17	10	7.13
E	B	2	5	14	6	4.00
F	B	3	6	15	7	4.00
G	C	2	3	10	4	1.77
H	C	1	2	9	3	1.77
I	G、H	1	4	7	4	1.00
J	D、E	1	2	9	3	1.77
K	F、I、J	4	4	4	4	0

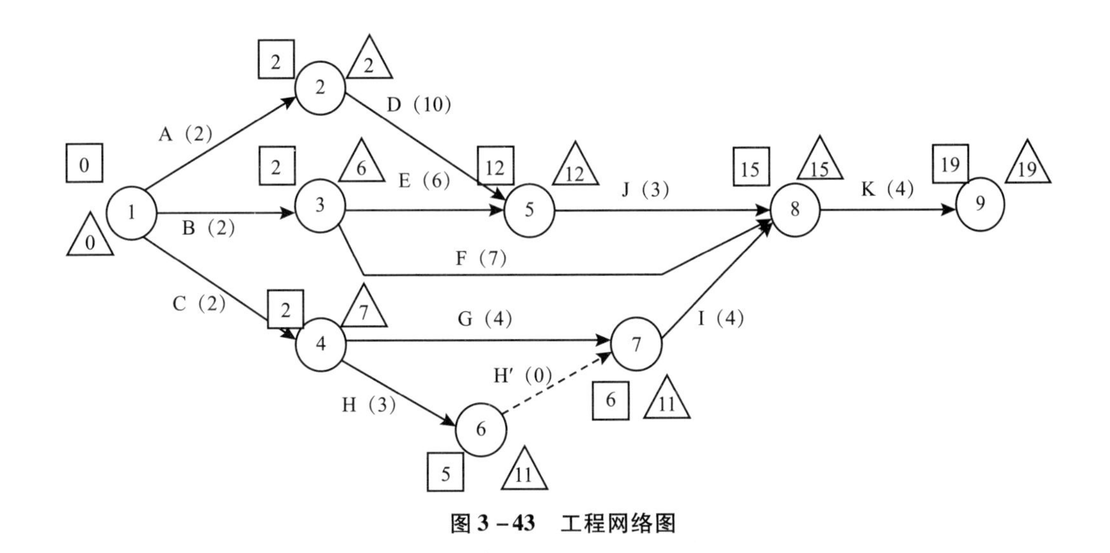

图3－43　工程网络图

用标号法求出期望工期 $T_E=19$；关键路线为A→D→J→K。

（2）$\sigma=\sqrt{0.11+7.13+1.77+0}=3.001\approx3$，所以 $T\sim N(19,3)$。然后，通过查

标准正态分布表，$P(T\leqslant 20)=\Phi\left(\frac{20-19}{3}\right)=\Phi(0.33)=0.6293$，即工程在20周内完工的概率为0.6293（如图3-44所示）。

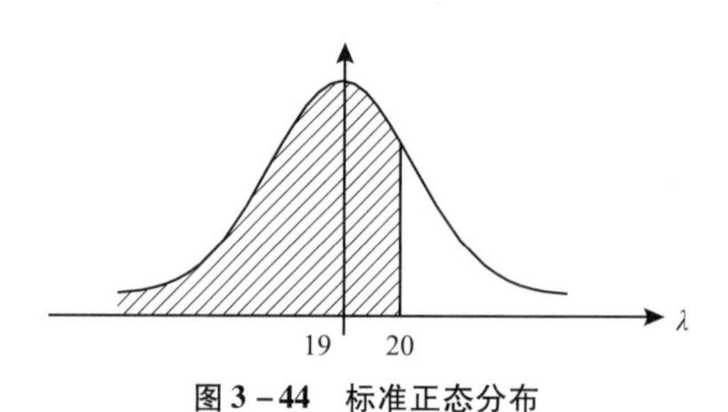

图3-44　标准正态分布

2. 给定概率 p，求完工可能性为 p 的工期 T^*

该问题的分析方法和上面相反。首先查表求 λ^*，使 $\Phi(\lambda^*)=p$，再由 $\lambda^*=\frac{T^*-T_E}{\sigma}$解出 T^*。

例3-18　求上例中完工可能性达95%的工期。

解：查标准正态分布表 $\Phi(\lambda^*)=0.95$，得 $\lambda^*=1.6$。由 $\lambda^*=\frac{T^*-T_E}{\sigma}$，得相应工期为 $T^*=T_E+\sigma\lambda^*=19+3\times1.6=23.8$。

习　题

1. 用避圈法或破圈法求题图3-1的最小支撑树。

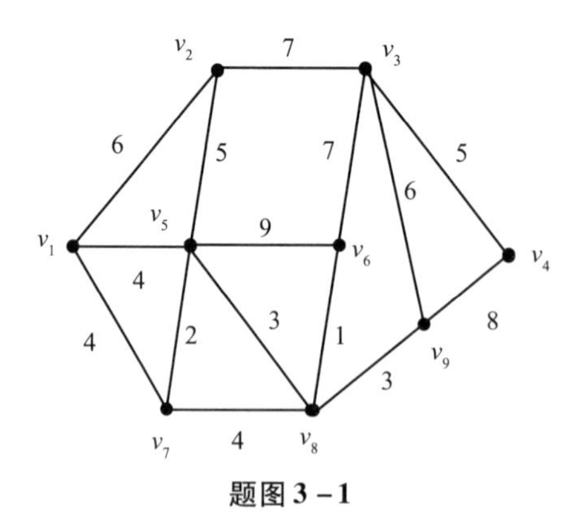

题图3-1

2. 顶点集 $V=\{v_1, \cdots, v_7\}$ 的赋权网络图的邻接矩阵如下：

$$
\boldsymbol{B}=\begin{bmatrix}
0 & 2 & 0 & 0 & 0 & 0 & 3 & 3\\
2 & 0 & 1 & 0 & 0 & 0 & 0 & 6\\
0 & 1 & 0 & 6 & 3 & 4 & 0 & 0\\
0 & 0 & 6 & 0 & 3 & 0 & 0 & 0\\
0 & 0 & 3 & 3 & 0 & 2 & 0 & 0\\
0 & 0 & 4 & 0 & 2 & 0 & 10 & 0\\
3 & 0 & 0 & 0 & 0 & 10 & 0 & 1\\
3 & 6 & 0 & 0 & 0 & 0 & 1 & 0
\end{bmatrix}
$$

（1）请根据邻接矩阵画出相应的赋权网络图；

（2）在网络图中找到从 v_1 到其他每个结点的距离。

3. 用 Dijkstra 方法求题图 3－2 中从 v_1 点到 v_6 点的最短路。

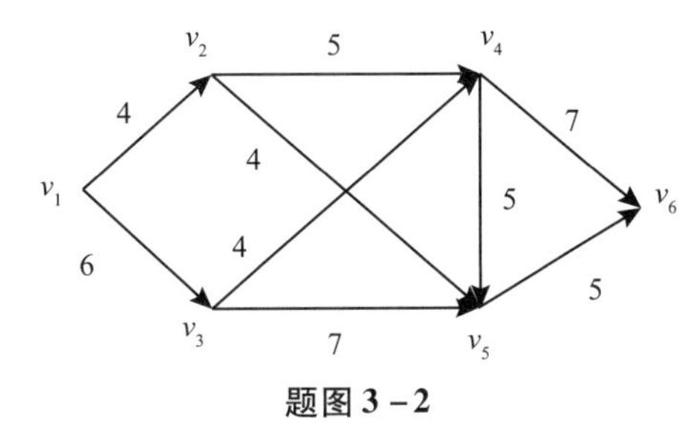

题图 3－2

4. 某次无人机驾驶培训科目的路线图如题图 3－3 所示。图中每个结点中的两个数字描述飞机在速度和高度方面可能处于的状态：第一个分量表示以 10 千米/小时为单位的地面速度，第二个数字表示以 100 米为单位的飞机高度。状态之间的弧表示可能从一种状态过渡到另一种状态；弧上的权值表示从一个状态过渡到另一个状态所需的时间（秒）。在本例中的每个状态下，飞行员有三种选择：要么

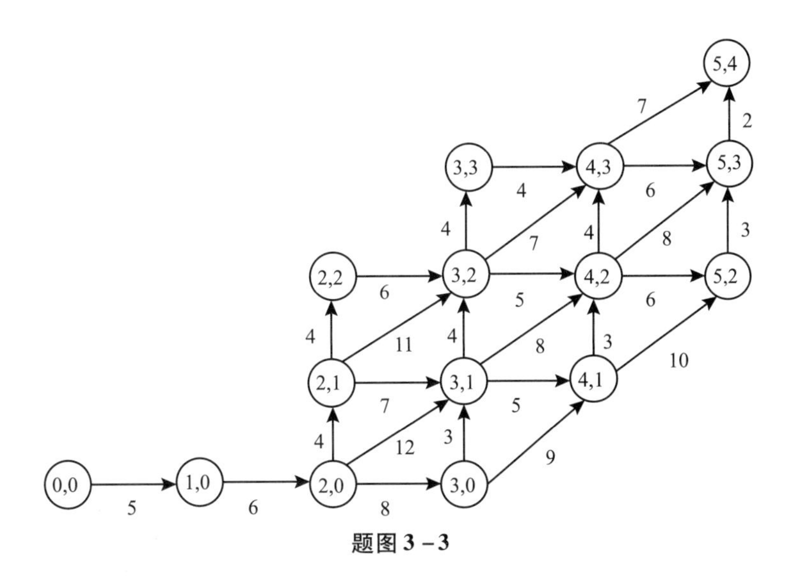

题图 3－3

保持在相同的高度并加速，要么保持相同的速度并爬升，要么同时加速并爬升。最初飞机处于（0，0），即静止在地面上。假设飞行任务是需要飞行员尽快将飞机从静止位置调至 50 千米/小时的速度和 400 米的高度，该如何给出指令使完成任务的用时最短？

5. 某汽车公司制订 5 年内购买汽车的计划，下面给出一辆新汽车的价格（见题表 3－1）以及一辆汽车的使用维修费用（见题表 3－2）。使用网络分析中最短路方法确定公司可采用的最优策略。

题表 3－1

年号	1	2	3	4	5
价格（万元）	2	2.1	2.3	2.4	2.6

题表 3－2

汽车使用年龄	0～1	1～2	2～3	3～4	4～5
维修费用（万元）	0.7	1.1	1.5	2	2.5

6. 一家公司在六个城市 C_1、C_2、…、C_6 中的每个城市都有分公司。从 C_i 到 C_j 的直飞航班的票价由矩阵 $\boldsymbol{C}$ 中的第（i，j）项给出（其中∞表示没有直达航班）。请求出每对城市之间最便宜的票价。

$$\boldsymbol{C}=\begin{bmatrix} 0 & 500 & \infty & 400 & 250 & 100 \\ 500 & 0 & 150 & 200 & \infty & 250 \\ \infty & 150 & 0 & 100 & 200 & \infty \\ 400 & 200 & 100 & 0 & 100 & 250 \\ 250 & \infty & 200 & 100 & 0 & 550 \\ 100 & 250 & \infty & 250 & 550 & 0 \end{bmatrix}$$

7. 求如题图 3－4 所示的网络最大流和最小截集。注：每弧旁的数字是（c_{ij}，f_{ij}）。

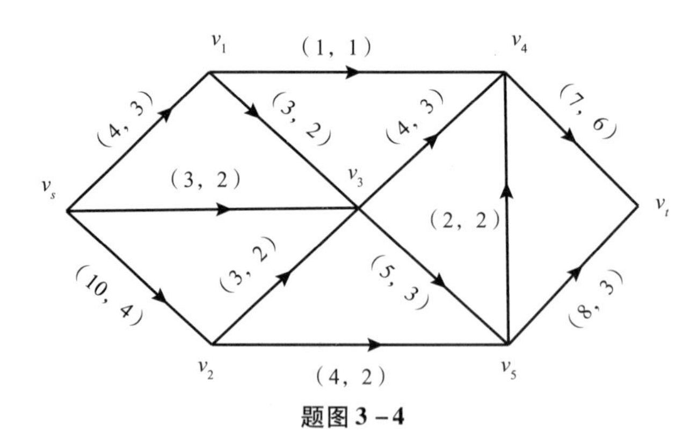

题图 3－4

8. 如题图 3－5 所示，发点 s_1，s_2 分别可供应 10 个和 15 个单位，收点 t_1，t_2 可以接收 10 个和 25

个单位，求最大流，边上数为 c_{ij}。

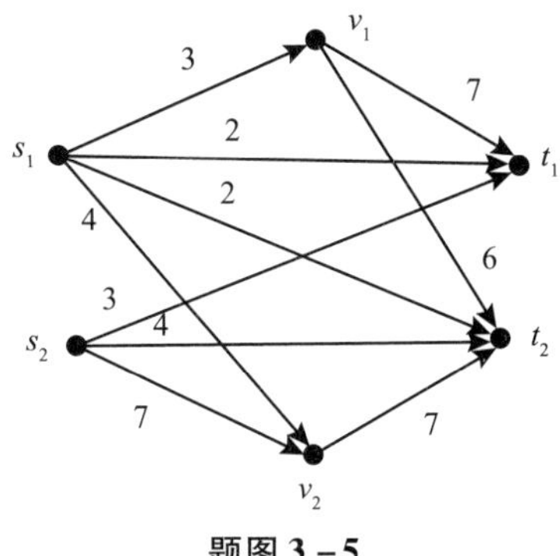

题图3－5

9. 已知有六台机床 x_1，x_2，…，x_6，六个零件 y_1，y_2，…，y_6。机床 x_1 可加工零件 y_1；x_2 可加工零件 y_1，y_2；x_3 可加工零件 y_1，y_2，y_3；x_4 可加工零件 y_2；x_5 可加工零件 y_2，y_3，y_4；x_6 可加工零件 y_2，y_5，y_6。现在要求制订一个加工方案，使一台机床只加工一个零件，一个零件只在一台机床上加工，要求尽可能多地安排零件的加工。试把这个问题化为求网络最大流的问题，求出能满足上述条件的加工方案。

10. 确定题图3－6中项目网络的关键路线。

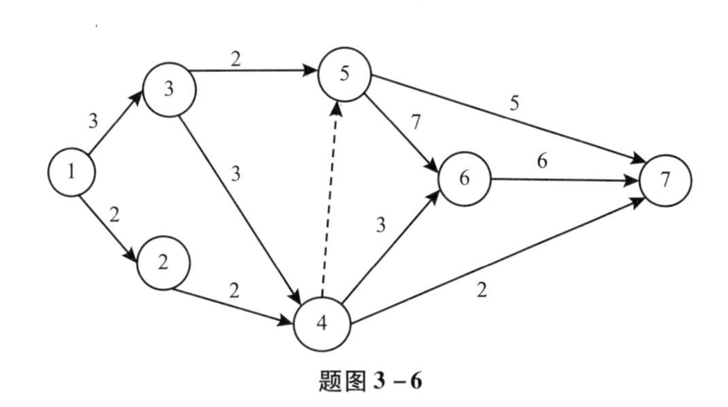

题图3－6

11. 某公司即将推出一款新产品（产品3），该新产品由产品1和产品2组装而成。在产品1和产品2开始生产之前，必须采购原材料，并对工人进行培训。产品1和产品2在组装成产品3之前，必须对产品2进行测试。题表3－3列出了工序之间的关系，以及各工序的最乐观时间（a）、最可能时间（m）和最悲观时间（b），时间单位为天。

（1）计算各工序的平均完成时间，并绘制项目网络图，求出关键路线和期望工期。

（2）运用PERT方法，求出该项目在35天内完工的概率。

题表 3-3　工序关系

工序名称	工序代码	紧前工序	最乐观时间	最可能时间	最悲观时间
工人培训	A	—	2	6	10
购买原料	B	—	5	9	13
生产产品 1	C	A，B	3	8	13
生产产品 2	D	A，B	1	7	13
测试产品 2	E	D	8	10	12
产品组装	F	C，E	9	12	15

参考答案请扫二维码查看

第二篇　决策与对策

第 4 章

决 策 分 析

人们在生产、经营、生活等活动中总是遇到各种需要决策的问题。决策就是人们为了解决当前或未来可能发生的问题而选择最佳方案的过程。一般来讲，决策理论是一个比较广义的概念，它涉及经济理论、组织理论、管理学理论和行为理论等多种学科。本章介绍决策过程中的数量分析方法，重点介绍风险型决策问题的理论方法。

4.1　决策的基本概念

4.1.1　决策的过程

决策是一种解决问题的活动，是在若干方案中选择最优方案或满意方案的认知过程。决策科学是建立在现代自然科学和社会科学基础上，研究决策原理、决策程序和决策方法的一门综合性学科。而决策分析就是研究决策科学的一类数量分析方法。

现代决策科学的奠基人、美国卡内基梅隆大学教授赫伯特·西蒙（Herbert Alexander Simon，1977）指出“管理就是决策”，他认为决策贯穿于整个管理过程。决策科学所关心的核心问题就是如何做出科学的决策，而完善、合理的决策过程和程序，是科学决策的重要保障。西蒙因对经济组织内的决策程序进行了开创性研究而获得了 1978 年诺贝尔经济学奖。按照西蒙的观点，决策制定包括四个主要阶段：找出制定决策的理由；找到可能的行动方案；在诸行动方案中进行抉择；对已进行的抉择进行评价。西蒙把这四个主要阶段分别称为参谋活动（情报活动）阶段、设计活动阶段、抉择活动阶段、审查活动（执行决策任务）阶段。

虽然西蒙把决策过程分为四个阶段，但在实际决策中，还需要以这四个阶段为基础进一步展开。一般的决策过程可以分为图 4 - 1 所示的几个步骤。

1. 明确目标

所有的决策都是针对具体的问题进行的，所以首先要明确要解决的具体问题，比如是要买一个手机，还是要进行投资决策，等等。其次，明确决策问题的目标，对于买手机问题，决策目标是买一个称心如意的手机，而投资决策的目标则是获得最好的收益。

2. 收集信息

为了做出科学的决策，需要收集充足、可靠的信息。例如，要买一个满意的手机，则需要在电商平台或实体店去浏览或考察，看看目前市场上常见的手机品牌和型号有哪些，它们的价格是多少，品质如何？如果要进行投资，需要调研一下，当前各种可能投资方案的收益率如何，风险如何？这个过程就是收集信息的过程。

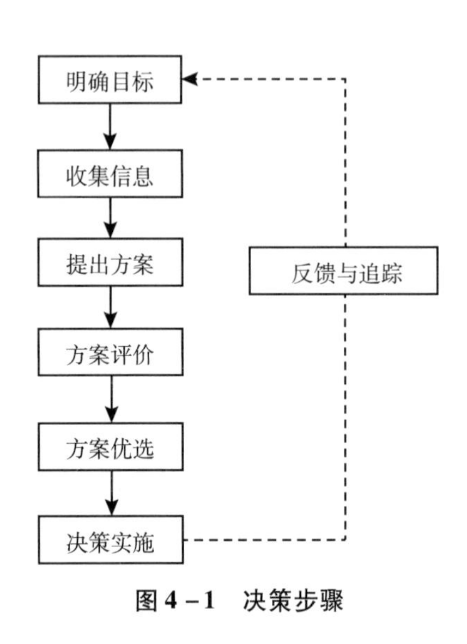

图 4－1　决策步骤

3. 提出方案

在收集信息后，决策者接下来需要提出若干个待选方案。这些方案应注意其可行性与多样性。例如，买手机决策问题，通过市场调研，最终提出华为 Mate40、小米 12S Pro、苹果 13 这三个方案。再如，通过进行投资决策的调研，最终提出银行储蓄、投资房地产和投资股票市场等方案。

4. 方案评价

在提出备选方案后，需要对各个方案进行评价，以从中选出最优或最满意的方案。进行方案评价时，往往需要从多个评价目标展开。例如买手机问题，可能需要从价格、质量、待机时长等方面进行综合评价；又如投资决策问题，不仅要评价各方案的收益率，还需要关注其风险。最终做出决策时，往往还需要结合决策者的主观和风险偏好。

评价是决策的基础。常用的评价方法有定性评价和定量评价两大类，本书主要介绍定量评价方法。基于定量评价进行的决策称为定量决策。具体的方案评价方法将在后面结合不同的问题具体展开。

5. 方案优选

方案选择应根据前面明确的决策目标，按照“最优标准”进行。然而，最优标准往往是一个理想化标准，在实际决策过程中由于受到主客观条件的限制，很难找到最优方案。因此，西蒙又提出了一个现实的标准——“满意标准”，也就是说，只要求找到决策者认为满意的方案就可以了。

6. 决策实施

对各种备选方案进行评价、选优之后，并不意味着决策过程的结束，而是一个新的阶段——实施、执行决策的开始。制定决策和实施执行决策结合起来，才能构成科学决策的完整过程。不制定决策，就不可能实现目的明确的行动；制定了决策不执行，制定决策就失去了意义。

7. 反馈与追踪

在决策实施、执行的过程中，即使决策方案事先经过了多少次细致周密的考虑，也会由于各种因素的不断变化而出现偏离目标的情况。这就要在决策执行的过程中实施控制反馈，进行追踪检查。

所谓追踪决策，是指当原定决策方案的执行表明将危及决策目标的实现时，对目标或决策方案进行修正。发生这种情况有两种可能：一是执行过程表明原决策方案有错误，二是原决策方案是正确的，但主客观条件发生了重大变化。在这两种情况下，原决策方案都不能继续执行下去，必须重新进行决策，即追踪决策。

4.1.2 决策的要素

一般来说，任何决策问题都是由决策者、方案集、决策目标、自然状态集和收益情况等要素构成的，但是为了进行决策分析，主要考虑决策问题的三要素：方案集、状态集和收益矩阵。

（1）方案集。即备选方案构成的集合，一般表示为 $D=\{d_j,\ j=1,\ 2,\ \cdots,\ n\}$。

（2）状态集。决策中可能面临着市场销路、季节变化等不以人的意志为转移的客观上出现的状态，称为自然状态。状态的集合记作 $\Theta=\{\theta_i,\ i=1,\ 2,\ \cdots,\ m\}$。

（3）收益矩阵。各方案在各种自然状态下的收益值构成收益矩阵，记作 $\boldsymbol{U}=[u_{ij}]_{m\times n}$，$i=1,\ 2,\ \cdots,\ m$；$j=1,\ 2,\ \cdots,\ n$。

4.1.3 决策的分类

随着生产技术的发展，决策的类型日益复杂。为了在瞬息万变的条件下迅速做出决断，决策者需要先对不同决策进行类型的划分。

（1）按决策的重要程度，可分为战略决策和战术决策。战略决策涉及全局和长远方针性问题，而战术决策着眼于解决方针中短期的具体问题。

（2）按决策的重复程度，可分为程序性决策和非程序性决策。程序性决策反复发生，人们可以按照一套例行程序来进行决策，特别是利用计算机手段来处理。而非程序性决策不反复发生，通常包含很多不确定因素，这就对决策主体的要求较高，必须具有处理非常规问题的能力。

（3）按决策目标的数量，可分为单目标决策和多目标决策。单目标决策的优化目标只有一个，而多目标决策需同时考虑多个目标，并且目标之间往往相互矛盾。

（4）按决策问题的条件，可分为确定型决策、风险型决策和不确定型决策。确定型决策在做出一种抉择时，只有一种结局；风险型决策在做出某种抉择时，会出现两种及以上的结局，但可以预先估计每种结局出现的概率；不确定型决策的每项抉择也会导致两种及以上的结局，但是不同结局出现的概率无法提前预估。

此外，按照决策的时间长短可分为长期决策、中期决策和短期决策；按决策的阶段可分为单阶段决策和多阶段决策（序贯决策）；按决策方法可分为定性决策和定量决策，等等。

4.2 风险型决策

4.2.1 决策准则

例 4－1 为了引入某种产品，某厂需要对生产线的投资规模做一次决策，有三种可供选择的方案：d_1 购买小型生产线；d_2 购买中型生产线；d_3 购买大型生产线。预计产品投放市场后，销售情况有畅销、中等、滞销三种可能。厂方经销部门根据往年的市场情况推断，这三种状态出现的概率分别是 0.4、0.5、0.1。厂方估计三种方案在各种销售情况下的收益如表 4－1 所示。

表 4－1 **厂方的收益表** 单位：万元

状态及概率		d_1	d_2	d_3
畅销	0.4	100	150	600
中等	0.5	0	50	－250
滞销	0.1	－100	－200	－300

厂方的决策目标是使引入产品带来的收益最大，试问在上述情况下厂方应如何决策？

例 4－1 是典型的风险性决策问题。厂方决策者以收益最大为目标，从三个方案 d_1、d_2、d_3 中选择一个方案，同时方案的选择面临不确定性，因为结果将受到不受决策者掌控的市场自然状态的影响，即 θ_1——销售情况畅销；θ_2——销售情况中等；θ_3——销售情况滞销。每种自然状态出现的概率已提前预估。对于决策方案和自然状态的每种组合，决策者估计出了相应的收益情况 u_{ij}。

从上述例子可以归纳出风险型决策的特征如下：

（1）存在两个以上可供选择的行动方案 d_j；

（2）存在两个或两个以上的自然状态 θ_i，但决策者根据过去的经验或调查可预先估算出这些状态出现的概率值 $P(\theta_i)$；

（3）各行动方案在确定状态下的结局（收益值或损失值）u_{ij}可以估算出来。

决策问题的关键是如何选择行动方案。具体来说，首先要对每一个方案做出一个数量化的评价，然后根据这些评价值选择最佳方案。因方案评价指标的不同，出现了不同的决策准则。在风险型决策中，经常采用的是“期望值准则”和“最大概率准则”。

1. 期望值准则

期望值准则把一个方案在各种状态下的收益（或损失）的期望值作为该方案的评价指标，选择期望收益最大（或期望损失最小）的方案 d_k 即为最优方案。用数学语言表示为：

（1）评价方案：

$$E(d_j) = \sum_{i=1}^{m} P(\theta_i) u_{ij}$$

（2）选择方案：

$$\text{期望收益：} \max E(d_j) = E^*(d_k)$$

$$\text{期望损失：} \min E(d_j) = E^*(d_k)$$

其中，选择期望收益最大的方式称为“最大期望收益准则”（expected monetary value，EMV），选择期望损失最小的方式称为“最小期望机会损失准则”（expected opportunity loss，EOL）。

上述例4－1问题中，先计算三个方案的收益期望值：

$$\begin{aligned} E(d_1) &= P(\theta_1)u_{11} + P(\theta_2)u_{21} + P(\theta_3)u_{31} \\ &= 100 \times 0.4 + 0 \times 0.5 + (-100) \times 0.1 = 30 \text{（万元）} \\ E(d_2) &= P(\theta_1)u_{12} + P(\theta_2)u_{22} + P(\theta_3)u_{32} \\ &= 150 \times 0.4 + 50 \times 0.5 + (-200) \times 0.1 = 65 \text{（万元）} \\ E(d_3) &= P(\theta_1)u_{13} + P(\theta_2)u_{23} + P(\theta_3)u_{33} \\ &= 600 \times 0.4 + (-250) \times 0.5 + (-300) \times 0.1 = 85 \text{（万元）} \end{aligned}$$

根据“最大期望收益准则”可知，$\max E(d_j) = \max\{30, 65, 85\} = 85$（万元），所以应选择 d_3 方案，即购买大型生产线时厂方的收益最大。

例4－1也可以采用“最小期望机会损失准则”进行决策。机会损失是指决策者由于没有选择最优方案而带来的收入损失，据此可以计算出不同方案在不同销售情况下的机会损失（见表4－2）。

表 4-2　　厂方的机会损失表　　单位：万元

状态及概率		d_1	d_2	d_3
畅销	0.4	500	450	0
中等	0.5	50	0	300
滞销	0.1	0	100	200

计算三个方案的期望损失值：

$$E(d_1)=500\times0.4+50\times0.5+0\times0.1=225\text{（万元）}$$
$$E(d_2)=450\times0.4+0\times0.5+100\times0.1=190\text{（万元）}$$
$$E(d_3)=0\times0.4+300\times0.5+200\times0.1=170\text{（万元）}$$

根据“最小期望机会损失准则”可知，$\min E(d_j)=\min\{225,190,170\}=170$（万元），所以应选择 d_3 方案，即购买大型生产线时厂方的机会损失最小。这个结论与最大期望收益准则所得的结论是一致的。

事实上，可以证明，从本质上讲最大期望收益准则和最小期望机会损失准则是一样的，在决策时用这两个准则所得的结果也是相同的。

需要注意的是，在使用期望值准则时，期望值并不代表必然能实现的数值。因此，在一次性决策中按期望值准则选择的方案并不一定就是效果最好的方案。但从长期来看，如果这类决策问题反复出现多次，那么从统计学角度而言，收益期望值大的方案确实要优于收益期望值小的方案。

2. 最大概率准则

与期望值准则不同，最大概率准则聚焦于最有可能发生的自然状态，在这一状态下收益最高（或损失最小）的方案即为最佳方案。

应用这个准则解决例 4-1 的问题，销售情况中等这一自然状态发生的概率最大。此时购买小型生产线的收益为 0，购买中型生产线的收益为 50 万元，购买大型生产线的收益为 -250 万元，可知 d_2 方案在销售情况中等时的收益最高。因此依据最大概率准则应选择 d_2 方案，即购买中型生产线为最优决策方案。

最大概率准则认为最可能发生的自然状态对于决策者而言是非常重要的，因此最优决策方案应该是在这一自然状态下表现最好的方案。但这个准则忽略了除最可能发生的自然状态以外的其他信息，比如在例 4-1 中，这个准则并没有考虑到购买大型生产线并在产品畅销时的收益为 600 万元这一信息。换句话说，这个准则不允许决策者冒险选择低概率上的高收益。

4.2.2 决策树

解决风险型决策问题的一种有效工具是“决策树”，它将与决策有关的方案、状态、损益值、概率等要素用节点和分支组成的“树形图”表示出来，一般选用期望值作为决策准则。决策树不仅可以处理单阶段决策问题，更能有效解决多阶段决策问题。

1. 决策树的结构

决策树是一种由节点和分支构成的由左向右横向展开的树状图形。它的基本组成部分包括决策点、状态点和结局点。

（1）决策点。一般用方形节点表示，从这类节点引出的边表示不同的方案分支。

（2）状态点。一般用圆形节点表示，从这类节点引出的边表示不同的自然状态分支。

（3）结局点。一般用三角形节点表示，它表示一个方案在一个自然状态下的损益值。

其中，方案分支上要标明它所表示的方案名称，状态分支上要标明它所表示的自然状态及自然状态发生的概率。一个简单的决策树结构如图 4－2 所示。

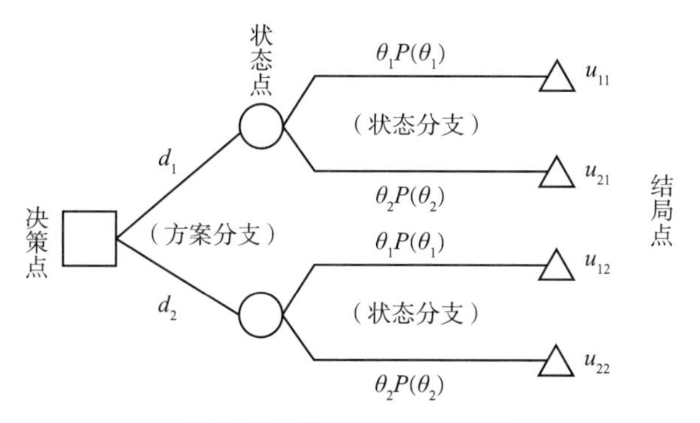

图 4－2 简单的决策树结构

2. 单阶段决策问题

上文讨论的例 4－1 是一步决策问题，也就是单阶段决策问题。这里将依例 4－1 画出决策树并介绍利用决策树进行决策的步骤。决策树如图 4－3 所示。

为了方便进行步骤描述，图 4－3 中将决策树中的决策点和状态点进行了数字编号。对例 4－1 的分析如下。

（1）计算各状态点的期望值并标在相应的状态点处，每个方案的期望收益值为该方案分支右端状态点的期望值。

$$E(d_1)=100\times 0.4+0\times 0.5+(-100)\times 0.1=30\text{（万元）}$$

$$E(d_2)=150\times 0.4+50\times 0.5+(-200)\times 0.1=65\text{（万元）}$$

$$E(d_3)=600\times 0.4+(-250)\times 0.5+(-300)\times 0.1=85\text{（万元）}$$

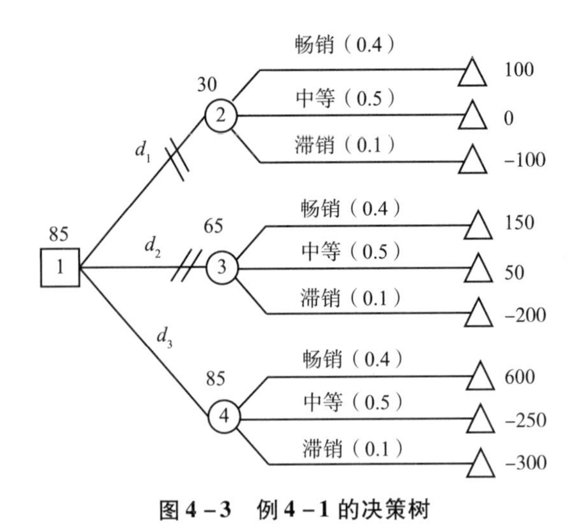

图 4－3　例 4－1 的决策树

（2）按最大期望收益准则给出决策点的抉择，即根据方案的期望值大小进行“剪枝”，把收益期望值小的方案分支上画上删除号，并将最大收益期望值标在相应的决策点处。

在决策点 1，按 max{30，65，85}＝85 所对应的方案 d_3 购买大型生产线为最优方案，为 d_1 和 d_2 方案画上删除线，并将收益值 85 万元标在决策点 1 处。

3. 多阶段决策问题

实际中的很多决策问题往往是多步决策，当进行一次决策后又产生一些新情况，并需要进行新的决策，下一步的决策取决于上一步的决策结果，这就是多阶段决策，下面用例子说明。

例 4－2　有一种猜球游戏分两个阶段进行。第一阶段，参加者须先付 10 元，然后从含 45% 白球和 55% 红球的罐子中任摸一球，并决定是否继续参与第二阶段。如参与第二阶段，参加者需再付 10 元，并在与第一阶段摸到的球颜色相同的罐子中再摸一球。已知第二阶段白色罐子中含 70% 的蓝球和 30% 的绿球，红色罐子中含 10% 的蓝球和 90% 的绿球。游戏的奖励办法是如果第二阶段摸到蓝色球，参加者可得奖 50 元，如摸到的是绿球或不参与第二阶段的则没有奖励。试问参加者的最优策略是什么?

解：这是一个典型的多阶段决策问题，决策者要在前后两个阶段分别做出“玩”或“不玩”的决策。不难发现这类问题已不便使用例 4－1 中的决策表表示，因此常用的解决方法便是决策树。

（1）按照决策者的决策顺序从左向右画出决策树，如图 4－4 所示。决策者首先要在第一阶段做出是否参与的决策，于是决策点 1 引出两个方案分支——“玩”或者“不玩”。第一阶段选择“不玩”代表不参与这个游戏，因此“不玩”分支的端点便是结局点，收益值为 0。选择“玩”需要支付 10 元的费用，要在方案分支上标明这一支出。摸球会出现两个结果，于是状态点 2 引出了两个状态分支：白球（0.45）和红球

(0.55)。此时参与者要再次决策是否继续游戏，因此两个状态分支的端点分别是决策点3和决策点4。这时所做的决策与第一阶段相同，“不玩”便意味着游戏结束，“玩”会出现两种自然状态且需支付10元，区别是自然状态与第一阶段不同。由题干可知，第二阶段的自然状态与第一阶段的摸球结果有关，由于状态点5是第一阶段摸出白球且选择继续“玩”方案分支的端点，因此它引出的两个状态分支为：篮球（0.7）和绿球(0.3)。此时游戏结束，所以状态分支的端点是结局节点且需标上收益值。状态点6同理。

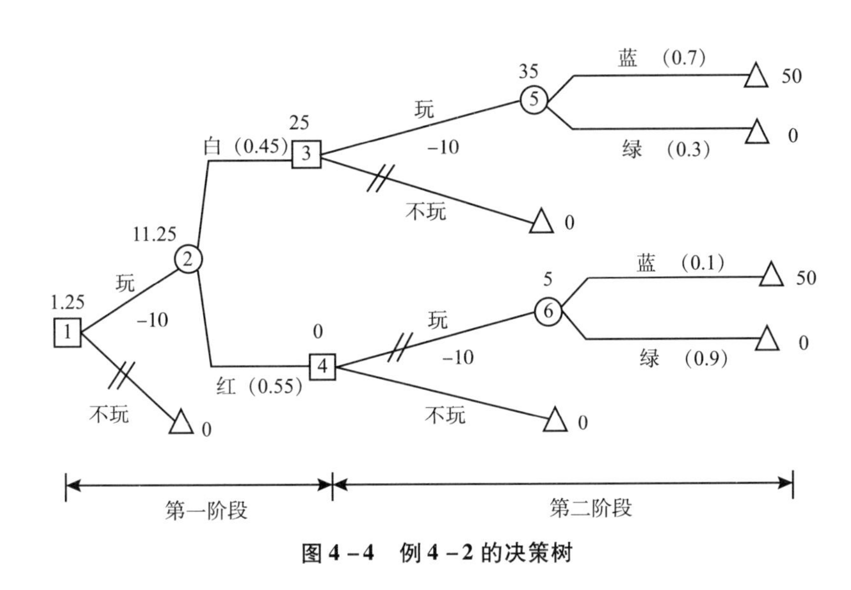

图4－4　例4－2的决策树

（2）计算第二阶段中状态点5和状态点6的期望收益值。

$$E(5)=50\times0.7+0\times0.3=35\text{ 元}$$

$$E(6)=50\times0.1+0\times0.9=5\text{ 元}$$

（3）按最大期望收益准则做出第二阶段的决策，把收益期望值小的方案分支上画上删除号，并将最大收益值标在第二阶段决策点3和决策点4处。

在决策点3，由于$35-10=25>0$，故此处的最优决策为继续“玩”第二阶段。

在决策点4，由于$5-10=-5<0$，故此处的最优决策为终止游戏。

（4）计算第一阶段中状态点2的期望收益值。

$$E(2)=25\times0.45+0\times0.55=11.25\text{（元）}$$

（5）按最大期望收益准则做出第一阶段的决策，把收益期望值小的方案分支上画上删除号，并将最大收益值标在第一阶段决策点1处。

在决策点1，由于$11.25-10=1.25>0$，故此处的最优决策为选择“玩”这个游戏。

综合上述的分析可知，参加者的最优策略是第一阶段选择参加这个游戏，如果摸到的是白球，则继续参与第二阶段；如果摸到的是红球，则终止游戏。

将上述例题中使用决策树进行决策的过程加以总结可得以下三个步骤：

第一步，按照决策者的决策过程从左至右绘制决策树；

第二步，自右至左计算每个状态点的期望收益，将其中的最大值标在相应的决策点旁；

第三步，依据最大期望收益准则从后向前“剪枝”，直至最开始的决策点。

总之，决策树分析法以一种非常直观的方式反映整个决策过程，使决策者能够以一定顺序，有步骤、有条理地考察各种有关因素和检验各种可能结果。由于这种方法能通过计算机进行计算和模拟，且对于复杂的决策问题十分有效，现已得到广泛应用。

4.2.3 贝叶斯决策

风险型决策中的不确定性通常是由于信息的不完备造成的，决策的过程实际上是一个不断收集信息的过程，当信息足够完备时，决策者便不难做出最后的抉择。因此为了更好地进行决策，决策者往往会选择支付一定费用通过实验或咨询的方式进一步补充信息，并在获得新信息后重新开始决策。因在获得补充信息后主要依据概率论中的贝叶斯（Bayes）定理获得补充信息条件下自然状态 θ_i 出现的概率，故称这种决策为**贝叶斯决策**。下面介绍贝叶斯决策中的两组概念和决策步骤。

1. 概率类型

（1）先验概率。决策者基于原有资料或经验对自然状态出现概率 $P(\theta_i)$ 的估计。

（2）条件概率。补充的新信息一般是咨询中心对 s 个状态 x_1、x_2、…、x_s 的预报，根据资料获得的实际中出现自然状态 θ_i 而咨询中心预报 x_j 的概率 $P(x_j|\theta_i)$ 称为**条件概率**。

（3）后验概率。预报中心预报 x_j 而出现自然状态 θ_i 的概率 $P(\theta_i|x_j)$ 称为**后验概率**。根据先验概率 $P(\theta_i)$ 和条件概率 $P(x_j|\theta_i)$，依据贝叶斯公式便可以计算出后验概率 $P(\theta_i|x_j)$：

$$P(\theta_i|x_j) = \frac{P(\theta_i)P(x_j|\theta_i)}{\sum_{i=1}^{m} P(\theta_i)P(x_j|\theta_i)} \tag{4-1}$$

后验概率的计算主要分为三步：

依据条件概率公式 $P(B|A)=P(AB)/P(A)$ 可知联合概率 $P(x_j \cap \theta_i)$：

$$P(x_j \cap \theta_i) = P(\theta_i)P(x_j|\theta_i) \tag{4-2}$$

依据全概率公式可知咨询中心预报各状态 x_j 出现的概率 $P(x_j)$：

$$P(x_j) = \sum_{i=1}^{m} P(\theta_i)P(x_j|\theta_i) = \sum_{i=1}^{m} P(x_j \cap \theta_i) \tag{4-3}$$

于是式（4-1）可转化为：

$$P(\theta_i \mid x_j) = \frac{P(x_j \cap \theta_i)}{P(x_j)} \qquad (4-4)$$

关于后验概率的计算在表格中进行十分方便，具体见后面的例4－3和例4－4。

2. 信息价值

信息的价值在于它能够提高决策的最大期望收益值，但是如果为获得信息所花费的费用超过它所能提高的期望收益值，这种补充信息是不合算的。我们把增加的这部分期望收益值称作信息的期望价值。在贝叶斯决策中，有两种计算信息价值的方式，共同为决策者衡量补充信息的合算性提供了理论依据。

（1）完美信息期望价值（expected value of perfect information，EVPI）。所有信息中最理想的信息自然是完全可靠和准确的信息，它能够确定地识别自然的真实状态，即预报某自然状态 θ_i 出现，在实际中必定出现这种自然状态 θ_i，这种信息称为“完美信息”。

此时决策者一定会选择在自然状态 θ_i 下收益值最高的方案作为最优决策方案，所以具有完美信息的最大期望收益 EPPI 等于自然状态的先验概率 $P(\theta_i)$ 加权乘以每个自然状态 θ_i 下不同方案的最大收益。

我们把不依靠补充信息仅依据先验概率分布及期望值准则得到的最大期望收益值记为 EMV*(先)，于是 EPPI 与 EMV*(先) 之间的差额便是完美信息使期望收益增加的部分，即：

$$\text{EVPI} = \text{EPPI} - \text{EMV}^*(\text{先})$$

需要指出的是，完美信息是很难得到的，甚至根本无法获得完美信息。因此完美信息的期望价值只是作为支付补充信息费用的一个上限。如果获取补充信息所需支付的费用超过了这个上限，那么这种补充信息一定是不合算的。

（2）补充信息期望价值（expected value of supplementary information，EVSI）。如果获取补充信息所需支付的费用没有超过 EVPI，那么就应该更进一步计算由补充信息带来的期望收益的实际增加值。

我们把依据后验概率分布得到的最大期望收益值称为 EMV*(后)，那么 EMV*(后) 与 EMV*(先) 之间的差额便是补充信息使期望收益增加的部分，即：

$$\text{EVSI} = \text{EMV}^*(\text{后}) - \text{EMV}^*(\text{先})$$

由此，可将补充信息的期望价值 EVSI 与获得信息所支付的费用再次进行对比，来最终决定是否需要补充信息。

3. 决策步骤

贝叶斯决策主要分为5步进行，分别是先验决策、计算完美信息价值 EVPI、计算后验概率分布、后验决策、计算补充信息价值 EVSI。

（1）根据先验概率 $P(\theta_i)$ 及期望值准则计算 EMV*(先)，计算方法在4.2.1节已经详细给出，这里不再赘述。该步骤简称为先验分析。

（2）计算完美信息下的最大期望收益 EPPI 和完美信息期望价值 EVPI，将 EVPI 与信息费用比较，初步判断获取补充信息是否合算。

（3）依据全概率公式和贝叶斯公式分别计算咨询中心预报状态 x_j 出现的概率 $P(x_j)$ 和后验概率 $P(\theta_i|x_j)$。

（4）根据后验概率 $P(\theta_i|x_j)$ 计算在咨询中心预报出现 x_j 状态时，不同方案的期望收益值，记为 $E(d_k|x_j)$，并选出此时的最大期望收益值，记为 $E(x_j)$。

$$E(d_k|x_j) = \sum_{i=1}^{m} P(\theta_i|x_j)u_{ik}$$

$$E(x_j) = \max E(d_k|x_j)$$

（5）根据第3步中得到的 $P(x_j)$ 和第4步中得到的 $E(x_j)$，计算后验决策的最大期望收益值 EMV*（后）及补充信息价值 EVSI。将 EVSI 与信息费用比较，判断获取补充信息是否合算。步骤（3）~步骤（5）合称为后验分析。

$$\text{EMV}^*(\text{后}) = \sum_{j=1}^{s} P(x_j)E(x_j)$$

例4-3 某股票投资人想要在股市投资10万元购买A、B两家公司其中一家的股票。公司A的股票有一定风险，牛市时将会在下一年获得70%的投资回报，熊市时将会损失20%。公司B的股票比较稳妥，牛市的投资回报率为45%，熊市的投资回报率为5%。根据股市的历史数据，下一年出现牛市的概率为0.35，出现熊市的概率为0.65。为更好地了解股市情况，该投资人打算进一步参考券商对下一年股市的预测报告，这需要支付费用3000元。从券商提供的以往预测资料可知，券商对牛市的预测准确性为85%，对熊市的预测准确性为90%。问该投资人应该如何决策？

解：按照上述的贝叶斯决策步骤解决这个问题。

（1）先验决策。记方案 d_1 为投资公司A的股票，方案 d_2 为投资公司B的股票；θ_1 为下一年股市出现牛市，θ_2 为出现熊市。根据题干做出投资者的决策损益表，如表4-3所示。

表4-3　　投资者的决策损益表　　单位：万元

状态及概率		d_1 投资股票A	d_2 投资股票B
θ_1 牛市	0.35	7	4.5
θ_2 熊市	0.65	-2	0.5

$$E(d_1) = 7 \times 0.35 + (-2) \times 0.65 = 1.15 \text{（万元）}$$

$$E(d_2) = 4.5 \times 0.35 + 0.5 \times 0.65 = 1.9 \text{（万元）}$$

根据期望值准则选择方案 d_2 最有利，相应最大期望收益 EMV*（先）=1.9万元。

（2）计算完美信息期望价值 EVPI。

$$\text{EPPI} = 7 \times 0.35 + 0.5 \times 0.65 = 2.775 \text{（万元）}$$

$$\text{EVPI} = 2.775 - 1.9 = 0.875 \text{（万元）}$$

由于0.875>0.3，所以初步认为请券商做预测是合算的。

（3）计算后验概率分布。记x_1为券商预测下一年为牛市，x_2为券商预测下一年为熊市。

依据券商提供的以往预测资料可知条件概率：

下一年为牛市且券商也预测为牛市的概率$P(x_1|\theta_1)=0.85$

下一年为牛市而券商预测为熊市的概率$P(x_2|\theta_1)=0.15$

下一年为熊市且券商也预测熊牛市的概率$P(x_2|\theta_2)=0.9$

下一年为熊市而券商预测为牛市的概率$P(x_1|\theta_2)=0.1$

计算券商预报牛市的概率$P(x_1)$和预报熊市的概率$P(x_2)$：

$P(x_1)=P(\theta_1)P(x_1|\theta_1)+P(\theta_2)P(x_1|\theta_2)=0.35\times0.85+0.65\times0.1=0.3625$

$P(x_2)=P(\theta_1)P(x_2|\theta_1)+P(\theta_2)P(x_2|\theta_2)=0.35\times0.15+0.65\times0.9=0.6375$

计算后验概率：

券商预测牛市实际也为牛市的概率：

$$P(\theta_1|x_1)=\frac{P(\theta_1)P(x_1|\theta_1)}{P(x_1)}=\frac{0.35\times0.85}{0.3625}=0.82$$

券商预测牛市实际为熊市的概率：

$$P(\theta_2|x_1)=\frac{P(\theta_2)P(x_1|\theta_2)}{P(x_1)}=\frac{0.65\times0.1}{0.3625}=0.18$$

券商预测熊市实际也为熊市的概率：

$$P(\theta_2|x_2)=\frac{P(\theta_2)P(x_2|\theta_2)}{P(x_2)}=\frac{0.65\times0.9}{0.6375}=0.92$$

券商预测熊市实际为牛市的概率：

$$P(\theta_1|x_2)=\frac{P(\theta_1)P(x_2|\theta_1)}{P(x_2)}=\frac{0.35\times0.15}{0.6375}=0.08$$

上述计算也可以用表格形式进行，如表4-4所示。

表4-4　　后验概率计算表

先验概率$P(\theta_i)$		条件概率$P(x_j\|\theta_i)$		联合概率$P(x_j\cap\theta_i)$		后验概率$P(\theta_i\|x_j)$	
		x_1	x_2	x_1	x_2	x_1	x_2
θ_1	0.35	0.85	0.15	0.2975	0.0525	0.82	0.08
θ_2	0.65	0.1	0.9	0.065	0.585	0.18	0.92

↓　↓

$P(x_1)=0.3625$　$P(x_2)=0.6375$

（4）后验决策。

若券商预测下一年出现牛市（x_1），则每个方案的期望收益为：

$$E(d_1 \mid x_1) = 0.82 \times 7 + 0.18 \times (-2) = 5.38\ （万元）$$

$$E(d_2 \mid x_1) = 0.82 \times 4.5 + 0.18 \times 0.5 = 3.78\ （万元）$$

此时选择方案 d_1 可获得最大期望收益 $E(x_1) = 5.38$（万元）。

若券商预测下一年出现熊市（x_2），则每个方案的期望收益为：

$$E(d_1 \mid x_2) = 0.08 \times 7 + 0.92 \times (-2) = -1.28\ （万元）$$

$$E(d_2 \mid x_2) = 0.08 \times 4.5 + 0.92 \times 0.5 = 0.82\ （万元）$$

此时选择方案 d_2 可获得最大期望收益 $E(x_2) = 0.82$（万元）。

（5）计算补充信息价值 EVSI。

在有券商预测信息及以往资料的条件下，后验决策的最大期望收益值为：

$$EMV^*（后）= P(x_1) \cdot E(x_1) + P(x_2) \cdot E(x_2) = 0.3625 \times 5.38 + 0.6375 \times 0.82 = 2.473\ （万元）$$

券商提供的预测信息的价值为：

$$EVSI = EMV^*（后）- EMV^*（先）= 2.473 - 1.9 = 0.573\ （万元）> 0.3\ （万元）$$

所以花钱查看券商的预测报告是合算的。

例 4-4 某公司想要面向全国市场推出一种新口味的饮料，但是由于推出新产品存在一定风险，因此公司内部有两种意见：d_1 推出新产品；d_2 不推出新产品。如果新产品销售在全国获得成功，该公司将会收益 300 万元；但如果失败，将会损失 100 万元。根据以往推出新产品的经验，该公司评估认为新产品销售在全国获得成功（θ_1）的概率为 55%，失败（θ_2）的概率为 45%。为了更好地帮助决策，该公司计划花费 10 万元在本地开展一项市场研究，研究将会出现两种结果：x_1 本地试验成功；x_2 本地试验失败。过去的市场研究资料显示，全国销售成功时本地试验也成功的概率 $P(x_1 \mid \theta_1) = 51/55$，本地试验失败的概率 $P(x_2 \mid \theta_1) = 4/55$；全国销售失败时本地试验也失败的概率 $P(x_2 \mid \theta_2) = 4/5$，本地试验成功的概率 $P(x_1 \mid \theta_2) = 1/5$。试问该公司该如何决策？

解：（1）先验决策。该问题的损益表见表 4-5。

表 4-5　　公司的决策损益表　　单位：万元

状态及概率	d_1 推出新产品	d_2 不推出新产品
θ_1　全国成功　0.55	300	0
θ_2　全国失败　0.45	-100	0

$$E(d_1) = 300 \times 0.55 + (-100) \times 0.45 = 120\ （万元）$$

$$E(d_2) = 0$$

所以 EMV^*（先）=120（万元）。

（2）计算完美信息期望价值 EVPI。

$$EPPI = 300 \times 0.55 + 0 \times 0.45 = 300 \text{（万元）}$$

$$EVPI = 300 - 120 = 180 \text{ 万元} > 10 \text{（万元）}$$

所以进行市场研究初步来说是合算的。

（3）计算后验概率分布（见表4-6）。

表4-6　后验概率计算表

先验概率 $P(\theta_i)$		条件概率 $P(x_j \mid \theta_i)$		联合概率 $P(x_j \cap \theta_i)$		后验概率 $P(\theta_i \mid x_j)$	
		x_1	x_2	x_1	x_2	x_1	x_2
θ_1	0.55	51/55	4/55	0.51	0.04	0.85	0.1
θ_2	0.45	0.2	0.8	0.09	0.36	0.15	0.9

↓ $P(x_1)=0.6$　↓ $P(x_2)=0.4$

（4）后验决策。这里我们用决策树进行决策，如图4-5所示。根据决策树的结果可知，若本地试验成功（x_1），则选择方案 d_1 推出新产品，此时期望收益 $E(x_1)=240$ 万元；

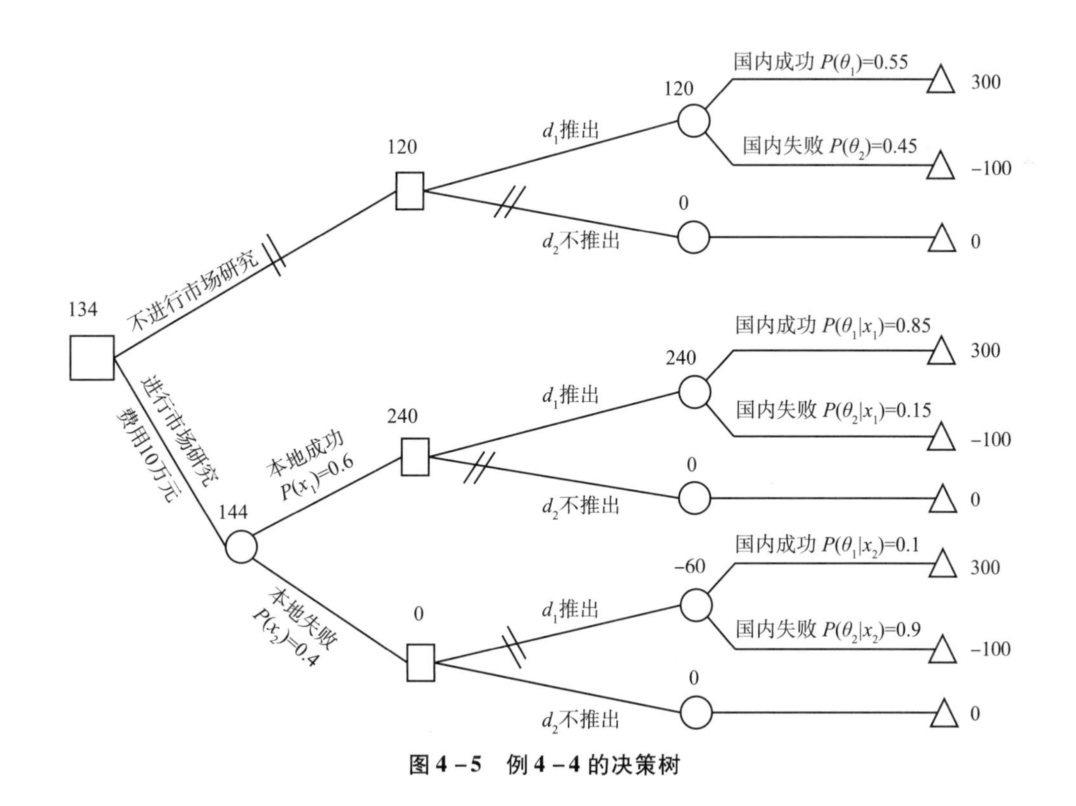

图4-5　例4-4的决策树

若本地试验失败（x_2），则选择方案 d_2 不推出新产品，此时期望收益 $E(x_2)=0$；则后验决策的最大期望收益值 EMV^*（后）$=144$ 万元；则本地试验的信息价值 $EVSI=24$ 万元 >10 万元，是合算的。

大家也可以试着自行画出例 4－3 的决策树。

习　　题

1. 在一台机器上加工制造一批零件共 10000 个，如加工完后逐个进行修整，则全部可以合格，但需修整费 300 元。如不进行修整，一旦装配中发现次品时，需返工修理费为每个零件 0.05 元。根据以往资料统计，次品率情况如题表 4－1 所示。

题表 4－1

次品率	0.02	0.04	0.06	0.08	0.10
概率	0.20	0.40	0.25	0.10	0.05

试用期望值法决定这批零件要不要修整。

2. 有一个化工原料厂，由于某项工艺不够好，产品成本较高，现在计划将该项工艺加以改进。取得新工艺有两条途径：一是自行研究，估计成功的可能性是 0.6；二是从国外引进，估计谈判成功的可能性是 0.8。不论研究成功或是谈判成功，生产规模都将考虑两种方案，一是产量不变，二是增加产量。如果自行研究和谈判都失败，则仍采用原工艺进行生产，并保持原产量不变。根据市场预测，估计今后 5 年内这种产品跌价的可能性是 0.1，保持中等价的可能性是 0.5，涨价的可能性是 0.4，各状态下的收益值见题表 4－2。化工厂希望收益值最大，应如何决策？画出该问题的决策树。

题表 4－2

状态及概率	按原工艺生产	引进技术成功（0.8）		自行研究成功（0.6）	
		产量不变	增加产量	产量不变	增加产量
价格低落　0.1	－100	－200	－300	－200	－300
价格中等　0.5	0	50	50	0	－250
价格高涨　0.4	100	150	250	200	600

3. 某石油公司拥有一块可能有石油的土地，地质学家估计有 1/4 的可能性含有石油。该公司面临两种选择：自己开采石油或者出售土地。已知开采的成本是 10 万元，如果发现石油，期望收入是 80 万元。同时，另一家石油公司提出用 9 万元购买此土地。要求：

（1）建立损益矩阵。

（2）分别用期望值准则和最大概率准则选择最优决策方案。

（3）为了获得更多信息，该公司打算进行一定地质勘测实验，成本是 3 万元。该实验获得的振动声波有助于判断该地质结构是否利于储存石油。已知该实验对有油时的预测准确率为0.6，对无油时的预测准确率为0.8。问该公司该如何决策？

4. 某公司有50000元多余资金，如果用于某项开发事业估计成功率为96%，成功时一年可获利12%，但一旦失败，有丧失全部资金的风险。如把资金存放到银行中，则可稳得年利6%。为获得更多情报，该公司求助于咨询服务，咨询费用为500元，但咨询意见只是提供参考，帮助下决心。据过去咨询公司类似200例咨询意见实施结果，情况见题表4-3。

题表4-3

单位：次

咨询意见	投资成功	投资失败	合计
可以投资	154	2	156
不宜投资	38	6	44
合计	192	8	200

问该公司是否值得求助于咨询服务？该公司多余资金应如何合理使用？

5. 某厂生产一种化工产品，其质量主要取决于所用原料的纯度。根据统计信息可将原料分成“纯度好”和“纯度差”两种状态，其概率均为0.5。最早考虑在产品生产前增加一道“提纯”工序，使原料处于“纯度好”的状态，但费用颇大。损益表如题表4-4所示。

题表4-4

单位：元

状态	提纯 d_1	不提纯 d_2
纯度好 θ_1(0.5)	1000	4000
纯度差 θ_2(0.5)	1000	100

为此，有人建议在生产前对原料进行检验，以决定是否做提纯处理。今工厂准备对原材料采用抽样检验以节约费用，但需要一定的抽检费用。根据以往经验，抽样检验后得出“纯度好”的信息可靠度为90%，而得出“纯度差”的信息可靠度为80%。

问题：(1) 根据先验概率分析，公司应不应该对原材料进行“提纯”？

(2) 计算该问题的完全信息价值EVPI，并据此进行初步判断，有没有必要对原材料采用抽样检验？

(3) 当抽检费用低于多少时，该厂有必要对原材料采用抽样检验？并叙述此时的最优决策。要求画出决策树。

参考答案请扫二维码查看

第 5 章

多目标决策

在前面介绍的风险型决策和线性规划、图与网络分析等优化和决策问题中，我们所遇到的问题都是单目标问题，即在特定的决策问题中，都是追求某一单一目标的最优化。例如，线性规划问题中，或生产计划问题中的总收入最大，或下料问题的总用料最省；再如网络分析中，或最短路问题的路径长度最短，或流量最大等。但是在实际工作、生活和决策问题中，我们面临的决策问题往往需要追求多个目标最优，例如下料问题不仅总用料最省，可能还需要下料成本最低，这些都是属于多目标优化与决策问题。

本章将在对多目标决策问题进行简介的基础上，重点介绍德尔菲法、TOPSIS 法和层次分析法等常用的多目标决策方法。

5.1　多目标决策问题简介

5.1.1　多目标决策问题及其特点

1. 多目标决策问题举例

为了使大家更好地理解多目标决策问题，下面再举几个例子加以说明。

（1）在高校教师晋升评估与决策时，为了全面地考核一个教师，往往需要从教学、科研、社会服务等多个目标上进行综合考核评估，进而决策教师的晋升。

（2）在日常生活中买房时，也是要从价格、地段、周边环境等几个方面对楼盘进行综合比较评估，然后再选择购买。

（3）俱乐部选择球员也是从技术、体能、经验、心理等多个指标上行评估后确定的。

2. 多目标决策问题的分类

按照备选方案的数量，可分为两类。一类是决策变量是离散型的，即备选方案的数量是有限的，称为多属性决策问题（multi-attribute decision making，MADM）。另一类是决策变量是连续型的，即备选方案的数量是无限的，称为方案无限的多目标决策问题（multi-objective decision making，MODM），即我们常说的多目标规划问题。国外文献也将这两类问题统称为多准则决策问题（multi-criteria decision making，MCDM）。本书主要介绍方案有限的多目标决策问题，即多属性决策问题。

3. 多目标决策问题的特点

从上面的例子可以看出，多目标决策问题具有以下特点：

（1）各目标间的不可公度性。即多目标决策问题的各目标没有统一的度量标准或计量单位，因而难以进行比较。

（2）各目标间的矛盾性。各备选方案在各目标间存在某种矛盾，即如果采用某个方案去改进某一目标的值，很可能使另一目标的值变坏。例如买房决策时，如果某方案价格便宜了，则很可能地段不好，等等。

5.1.2　多目标决策与单目标决策区别

多目标决策与单目标决策区别在于下面三方面。

1. 点评价与向量评价

单目标评估问题是一种点评价方法，即对方案 d_j 的评价值是一个点 $f(d_j)$，其中 $f(x)$ 为目标函数。而多目标评估问题是一种向量评价方法，设共有 p 个目标，则对方案 d_j 的评价是一个 p 维的向量 $(f_1(d_j), f_2(d_j), \cdots, f_p(d_j))^T$。

例如，买房要考虑三个目标：价格、位置（地段）、周边环境，购房者对某一小区的评价为一个三维的向量，为简单起见，设各目标的评价值为百分制，则对该小区的评价向量可能为 $(70, 92, 85)^T$。

2. 全序与半序

单目标评价问题在方案 d_i 与 d_j 之间，只有三种关系：$d_i < d_j$；$d_i = d_j$；$d_i > d_j$，即全体方案可以按评价结果进行充分排序，称为全序关系。多目标问题方案 d_i 与 d_j 之间，除了这三种情况之外，还有一种情况是不可比较大小，所以多目标问题不能按评价结果对方案进行排序，称为半序。

例如，购房者对待选的两个小区（即两个方案）的评价向量分别为方案1：$(70, 92, 85)^T$ 和方案2：$(88, 76, 90)^T$，则这两个方案不可直接比较大小。第一个楼盘，价格较高但地段很好；第二个楼盘则较便宜，且周边环境好，但地段比较偏远，得分较低。

3. 决策者偏好

多目标决策问题，在决策时往往要体现决策者对各目标的偏好。例如，某个决策者，即购房者，可能不在乎价格但比较看重地段，则会选择第一个楼盘。所以，按照图4－1的决策过程，多目标决策问题在进行方案优选时，决策者往往得到的是满意解，很难得到绝对最优解。

4. 解的概念

单目标决策问题如果有最优解，只有一种情形，即绝对最优解。

多目标决策的解的概念则要更加丰富和复杂，有下面三种情况：绝对最优解，劣解，有效解（Pareto 解）。

（1）绝对最优解是指在各个目标上都是最好的方案。

（2）劣解是指至少存在一个方案在各个目标上都比它好。

（3）有效解指不存在任何其他方案在各个目标上都比它好。

我们可以从下面例子来说明多目标决策的解。表 5－1 给出 5 个楼盘的价格、地段、周边环境三方面的评价得分。楼盘 D_4 在各目标上得分均是第一，所以是绝对最优解。假设没有楼盘 D_4，楼盘 D_1 在每个目标都比楼盘 D_5 好，所以 D_5 楼盘是一个劣解。楼盘 D_1、D_2、D_3 不存在任何楼盘在每个目标都比它们好，它们之间得分各有千秋，所以为有效解。

表 5－1　多目标决策解的例子

楼盘	价格	地段	周边环境	解的类型
D_1	80	75	88	有效解
D_2	75	81	85	有效解
D_3	76	78	89	有效解
D_4	85	82	92	绝对最优解
D_5	79	74	86	劣解

5.2　德尔菲法

5.2.1　概述

德尔菲法（Delphi）又称专家咨询法，是 20 世纪 60 年代初美国兰德公司提出的一种情报分析方法，其初衷是避免集体讨论存在的屈从于权威或盲目服从多数的缺陷。德尔菲法是一种专家调查法，凭借专家的知识和经验，对研究对象进行综合分析研究，寻求其特性和发展规律。该方法通过对专家意见进行综合、整理、反馈，经过多次反复循环，得到一个比较一致的且可靠性也比较大的意见。德尔菲的名称来源于古希腊的一则神话。德尔菲是古希腊的一个地名，当地有一座阿波罗神殿，是众神占卜未来的地方，因此德尔菲法最开始主要应用于科技预测，后来广泛应用于评价与决策中。

德尔菲方法具有三个特点。

1. 匿名性

德尔菲法不像专家会议调查法那样把专家集中起来发表意见，而是采取匿名的发函调查的形式。受邀专家之间互不见面，也不联系，它克服了在专家会议法中经常发生的专家们不能充分发表意见、权威人物的意见左右其他人的意见等弊端。专家们可以不受任何干扰独立地对调查表所提问题发表自己的意见，不必做出解释，而且有充分的时间思考和进行调查研究、查阅资料。匿名性保证了专家意见的充分性和可靠性。

2. 反馈性

仅靠一轮调查，专家意见往往比较分散，不易做出结论，而且各专家的意见也容易有某种局限性。为了使受邀的专家们能够了解每一轮咨询的汇总情况和其他专家的意见，组织者要对每一轮咨询的结果进行整理、分析、综合，并在下一轮咨询中匿名反馈给每个受邀专家，以便专家们根据新的调查表进一步发表意见。反馈是特尔菲法的核心。

3. 统计性

在德尔菲方法应用过程中，数据来源于多个专家，对诸多专家的回答必须进行统计学处理。因此，应用德尔菲法所得的结果带有统计学的特征，往往以概率的形式出现，它既反映了专家意见的集中程度，又可反映专家意见的离散程度。

5.2.2 德尔菲法的实施步骤

1. 组成专家小组

专家是指对所要决策的问题有一定的专门知识，有丰富的经验，能为解决问题提供某些较为深刻见解的人员。选择合理的专家是德尔菲法应用成败的关键。在选择专家时，要考虑专家的代表性：一方面应根据问题所涉及的领域选择有关的专家；另一方面，还要考虑专家所属的部门和单位的广泛性。这样可以代表不同的意见，相互启发，使认识向正确的方向统一。

专家人数要视决策问题的规模而定，一般以 10～15 人为宜。人数太少，学科的代表性受到限制，并缺乏权威，影响决策结果的精度。人数太多则组织较困难，但对一些重大问题也可扩大到100 人以上。

2. 设计调查问卷

调查问卷设计的好与坏，直接影响预测的质量。在设计问卷时，应注意以下四点。

（1）问题必须提得非常清楚，用词要确切。在所设计的问题表中，所提的问题的含义只能有一种解释，而且用词要确切，不得有不明确或易产生不同理解的情况。

（2）问题要集中并有针对性，不要过于分散，以便使各个事件构成一个有机的整体。问题要有逻辑顺序，先整体，后局部。同等问题中，先简单，后复杂。这样由浅入深地排列，或者按问题的分类排列，易于引起专家的兴趣与重视。

（3）问卷要简化。问题表应有助于专家做出评价，应使专家把主要精力用于思考问题，而不是用在理解复杂、混乱的调查问卷上。专家咨询表应答的要求，最好是以“√”或填空的方式列出。问题表还应留有足够的地方，以便专家阐明意见或理由。

（4）问题的数量不要太多。如果决策问题只要求做出简单的回答，数量可多些。如果问题比较复杂，则数量要少些。严格的界定是没有的，一般可以认为问题数量的上限以 25 个为宜，以便每一位专家在 2 小时内回答完问题。如果问题超过 50 个，则评估领导小组就要认真研究，问题是否过于分散而影响应答质量。

3. 多轮征询与反馈

各个专家根据他们所收到的问卷进行答卷。将各位专家第一次判断意见汇总，进行对比，再分发给各位专家，让专家比较自己同他人的不同意见，修改自己的意见和判断，直到专家最终形成比较一致的意见。

逐轮收集意见并为专家反馈信息是德尔菲法的主要环节。经典的德尔菲方法一般要经过三四轮征询与反馈。

4. 专家意见的综合与分析

运用统计分析的方法对专家意见进行汇总和分析。下面介绍德尔菲法常用的一些统计指标。

5.2.3 德尔菲法的常用统计指标

1. 专家积极系数

表示专家对本项研究关心、合作程度，一般用问卷回收应答率（recovery rate，RR）表示：

$$RR=\frac{m_0}{m} \tag{5-1}$$

其中 m_0 表示参与咨询的专家数，m 表示专家总数。

2. 专家权威程度

专家权威程度用权威系数（C_r）表示，由两个因素决定。一是专家对问题做出判断的依据，用 C_a 表示，如表 5-2 所示；二是专家对指标的熟悉程度系数，用 C_s 表示，如表 5-3 所示。专家权威程度由式（5-2）测算：

$$C_r=\frac{C_a+C_s}{2} \tag{5-2}$$

专家的权威程度以自我评价为主，一般在给专家发放调查问卷时，由专家填写“专家对咨询内容的判断依据调查表”，根据自己对咨询内容的判断依据和熟悉程度进行自评。专家权威程度与咨询结果的精度呈一定的函数关系，一般而言，咨询结果的精度随专家权威程度提高而提高。权威系数 $C_r>0.7$ 时，即认为咨询结果可靠。

表 5-2　专家判断依据自评得分

判断依据	得分
实践经验	0.8
理论分析	0.6
国内外资料	0.4
直觉	0.2

表5-3 专家熟悉程度自评得分

熟悉程度	得分
很熟悉	0.9
熟悉	0.7
较熟悉	0.5
一般	0.3
不熟悉	0.1

3. 专家意见的一致性指标

可以从两个方面，对专家咨询数据的一致性进行判断。

(1) 就某个特定的被评价对象，所有评价专家的评分一致性。此时可以用统计学里的标准差或变异系数来评价。变异系数为标准差和均值的比率，即：

$$CV = \frac{S}{\overline{X}} \tag{5-3}$$

一般认为当 $CV < 0.25$ 时，专家对该被评价对象的意见比较一致。

(2) 所有专家对所有被评价对象的评分一致性。一般可用肯德尔和谐系数来评价。肯德尔和谐系数又称为肯德尔 W 系数，是表示多列等级变量相关程度的一种指标。设 m 个专家对 n 个对象就其好坏、高低等进行等级评定，最小的等级序数为1，最大的为 n。设第 i 专家对第 j 对象的评价等级为 $r_{ij}(i=1, \cdots, m; j=1, \cdots, n)$，由此形成评级矩阵 $\boldsymbol{R}=(r_{ij})_{m\times n}$，则肯德尔 W 系数计算公式为：

$$W = \frac{12\sum_{j=1}^{n} R_j^2 - \frac{12}{n}(\sum_{j=1}^{n} R_j)^2}{m^2(n^3 - n) - m\sum_{i=1}^{m} T_i} \tag{5-4}$$

其中，当每一个专家的评价等级均无重复时，$T_i = 0$，否则，$T_i = \sum_{l=1}^{m_i}(n_{il}^3 - n_{il})$，这里 m_i 为第 i 个评价者的评定结果中有重复等级的个数，n_{il} 为第 i 专家的评定结果中第 l 个重复等级的相同等级数。R_j 为所有专家对第 j 被评对象所评等级之和，即 $R_j = \sum_{i=1}^{m} r_{ij}$。

肯德尔和谐系数的取值为 $0 \leqslant W \leqslant 1$，取值越大说明专家的意见越一致。在大样本情况下（即 n 足够大），$m(n-1)W \to \chi^2(n-1)$，当显著性检验的 p 值小于规定的显著性水平（例如0.05）时，则认为专家意见具有显著的一致性。在小样本情况下，可根据肯德尔和谐系数临界值表查表进行一致性检验。

例5-1 设5名专家对4个对象进行评价，评语共分为四级：优、良、中、差，评价结果如表5-4所示。

表 5-4　　5 名专家对 4 个对象的评语

专家	对象 1	对象 2	对象 3	对象 4
专家 A	良	优	良	差
专家 B	优	优	良	良
专家 C	良	良	差	差
专家 D	优	良	优	良
专家 E	良	优	良	良

求肯德尔和谐系数 W。

解：首先将表 5-4 的评语转换为秩次，优、良、中、差的秩次赋值分别为 4、3、2、1，由此得表 5-5 所示的秩次赋值表，其中同一个专家的评语有重复等级的，则秩次为平均值，例如专家 A 的评价有两个良，则秩次为 $(2+3)/2=2.5$。

表 5-5　　秩次赋值表

专家	对象 1	对象 2	对象 3	对象 4
专家 A	2.5	4	2.5	1
专家 B	3.5	3.5	1.5	1.5
专家 C	3.5	3.5	1.5	1.5
专家 D	3.5	1.5	3.5	1.5
专家 E	2	4	2	2
R_j	15	16.5	11	7.5

下面求式（5-4）中的 T_i。对于专家 A，两个对象被评为相同的等级，故 $m_A=1$，$n_{A1}=2$，故 $T_A=2^3-2=6$。对于专家 B，两个对象被评为相同的等级 3.5，另两个对象被评为相同的等级 1.5，故 $m_B=2$，$n_{B1}=2$，$n_{B2}=2$，故 $T_B=(2^3-2)+(2^3-2)=12$。同理，$T_C=12$，$T_D=12$。对于专家 E，三个对象被评为相同的等级，故 $n_{E1}=3$，$T_E=3^3-3=24$。

$$W=\frac{12\times 674.5-\frac{12}{4}\times 50^2}{5^2(4^3-4)-5\times 66}=0.51$$

大家可以试一试，该问题优、良、中、差的秩次赋值分别为 1、2、3、4，不影响最后的求解。

5.2.4　德尔菲法应用举例

德尔菲法主要是作为一种预测方法被提出，但近年来，该方法在评价相关领域的应用更为广泛，特别是评价体系的建立和评价指标的选择领域，都非常适合运用德尔菲方法。某资产管理公司拟开展中小企业融资增信业务，对于中小企业融资增信业务风险因素识别，从中小企业偿债能力、担保措施、经营环境、道德品质、资本实力、附加因素六个维度（具体包括36个指标）初步确定信用风险因素。该公司运用德尔菲法具体构建最终的评价体系。

首先，确定专家咨询小组。咨询小组选取金融不良资产管理领域专家3名、商业银行中小企业信贷营销专家4名、金融机构风险管理专家3名和法律专家3名，各专家选自不同的地方和机构，最终确定了由13名专家组成的咨询小组。

其次，设计调查问卷。针对初步确立的36个指标，分别让专家就每个指标对于评估信用风险的重要性按1～5分进行打分，分值越高越重要。并按表5－2和表5－3，填写判断依据和熟悉程度自评得分，由此计算专家对每个指标的权威系数。

再次，专家意见的多轮征询与反馈。依据制定的研究步骤实施该公司中小企业融资增信业务信用风险因素识别的调查工作，因事先与上述咨询专家进行了沟通，13名咨询专家均表示可以参加调查问卷且在规定时限内答复，故本次发放和回收的调查问卷数量为13份，积极系数为100%。依据13名咨询专家反馈的评分结果进行统计分析，列出第一次调查中各信用风险因素的专家权威程度、重要程度的均值、变异系数等核心参数。其中在计算指标的重要程度均值时，只考虑权威系数 $C_r>0.7$ 的专家。依据统计结果计算协调系数的值 $W=0.105$，第一轮调查问卷的显著性检验的统计量值为 $m(n-1)W=13\times(36-1)\times0.105=47.775$，查 $\chi^2(35)$ 的分布函数表，$p=0.073>0.05$，本次调查未通过显著性水平检验，故专家未对本次调查取得一致性意见。

在第一次调查时，各指标的变异系数均小于0.25，说明专家对每一项指标的评分比较一致。剔除平均重要程度少于4.0的指标。另外，部分专家认为偿债能力维度中“融资金额”应改为“融资要素”，包含金融、利率、期限等。道德品质维度“实际控制人品格”应并入“实际控制人资信”，同时在附加因素增加“股东抽逃出资”，最终确定了28个指标。结合专家意见，对中小企业融资增信业务信用风险因素识别调查问卷进行修改，并邀请专家参加第二次调查问卷。

由于事先已经与13位专家进行了沟通，故第二轮调查问卷发放和回收数量为13份，积极系数100%保持不变。第二轮调查问卷回收后，对13名咨询专家反馈的评分结果进行统计分析，计算得出各信用风险因素核心系数。第二轮调查中所有信用风险因素的重要程度均大于4.0。同时，专家意见协调系数经过计算是0.503，协调系数显著性检验 $m(n-1)W=13\times(28-1)\times0.503=176.553$，查 $\chi^2(27)$ 的分布函数表，得 p 近似为0。显著性检验结果符合要求，调查结果表明第二轮调查专家意见取得一致。

最后，对达成一致的专家意见进行汇总整理，得到中小企融资增信业务风险因素指标体系，如表5－6所示。

表 5-6　　运用德尔菲法确定的中小企融资增信业务信用风险因素

风险维度	细分因素
偿债能力	半年内到期的融资规模
	现金净流入
	融资要素
	企业资信
	其他渠道资金
	可变现的资产
	还款来源明确
担保措施	利益相关者保证担保
	外部保证担保
	保证担保代偿能力
	抵质押物价值
	抵质押物变现能力
经营环境	淘汰落后产能行业、重污染行业
	开工正常，订单稳定
	近三年实际控制人稳定
	供应链稳定
道德品质	利益相关者资信
	欠息和失信记录
	实际控制人资信
	负面网络信息
	涉及司法诉讼
资本实力	注册资本实缴
	资产负债合理
	有息负债规模
	稳定盈利能力
	财务管理规范、依法纳税
附加因素	对外担保代偿风险
	股东抽逃出资

5.3　TOPSIS 法

5.3.1　简介

TOPSIS（technique for order preference by similarity to an ideal solution），中文译为

“逼近理想解排序法”，由 C. L. Hwang 和 K. Yoon 于 1981 年首次提出，是求解多目标决策问题的是一种简单、有效的方法。

设一个多目标决策问题的备选方案集为 $X=\{x_1, \cdots, x_m\}$，衡量方案优劣的指标集为 $Y=\{y_1, \cdots, y_n\}$。每个方案 $x_i(i=1, \cdots, m)$ 在每个指标 $y_j(j=1, \cdots, n)$ 的取值 r_{ij}构成决策矩阵 $\boldsymbol{R}=(r_{ij})_{m\times n}$，$\boldsymbol{R}$ 的行向量 $\boldsymbol{R}_i=(r_{i1}, \cdots, r_{in})$ 作为 n 维空间中的一个点，唯一地表征了方案 x_i。

TOPSIS 法借助理想解和负理想解给各方案排序。理想解 x^* 是一个方案集 X 中并不存在的虚拟的最佳方案，它的每个指标值是所有方案中该指标的最好的值；而负理想解 x^- 则是虚拟的最差方案，它的每个指标值是所有方案中该指标的最差的值。在 n 维空间中，将方案集 X 中的各备选方案与理想解 x^* 和负理想解 x^- 的距离进行比较，既靠近理想解又远离负理想解的方案就是方案集 X 中的最佳方案，并据此可以对所有方案进行排序。TOPSIS 法常用的距离测度是欧氏距离。

图 5－1 示意了理想解和负理想解的概念。假设有六个方案在两个指标上的取值，其理想解 x^* 和负理想解 x^- 如图所示，则 x_5 是最优方案，因为该点离理想解 x^* 最近，而且离负理想解 x^- 最远。

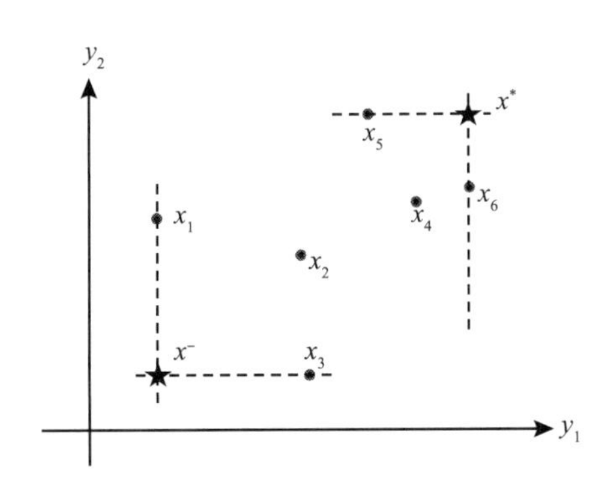

图 5－1　理想解和负理想解示意

5.3.2　TOPSIS 算法步骤

1. 对原始的决策矩阵 R 进行规范化处理

令

$$z_{ij}=\frac{r_{ij}}{\sqrt{\sum_{i=1}^{m}(r_{ij})^2}} \tag{5-5}$$

得规范化的决策矩阵 $\boldsymbol{Z}=(z_{ij})_{m\times n}$。

2. 对规范化决策矩阵 Z 进行加权处理

各指标对决策问题求解的权重有可能不同，设已知各指标权重所构成的权重向量 $\boldsymbol{W}=$

$(w_1, \cdots, w_n)^T$，令 $a_{ij}=w_j \cdot z_{ij}(i=1, \cdots, m; j=1, \cdots, n)$，得加权后决策矩阵 $\boldsymbol{A}=(a_{ij})_{m\times n}$。

3. 求理想解和负理想解

常见的评价指标有两种类型：效益型和成本型。效益型指标取值越大越好，成本型指标则越小越好。即：

$$A_j^* = \begin{cases} \max\limits_i a_{ij}, & \text{当指标 } y_j \text{ 为效益型} \\ \min\limits_i a_{ij}, & \text{当指标 } y_j \text{ 为成本型} \end{cases} \quad j=1, \cdots, n, \tag{5-6}$$

$$A_j^- = \begin{cases} \min\limits_i a_{ij}, & \text{当指标 } y_j \text{ 为效益型} \\ \max\limits_i a_{ij}, & \text{当指标 } y_j \text{ 为成本型} \end{cases} \quad j=1, \cdots, n, \tag{5-7}$$

得理想解 $\boldsymbol{A}^*=(A_1^*, \cdots, A_n^*)$，负理想解 $\boldsymbol{A}^-=(A_1^-, \cdots, A_n^-)$。

4. 计算各方案到理想解和负理想解的距离

方案 x_i 到理想解的距离为 $d_i^* = \sqrt{\sum\limits_{j=1}^{n}(a_{ij}-A_j^*)^2}, i=1, \cdots, m$

方案 x_i 到负理想解的距离为 $d_i^- = \sqrt{\sum\limits_{j=1}^{n}(a_{ij}-A_j^-)^2}, i=1, \cdots, m$

5. 计算各方案的贴近度

综合方案与理想解和负理想解的距离，定义方案 x_i 的贴近度指标 $C_i=\dfrac{d_i^-}{d_i^-+d_i^*}$，$i=1, \cdots, m$。$C_i$ 在 0 与 1 之间取值，C_i 越接近 1，表示方案 x_i 越接近最优水平；反之，C_i 越接近 0，表示该评价对象越接近最劣水平。

5.3.3 TOPSIS 应用举例

某人拟购买轿车，方案集 $X=\{$本田，沃尔沃，比亚迪，别克$\}$，指标集为 $Y=\{$油耗，功率，价格，安全性，品牌$\}$。其决策矩阵如表 5-7 所示。其中“安全性”和“品牌”属于定性指标，其评价等级采用五等级法，即优、良、中、差、极差。定性指标值量化的常用方法是利用双标度来表示。双标度是指既适用于效益型指标，又适用于成本型指标。双标度具有 10 格的刻度，一般使用范围是 1~9，如图 5-2 所示。

表 5-7　　购买轿车的决策矩阵

指标	油耗（升/百公里）	功率（排气量：升）	价格（万元）	安全性	品牌
指标类型	成本型	效益型	成本型	效益型	效益型
本田	7	1.8	12	差（3）	良（7）
沃尔沃	9	2.0	25	优（9）	优（9）

续表

指标	油耗（升/百公里）	功率（排气量：升）	价格（万元）	安全性	品牌
比亚迪	8	1.8	10	中（5）	中（5）
别克	12	2.5	18	良（7）	良（7）
权重	0.1	0.1	0.2	0.4	0.2

资料来源：基于实际情况分析得出。

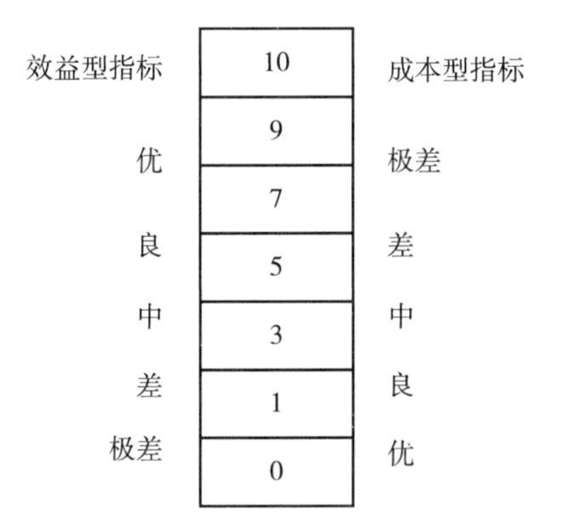

图5－2　定性指标定量化的双标度

下面用TOPSIS法来进行决策。由表5－7得决策矩阵：

$$R=\begin{bmatrix}7 & 1.8 & 12 & 3 & 7\\ 9 & 2.0 & 25 & 9 & 9\\ 8 & 1.8 & 10 & 5 & 5\\ 12 & 2.5 & 18 & 7 & 7\end{bmatrix}$$

由式（5－5），对 $\boldsymbol{R}$ 进行规范化处理，得：

$$Z=\begin{bmatrix}0.381 & 0.440 & 0.347 & 0.234 & 0.490\\ 0.490 & 0.489 & 0.724 & 0.703 & 0.630\\ 0.435 & 0.440 & 0.290 & 0.390 & 0.350\\ 0.653 & 0.611 & 0.521 & 0.547 & 0.490\end{bmatrix}$$

对规范化决策矩阵 $\boldsymbol{Z}$ 进行加权处理，得：

$$A=\begin{bmatrix}0.038 & 0.044 & 0.069 & 0.094 & 0.098\\ 0.049 & 0.049 & 0.145 & 0.281 & 0.126\\ 0.044 & 0.044 & 0.058 & 0.156 & 0.070\\ 0.065 & 0.061 & 0.104 & 0.219 & 0.098\end{bmatrix}$$

由矩阵 $\boldsymbol{A}$，得理想点 $A^*=(0.038, 0.061, 0.058, 0.281, 0.126)$，负理想点 $A^-=(0.065, 0.044, 0.145, 0.094, 0.070)$。

进一步，求出各方案与理想解的距离为 $d_1^* = 0.191$，$d_2^* = 0.088$，$d_3^* = 0.138$，$d_4^* = 0.087$，各方案与负理想解的距离为 $d_1^- = 0.085$，$d_2^- = 0.196$，$d_3^- = 0.109$，$d_4^- = 0.135$。

最后，计算各方案的贴近度指标，$C_1 = \frac{0.085}{0.085 + 0.191} = 0.308$，同理 $C_2 = 0.690$，$C_3 = 0.442$，$C_4 = 0.609$。因此，各方案排序结果为：沃尔沃 > 别克 > 比亚迪 > 本田。

5.4 层次分析法

5.4.1 层次分析法简介

层次分析法（analytic hierarchy process，AHP）是由美国匹兹堡大学教授萨蒂（Saaty. T. L.）在 20 世纪 70 年代中期提出的。它的基本思想是把一个复杂的问题分解为各个组成因素，并将这些因素按支配关系分组，从而形成一个有序的递阶层次结构。通过两两比较的方式确定层次中诸因素的相对重要性，然后综合人的判断以确定决策诸因素相对重要性的总排序。层次分析法的出现给决策者解决那些难以定量描述的决策问题带来了极大的方便，从而使它的应用涉及广泛的科学和实际领域。

5.4.2 层次分析法的基本步骤

利用 AHP 求解多目标决策问题，一般分为四步。

1. 建立层次结构模型

在一个总的决策目标下，考虑从多个目标（或评价准则）来评价，每个目标还可以细分为多个子目标（或子准则），如此构建总目标→目标→子目标→…→方案的递阶层次结构模型。一个典型的层次结构如图 5 - 3 所示。

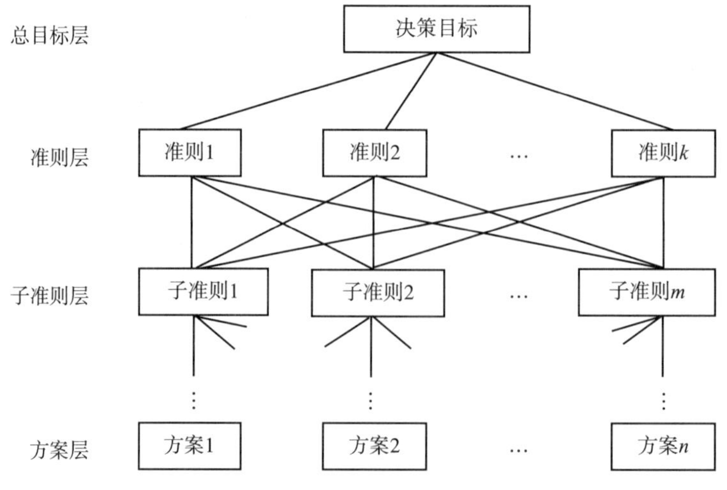

图 5 - 3　递阶层次结构模型

例如，某人拟买一个满意的冰箱，考虑质量和价格两个目标，待选方案有美菱、小米和海尔三款冰箱，可建立如图5－4所示的层次结构模型。该模型一共有三层，依次记为A、B、C。

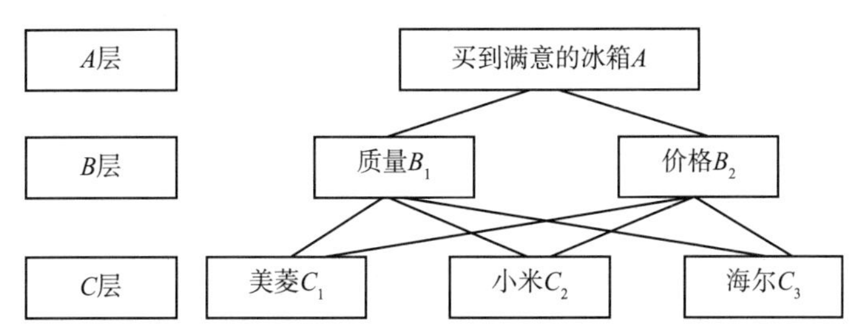

图5－4　买冰箱决策的层次结构模型

2. 构造两两比较的判断矩阵

为了确定各准则和各方案的重要性，AHP采用两两比较并构造判断矩阵的方法。两个要素i和j相比，其重要程度由1～9的整数或其倒数来度量，其含义如表5－8所示。

表5－8　　AHP的标度及其含义

标度	含义
1	i因素与j因素相同重要
3	i因素比j因素略重要
5	i因素比j因素较重要
7	i因素比j因素非常重要
9	i因素比j因素绝对重要
2，4，6，8	为以上两判断之间的中间状态
倒数	j要素与i要素相比的重要程度

以买冰箱问题为例，一共需要构造三个判断矩阵：$A \sim B$（2阶），$B_1 \sim C$（3阶），$B_2 \sim C$（3阶）。以$B_1 \sim C$为例，如图5－5所示，在质量目标（B_1）下，对三个冰箱的重要性两两比较，构造判断矩阵，如表5－9所示。

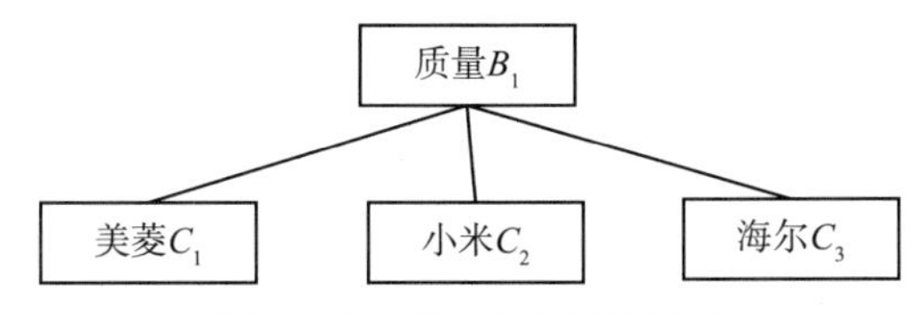

图5－5　质量目标的子模型

表 5-9　　判断矩阵表 B_1-C

质量	美菱	小米	海尔
美菱	1	3	1/2
小米	1/3	1	1/7
海尔	2	7	1

记该矩阵为 $B_1\sim C=\begin{bmatrix}1&3&1/2\\1/3&1&1/7\\2&7&1\end{bmatrix}=[a_{ij}]_{3\times3}$，元素 $a_{12}=3$，表示从质量上看美菱比小米略好一些；又如，$a_{23}=1/7$，说明小米比海尔的质量差得非常多。显然判断矩阵满足 $a_{ij}>0$，$a_{ii}=1$，$a_{ij}=1/a_{ji}$等条件，称为**正互反矩阵**。

同理可以构造判断矩阵 $B_2\sim C=\begin{bmatrix}1&1/3&2\\3&1&4\\1/2&1/4&1\end{bmatrix}$。另外，为了确定 B 层的两个准则"质量"和"价格"的权重，也需要构造判断矩阵 $A\sim B=\begin{bmatrix}1&2\\1/2&1\end{bmatrix}$。

3. 计算单一准则下元素的相对重要性（层次单排序）

这一步是计算各层中元素相对于上层各目标元素的相对重要性，从数学上分析，即计算判断矩阵 $\boldsymbol{A}$ 的最大特征根 $\lambda_{\max}$和其对应的特征向量 $\boldsymbol{W}=(w_1,\ w_2,\ \cdots,\ w_n)^{\mathrm{T}}$。

$$\boldsymbol{AW}=\lambda_{\max}\boldsymbol{W}$$

所得特征向量 $\boldsymbol{W}$ 经归一化后作为本层次元素 A_1，A_2，…，A_n 对于上一层次元素的排序权值。

特征向量可采用和法等近似求解，和法步骤如下：

（1）将判断矩阵 $\boldsymbol{A}$ 的每一列归一化，得判断矩阵 $\bar{\boldsymbol{A}}$：

$$\bar{a}_{ij}=\frac{a_{ij}}{\sum_{k=1}^{n}a_{kj}}\quad(i,\ j=1,\ 2,\ \cdots,\ n);$$

（2）把 $\bar{\boldsymbol{A}}$ 按行相加：$\bar{w}_i=\sum_{j=1}^{n}\bar{a}_{ij}\quad(i,\ j=1,\ 2,\ \cdots,\ n)$；

（3）对 $\bar{w}_i(i=1,\ 2,\ \cdots,\ n)$ 归一化：$w_i=\dfrac{\bar{w}_i}{\sum_{j=1}^{n}\bar{w}_j}\quad(i=1,\ 2,\ \cdots,\ n)$

所得到的 $\boldsymbol{W}=(w_1,\ w_2,\ \cdots,\ w_n)^{\mathrm{T}}$ 为所求特征向量。

进一步，可计算判断矩阵 $\boldsymbol{A}$ 的最大特征根 $\lambda_{\max}$，

$$\lambda_{max} = \sum_{i=1}^{n} \frac{(\boldsymbol{AW})_i}{(n\boldsymbol{W})_i}$$

其中 $(\boldsymbol{AW})_i$ 和 $(n\boldsymbol{W})_i$ 分别表示向量 $\boldsymbol{AW}$ 和 $n\boldsymbol{W}$ 的第 i 个元素。

以 $B_1 \sim C$ 为例，可用和法求得 $\boldsymbol{W} = (0.292, 0.093, 0.615)^T$，$\lambda_{max} = 3.003$。因此，在质量目标下，美菱、小米和海尔冰箱的权值（即重要性得分）分别为0.292、0.093、0.615。同理可求得其他判断矩阵的排序权重，对于第一层的判断矩阵 $A \sim B$，$\boldsymbol{W} = (0.667, 0.333)^T$；第二层的 $B_2 \sim C$，$\boldsymbol{W} = (0.238, 0.625, 0.137)^T$。

4. 一致性检验

在构造判断矩阵时，前后判断可能存在着一定的差异和不一致性。对于判断矩阵 $\boldsymbol{A}$，对于任意的 i，j，k，如果满足 $a_{ij} = a_{ik}a_{kj}$，则称判断矩阵具有**严格的一致性**。但是，由于客观事物的复杂性和人们判断的主观性，判断矩阵很难有严格的一致性，只要具有满意的一致性即可。进行一致性检验的步骤如下：

（1）计算一致性指标 CI：$CI = \frac{\lambda_{max} - n}{n-1}$，式中 n 为判断矩阵的阶数；

（2）计算平均随机一致性指标 RI。RI 是多次重复进行随机判断矩阵特征值的计算后取 CI 的算术平均数得到的，表5－10给出1～15维矩阵重复计算1000次的平均随机一致性指标。

表5－10　　**平均随机一致性指标**

维数	1	2	3	4	5	6	7	8	9	10	11	12	13	14	15
RI	0	0	0.58	0.89	1.12	1.26	1.36	1.41	1.46	1.49	1.52	1.54	1.56	1.58	1.59

（3）计算一致性比例 CR：$CR = \frac{CI}{RI}$。当 $CR < 0.1$ 时，一般认为判断矩阵的一致性是可以接受的。

以 $B_1 \sim C$ 为例，$CI = \frac{3.003-3}{3-1} = 0.0015$，查表5－10可得 $RI = 0.58$。$CR = \frac{CI}{RI} = 0.002 < 0.1$。故，因此该矩阵具有满意的一致性。同理可以对其他判断矩阵进行一致性检验。

5. 计算各层次上元素的组合权重（层次总排序）

在上面层次单排序的基础上，该步骤求解各方案相对于总目标的总权值。此处仍以买冰箱问题为例，层次单排序结果如图5－6所示。

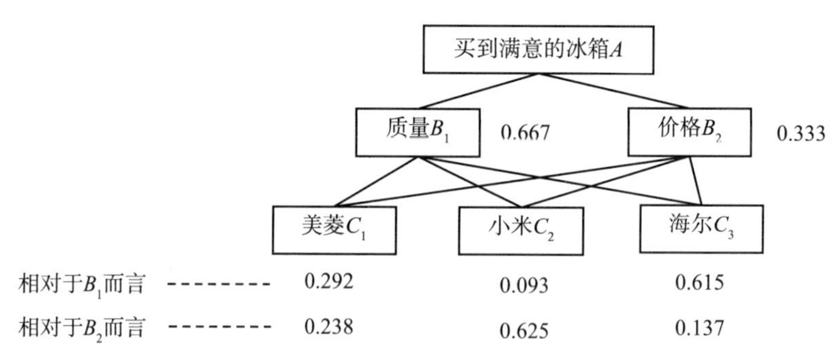

图 5－6 层次单排序结果

因此，美菱 C_1 的总排序权值为：$0.667 \times 0.292 + 0.333 \times 0.238 = 0.274$；

小米 C_2 的总排序权值为：$0.667 \times 0.093 + 0.333 \times 0.625 = 0.270$；

海尔 C_3 的总排序权值为：$0.667 \times 0.615 + 0.333 \times 0.137 = 0.456$。

一般而言，如果上一层所有元素 A_1，A_2，…，A_m 的组合权重已知，其权值分别为 a_1，a_2，…，a_m，与 A_i 相应的本层元素 B_1，B_2，…，B_n 的单排序结果为 b_1^i，b_2^i，…，b_n^i（$i=1$，2，…，m），若 B_j 与 A_i 无联系时，$b_j^i=0$，则本层次元素的组合权重可据表 5－11 进行计算。显然有 $\sum_{j=1}^{n} b_j = 1$ 。

表 5－11 各层次的组合权重

层次 B	A_1	A_2	…	A_m	B 层次元素组合权重
	a_1	a_2	…	a_m	
B_1	b_1^1	b_1^2	…	b_1^m	$b_1 = \sum_{i=1}^{m} a_i b_1^i$
B_2	b_2^1	b_2^2	…	b_2^m	$b_2 = \sum_{i=1}^{m} a_i b_2^i$
⋮	⋮	⋮	⋮	⋮	⋮
B_n	b_n^1	b_n^2	…	b_n^m	$b_n = \sum_{i=1}^{m} a_i b_n^i$

6. 评价层次总排序计算结果的一致性

该步骤评价层次总排序计算结果的一致性。检验指标为 $CR_{总} = \frac{CI_{总}}{RI_{总}}$，其中：

$$CI_{总} = \sum_{i=1}^{m} a_i CI_i$$

$$RI_{总} = \sum_{i=1}^{m} a_i RI_i$$

而 CI_i 为 A_i 相应的 B 层次中判断矩阵的一致性指标，RI_i 为 A_i 相对应的 B 层次中判断矩阵的随机一致性指标。当 $CR_{总}<0.1$ 时，认为层次总排序的结果具有满意的一致性，若不满足一致性条件，需对判断矩阵进行调整。

经计算，买冰箱决策问题的 $CR_{总}=0.007<0.1$，因此，总排序结果具有满意的一致性。由于海尔冰箱的总排序权值最大，故最终选择买海尔冰箱。

5.4.3　应用举例——发电方式综合评估与选择

常见的发电方式有火力发电、水力发电等。本案例对常见的7种发电方式进行综合评估，以为未来发电方式的选择和决策提供支持。主要考虑从“技术和可持续性”和“经济性”这两个大的方面进行评估。技术和可持续性主要包括发电方式的能量转化率、有效利用率、有效生产率、可再生性等准则。其中能量转化率表示输出与输入能量的比值；有效可利用率表示单位时间内的有效运作时间（如在缺乏阳光或风等天气条件时发电方式可能无法正常运转）；有效生产率表示单位时间发电量与全功率发电量的比值；可再生性表示原料以当前消耗速率预计可使用年限。经济性主要考虑发电方式的成本，包括资本成本、运维成本、原料成本以及外部成本。其中资本成本包括土地成本、建筑成本以及所有设备成本；运维成本包括员工工资以及用于发电方式运行的能源、产品和服务的资金，分为固定运维成本和可变运维成本两部分；原料成本包括提取、运输、加工发电方式原料所产生的费用及其使用产生的废物处置成本；外部成本指与健康和环境相关的成本。表5－12列出了7种主要发电方式的各项准则数据。

表5－12　发电方式评估各项准则数据

发电方式	能量转化率（%）	有效可利用率（%）	有效生产率（%）	可再生性（年）	资本成本（欧元/千瓦）	运维成本		原料成本（欧分/千瓦时）	外部成本（欧分/千瓦时）
						固定（欧元/千瓦·年）	可变（欧分/千瓦时）		
煤炭	39.4	85.4	70.8	164	975	19	0.183	1.31	8.40
石油	37.5	92	26.2	40.5	483	6.25	0.233	1.84	6.75
核能	33.5	96	90.5	70	1590	30	0.033	0.27	0.49
水力	80	50	29.6	∞	2417	72.5	0.486	0	0.56
风力	35	38	32.1	∞	1250	25	0.417	0	0.16
光伏	9.4	20	22.4	∞	4167	16.67	1.667	0	0.24
地热	6	95	82.5	∞	2158	83.33	0.025	0	0.20

资料来源：Chatzimouratidis A I, Pilavachi P A. Technological, economic and sustainability evaluation of power plants using the Analytic Hierarchy Process [J]. Energy policy, 2009, 37 (3): 778－787.

发电方式的评估涉及众多层次以及准则和子准则，因此需要进行基于分层结构的多准则分析，从技术、经济和可持续性等方面进行整体评估。以下将使用层次分析法

（AHP）对这一问题进行逐层分解，综合计算各发电方式的最终权重，从而对发方式进行整体评估。

1. 建立层次结构模型

考虑从经济、技术和可持续性及其子准则对煤炭、石油等7种发电方式进行整体评估，建立如图5－7的层次结构模型图。该模型一共有5层，依次为总目标层A、准则层B^1、B^2、B^3以及方案层C。

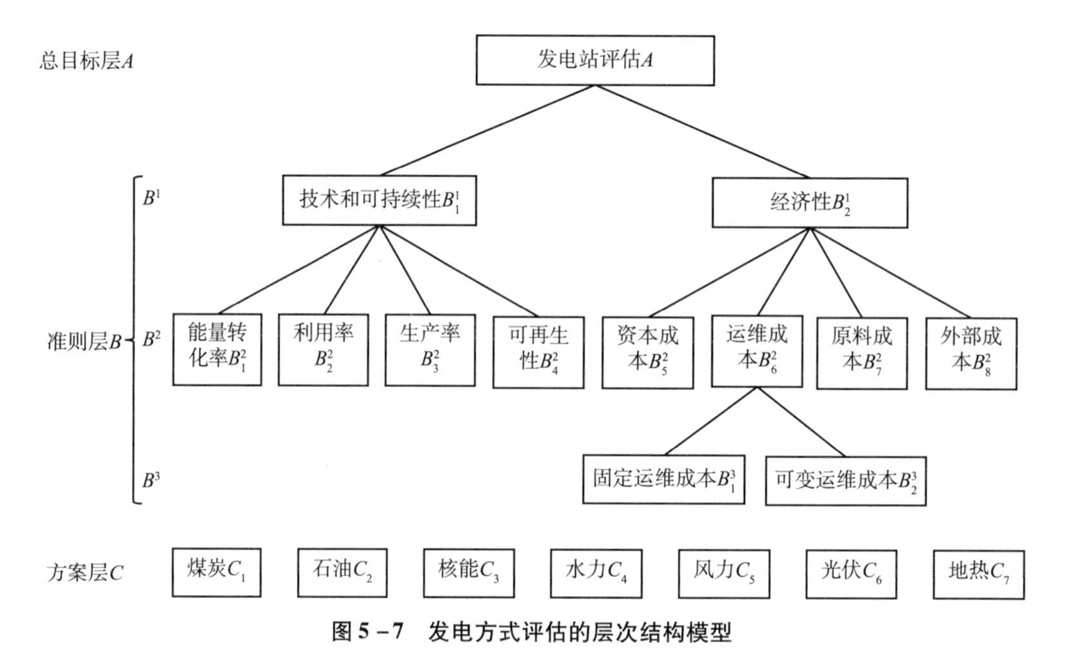

图5－7　发电方式评估的层次结构模型

资料来源：Chatzimouratidis A I，Pilavachi P A. Technological，economic and sustainability evaluation of power plants using the Analytic Hierarchy Process［J］. Energy policy，2009，37（3）：778－787.

2. 构造两两比较的判断矩阵

上述问题共需要构造5个判断矩阵：$A \sim B^1$（2阶），$B_1^1 \sim B^2$（4阶），$B_2^1 \sim B^2$（4阶）、$B_6^2 \sim B^3$（2阶）、$B_4^2 \sim C$（7阶）。需要说明的是，除了B_4^2外，各发电方式的B^2和B^3层的其他准则都是可量化的，因此无须构造判断矩阵。

首先，为确定B^1层“技术和可持续性”以及“经济性”两个准则的相对重要性，构造判断矩阵$A \sim B^1 = \begin{bmatrix} 1 & 3 \\ 1/3 & 1 \end{bmatrix}$；其次，为确定$B^2$层各个准则的相对重要性，构造判断矩阵$B_1^1 \sim B^2 = \begin{bmatrix} 1 & 1 & 3 & 1/9 \\ 1 & 1 & 3 & 1/9 \\ 1/3 & 1/3 & 1 & 1/9 \\ 9 & 9 & 9 & 1 \end{bmatrix}$和判断矩阵$B_2^1 \sim B^2 = \begin{bmatrix} 1 & 5 & 1 & 3 \\ 1/5 & 1 & 1/5 & 1/3 \\ 1 & 5 & 1 & 3 \\ 1/3 & 3 & 1/3 & 1 \end{bmatrix}$；为确

定 B^3 层两个准则的相对重要性，构造判断矩阵 $B_6^2 \sim B^3 = \begin{bmatrix} 1 & 1/5 \\ 5 & 1 \end{bmatrix}$；最后由于可再生性 B_4^2 准则中部分方案无法量化，因此需基于表5-12的“可再生性”列的数据，对7种发电方式两两比较，如图5-8所示，构造判断矩阵：

$$B_4^2 \sim C = \begin{bmatrix} 1 & 5 & 3 & 1/9 & 1/9 & 1/9 & 1/9 \\ 1/5 & 1 & 1/3 & 1/9 & 1/9 & 1/9 & 1/9 \\ 1/3 & 3 & 1 & 1/9 & 1/9 & 1/9 & 1/9 \\ 9 & 9 & 9 & 1 & 1 & 1 & 1 \\ 9 & 9 & 9 & 1 & 1 & 1 & 1 \\ 9 & 9 & 9 & 1 & 1 & 1 & 1 \\ 9 & 9 & 9 & 1 & 1 & 1 & 1 \end{bmatrix}$$

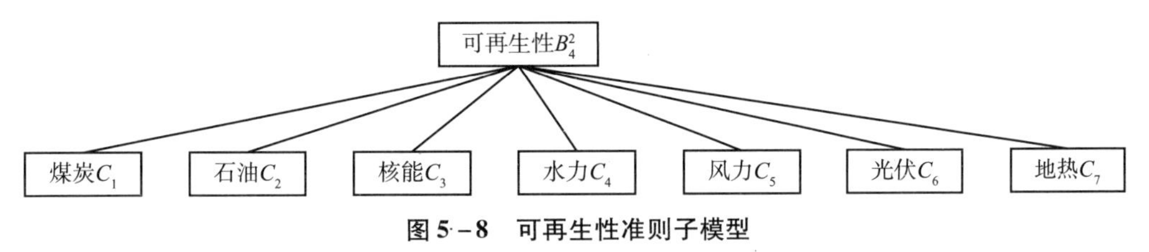

图5-8 可再生性准则子模型

资料来源：Chatzimouratidis A I, Pilavachi P A. Technological, economic and sustainability evaluation of power plants using the Analytic Hierarchy Process [J]. Energy policy, 2009, 37 (3): 778-787.

3. 计算单一准则下元素的相对重要性（层次单排序）

对于判断矩阵 $A \sim B^1$，$\boldsymbol{W} = (0.75, 0.25)^T$，$\lambda_{max} = 2$；

对于判断矩阵 $B_1^1 \sim B^2$，$\boldsymbol{W} = (0.108, 0.108, 0.047, 0.737)^T$，$\lambda_{max} = 4.153$；

对于判断矩阵 $B_2^1 \sim B^2$，$\boldsymbol{W} = (0.391, 0.067, 0.391, 0.151)^T$，$\lambda_{max} = 4.043$；

对于判断矩阵 $B_6^2 \sim B^3$，$\boldsymbol{W} = (0.167, 0.833)^T$，$\lambda_{max} = 2$；

对于判断矩阵 $B_4^2 \sim C$，$\boldsymbol{W} = (0.038, 0.017, 0.026, 0.230, 0.230, 0.230, 0.230)^T$，$\lambda_{max} = 7.430$。

如上所述，除了 B_4^2 外，各发电方式的 B^2 和 B^3 层的其他指标都是可量化的，未构造判断矩阵，因此对于 $B \sim C$ 的各发电方式的单排序过程，直接根据测量值计算即可。其中，技术和可持续性准则下的能量转化率、有效利用率、生产率等均为正向指标，根据 $w_i = \dfrac{\nu_i - \nu_{min}}{\sum_{i=1}^{7} (\nu_i - \nu_{min})} (i = 1, \cdots, 7)$ 计算各发电方式在该准则下的权值，其中 ν_i 为表5-12中的各列数据。对于经济性准则下的资本成本、运维成本、原料成本、外部成本等均为负向指标，根据 $w_i = \dfrac{\nu_{max} - \nu_i}{\sum_{i=1}^{7} (\nu_{max} - \nu_i)} (i = 1, \cdots, 7)$ 计算各发电方式在该准则下的权值。结果如表5－13所示。

表5－13　　　　发电方式评估各项准则相对重要性

发电方式	能量转化率	利用率	生产率	可再生性	资本成本	运维成本		原料成本	外部成本
						固定	可变		
煤炭	0.168	0.194	0.245	0.038	0.198	0.195	0.172	0.056	0.000
石油	0.158	0.214	0.019	0.017	0.228	0.233	0.166	0.000	0.039
核能	0.138	0.226	0.345	0.026	0.160	0.161	0.189	0.166	0.188
水力	0.372	0.089	0.036	0.230	0.109	0.033	0.137	0.195	0.187
风力	0.146	0.054	0.049	0.230	0.181	0.176	0.145	0.195	0.196
光伏	0.017	0.000	0.000	0.230	0.000	0.202	0.000	0.195	0.194
地热	0.000	0.223	0.305	0.230	0.125	0.000	0.190	0.195	0.195

资料来源：基于前面的数据和层次分析法原理计算得出。

4. 一致性检验

对于判断矩阵 $A \sim B^1$，$CR=0$；判断矩阵 $B_1^1 \sim B^2$，$CR=0.057<0.1$；判断矩阵 $B_2^1 \sim B^2$，$CR=0.016<0.1$；判断矩阵 $B_6^2 \sim B^3$，$CR=0$；判断矩阵 $CR=0.053<0.1$，因此所有矩阵具有满意的一致性。

5. 计算各层次上元素的组合权重（层次总排序）

在前述层次单排序的基础上，求解各种发电方式相对于总目标的组合权重，如表5－14所示。

表5－14　　　　各层次的组合权重

C	B_1^1 0.75					B_2^1 0.25							A层组合权重
	B_1^2 0.108	B_2^2 0.108	B_3^2 0.047	B_4^2 0.737	B_1^1层组合权重	B_5^2 0.391	B_6^2 0.067			B_7^2 0.391	B_8^2 0.151	B_2^1层组合权重	
							B_1^3 0.167	B_2^3 0.833	B_6^2层组合权重				
C_1	0.168	0.194	0.245	0.038	0.079	0.198	0.195	0.172	0.176	0.056	0.000	0.111	0.087
C_2	0.158	0.214	0.019	0.017	0.054	0.228	0.233	0.166	0.177	0.000	0.039	0.107	0.067
C_3	0.138	0.226	0.345	0.026	0.075	0.160	0.161	0.189	0.184	0.166	0.188	0.168	0.098
C_4	0.372	0.089	0.036	0.230	0.221	0.109	0.033	0.137	0.120	0.195	0.187	0.155	0.205
C_5	0.146	0.054	0.049	0.230	0.193	0.181	0.176	0.145	0.150	0.195	0.196	0.187	0.192
C_6	0.017	0.000	0.000	0.230	0.171	0.000	0.202	0.000	0.034	0.195	0.194	0.108	0.155
C_7	0.000	0.223	0.305	0.230	0.208	0.125	0.000	0.190	0.158	0.195	0.195	0.165	0.197

资料来源：基于前面的数据和层次分析法原理计算得出。

6. 评价层次总排序计算结果的一致性

经计算，$CR_{总}=\frac{CI_{总}}{RI_{总}}=0.042<0.1$，因此，总排序结果具有满意的一致性。

表 5-14 的层次总排序结果显示：水力发电方式组合权重最高，其次是地热发电方式，之后依次是风力发电方式、光伏发电方式、核能发电方式、煤炭发电方式，石油发电方式组合权重最低。这个排序结果为未来的发电方式的选择提供了参考依据。

通过应用层次分析法对上述 7 种发电方式在技术、经济和可持续性准则方面的评估得出：在可再生能源发电方式中，水力发电方式、地热发电方式和风力发电方式不需要燃料、没有燃料成本，位居前三位；而光伏发电方式则因其在技术准则和资本成本等准则评价较低而排在第四位。在非可再生能源发电厂中，核能发电方式由于原料成本较低而优于煤炭和石油发电方式，排在第五位；煤炭储量高于石油，排在第六位，石油发电方式排在最后。

习　题

1. 查阅文献，评述德尔菲法的主要应用现状。

2. 为了客观地评价我国高校的实际状况和教学质量，选了 5 所高校，收集有关数据资料进行了试评估。决策矩阵如题表 5-1 中所示。

题表 5-1

指标	人均专著（本/人）	生师比	科研经费（万元/年）	逾期毕业率（%）
指标类型	效益型	区间型	效益型	成本型
A	0.1	5	500000	4.7
B	0.2	7	400000	2.2
C	0.6	10	126000	3.0
D	0.3	4	300000	3.9
E	2.8	2	28400	1.2
权重	0.2	0.3	0.4	0.1

资料来源：岳超缘，决策理论与方法［M］. 北京：科学出版社，2003.

其中“生师比”为区间型指标，指的是指标取值落在某一个确定的区间最好，过低或过高都不好（如体温）。对某个区间型指标 x，设 $[a,\ b]$ 为 x 的最佳区间，$[a^*,\ b^*]$ 为 x 的最大容忍区间，则可按下式进行指标的正向化处理（即转化为效益型指标）：

$$x'=\begin{cases}1-\dfrac{a-x}{a-a^*} & a^*<x<a\\ 1 & a\leqslant x\leqslant b\\ 1-\dfrac{x-b}{b^*-b} & b<x<b^*\\ 0 & 其他\end{cases}$$

设“生师比”的最佳区间为［5，6］，最大容忍区间为［2，12］。试用 TOPSIS 对这 5 所高校进行评估。

3. 某公司欲确定下一年度广告宣传方式，宣传媒介有街头广告牌（C_1）、报纸（C_2）和电视（C_3）三种。公司选择宣传方式的标准有观众（读者）人数（B_1）、宣传效果（B_2）和广告费用（B_3）。已知各元素的相对重要程度如下：

A	B_1	B_2	B_3	W
B_1	1	2	1/2	0. 297
B_2		1	1/3	0. 163
B_3			1	0. 540

B_1	C_1	C_2	C_3	W
C_1	1	1/3	1/5	0. 105
C_2		1	1/3	0. 258
C_3			1	0. 637

B_2	C_1	C_2	C_3	W
C_1	1	2	7	0. 592
C_2		1	5	0. 333
C_3			1	0. 075

B_3	C_1	C_2	C_3	W
C_1	1	1/3	1/7	0. 081
C_2		1	1/5	0. 188
C_3			1	0. 731

要求：（1）建立 AHP 层次递阶结构模型；（2）计算三种宣传方式的优先顺序。

参考答案请扫二维码查看

第6章

库存决策

库存是用于满足生产需求的原材料、在制品和成品等。良好的库存控制对企业至关重要。企业可以通过降低库存水平来降低成本，但是如果库存水平太低而导致库存中断，也会带来企业的违约成本并降低客户满意度。因此，企业必须找到一个最佳的库存水平，使其成本最小化。本章将介绍两类常用的库存模型：确定型库存模型和随机型库存模型。

6.1 供应链视角下的库存问题

供应链描述了供应商、制造商、零售商和消费者这四个主要实体之间的商品、资金和信息流，如图6－1所示。

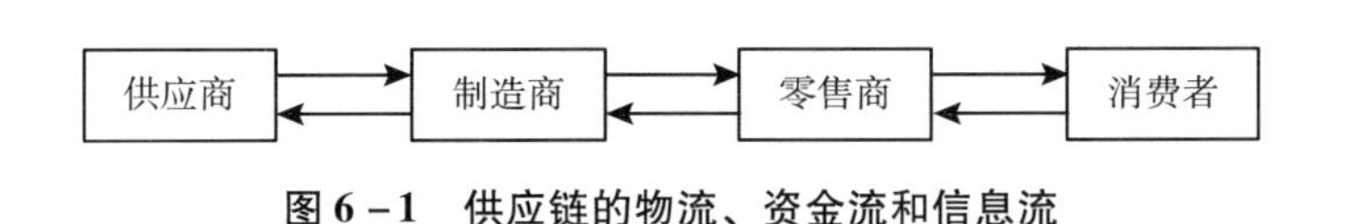

图6－1 供应链的物流、资金流和信息流

注："→"代表物流、信息流，"←"代表资金流、信息流和逆向物流。

6.1.1 供应链中的库存指标

企业通常用**库存周转率**（inventory turn over，ITO）来评估存货对公司财务状况的影响：

$$库存周转率=\frac{一个时间段里的销售商品的成本}{同期平均库存成本}$$

库存周转率计算的是库存在一定时间内（通常是一年）周转的次数。该指标除了反映库存的周转速度外，还反映了商品的销售情况。周转率越大，表明企业的销售状况越好。然而，不合理的高库存周转率也可能表明了企业的库存较低，从而带来因库存中断而造成销售损失的风险。

库存周转率往往根据企业的（年末）资产负债表信息来计算，因此只能简单地评估企业在过去一年中持有的库存是否符合预期，而不能提供具体的库存策略，如什么时候订货，每次订货量是多少等。本章的库存决策理论将回答这些问题。

6.1.2 库存问题中的相关成本

过多的库存会增加库存的持有成本（包括资金、储存、维护和处理等费用），太少又可能带来缺货成本（销售损失、生产中断和客户商誉损失等）。一般地，与库存相关的成本包括四点。

（1）货物成本费：货物本身的价格。有时，如果订单数量超过一定数量，商品就会打折，这是决定订购多少的一个因素。

（2）订货准备费用：下订单时产生的固定费用，与订货量无关，如手续、差旅等费。

（3）存储费：包括资金的利息，以及货物的储存、维护、处理、及存贮中损坏变质的损失等费用。

（4）缺货费：缺货时产生的损失。包括潜在的收入损失、生产中断、订购紧急货物的额外成本以及客户商誉损失等。在不允许缺货的情况下，缺货费可视为无穷大。

根据库存需求是确定的还是随机的，可把库存决策模型分为两类：确定型库存模型和随机型库存模型。下面将分别展开介绍。

6.2 确定型库存模型

6.2.1 经济订货批量（EOQ）模型（模型1）

经济订货批量（economic order quantity，EOQ）模型是最基本的订货模型，由哈里斯（F. W. Harris）在1915年提出。

1. 模型假设

（1）重复订购。按某种规则对货物进行重复订购。与重复订购相对应的是一次性订购，也称为单期库存问题。

（2）需求速率固定。对货物的需求或者消耗速率 R 是一个常数。

（3）订货提前期为零，瞬时补充。订货提前期 $L=0$，即订货即时到达、瞬时补足。

（4）不允许缺货。该条件表明所有的货物需求必须即时得到满足，不允许负的库存。

这个模型可用图6-2表示，每补充一批货物 Q，存储量即刻由零上升至 Q，然后以 R 的速率均匀消耗掉。存储量沿着斜线下降，一旦存储降至零时，立即再次补充至 Q，如此不断重复。

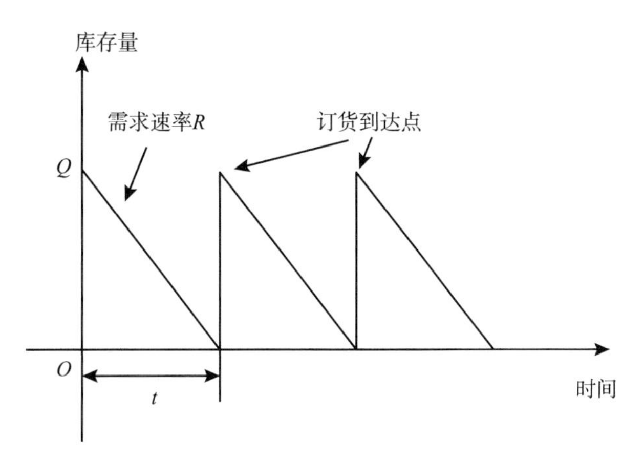

图6-2 EOQ模型的库存变化模式

2. 模型推导

在以上模型假设条件下，怎样确定最优的库存策略？一般用单位时间内总费用（称为平均总费用，此处的“总”指的是包括订货准备费、存储费等的总和）作为策略优劣的评价指标。为了寻求最佳策略，即确定一个使平均总费用最小的订货量和订货间隔，首先要导出平均总费用与订货量 Q 或订货时间间隔 t 之间的函数关系。

设 C_1 为单位时间内单位货物的存储费，C_3 为每次订货准备费用，K 为货物单价。单位时间平均库存量为 $\frac{1}{t}\int_0^t Ru\mathrm{d}u = \frac{1}{2}Rt$。由 $Q = Rt$，可得单位时间的平均总费用为：

$$
\begin{aligned}
C(Q) &= \frac{C_3 + KQ}{t} + \frac{1}{2}RtC_1 \\
&= \frac{C_3 + KQ}{\frac{Q}{R}} + \frac{1}{2}C_1 Q \\
&= \frac{C_3 R}{Q} + KR + \frac{1}{2}C_1 Q
\end{aligned}
$$

为求 $\min C(Q)$，令 $\frac{\mathrm{d}C}{\mathrm{d}Q}=0$，得：

$$
Q^* = \sqrt{\frac{2C_3 R}{C_1}} \tag{6-1}
$$

式（6-1）即著名的EOQ公式。由于货物单价对于最佳订货批量没有影响，故如果不做特殊说明，在分析最佳批量、最佳周期和最低总费用时，一般不考虑货物的单价及购买货物的费用。

最佳订货周期见式（6-2）：

$$
t^* = \frac{Q^*}{R} = \sqrt{\frac{2C_3}{C_1 R}} \tag{6-2}
$$

最低单位时间平均总费用见式（6－3）：

$$C^{*} = \sqrt{2RC_1C_3} \tag{6-3}$$

例 6－1 某航空公司每年使用 500 个尾灯。每次订购尾灯时，都会产生 600 元的订购成本。每盏灯成本为 40 元，存储成本为 8 元/灯/年。假设公司对尾灯的需求速度不变，不允许出现缺货。求经济订货批量和订单之间的间隔时间。

解： 需求速率 $R=500$ 个/年，$C_1=8$ 元/灯/年，$C_3=600$ 元，$K=40$ 元。

由 EOQ 公式，经济订货批量 $Q^{*}=\sqrt{\dfrac{2C_3R}{C_1}}=\sqrt{\dfrac{2\times600\times500}{8}}=274$（个），

订单间隔时间 $t^{*}=\sqrt{\dfrac{2C_3}{C_1R}}=\sqrt{\dfrac{2\times600}{8\times500}}=0.55$（年）。

6.2.2 在制品批量模型（模型 2）

本模型假设条件，除了存储补充是以 P 速度进行外，其余与模型 1 相同。

本模型最典型的情形是描述生产过程中两个工序之间需要一定数量的在制品，而上下工序的生产速度并不同步，这就要求上工序生产速度 P 要大于下工序的需求速度 R，即生产速度 $P>R$，才能保证下工序连续进行，如图 6－3 所示。在该模型中，订货准备费往往是生产在制品所需设备的装配成本。

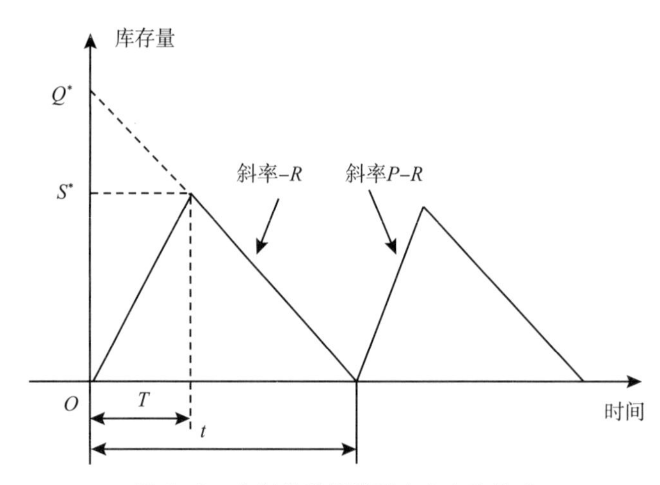

图 6－3 在制品批量模型库存变化模式

注：T 表示在制品的生产时间。

不做推导，直接给出最优库存决策如下：

$$Q^{*}=\sqrt{\frac{2C_3RP}{C_1(P-R)}} \tag{6-4}$$

$$t^* = \sqrt{\frac{2C_3P}{C_1R(P-R)}},\ T^* = \sqrt{\frac{2C_3R}{C_1P(P-R)}} \tag{6-5}$$

$$C^* = \sqrt{\frac{2C_1C_3R(P-R)}{P}} \tag{6-6}$$

最大库存量如式（6-7）所示：

$$S^* = \sqrt{\frac{2C_3R(P-R)}{C_1P}} \tag{6-7}$$

例6-2 某公司批量生产商用制冷设备。建立生产流程的成本约为10000元，每天每件产品的存储费为50元。当生产工艺建立后，每天可以生产80台制冷机组，需求是每天60台。求该公司每批应该生产多少台制冷设备。

解：已知 $C_3=10000$，$C_1=50$，$P=80$，$R=60$，代入式（6-4），可得：

$$Q^* = \sqrt{\frac{2C_3RP}{C_1(P-R)}} = \sqrt{\frac{2\times10000\times60\times80}{50(80-60)}} = 310\text{（台）}$$

模型2的 Q^* 与模型1仅差一个因子$\frac{P}{P-R}$。当 $P\gg R$ 时，$\frac{P}{P-R}\to1$，从而化为模型1。事实上当生产速度 $P\to\infty$，意味着补充速度无限大，即为瞬时补充，模型2与模型1就完全一致了。

6.2.3 允许缺货模型（模型3）

该部分只讨论只要订货即能瞬时补充的情形，即在模型1的基础上考虑允许发生缺货（缺货需补足）的情况。当存储由于需求而下降到零时，可以采取等一段时间再订货补充的策略。这样，在这一段时间就发生缺货。一方面，由于需求得不到满足造成经济损失，需要支付缺货费用；另一方面，由于采取这种策略，增长了订货间隔时间，减少了订货次数，以致减少准备费用，同时也减少平均储存量，从而减少储存费用，从总费用的角度看，采取缺货策略可能是有利的。

图6-4中，t_1 为库存量为正的时间，t_2 为缺货时间，$t=t_1+t_2$ 为订货周期。设单位时间单位货物的缺货成本为 C_2，不加推导，给出最优库存决策如下。

$$Q^* = \sqrt{\frac{2C_3(C_1+C_2)R}{C_1C_2}} \tag{6-8}$$

$$t^* = \sqrt{\frac{2C_3(C_1+C_2)}{C_1C_2R}},\ t_2^* = \sqrt{\frac{2C_1C_3}{C_2(C_1+C_2)R}} \tag{6-9}$$

$$C^* = \sqrt{\frac{2C_1C_2C_3R}{C_1+C_2}} \tag{6-10}$$

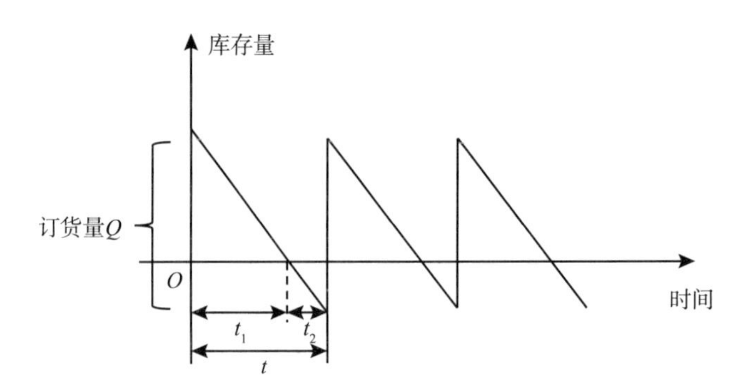

图 6-4　允许缺货模型库存变化模式

例 6-3　某生产企业对一种零件的需求为每年 2000 件，不需要提前订货，每次订货费为 250 元。该零件每件成本为 500 元，年存贮费为成本的 20%。如发生供应短缺，可在下批货到时补上，但缺货损失为每件每年 300 元。

（1）求经济订货批量及全年的总费用。

（2）如不允许发生供应短缺，重新求经济订货批量，并与（1）中的结果比较。

解：（1）$R=2000$，$C_3=250$，$K=500$，$C_1=500\times 20\%=100$，$C_2=300$，

$$Q^*=\sqrt{\frac{2C_3(C_1+C_2)R}{C_1C_2}}=\sqrt{\frac{2\times 250\times(100+400)\times 2000}{100\times 300}}=129$$

$$C^*=\sqrt{\frac{2C_1C_2C_3R}{C_1+C_2}}=\sqrt{\frac{2\times 100\times 300\times 250\times 2000}{100+300}}=8660$$

（2）$Q^*=\sqrt{\frac{2C_3R}{C_1}}=100$，$C^*=\sqrt{2RC_1C_3}=10000$

对比（1）和（2），可见允许缺货条件下的经济订货批量更高，总费用更低。

一般地，模型 3 与模型 1 相比，Q^* 与 t^* 都多了一个因子 $\frac{C_1+C_2}{C_1}>1$，即允许缺货的订货量增加，周期变长。而 C^* 多了一个因子 $\frac{C_2}{C_1+C_2}<1$，故总费用减少了。另外，当 $C_2\to\infty$，即不允许缺货，模型 3 化为模型 1。

6.3　随机型库存模型——报童模型

本节讨论需求为随机的库存模型，重点介绍报童模型。该模型适用于易逝产品，即存储时间十分有限、超过存储期便不可用于销售的产品，例如报纸、鲜花、餐馆的新鲜食材、应季服装、航班的座位预订等。该模型的另一个特点是单周期订货，即只订货一次以满足整个时期的需求，区别于 6.2 节中讨论的连续订货问题。

6.3.1 需求离散的报童模型

设报童每日售报数量是一个随机变量。报童每售出一份报纸赚 k 元。如果报纸未能售出，每份赔 h 元。每日售出报纸份数 r 的概率 $P(r)$ 根据以往的经验是已知的，问报童每日最好准备多少份报纸？

这个问题是报童每日报纸的订货量 Q 为何值时，赚钱的期望值最大。反言之，如何适当地选择 Q 值，使因不能售出报纸的损失及因缺货失去销售机会的损失，两者期望值之和最小。现在用计算损失期望值最小的办法求解。

（1）供过于求时（$r \leqslant Q$），这时报纸因不能售出而承担的损失，其期望值为：

$$\sum_{r=0}^{Q} h(Q-r)P(r) \tag{6-11}$$

（2）供不应求时（$r > Q$），这时因缺货而少赚钱的损失，其期望值为：

$$\sum_{r=Q+1}^{\infty} k(r-Q)P(r) \tag{6-12}$$

综合上面两种情况，当订货量为 Q 时，损失的期望值为：

$$C(Q) = h\sum_{r=0}^{Q}(Q-r)P(r) + k\sum_{r=Q+1}^{\infty}(r-Q)P(r) \tag{6-13}$$

确定 Q 值使 $C(Q)$ 达到最小。由于报童订购报纸的份数只能取整数，Q 是离散变量，所以不能用求导数的方法求极值，为此，令

$$C(Q) \leqslant C(Q+1)$$

$$C(Q) \leqslant C(Q-1)$$

将（6-13）代入上面两式，最终可推导得出报纸最佳数量 Q^* 应按下列不等式确定：

$$\sum_{r=0}^{Q^*-1} P(r) \leqslant \frac{k}{k+h} \leqslant \sum_{r=0}^{Q^*} P(r) \tag{6-14}$$

上面是从损失期望值最小角度推导。可以证明，从盈利最大来考虑报童应准备的报纸数量，最终得到同样的最佳数量 Q 的求解公式。

例 6-4 今年 8 月，某书店要确定明年应该订购多少本日历。每个日历成本价 20 元，售价 45 元。转年元旦后未售出的日历可以退还给出版商，每本日历退还 7.5 元。根据以往的销售数据分析，元旦前销售日历的数量服从如表 6-1 所示的概率分布。问 8 月书店应该订购多少日历，可使其预期利润最大？

表 6-1 日历销售量的概率分布

销售量	100	150	200	250	300
概率	0.3	0.2	0.3	0.15	0.05

解：根据题意有：$k=45-20=25$，$h=20-7.5=12.5$，故$\frac{k}{k+h}=\frac{2}{3}$，由式（6－14），基于表6－1，可得$Q^*=200$。

6.3.2 需求连续的报童模型

设货物单位成本为K，单位售价为P。报童模型考虑的是单周期订货问题，该时间内单位货物的存储费为C_1。需求r是连续的随机变量，密度函数为$\phi(r)$，其分布函数$F(a)=\int_0^a\phi(r)\mathrm{d}r$，$(a>0)$，订货量为$Q$。问题是确定使期望盈利最大的$Q$。

考虑用计算损失期望值最小的办法求解。当需求$r\geqslant Q$，有因缺货而带来的机会损失$P(r-Q)$；当需求$r<Q$，有因滞销而带来的存储费$C_1(Q-r)$。故总损失为：

$$
\begin{aligned}
C(Q)&=\text{因缺货的机会损失}+\text{因滞销的存储费用}+\text{货物成本}\\
&=P(r-Q)+C_1(Q-r)+KQ
\end{aligned}
$$

损失的期望值为：

$$E[C(Q)]=P\int_Q^{\infty}(r-Q)\phi(r)\mathrm{d}r+C_1\int_0^Q(Q-r)\phi(r)\mathrm{d}r+KQ$$

由微积分知识，可求得Q^*应满足下式：

$$\int_0^{Q^*}\phi(r)\mathrm{d}r=\frac{P-K}{C_1+P} \tag{6-15}$$

例6－5　企业生产某种产品，成本为240元/千克，售价350元/千克，单位货物存储费为20元/千克。月销售量为随机变量，其密度函数为$\phi(r)=\frac{1}{100}$。求该企业单周期问题的最佳生产量。

解：由式（6－15），得$\int_0^{Q^*}\phi(r)\mathrm{d}r=\frac{P-K}{C_1+P}=\frac{350-240}{20+350}=0.297$，将密度函数代入，有$\frac{Q^*}{100}=0.297$，解得$Q^*=29.7$千克。

习　题

1. 某电商网站每年卖出1万台同一型号的显示器，这家商店从供应商处订购显示器，每次下订单都会产生50元的订购成本。每台显示器订购价格为1000元，商店每持有价值1元的库存，每年产生0.2元的资金机会成本。求最佳订货批量。

2. 思考题。EOQ模型的一个前提是订货提前期为零。如果提前期不为零，企业应该如何进行库存决策？

3. 经销商销售某移动硬盘，月销售量为300件。该硬盘从供应商处订购，进价300元，月存储费为进价的5%，订购费每次40元。订购后到货速度为20件/天。每月按30天计算。求最优订货策略。

4. 某公司生产的产品需要一种配件。原先该公司已知采用不允许缺货的经济批量公式确定订货批量，现出于成本原因公司考虑采用允许缺货的策略。已知对该公司产品的需求为 $R=800$ 件/年，每次对配件的订货费用为 $C_3=150$ 元，存储费为 $C_1=3$ 元/件·年，发生缺货时的损失为 $C_2=20$ 元/件·年。

（1）计算采用允许缺货的策略较之原先不允许缺货策略带来的费用上的节约；

（2）如果公司自己规定缺货随后补上的数量不超过总量的15%，任何一名顾客因供应不及时需等下批货到后补上的时间不超过3周，问这种情况下，允许缺货的策略能否被采用？

5. 某易逝商品进价每件50元，售价76元。商品过期后退还供应商并退还12元。已知该商品销售量服从泊松分布 $P(r)=\frac{e^{-\lambda}\lambda^{r}}{r!}$。根据专家判断，预估平均销售量为7件。问应采购多少件商品？

6. 企业生产某种产品，成本为240元/千克，售价350元/千克，单位货物存储费为20元/千克。月销售量为随机变量，服从正态分布 $N(70,9)$。求该企业单周期问题的最佳生产量。

参考答案请扫二维码查看

第7章

博　弈　论

前面几章介绍的决策问题和模型，都只涉及一个决策主体（决策者）。然而现实许多决策问题往往涉及多方决策主体，决策者在进行决策时，为了实现自己的最优目标，不仅要考虑自己的行动方案，同时还要考虑其他主体可能采取的行动方案的影响。这便是本章将要介绍的博弈论的研究范畴。本章在介绍博弈问题的相关概念基础上，分别从非合作博弈和联盟博弈两个方面，展开对博弈论的介绍。

7.1　博弈问题的构成与分类

7.1.1　博弈问题及其基本构成要素

1. 博弈论的产生与发展

在日常生活及各种领域内，存在着棋牌游戏、体育竞赛、商业竞争、谈判甚至国家战争等“冲突”现象，这些都属于博弈现象。博弈论（game theory）又称对策论，是研究具有斗争或竞争性质现象的数学理论和方法，旨在对决策者竞争、对抗、冲突的互动情况进行研究与说明。在实际的经济活动、政治活动中，博弈论的应用范围很广，主要包括：公司之间的生意竞争、政治候选人等的选票夺取、陪审团成员决定判决、动物之间的猎物争夺以及在拍卖中竞标者内部的竞争等。

博弈论的正式提出是在20世纪40年代，是近几十年来发展起来的最重要的理论方法之一，但博弈的思想有着悠久的历史。例如春秋战国时期成书的“孙子兵法”就是博弈论在战争中的应用经验总结，是我国乃至世界最早的一部经典博弈论著作；2000多年前的“齐威王与田忌赛马”也出色地运用了这一思想。冯·诺依曼（John von Neumann）和摩根斯坦（Morgenstern）于1944年合作的著作《博弈论与经济行为》一书则是博弈论作为一种数学理论正式创立的标志；1950年和1951年纳什（Nash）先后发表了两篇关于非合作博弈论的重要论文，证明了非合作博弈及其均衡解的存在性（即著名的纳什均衡），彻底改变了人们对竞争和市场的看法，奠定了现代博弈论学科体系的基础。自此之后，博弈论不断走向成熟，理论框架也不断完善：1965 年泽尔腾（Selten）提出的精练纳什均衡将纳什均衡推广到动态博弈；海萨尼（Harsanyi）则于 1973 年证明完全信息情况下的混合策略均衡可以解释为不完全信息情况下纯策略均衡的极限，将不完全信息引入博弈论；特别是 20 世纪 90 年代以来，博弈论在金融学、证券学、生物学、经济学、国际关系、计算机科学、政治学、军事战略和其他很多学科都有广泛的应用。

值得一提的是，诺贝尔经济学奖同博弈论有着相当密切的关系，在自 1994 年起始的过去 28 年中共有 8 次诺贝尔经济学奖垂青博弈论相关领域：1994 年诺贝尔经济学奖授予纳什、泽尔腾和海萨尼，表彰他们对非合作博弈均衡所做的开拓性贡献；1996 年授予米尔利斯和维克里，表彰他们对非对称信息下的激励理论所做的基础性贡献；2001 年授予阿克尔洛夫等人，表彰他们在研究不对称信息条件下市场运行机制方面的开创性贡献；2005 年授予奥曼和谢林，表彰他们通过博弈理论分析增加了世人对合作与冲突的理解；2007 年授予马斯金等人，表彰他们在创立和发展“机制设计理论”方面所做出的重要贡献；2012 年授予美国经济学家罗斯和沙普利，表彰他们在“稳定匹配理论和市场设计实践”上的卓越贡献；2014 年授予法国经济学家梯诺尔，表彰他运用博弈论方法研究产业组织理论以及串谋问题；2020 年授予米尔格罗姆和威尔逊，表彰他们在“改进拍卖理论和新拍卖形式”方面做出的贡献。

起源于数学的博弈论，从超现实到现实，逐渐在其发展中找到了恰当的落脚点——经济学，其实用性的一面逐渐显现。时至今日，博弈论的整体方法论已经在经济学领域占有极具支配力的地位，而经济学又为博弈论提供了广泛的研究范围，促进博弈论不断地发展。

2. 博弈问题举例

（1）齐王赛马。

战国时期，齐国国王有一天提出要与大将军田忌赛马。田忌答应后，双方约定：一共比赛三次，每人从上中下三个等级中各出一匹马，共出三匹，每匹被选中的马只能参加一次比赛，每次比赛后输者要付给胜者一千金。当时，在上、中、下三个等级中，田忌的马都逊色于齐王同等级的马，但是田忌听取了孙膑的建议，反败为胜。孙膑给田忌的建议是：每次比赛之前让齐王先说出他要选择哪匹马，然后田忌选择用自己的下等马应战齐王的上等马，用上等马应战齐王的中等马，用中等马应战齐王的下等马，最终，看似处于劣势的田忌却赢得比赛。

（2）囚徒困境（prisoner's dilemma）。

“囚徒困境”讲的是这样的故事，两个共谋犯罪嫌疑人作案后被捕，他们分别被关在不同的牢房里，互相不许接触。警察缺乏足够的证据对他们定罪，除非有一人坦白。警察告诉两人，如果两个人都坦白各判 5 年，如果两个人都抵赖各判一年，但是如果一人坦白一人抵赖，坦白的一人无罪释放，未坦白的人判刑 8 年。将这个例子列为以下矩阵，假设 A、B 都是理性的，可以分析，从 A 的视角来看，如果囚徒 B 选择坦白的时候，囚徒 A 会选择坦白，因为囚徒 A 选择坦白会获刑 5 年，抵赖会获刑 8 年；如果囚徒 B 选择不坦白，一个理智的囚徒 A 还是选择坦白（无罪释放）而非抵赖（获刑 8 年）。从 B 的角度分析与上述类似，一个理智的囚犯 B 会选择坦白。所以，最终的结果是 A、B 囚犯在不进行沟通的情况下均选择坦白，如图 7 - 1 所示。

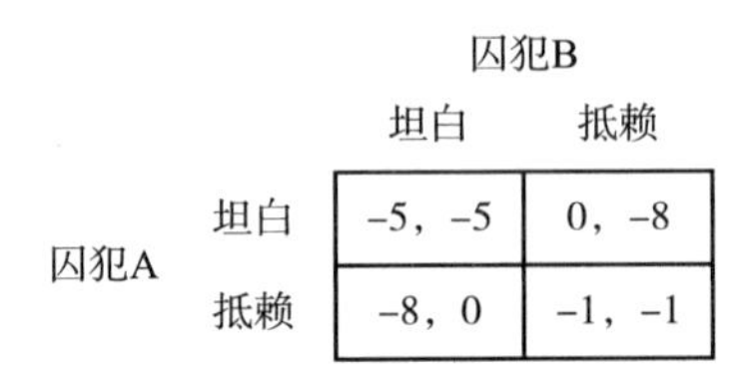

		囚犯B	
		坦白	抵赖
囚犯A	坦白	-5，-5	0，-8
	抵赖	-8，0	-1，-1

图 7 - 1　囚徒困境问题

囚徒困境在经济学上有很多的例子，在这里以双寡头垄断为例进行说明。在一个简单的双头垄断模型中，两个公司生产相同的商品，每个公司都有两个策略：低价格或高价格。如果两家公司都选择高价格，那么每个公司都赚取 1000 元的利润。如果一个公司选择高价格，另一个选择低价格，那么选择高价格的公司没有客户，损失 200 元，而选择低价格的公司赚取 1200 元的利润（它的单位利润低，但它的交易量高）。如果两家公司都选择低价格，那么每个公司的利润都是 600 元。每个公司只关心它的利润，所以我们可以用它获得的利润来表示它的偏好，如图 7 - 2 所示。

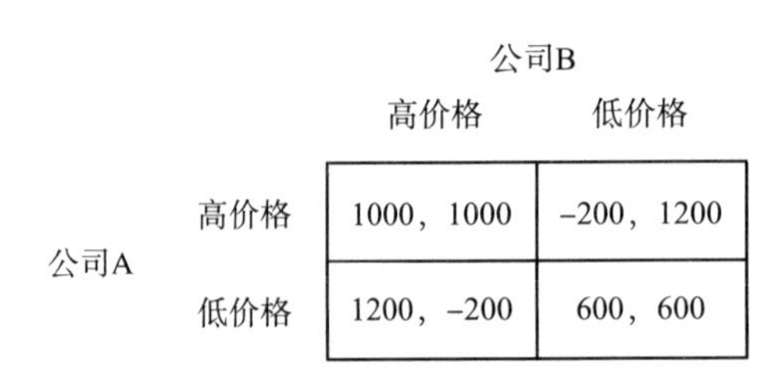

		公司B	
		高价格	低价格
公司A	高价格	1000，1000	-200，1200
	低价格	1200，-200	600，600

图 7 - 2　双寡头定价问题

该问题显然也是一个囚徒困境，高价格策略相当于“抵赖”，低价格策略相当于“坦白”，结果双寡头企业都选择了低价格策略，这体现出个人理性和集体理性的矛盾，属于典型的囚徒困境问题。

还有国家贸易战争中也存在一种“囚徒困境”的现象，双方都会增加关税来保护本国的商品。有兴趣的同学不妨试着建立一个博弈模型，尝试从博弈论的角度分析 2018 年的中美贸易战，为什么会出现这样的局面？陷于囚徒困境的两方又该如何跳出困境？

3. 博弈问题三要素

博弈分析的目的是利用博弈问题的规则来预测均衡，其中参与人、策略、支付是描述一个博弈问题的基本要素，下面就给出这些要素的基本定义。

(1) 局中人 (players)。**局中人**指的是参与对抗的各方，他们独立选择博弈或者行动来使自己的赢得（支付）最大，局中人既可以是自然人也可以是团体。通常用 N 来表示局中人的集合，$N=\{1, \cdots, n\}$ 代表有 n 个局中人，局中人一般有两个或两个以上。在囚徒困境中，局中人就是囚犯A和囚犯B。

(2) 策略 (strategies)。在博弈问题中，局中人选择对付其他局中人的行动方案称为**策略**，它规定了局中人在什么情况下选择怎样的行动 (action)。其中，行动是某个局中人在博弈问题中某个时点的决策变量。我们用 s_{im} 表示第 i 个局中人的第 m 个策略，$S_i=\{s_{i1}, \cdots, s_{im}\}$ 代表第 i 个局中人所有的可选择的策略集合。其中 s_i 是第 i 个局中人选择的策略。

n 个局中人每人选择一个策略所形成的策略组合 $s=(s_1, \cdots, s_n)$，称为一个**局势** $s=(s_1, \cdots, s_n)$。

(3) 赢得 (pay off)。**赢得**（支付）是局中人采用某局势的收益值。对于某个博弈问题，记 S 为所有局势的集合，$R_i(s)$ 为局势 s 出现后每个局中人 i 的赢得，它是定义在 S 上的函数，称为局中人 i 的赢得函数。

7.1.2 博弈问题的分类

博弈问题的分类方式有很多，从博弈方的基本行为和逻辑来看，可以分为合作博弈和非合作博弈、理性与不完全理性博弈；从博弈过程的不同来看，可以分为静态博弈、动态博弈和重复博弈；在非合作博弈中，根据各方掌握的信息情况不同，可以分为完全信息博弈和不完全信息博弈。此外，从博弈方的数量、策略的数量和赢得的角度来看，又可以分为两人博弈和多人博弈、有限策略博弈和无限策略博弈、零和博弈和非零和博弈；按照解的不同还可以分为纯策略博弈和混合策略博弈。另外，从博弈模型的数学特征来看，还可以分为矩阵博弈、微分博弈、随机博弈等。

在本章中，首先对非合作博弈中的矩阵博弈、双矩阵博弈和 n 人非合作博弈的纳什均衡进行基本的介绍；其次，对多人联盟博弈的基本模型及其常用解法进行简介。

7.2 非合作博弈

非合作博弈是建立在没有联盟的基础上的，它假定每个参与者都独立行动，不与任何其他人合作或沟通，是现代博弈论的研究重点。纳什以“博弈方是否能够达成约束性协议为根据”，将博弈论分为合作博弈和非合作博弈，建立了纳什均衡的概念用来预测非合作博弈的结果。

7.2.1 非合作博弈问题的描述

设局中人的集合为 $N=\{1, \cdots, n\}$ 代表有 n 人参与此博弈，每个局中人的策略集

合为 S_1，…，S_n，每个局中人 i 所选择的策略构成局势 $s=(s_1,\ \cdots,\ s_i,\ \cdots,\ s_n)\in S_1\times S_2\times\cdots\times S_n$，每个局中人 i 的赢得函数记为 $u_i(s)$，则 n 人非合作博弈可表示为 $G=\{S_1,\ \cdots,\ S_n;\ u_1,\ \cdots,\ u_n\}$。

7.2.2 纳什均衡的定义

纳什均衡是非合作博弈论关于解的最重要的概念。在此，先引入均衡的基本概念。

均衡（equilibrium）是所有局中人的最优策略的组合，一般记为：$s^*=(s_1^*,\ \cdots,\ s_i^*,\ \cdots,\ s_n^*)$，其中，$s_i^*$ 是第 i 个局中人在均衡情况下的最优策略，即 $u_i(s_i^*,\ s_{-i})\geqslant u_i(s_i',\ s_{-i})$，$\forall s_i'\neq s_i^*$，$s_{-i}=(s_1,\ \cdots,\ s_{i-1},\ s_{i+1},\ \cdots,\ s_n)$ 表示除 i 之外，所有局中人的策略组成的向量。

下面给出纳什均衡的定义。

对于博弈 $G=\{S_1,\ \cdots,\ S_n;\ u_1,\ \cdots,\ u_n\}$，策略组合 $s^*=(s_1^*,\ \cdots,\ s_i^*,\ \cdots,\ s_n^*)$。如果对于每一个局中人 i，s_i^* 是给定其他局中人选择 $s_{-i}^*=(s_1^*,\ \cdots,\ s_{i-1}^*,\ s_{i+1}^*,\ \cdots,\ s_n^*)$ 的情况下，第 i 个人的最优策略，即 $u_i(s_i^*,\ s_{-i}^*)\geqslant u_i(s_i,\ s_{-i}^*)$，$\forall s_i\in S_i$，则称该策略组合为一个**纳什均衡**。或表示为：

s_i^* 是下述最大化问题的解：$s_i^*\in\underset{s_i\in S_i}{\operatorname{argmax}}\,u_i(s_1^*,\ \cdots,\ s_{i-1}^*,\ s_i,\ s_{i+1}^*,\ \cdots,\ s_n^*)$

这个式子与上述定义表达的意思相同，即对于每一个 i 在给定其他局中人选择的情况下，求使得第 i 个局中人收益最大的策略 s_i^*。

为了更好地理解这个概念，可以将纳什均衡 $s^*=(s_1^*,\ \cdots,\ s_i^*,\ \cdots,\ s_n^*)$ 理解为 n 个局中人达成的协议，当这个协议可以自动实施时，即没有任何局中人有积极性破坏这个协议时，那么这个协议就构成纳什均衡。否则，若至少存在某些局中人有积极性离开这个协议，就构不成纳什均衡。例如，囚徒困境问题中，局势（坦白，坦白）构成了纳什均衡，因为在给定另外一个囚犯保持“坦白”策略的条件下，任一囚犯没有积极性破坏这个“协议”，否则只能使自己的收益更小。而其他三个局势都构不成纳什均衡，因为对于这些局势，至少有一人有积极性破坏这个“协议”。

7.2.3 纳什均衡的求解

1. 划线法

对于二人有限非零和博弈，可以用划线法来求解。二人有限非零和博弈是一种简单、基本且非常重要的博弈问题，它的特点是博弈中只有两个局中人，每个人的策略集是有限的，而且对于每个局势，博弈双方的收益值之和不一定为零。由于双方有自己的赢得矩阵，所以又叫双矩阵博弈。双矩阵博弈是相对于矩阵博弈而言的，矩阵博弈即二人有限零和博弈，此时双方的赢得矩阵互为相反数，因此只需要一个矩阵即可描述双方的收益情形。矩阵博弈问题，双方必然是完全竞争的，而双矩阵博弈问题中，局中人可能在利益的驱动下，可以互相配合，争取较大的个人利益或者社会利益。矩阵博弈可以看作双矩阵博弈的一个特例，即用互为相反的两个矩阵来描述赢得情形。

假设有两个局中人A和B，若已知他们的赢得矩阵，求解纳什均衡：

（1）对于A来说，在赢得矩阵中给定B的每个策略的情况下找出A的最优策略，并且在此最优策略所对应的赢得的下方划一道横线（实际上是对局中人A的赢得矩阵按列求最大）；

（2）对于B来说，在赢得矩阵中给定A的每个策略的情况下找出B的最优策略，并且在此最优策略所对应的赢得的下方划一道横线（实际上是对局中人B的赢得矩阵按行求最大）；

（3）都划线的单元即为纳什均衡。

例7－1 纯策略博弈中局中人的赢得矩阵如图7－3所示，求解该矩阵的纳什均衡。

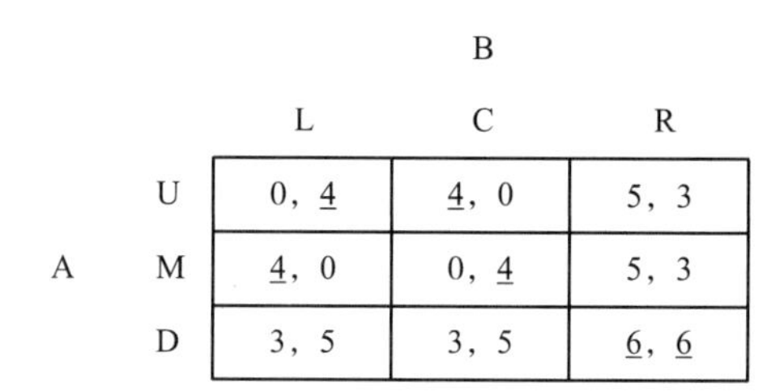

		B: L	C	R
A	U	0，4	4，0	5，3
	M	4，0	0，4	5，3
	D	3，5	3，5	6，6

图7－3 赢得矩阵

解：按照纳什均衡划线法求得纳什均衡为（D，R）。

2. 反应函数法

对于更复杂的博弈问题，划线法不再适用，因此我们引出纳什均衡求解的反应函数法。反应函数是博弈方对其余博弈方每种可能决策内容的最佳反应决策构成的函数。各方反应函数的交点即为纳什均衡的解。

在一个n人博弈中，在给定其他局中人选择的情况下，局中人i的赢得由其最终所选择的策略决定，并定义这时局中人i的最优策略集为$B_i(s_{-i})$，即：

$$B_i(s_{-i})=\{s_i\in S_i;\ u_i(s_i,\ s_{-i})\geqslant u_i(s_i',\ s_{-i}),\ \forall s_i'\in S_i\}$$

这个式子表达了无论对方选什么，i选择最优策略集$B_i(s_{-i})$里的策略得到的收益大于等于选择其他策略带来的收益。我们称B_i为局中人i的**最优反应函数**。

下面给出求解纳什均衡的反应函数法。

对于博弈$G=\{S_1,\ \cdots,\ S_n;\ u_1,\ \cdots,\ u_n\}$，每个局中人的最优策略满足以下方程：

$$s_i^*=b_i(s_{-i}^*)$$

对于一个有n个局中人的博弈来说，就有n个最优反应方程$s_i^*=b_i(s_{-i}^*)$。求解这n个最优反应方程的联立方程组，即得该博弈问题的纳什均衡。

因此，对于更一般的问题，我们可以利用最优反应函数来求解纳什均衡，即纳什均衡解为各个局中人最优反应函数的交点。

下面我们利用一个例子，来进一步学习纳什均衡求解的反应函数法。

例 7－2 考虑一个有 n 个农民的村庄共同拥有一片草地，每个农民都可以自由地在这一片草地上放牧。每年春天，每个农民要决定自己养多少只羊。用 g_i 表示第 i 个农民饲养的数量，$G=\sum_{i=1}^{n} g_i$ 表示总数量；ν 代表每只羊的平均价值。ν 是 G 的函数：$\nu=\nu(G)$。因为每只羊至少要一定数量的草才不至于饿死，有一个最大可存活的数量 G_{max}：当 $G<G_{max}$ 时，$\nu(G)>0$；当 $G \geqslant G_{max}$ 时，$\nu(G)=0$。当草地上的羊很少时，增加一只羊也许不会对其他羊的价值有太大的不利影响，但随着饲养量的不断增加，每只羊的价值会急剧下降，因此：

$$\frac{\partial \nu}{\partial G}<0;\ \frac{\partial^2 \nu}{\partial G^2}<0$$

根据上面讨论，收益 ν 与 G 的函数关系如图 7－4 所示。

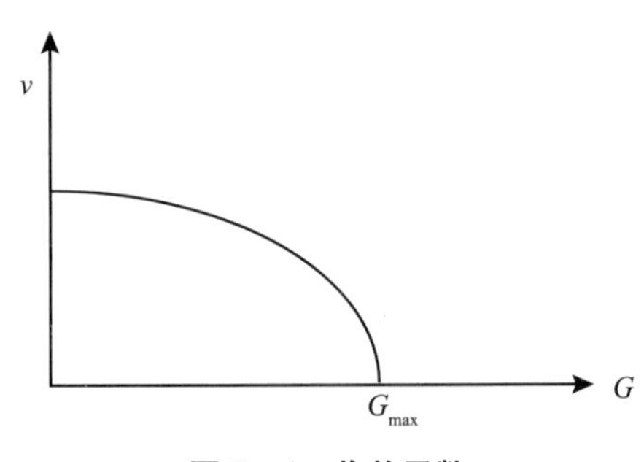

图 7－4 收益函数

在该博弈中，每个农民的问题是选择 g_i 以最大化自己的利润。设购买每只羊的价格为 c，则利润函数为：

$$\pi_i(g_1,\ \cdots,\ g_i,\ \cdots,\ g_n)=g_i\nu(\sum_{i=1}^{n} g_i)-g_ic;\ i=1,\ \cdots,\ n$$

最优反应函数组为：

$$\frac{\partial \pi_i}{\partial g_i}=\nu(G)+g_i\nu'(G)-c=0;\ i=1,\ \cdots,\ n$$

上述 n 个优化函数的交叉点就是纳什均衡，可以证明，纳什均衡的总饲养量大于社会最优的饲养量。

下面对上述分析具体赋值举例说明。令 $n=3$，$c=4$，设每只羊的利润函数为：

$$\nu(G)=100-G=100-(g_1+g_2+g_3)$$

则 3 个农民的利润函数分别为：

$$\pi_i=g_i[100-(g_1+g_2+g_3)]-4g_i;\ i=1,\ 2,\ 3$$

$$令\frac{\partial \pi_i}{\partial g_i}=0;\ i=1,\ 2,\ 3$$

联立解最优反应函数的方程组可得 $g_1^*=g_2^*=g_3^*=24$，代入利润函数得 $\pi_1^*=\pi_2^*=\pi_3^*=576$。

换一个角度，从总体利益最大化出发，总利润函数为：

$$\pi=G(100-G)-4G=96G-G^2$$

令$\frac{d\pi}{dG}=0$，得 $G^*=48$，$\pi^*=2304$。

综上可得：(1) 纳什均衡条件下，养羊总数 $24\times3=72$，总利润 $576\times3=1728$；(2) 总利益最大条件下：养羊总数 48，总利润 2304。

对比上述结果可以看出，纳什均衡下，养羊总数量更多，但总利润却更低。因此，纳什均衡往往不是最有效的策略。

7.2.4 混合策略的纳什均衡

在纯策略意义下，有些博弈不存在纳什均衡，因此要在混合策略意义下求解。

例 7-3 小偷与守卫的博弈（泽尔腾，1996）

一小偷欲偷窃有一守卫看守的仓库，如果小偷去偷窃时守卫在睡觉，则小偷就能得手，否则要被抓住。假设小偷得手可偷得价值为 V 的赃物，若被抓住坐牢，获得负效用 $-P$。再设守卫睡觉而未被偷则有 S 的正效用，睡觉遭偷则要被解雇，有负效用 $-D$。若小偷不偷，则无得无失，守卫不睡则无得无失（见图 7-5）。

		守卫：睡	守卫：不睡
小偷	偷	$\underline{V}$，$-D$	$-P$，$\underline{0}$
	不偷	0，$\underline{S}$	$\underline{0}$，0

图 7-5 小偷与守卫的博弈

可尝试利用划线法进行求解，发现无纯策略下的纳什均衡，此时应在混合策略意义下求解。

在 n 人博弈 $G=\{S_1,\ \cdots,\ S_n;\ u_1,\ \cdots,\ u_n\}$ 中，设局中人 i 有 m 个纯策略。令 σ_{ik} 为局中人 i 选择其第 k 个策略的概率（$k=1,\ \cdots,\ m$）。称概率向量 $\boldsymbol{\sigma}_i=(\sigma_{i1},\ \cdots,\ \sigma_{im})^{\mathrm{T}}$，$\sum_{k=1}^{m}\sigma_{ik}=1$，$\sigma_{ik}\geqslant0$ 为局中人 i 的一个**混合策略**，局中人 i 的混合策略集记为 $\sum_i$。

不同于纯策略意义下的纳什均衡，混合策略的纳什均衡的收益一般用期望赢得来描述。下面，给出混合策略纳什均衡的定义。

对于博弈 $G=\{S_1, \cdots, S_n; u_1, \cdots, u_n\}$，混合策略组合 $\boldsymbol{\sigma}^*=(\boldsymbol{\sigma}_1^*, \cdots, \boldsymbol{\sigma}_i^*, \cdots, \boldsymbol{\sigma}_n^*)$，如果对于每一个局中人 i 均成立以下不等式：

$$\nu_i(\boldsymbol{\sigma}_i^*, \boldsymbol{\sigma}_{-i}^*) \geqslant \nu_i(\boldsymbol{\sigma}_i, \boldsymbol{\sigma}_{-i}^*), \ \forall \boldsymbol{\sigma}_i \in \sum\nolimits_i, \ \forall i$$

则称该混合策略组合 $\boldsymbol{\sigma}^*$ 为一个混合策略的纳什均衡。其中 ν_i 为局中人 i 的期望赢得函数。

以二人博弈为例，对于双矩阵博弈 $G=(S, D, (\boldsymbol{A}, \boldsymbol{B}))$，其中 $\boldsymbol{A}$ 和 $\boldsymbol{B}$ 分别表示两个局中人的赢得矩阵。给定二人的混合策略 $\boldsymbol{x}=(x_1, x_2, \cdots, x_m)^{\mathrm{T}}(\sum_{i=1}^{m} x_i=1, x_i \geqslant 0)$ 和 $\boldsymbol{y}=(y_1, y_2, \cdots, y_n)^{\mathrm{T}}(\sum_{j=1}^{n} y_j=1, y_j \geqslant 0)$，则显然有两个局中人的期望赢得分别为 $\boldsymbol{x}^{\mathrm{T}}\boldsymbol{A}\boldsymbol{y}$ 和 $\boldsymbol{x}^{\mathrm{T}}\boldsymbol{B}\boldsymbol{y}$。

关于混合策略纳什均衡的求解，二人有限零和博弈可以通过化为线性规划来求解，二人有限非零和博弈可以基于反应函数法的思想，通过图解法来求解，大家可以参考吴育华（2009）进行了解。而对于更一般的非零和博弈问题，求解混合策略纳什均衡非常麻烦，此处不再论述。

关于纳什均衡的存在性，有如下定理。

定理 7-1 每一个有限博弈至少存在一个纳什均衡（纯策略的或者混合策略的）。

7.3 联盟博弈

合作博弈中的参与者强调集体理性，强调效率、公正、公平，参与者能够达成一个具有约束力且可强制执行的协议。联盟博弈是合作博弈的基本形式，其形成对现实世界具有重要意义。合作博弈的核心问题是参与人如何结成联盟以及如何分配联盟的支付。

7.3.1 问题引入

下面给出两个例子来引出多人合作的联盟问题。

1. 爵士乐队博弈

一位歌手（S），一位钢琴家（P）和一位鼓手（D）组成一个小乐队在俱乐部同台演出能得到演出费 1000 元，若歌手和钢琴家一起演出能得 800 元。而只有钢琴家和鼓手一起演出能得到 650 元，钢琴独奏表演能得 300 元，钢琴家没有其他收入。然而，歌手和鼓手在地铁中表演能挣 500 元，歌手独唱可以从当地剧场挣 200 元，而鼓手单独表演什么也挣不到。

问题：如何在这三人爵士乐队中合理分配共同演出费 1000 元？

2. 成本分摊问题

A、B、C 三个城镇欲与附近的一座电站连接起来，其可能的线路及其成本如图 7-6 所示。

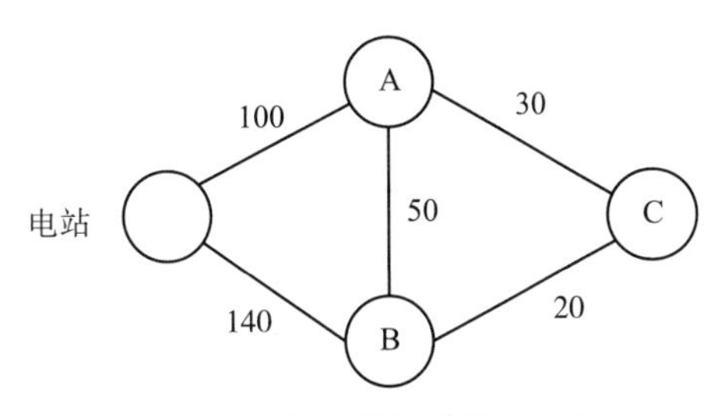

图 7-6 电站的线路铺设问题

这三个镇可相互联合建设，试问如何在这三个小镇合理分摊这笔建设费?

7.3.2 联盟的概念与联盟博弈

多人联盟博弈：局中人多于二人时的博弈称为多人博弈。这种博弈中，如果局中人可以和其他局中人联合成一体统一行动，与另外的局中人对抗，这种博弈称为**多人联盟博弈**。

多人联盟博弈的三个基本要素如下：

(1) 局中人 $N=\{1, 2, \cdots, n\}$；

(2) 联盟 S；

(3) 特征函数 $V(S)$。

一般可用 $<N, V>$ 表示一个多人联盟博弈。

联盟 S，表示一局多人博弈中，一部分局中人联合成一个整体，像一个局中人一样选择策略，这种联合称为**联盟**。N 的任意子集 S 构成一个联盟，$S \subseteq N$。显然局中人可能形成联盟的个数是 2^n，空集 Φ 和全集 N 也可以看成一个联盟。

特征函数 $V(S)$ 表示当若干局中人结合成一个联盟 S 时，在这局博弈中能获得的最大收益值，与联盟局外人采用什么策略无关；若 $S=\phi$，$V(\phi)=0$，也就是，没有形成联盟时，局中人从这局博弈中的收益为 0。

联盟博弈一个重要的性质是超可加性。若一个多人博弈的特征函数具有下列性质，对任意联盟 S，$T \subseteq N$，$S \cap T=\Phi$，满足 $V(S \cup T) \geqslant V(S)+V(T)$，则称这个多人博弈具有**超可加性**。特征函数只有满足超可加性，才有形成新联盟的必要性，否则，博弈中的联盟是不稳定的。

下面，我们将上述两个例子进行特征函数的表示。

(1) 爵士乐队博弈。这个问题可归为一个三人合作博弈，它的特征函数 $V(S)$ 见表 7-1。

表 7-1　　爵士乐队博弈的特征函数

结盟 S	{S, P, D}	{S, P}	{S, D}	{P, D}	{S}	{P}	{D}	ϕ
$V(S)$	1000	800	500	650	200	300	0	0

（2）成本分摊问题。该问题中，$N=\{A, B, C\}$，$C(S)$ 表示建设费用，特征函数 $V(S)$ 为成本节省，$V(S)=\sum_{i\in S}C(i)-C(S)$，如表 7-2 所示。

表 7-2　　成本分摊问题的特征函数

S	ϕ	{A}	{B}	{C}	{A, B}	{A, C}	{B, C}	{A, B, C}
$C(S)$	0	100	140	130	150	130	150	150
$V(S)$	0	0	0	0	90	100	120	220

7.3.3 联盟博弈的解的相关概念

1. 多人联盟博弈的解

多人联盟博弈中，求博弈解的问题是如何合理确定这局博弈中每个局中人的分配收益，博弈解一般用 $\boldsymbol{X}=(x_1, x_2, \cdots, x_n)^{\mathrm{T}}$ 表示，其含义为 n 个局中人的得失向量，x_i 表示第 i 个局中人之所得。

2. 合理分配

作为一个合作博弈的解 $\boldsymbol{X}$，在博弈中对 n 个局中人得失的合理分配，至少应满足 2 个条件：（1）$x_i \geqslant V(\{i\})$，$i\in N$；（2）$\sum_{i=1}^{n}x_i=V(N)$，$i\in N$。

条件（1）称为："个人合理性"（individual rationality），表示局中人 i 的分配值 x_i 不小于特征函数中规定他至少能得到的值 $V(\{i\})$。条件（2）称为"集体合理性"（group rationality），表示对于一个博弈解，所有局中人分配得失之和应等于所有局中人联合起来形成一个大联盟时得到的收益值，也就是这局博弈中的最大收益值 $V(N)$。

满足上述两种条件的 $\boldsymbol{X}=(x_1, \cdots, x_n)^{\mathrm{T}}$ 称为**合理分配**，即有：

$$I(V)=\{\boldsymbol{X}\in R^n \mid x_i \geqslant V(\{i\}),\ \sum_{i=1}^{n}x_i=V(N),\ i\in N\}$$

其中 $I(V)$ 为合理分配集。显然，作为多人联盟博弈的一个解 $\boldsymbol{X}$ 至少必须是一个合理分配，即：

$$\boldsymbol{X}\in I(V)$$

例 7-4　在一局博弈中，(N, V)，$N=\{1, 2, 3\}$，特征函数如下：

$V(\phi)=0$，$V(\{1\})=V(\{2\})=V(\{3\})=0$；$V(\{1, 2\})=V(\{2, 3\})=V(\{1, 3\})=0$；$V(\{1, 2, 3\}=1)$。写出其合理分配集合并举出两种合理分配。

解：合理分配集合为 $I(V)=\{\boldsymbol{X}=(x_1, x_2, x_3)^{\mathrm{T}} \mid x_1\geqslant 0, x_2\geqslant 0, x_3\geqslant 0, x_1+x_2+x_3=1\}$

$\boldsymbol{X}_1=\left(\frac{1}{2}, \frac{1}{3}, \frac{1}{6}\right)^{\mathrm{T}}$，$\boldsymbol{X}_2=\left(\frac{1}{3}, \frac{5}{12}, \frac{1}{4}\right)^{\mathrm{T}}$是其中两种合理分配。

3. 支配

多人联盟博弈求解问题实际是：在合理分配集 $I(V)$ 中，按某种准则选择一个或一组合理分配作为博弈的解。

但一个博弈中，不可能存在一个合理分配优于另一个合理分配，即满足 $x_i>y_i$，$i=1, 2, \cdots, n$，这是因为：

$$\sum_{i=1}^{n} x_i = \sum_{i=1}^{n} y_i = V(N)$$

但是对于某一个联盟 S，只要满足 $x_i>y_i$，$i\in S$ 成立（这是可能的），则对 S 联盟而言可认为 $\boldsymbol{X}$ 分配优于 $\boldsymbol{Y}$ 分配，即得出支配概念。

对于两个合理分配 $\boldsymbol{X}$，$\boldsymbol{Y}$，若对于某一联盟 S，满足（1）$x_i > y_i \quad i\in S$；（2）$\sum_{i\in S} x_i \leqslant V(S)$，则称合理分配 $\boldsymbol{X}$ 通过联盟 S **支配** $\boldsymbol{Y}$，记为 $\boldsymbol{X}\overset{S}{>}\boldsymbol{Y}$。其中，条件（1）表示对于联盟 S 来讲，$\boldsymbol{X}$ 优于 $\boldsymbol{Y}$。条件（2）表示联盟 S 有足够的能力保证它的局中人 i 通过合作能获得合理分配 x_i，$i\in S$。

在博弈中，只要存在某一联盟 S，且 $\boldsymbol{X}$ 通过 S 支配 $\boldsymbol{Y}$，则也称 $\boldsymbol{X}$ 支配 $\boldsymbol{Y}$，记为 $\boldsymbol{X}>\boldsymbol{Y}$。

4. 核与瓦解的概念

核的主要思想也是基于支配概念，即从合理分配集 $I(V)$ 中选择一组合理分配，它们对任何联盟来说都不被其他合理分配所支配，这组合理分配称为**核**（core），是作为博弈的一种解的形式。

对于一个 n 人博弈，局中人集合为 $N=\{1, \cdots, n\}$，如果对于 N 的每一个子集 S，合理分配 $\boldsymbol{X}=(x_1, x_2, \cdots, x_n)^{\mathrm{T}}$ 满足：

$$\sum_{i\in S} x_i \geqslant \nu(S)$$

那么就说该合理分配 $\boldsymbol{X}=(x_1, x_2, \cdots, x_n)^{\mathrm{T}}$ 在这个 n 人博弈的核里，即所有的这些满足条件的合理分配构成该博弈的核，记为：

$$C(V) = \{\boldsymbol{X}\in R^n \mid \sum_{i=1}^{n} x_i = V(N) \quad \sum_{i\in s} x_i \geqslant V(S) \quad \forall S\subseteq N\}。$$

因为合作可能是不稳定的，因此，解需要具备内部稳定性与外部稳定性。其中，内部稳定性要求联盟内部任意两个合理分配不存在占优关系，外部稳定性要求联盟 S 存在某合理分配占优于该集合外的合理分配。我们称这样的合理分配的集合为**稳集**，记为 $S(V)$，显然有 $C(V)\subseteq S(V)$。

与核相关的另外一个重要的概念是瓦解。

设 $\boldsymbol{X}$ 是联盟博弈（N，V）的一个合理分配，若存在一联盟 S，使得 $V(S)\geqslant\sum_{i\in S} x_i$，

则称联盟 S **瓦解**分配 $\boldsymbol{X}$。所以，核是不会被任何联盟瓦解的合理分配的集合。核中的分配肯定不会被任何联盟推翻，因此在联盟博弈中具有稳定性，但并非每一个博弈均有非空的核。

7.3.4 沙普利值（the Shapley value）法

沙普利值解的概念是沙普利（Shapley）在1953提出的，它的理念是局中人的所得和他的贡献相等，是一种公平的分配方式。它是基于期望边际收入思想提出的，如果一个参与者在所有的组合中都不能带来边际贡献，那么它的沙普利值为0。

在一局博弈（N，V）中，沙普利值由下式给出：

对于一个 n 人合作博弈（N，V），存在唯一的一个分配向量 $\boldsymbol{X}=(x_1, \cdots, x_n)^{\mathrm{T}}$，

$$x_i = \varphi_i(V) = \sum_{\substack{i \in S \\ S \subseteq N}} \frac{(|S|-1)!(n-|S|)!}{n!}[V(S) - V(S-\{i\})]$$

其中，$|S|$表示联盟 S 中的人数，则 $\varphi_i(V)$ 称为**沙普利值**。

沙普利值法是一种期望边际收入思想。$V(S)-V(S-\{i\})$ 表示局中人参加了联盟而带来的数值，即局中人 i 对联盟 S 的边际贡献，而$\frac{(|S|-1)!\ (n-|S|)!}{n!}$表示局中人参加 S 的概率，即局中人 i 在（$N-S$）个局中人之前，（$S-\{i\}$）个局中人之后参加联盟 S 的概率。

例7-5 在企业进行知识共享的过程中，员工关注知识共享的利益分配。当员工在知识共享中所获得的利益大于或等于员工自身知识垄断时的利益，他才愿意将知识拿出来与人分享。有一个由a、b、c三名成员组成的团队，通过知识共享活动实现知识创新。三位成员各自所拥有的知识价值分别为300、300、300，a和b知识共享后产生的收益为1200，a和c知识共享后产生的收益为1500，b和c知识共享后产生的收益为1800，a、b、c三人知识共享后产生的收益为3000。请用沙普利值法确定团队中每个人的利益分配。

解：根据题目，写出本联盟博弈的特征函数 $V(S)$，如表7-3所示。

表7-3　特征函数表

S	{a, b, c}	{a, b}	{a, c}	{b, c}	{a}	{b}	{c}	ϕ
$V(S)$	3000	1200	1500	1800	300	300	300	0

对于成员a，其参与的联盟为{a，b，c}，{a，b}，{a，c}，{a}

$$x_{\mathrm{a}} = \varphi_{\mathrm{a}}(V) = \sum_{\substack{i \in S \\ S \subseteq N}} \frac{(|S|-1)!(3-|S|)!}{3!}[V(S) - V(S-\{\mathrm{a}\})]$$

$$
\begin{aligned}
&= \frac{(3-1)!\ (3-3)!}{3!}(V(\{a,\ b,\ c\}) - V(\{b,\ c\})) \\
&\quad + \frac{(2-1)!\ (3-2)!}{3!}(V(\{a,\ b\}) - V(\{b\})) \\
&\quad + \frac{(2-1)!\ (3-2)!}{3!}(V(\{a,\ c\}) - V(\{c\})) \\
&\quad + \frac{(1-1)!\ (3-1)!}{3!}(V(\{a\}) - V(\phi)) \\
&= 850
\end{aligned}
$$

对于成员 b，其参与的联盟为 $\{a,\ b,\ c\}$，$\{a,\ b\}$，$\{b,\ c\}$，$\{b\}$

$$
\begin{aligned}
x_b = \varphi_b(V) &= \sum_{\substack{i \in S \\ S \subseteq N}} \frac{(|S|-1)!(3-|S|)!}{3!}[V(S) - V(S - \{b\})] \\
&= \frac{(3-1)!\ (3-3)!}{3!}(V(\{a,\ b,\ c\}) - V(\{a,\ c\})) \\
&\quad + \frac{(2-1)!\ (3-2)!}{3!}(V(\{a,\ b\}) - V(\{a\})) \\
&\quad + \frac{(2-1)!\ (3-2)!}{3!}(V(\{b,\ c\}) - V(\{c\})) \\
&\quad + \frac{(1-1)!\ (3-1)!}{3!}(V(\{b\}) - V(\phi)) \\
&= 1000
\end{aligned}
$$

对于成员 c，其参与的联盟为 $\{a,\ b,\ c\}$，$\{a,\ c\}$，$\{b,\ c\}$，$\{c\}$

$$
\begin{aligned}
x_c = \varphi_c(V) &= \sum_{\substack{i \in S \\ S \subseteq N}} \frac{(|S|-1)!(3-|S|)!}{3!}[V(S) - V(S - \{c\})] \\
&= \frac{(3-1)!\ (3-3)!}{3!}(V(\{a,\ b,\ c\}) - V(\{a,\ b\})) \\
&\quad + \frac{(2-1)!\ (3-2)!}{3!}(V(\{a,\ c\}) - V(\{a\})) \\
&\quad + \frac{(2-1)!\ (3-2)!}{3!}(V(\{b,\ c\}) - V(\{b\})) \\
&\quad + \frac{(1-1)!\ (3-1)!}{3!}(V(\{c\}) - V(\phi)) \\
&= 1150
\end{aligned}
$$

所以团队中三名成员的利益分配为（850，1000，1150）。

结果再一次印证了沙普利边际效益的理念。a 与 b 的合作收益为 1200，a 与 c 的合作收益为 1500，可见 c 对 a 产生的效益要比 b 对 a 产生的效益多，因而 c 的利益分配应该比 a 大，同理，c 的利益分配也比 b 大，因而 c 在 3 个成员合作产生的效益中利益分配比重应该更大些。

沙普利值法强调资源的使用效率，能很好地体现根据贡献分配收益的原则，能够增进个体参加知识共享的积极性。

大家可以自己试着计算 ·下爵士乐队博弈和成本分摊问题的沙普利值博弈解。

习　题

1. 古诺（Gournot）寡头竞争模型。古诺竞争模型于 1838 年提出，比纳什均衡的提出早一百多年，可以看成纳什均衡的最早版本。设有两个企业，每个企业的策略是选择产量，赢得是利润，它是两个企业产量的函数。$q_i \in [0, -\infty)$ 表示第 i 个企业的产量，$C_i(q_i)$ 表示成本函数，$P = P(q_1 + q_2)$ 表示逆需求函数。试用反应函数法分析两个企业的最优产量。

2. 两个厂商生产一种完全同质的商品，该商品的市场需求函数为 $Q = 100 - P$，设两个厂商都没有固定成本。若他们在相互知道对方边际成本的情况下，同时做出的产量决策是分别生产20 单位和30 单位。

（1）运用博弈论的方法，写出两厂商的反应函数，求出两个厂商的边际成本及各自利润。

（2）若该市场被一家厂商完全垄断，且边际成本为（1）中两个厂商的边际成本的均值。求解该厂商的最优产量和垄断利润，并与（1）的结论进行对比分析。

3. 有三家企业可以选择合作生产策略或者单独生产策略，企业 1、企业 2、企业 3 单独生产可以获得的盈利分别为 $\nu_1 = 100$，$\nu_2 = 200$，$\nu_3 = 300$，如果企业之间选择合作，企业 1 和企业 2 合作，可获利 $\nu_{12} = 500$；企业 2 和企业 3 联合，可获利 $\nu_{23} = 600$；企业 1 和企业 3 联合，可获利 $\nu_{13} = 700$；如果企业 1、企业 2 和企业 3 三家企业合作生产，可获利 $\nu_{123} = 1000$；那么三家企业一起合作时，用沙普利值法求解每个企业各应获利多少?

4. 三家航空公司（分别记为 1、2、3）共同分摊机场的某一跑道建设成本。每家航空公司拥有一个不同的机型 $i(i = 1, 2, 3)$，要容纳第 i 个机型在跑道上起降，所需要的建设成本是 c_i（假设跑道的长度与成本成正比），并且设 $c_3 \leqslant c_2 \leqslant c_1$。请分析这三个航空公司如何分摊建设成本。

（1）填写题表 7 - 1，写出该问题的特征函数；

题表 7 - 1

S	φ	{1}	{2}	{3}	{1，2}	{2，3}	{1，3}	{1，2，3}
$C(S)$								
$V(S)$								

（2）用沙普利值法求解该问题。

参考答案请扫二维码查看

第三篇　数据描述与统计推断

第 8 章

数据描述与展示

统计学是数据的科学，其首先要研究的是数据的收集、整理和概况的方法。在本章，我们来了解数据的基本概念，并介绍一些统计方法来帮助我们对庞大而杂乱的数据进行整理和展示，为数据的基本特征提供有用的概述和总结，以帮助我们提炼和理解数据中的可靠信息。

8.1 数据的基本概念

统计学的研究对象是数据。那什么是数据？**数据**是指一切可记录下来的用于推导出某项结论的资料，包括文字、数字、图像、音频、视频等。

我们收集上来的数据通常都包含很多行很多列，以二维表的形式整理显示出来，这类数据称为**结构化数据**。我们接下来提到的数据都是指结构化数据。

8.1.1 数据的结构

统计学将研究对象的全体称为**总体**。总体中包含很多**个体**单元，数据就是我们收集上来的关于每个个体的各种属性特征的信息。总体中包含的个体的数量，称为**总体容量**，用 N 表示。由于成本、时效、破坏性等各种原因，总体中所有 N 个个体的信息通常是无法全部收集到，我们只能退而求其次，随机抽取一部分个体进行研究。这些随机选择的个体构成了**样本**。样本中包含的个体的数量，称为**样本容量**，记为 n。数据中的一行是某个个体的各种属性特征，这是总体的一次**观测**结果。而数据中的一列则是总体的某个属性特征在不同个体上的观测值。显然，不同个体的观测值是变化的，所以数据的每一列都定义了一个**变量**。

例 8-1 全球最大的数据科学社区和数据科学竞赛平台 Kaggle 网站上的房价预测数据集给出了美国艾奥瓦州艾姆斯镇 2006～2010 年的房屋售价以及房屋特征、位置、地块信息、状况和质量评级等 79 个相关变量的数据。训练集数据包含第 1～1460 次观测的数据，测试集是第 1461～2919 次观测的数据。表 8-1 列出部分变量的部分观测值数据信息，表中每一行是一次观测的所列变量的数据，每一列是一个变量的所列观测的数据。

表 8－1　　　美国艾奥瓦州的艾姆斯镇 2006～2010 年出售的房屋信息

房屋地段	车库位置	车库面积（平方英尺）	总体状况	地下室面积（平方英尺）	地上居住面积（平方英尺）	房屋售价（美元）
房屋两侧临街	房屋旁	460	8	1262	1262	181500
死胡同	房屋旁	319	6	1484	1600	345000
街角地段	内置车库	853	5	1158	2376	207500

资料来源：根据 kaggle 网站数据整理而成。

8.1.2　数据的分类

数据可以从不同的角度进行分类。按照取值的表现形式不同，数据可分为定性数据和定量数据，而定量数据又可进一步按其取值的连续性分为离散数据和连续数据。按照收集数据的时空维度不同，可以将数据分为截面数据和时间序列数据。按照数据的来源不同，可以将数据分为一手数据和二手数据。

1. 定性数据和定量数据

数据可以以不同的表现形式呈现。用文字、符号、图像等形式表现的数据称为**定性数据**。而用数值形式表示的且有具体的计算意义的数据称为**定量数据**。

定性数据通常是事物属性特征分类的结果，根据类别是否有顺序之分可进一步细分为分类数据和定序数据。如果类别之间没有大小顺序的差异，则称之为**分类数据**。而如果类别之间存在等级或者是顺序的关系，则称之为**定序数据**（或**顺序数据**）。例如表 8－1 中的房屋地段、车库位置这两个变量是分类数据。而房屋总体状况是定序数据，其取值为“很差、差、一般、低于平均水平、平均水平、高于平均、好、很好、极好、超级好”，显然类别之间有大小顺序的差异。这十个类别从“很差到超级好”编码为 1 至 10，这里的数字不是数学意义上的数值，虽然可以比较大小，但是不能进行其他数学运算。我们明确“2＝差”比“1＝很差”好，“3＝一般”比“2＝差”好，但是“1 与 2 的差距”与“2 与 3 的差距”却是无法比较的。在问卷调查中常用的李克特量表是典型的定序数据。

定量数据按照其取值的连续性，可以进一步分为连续型和离散型。连续数据在定义区间内可取任意实数。而离散数据只能间隔的离散取值。通常用测量工具计量出来的计量型数据是连续数据，如身高、温度、等候时间等；而计数型数据则是离散数据，如家庭人口数、一天内机器发生故障次数等。

2. 时间序列数据、截面数据和面板数据

按照收集数据的时空维度，可以将数据分为时间序列数据、截面数据和面板数据。

时间序列数据是指按照时间顺序收集到的数据。例如表8－2的数据反映了近10年我国国内生产总值随时间变化情况。

表8－2　**2012～2021年我国国内生产总值**　单位：亿元

年份	国内生产总值
2012	538580.0
2013	592963.2
2014	643563.1
2015	688858.2
2016	746395.1
2017	832035.9
2018	919281.1
2019	986515.2
2020	1013567.0
2021	1143669.7

资料来源：根据国家统计局网站数据整理而成。

截面数据是同一时间的不同空间（或个体）的某个属性特征的数据。表8－3统计了2019年度浙江城市总人口的相关数据。

表8－3　**2019年度浙江省城市总人口**　单位：万人

城市	总人口
杭州	1036.0
宁波	854.2
温州	930.0
嘉兴	480.0
绍兴	505.7
金华	562.4
衢州	221.8
舟山	117.6
台州	615.0

资料来源：根据国家统计局网站数据整理而成。

将时间序列数据和截面数据综合起来，既包括时间维度又包括空间（或个体）维度，此时整个数据表格像是一个面板，故称为**面板数据**。表 8 -4 统计了浙江省四个城市在 2015 ~2019 年总人口的数量，从表中可以分析某年不同城市之间的数据差异，也可以分析一个城市的总人口随时间变化的情况。

表 8 -4　　2015 ~2019 年浙江省四个城市总人口情况　　单位：万人

年份	城市	总人口	城市	总人口	城市	总人口	城市	总人口
2015	杭州	901. 8	宁波	782. 5	温州	911. 7	嘉兴	458. 5
2016	杭州	918. 8	宁波	787. 5	温州	917. 5	嘉兴	461. 4
2017	杭州	946. 8	宁波	800. 5	温州	921. 5	嘉兴	465. 6
2018	杭州	980. 6	宁波	820. 2	温州	925. 0	嘉兴	472. 6
2019	杭州	1036. 0	宁波	854. 2	温州	930. 0	嘉兴	480. 0

资料来源：根据国家统计局网站数据整理而成。

3. 一手数据和二手数据

按照数据的来源不同，可以将数据分为一手数据、二手数据。一手数据也称为原始数据，是研究者根据自己的研究项目专门设计并收集的数据。如果将他人收集的数据拿来用于自己的研究问题中，此时的数据称为二手数据。一手数据能更为准确地获得想要的信息，但是通常成本高并且耗时长。而二手数据则相对低成本（甚至免费）并且更方便便捷。但是使用二手数据需要注意数据的定义口径与自己研究目的和研究内容的一致性以及数据来源的权威性等问题。

收集一手数据的方式通常有两种：实验式和观察式。**实验式**是指在人为设计的环境中收集数据，即设计一种实验来控制某些因素，以观察这些因素对实验结果的影响，而将控制因素以外的其他因素的影响使用随机化的方法平衡抵消掉。例如，长期饮食习惯是代谢健康的决定因素，研究认为限时饮食（time-restricted feeding，TRF，每日进食限制在 4 ~10 小时内完成）可以改善新陈代谢健康。研究者通过控制进食方式，选用两种不同的限时饮食方式和传统不限时饮食方式进行对照试验，获得代谢健康方面的数据进行研究。**观察式**是指在真实的社会环境中直接观测个体单位的属性特征记录下来数据，并不能控制任何影响因素。例 8 -1 中的房屋售价以及房屋特征、位置、地块信息、状况和质量评级等数据都是观察得到的数据。

8. 2　数据的综合描述

数据中每个变量会包含多个个体的观测值，详细研究每个个体的观测值并不是统计学的目的。统计学是把数据看成一个整体来研究。在复杂的数据中“了解全局”的最有效的方法之一就是对数据进行综合概况。也就是，计算一个或多个值来反映数据的整体特征。

我们希望了解数据的哪些特征呢？一是数据的集中趋势，描述数据取值的中心值或一般值。二是数据的离散程度，描述数据取值的变异性或多样性。三是数据的分布特征，描述数据取值的对称性和数据分布曲线的陡峭程度。除此之外，我们还关心两组数据之间的关系，也就是变量间关系的度量。

8.2.1 数据的集中趋势

1. 平均数

平均数，通常是指算数平均数，也称为**均值**。一组样本数据 x_1，x_2，…，x_n 的算数平均数 $\bar{x}$ 定义为：

$$\bar{x} = \frac{\sum_{i=1}^{n} x_i}{n}$$

平均数是所有数据的重心所在，所有数据与平均数的偏差 $x_i - \bar{x}$ 之和为零，即正负偏离相互抵消。平均数容易受极端值的影响。

对于环比类型的数据，如经济增长率、储蓄利率、资产收益率等，算数平均数是不合适的，应使用几何平均数。

一组数据 x_1，x_2，…，x_n 的几何平均数 $\bar{x}_g$ 定义为：

$$\bar{x}_g = \sqrt[n]{(x_1 x_2 \cdots x_n)}$$

例如某储蓄产品连续 5 年的年利率为 3.3%，3.3%，3.3%，2.65%，2.65%，则 5 年的平均年利率为：

$$\sqrt[5]{(1+3.3\%)^3(1+2.65\%)^2} - 1 = 3.04\%$$

2. 中位数

一组数据从小到大排序后为 x_1，x_2，…，x_n，**中位数** M_e 是中间位置的值。如果样本容量 n 是奇数，则中位数是第$\frac{n+1}{2}$个观测值；如果样本容量 n 是偶数，则中位数是第$\frac{n}{2}$和第$\frac{n}{2}+1$ 这两个中间观测值的算数平均，即：

$$M_e = \begin{cases} x_{\frac{n+1}{2}} & \text{当 } n \text{ 为奇数时} \\ \frac{1}{2}\left(x_{\frac{n}{2}} + x_{\frac{n}{2}+1}\right) & \text{当 } n \text{ 为偶数时} \end{cases}$$

中位数的计算只用到了所有数据的位置信息，不容易受极端值的影响。

3. 众数

众数是数据中频数最大的观测值。如果所有观测值的频数一样，那么此时不存在众数。如果有两个观测值的频数最大，那么此时有两个众数。所以众数并不一定唯一存在。

众数也不容易受极端值的影响。

平均数、中位数、众数是常用的集中趋势的描述。这三个特征数都可以用于描述定量数据。由于平均值容易受异常值影响，导致数据集中趋势发生偏移。所以对于定量数据，可以在计算平均数的同时，进一步计算中位数和众数，这样可以了解数据分布的偏斜情况。若平均数明显大于中位数，说明数据的右侧尾部极端值较多，整个数据分布出现了右偏斜；若平均数明显小于中位数，说明数据的左侧尾部极端值较多，整个数据分布出现了左偏斜。偏斜情况严重时，中位数比平均数更适合描述数据的集中趋势。

对于分类数据，只能计算众数。而对于定序数据，可以计算中位数和众数。例如，服装零售商在销售运动鞋时，计算鞋码的平均数是没有意义的。鞋码是定序数据，可以计算中位数和众数。显然众数更合适，能告诉我们多数人的鞋码选择，哪个鞋码卖得最好，这对零售商的库存决策就很有价值。

4. 分位数

分位数用来描述数据在排序中的位置。一组数据从小到大排序后为 x_1，x_2，…，x_n，处于 $p\%$ 位置的值称为**第 p 百分位数**。如果数据中没有大量重复的数据，那么约 $p\%$ 的数据比第 p 百分位数小，约 $(1-p)\%$ 的数据比第 p 百分位数大。

第 25% 百分位数也称为第一四分位数，记为 Q_1；中位数 M_e 是第 50 百分位数，也称为第二四分位数；第 75% 百分位数也称为第三四分位数，记为 Q_3。我们经常使用三个四分位数 Q_1、M_e、Q_3，加上最小值 $x_{\min}$ 和最大值 $x_{\max}$，一起来描述数据的取值情况，称为**五数概况法**。

很多经典的统计分析方法要求数据近似正态分布，实际应用中也确实发现很多数据是服从或近似服从正态分布。所以，我们还会经常使用来源于正态分布的一些分位数。例如，表 8-5 中给出了我国 7 岁以下男童身高（长）的 7 个百分位数的标准值。4 岁男童身高中位数为 104.1 厘米，即在 4 岁男童中，有一半的男孩比 104.1 厘米矮，另一半的男孩比 104.1 厘米高。5 岁男童身高的第 99.87 百分位数是 124.7，即有 99.87% 的 5 岁男孩的身高要小于 124.7 厘米，而只有 0.13% 的男孩比 124.7 厘米高。

表 8-5　　7 岁以下男童身高（长）标准值　　单位：厘米

年龄	P0.13 (-3SD)	P2.28 (-2SD)	P15.87 (-1SD)	中位数 (均值)	P84.13 (+1SD)	P97.72 (+2SD)	P99.87 (+3SD)
出生	45.2	46.9	48.6	50.4	52.2	54.0	55.8
1 岁	68.6	71.2	73.8	76.5	79.3	82.1	85.0
2 岁	78.3	81.6	85.1	88.5	92.1	95.8	99.5
3 岁	86.3	90.0	93.7	97.5	101.4	105.3	109.4
4 岁	92.5	96.3	100.2	104.1	108.2	112.3	116.5

续表

年龄	P0.13 (-3SD)	P2.28 (-2SD)	P15.87 (-1SD)	中位数 (均值)	P84.13 (+1SD)	P97.72 (+2SD)	P99.87 (+3SD)
5 岁	98.7	102.8	107.0	111.3	115.7	120.1	124.7
6 岁	104.1	108.6	113.1	117.7	122.4	127.2	132.1

资料来源：根据卫生部《中国 7 岁以下儿童生长发育参照标准》(2009) 整理而成。

8.2.2　数据的离散程度

1. 极差和四分位间距

极差是最简单的离散程度的度量。极差定义为最大观测值和最小观测值之间的差值，即 $R = x_{max} - x_{min}$。

由于极差仅考虑了最大和最小的观测值，因此如果存在异常的极端观测值，极差很容易受其影响。为了避免这种问题，可以计算截尾极差，即排序后丢弃一些最高数值和一些最低数值后计算极差。若删除最低 25% 的数据和最高 25% 的数据，这就得到四分位间距。

四分位间距 IQR 定义为：$IQR = Q_3 - Q_1$。四分位间距不受极端值的影响，但是仅用于度量中间 50% 数据的离散程度。

2. 方差和标准差

方差和标准差是最常用的离散程度的度量。标准差概括了数据中的观测值与平均数之间的距离。标准差是统计学中一个非常重要的概念，描述的是数据中观测值的可变性。如果数据观测值为 3，3，3，3，3，取值是常数，没有可变性，其标准差为 0。没有可变性的数据是没有研究意义的。

一组数据 x_1，x_2，…，x_n，其平均数为 $\bar{x}$。这组数据的离散程度可以由观测值与均值的偏离 $x_i - \bar{x}$ 来定义。我们称 $x_i - \bar{x}$ 为离差。如果所有的离差 $x_i - \bar{x}$ 都比较小，我们认为数据的离散程度较小。但是由于正负离差相互抵消，即离差之和等于零，所以不能直接由离差的平均来定义数据的平均离散程度。考虑离差平方 $(x_i - \bar{x})^2$，能避免正负离差相互抵消，再计算平均就得到方差。

方差就是离差平方的平均，其计算公式有两个，一个是总体数据的计算公式，称为总体方差；另一个是样本数据的计算公式，称为样本方差。

总体方差 σ^2 定义为：

$$\sigma^2 = \frac{\sum_{i=1}^{N}(x_i - \mu)^2}{N}$$

其中 N 为总体容量，μ 是总体均值。

样本方差 s^2 定义为：

$$s^2 = \frac{\sum_{i=1}^{n}(x_i - \bar{x})^2}{n-1}$$

其中，n 为样本容量，$\bar{x}$ 是样本平均数。

方差的算数平方根即为标准差。方差经过了平方的计算，取值单位失去了意义，而标准差与数据具有相同的单位，便于解释。

总体标准差为：

$$\sigma = \sqrt{\frac{\sum_{i=1}^{N}(x_i - \mu)^2}{N}}$$

样本标准差为：

$$s = \sqrt{\frac{\sum_{i=1}^{n}(x_i - \bar{x})^2}{n-1}}$$

3. 变异系数

如果两组数据的平均水平相差太大，或者数据量纲不同，直接使用标准差来比较离散程度并不合适。例如，比较学生体重和身高的离散程度，因其量纲不同，标准差不能直接进行比较。而比较青少年体重与学龄前儿童体重的离散程度，因数据的平均水平相差较大，也不能直接比较标准差。为了消除取值水平大小和不同量纲的影响，可以将标准差表示为平均数的百分比，这就定义了变异系数。

样本数据的**变异系数**定义为：

$$CV = \frac{s}{\bar{x}} \times 100\%$$

8.2.3 数据的分布特征

数据服从或近似服从正态分布是我们使用很多统计分析方法的基础，所以我们常以正态分布为标准来描述数据的分布特征。正态分布的密度曲线是对称的钟形曲线，于是我们从分布是否对称（偏度）和曲线的陡峭程度（峰度）两个角度来描述数据的分布情况。

1. 偏度（skewness）

偏度 S 用来描述数据的分布是否对称。若数据分布是对称的，则 $S=0$；若数据分布是左偏的，则 $S<0$；若数据分布是右偏的，则 $S>0$。

对于单峰的分布，我们也可以通过比较平均数、中位数、众数的大小关系来判断分布的偏斜情况，如图 8－1 所示。

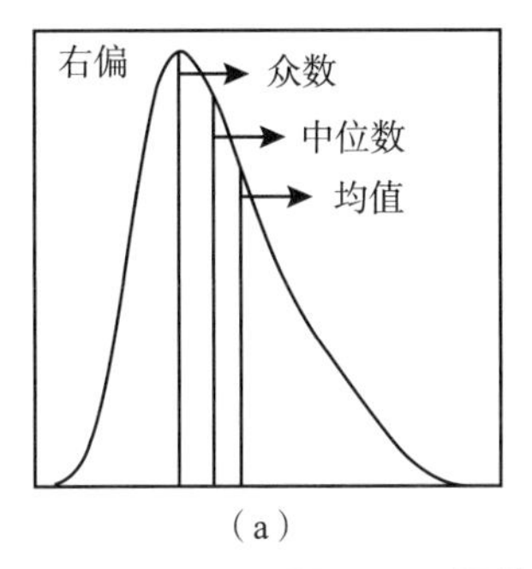

（a）

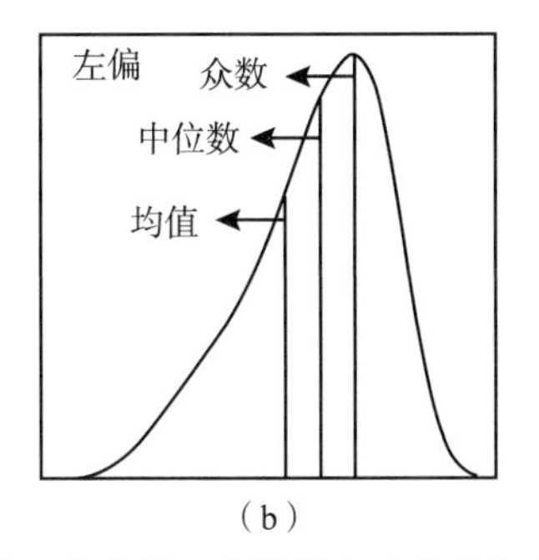

（b）

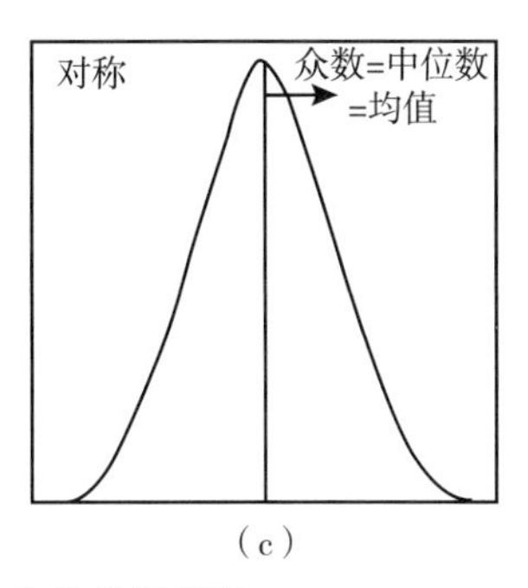

（c）

图8－1　平均数、中位数、众数的大小关系与分布的偏斜情况

若平均数 > 中位数 > 众数，则分布呈右偏态，如图8－1（a）所示；若平均数 < 中位数 < 众数，则分布呈左偏态，如图8－1（b）所示；若平均数 = 中位数 = 众数，则分布对称，如图8－1（c）所示。

2. 峰度（kurtosis）

峰度 K 用来描述数据分布曲线的陡峭程度。峰度的取值以正态分布为标准。正态分布的峰度为3，称为常峰态；若数据峰度小于3，称为平峰态；若数据峰度大于3，称为尖峰态。有的统计软件中计算的峰度是减去3之后的值，此时峰度的取值与0进行比较。

例8－2　使用例8－1中的美国艾奥瓦州艾姆斯镇2006～2010年的房屋售价的训练集数据，以房屋总体状况分类，对各类别下房屋售价的数据进行描述性统计分析。

解：经软件计算得到数据集中趋势、离散程度和分布特征的度量指标，汇总成表8－6。前两行给出了最常报告的样本平均数和标准差。接下来给出了五数概况数据的情况。紧接着单独报告了众数，房屋总体状况为“超级好”时众数不存在，而房屋总体状况为“极好”时有三个众数。之后给出了极差、四分位间距和变异系数三个离散程度的度量。再之后报告的是偏度和峰度。最后一行是每个数据集中包含的观测值的个数。

表8－6　　艾姆斯镇2006～2010年房屋售价数据分布特征的汇总描述　　单位：美元

房屋总体状况	4	5	6	7	8	9	10	所有数据
$\bar{x}$	108421	133523	161603	207716	274736	367513	438588	180921
s	29022	27107	36090	44466	63899	81278	159785	79443
x_{min}	34900	55993	76000	82500	122000	239000	160000	34900
Q_1	88000	118000	139125	179470	234557.5	318980.5	349375	129975
M_e	108000	133000	160000	200141	269750	345000	432390	163000
Q_3	125500	147000	181000	230750	306250	389716	472875	214000
$x_{\max}$	256000	228950	277000	383970	538000	611657	755000	755000

续表

房屋总体状况	4	5	6	7	8	9	10	所有数据
众数	100000，135000	135000	140000	190000	275000，290000	315000，320000，325000	*	140000
R	221100	172957	201000	301470	416000	372657	595000	720100
IQR	37500	29000	41875	51280	71692.5	70735.5	123500	84025
CV	26.77	20.3	22.33	21.41	23.26	22.12	36.43	43.91
偏度	0.97	0.33	0.36	0.79	0.75	1.36	0.42	1.88
峰度	5.11	1.14	0.43	1.32	1.39	1.97	0.37	6.54
n	116	397	374	319	168	43	18	1460

资料来源：根据 kaggle 网站数据计算得到。

8.2.4 变量间关系的度量

如果两个变量之间存在某种联系，但是不能用函数来描述，我们称变量间存在**相关关系**（**或统计关系**）。最常见的是变量间的线性相关关系，可以用 **Pearson 相关系数**（简称为相关系数）度量。

设两个变量的样本观测为 x_1，x_2，…，x_n 和 y_1，y_2，…，y_n，其样本相关系数为：

$$r = \frac{\sum_{i=1}^{n}(x_i - \bar{x})(y_i - \bar{y})}{\sqrt{\sum_{i=1}^{n}(x_i - \bar{x})^2}\sqrt{\sum_{i=1}^{n}(y_i - \bar{y})^2}}$$

相关系数的取值范围为 -1 到 1 之间。取值为负说明两变量之间是负线性相关，取值为正说明两变量之间是正线性相关。取值接近 0 说明两变量之间无线性相关关系，取值接近 -1 说明两变量之间有很强的负线性相关关系，取值接近 1 说明两变量之间有很强的正线性相关关系。

在例 8-1 的房价预测数据集中，地上居住面积越大，房屋售价也越高，说明地上居住面积和房屋售价这两个变量之间存在相关关系。通过散点图（在 8.3.2 介绍）可以更直观地看出相关关系的形式。用训练集数据计算得到样本相关系数为 $r=0.71$，说明两变量之间有较强的正线性相关关系。

8.3 用图表展示数据

在上一节，我们介绍了如何使用一个数对数据集的不同特征进行概括，本节将介绍如何将数据整理成直观的图表，展示数据的分布情况。

8.3.1　频数分布表

频数分布表，顾名思义，是用来展示数据在不同观测值的频数的表格。对于定性数据，按类别整理观测值出现的个数，也就是频数。对于定量数据，按取值区间整理观测值的频数。

1. 定性数据的频数分布表

在例 8－1 中出售房屋的车库类型有地下车库、内嵌车库等六种情况，汇总训练数据集中每种情况出售的房屋数量，整理得到表 8－7。表中还根据频数计算得到了频率。

表 8－7　　美国艾奥瓦州的艾姆斯镇 2006～2010 年出售房屋的车库类型分布

房屋车库类型	频数（个）	频率（%）
多于一种类型	6	0.41
和主屋相连	870	59.59
地下车库	19	1.30
内嵌车库	88	6.03
停车棚	9	0.62
和主屋分离	387	26.51
无车库	81	5.55
总计	1460	100.00

资料来源：根据 kaggle 网站数据整理得到。

2. 定量数据的频数分布表

首先按变量取值进行分组，分组的原则是保证所有的观测值都能分到且只能分到其中的一组中去。分组之后汇总各组中观测值出现的次数，也就是频数，最后将分组及各组的频数制成一张表，就是频数分布表。

在频数分布表中，需要明确组数、组距和各组组限。

一般来说，数据量越大需要的组数越多。组数太少，数据的各种特征将会被隐藏；组数太多，可能某些组会存在频数太小或者为零的情况。通常，组数可以采用经验公式 $k \approx 1 + \log_{10}(n)/\log_{10}(2)$ 来确定，其中 n 为数据中观测值个数。

一般假定各组组距相等，于是组距可通过极差除以组数 k 来确定：

$$d \approx \frac{x_{max} - x_{min}}{k}$$

在组限的问题上，必须要明确定义每个组的上、下限，防止边界模糊的问题。例如在年龄等级划分中，如果组限简单描述为“20 岁至 30 岁”“30 岁至 40 岁”，那么 30 岁的人群可以同时划归为以上两个组别，是不合理的，所以需将组限明确定义为“20 岁但低于 30 岁”“30 岁但低于 40 岁”。

根据例 8 -1 中的 1460 个房价数据，等组距设为 20000 美元，整理得到频数分布表，如表 8 -8 表示。

表 8 -8　　美国艾奥瓦州的艾姆斯镇 2006 ~ 2010 年出售房屋的房价频数分布

房价（美元）	频数（个）	房价（美元）	频数（个）
30000 ~ 50000 以下	5	250000 ~ 270000 以下	55
50000 ~ 70000 以下	17	270000 ~ 290000 以下	44
70000 ~ 90000 以下	57	290000 ~ 310000 以下	21
90000 ~ 110000 以下	96	310000 ~ 330000 以下	34
110000 ~ 130000 以下	190	330000 ~ 350000 以下	15
130000 ~ 150000 以下	250	350000 ~ 370000 以下	8
150000 ~ 170000 以下	169	370000 ~ 390000 以下	14
170000 ~ 190000 以下	180	390000 ~ 410000 以下	9
190000 ~ 210000 以下	111	410000 ~ 430000 以下	6
210000 ~ 230000 以下	88	430000 ~ 450000 以下	5
230000 ~ 250000 以下	72	450000 及以上	14

资料来源：根据 kaggle 网站数据整理得到。

3. 列联表

列联表是两个定性变量整理得到的交叉分类的频数分布表。列联表不仅描述了两变量的边缘分布情况，还描述了两变量的相互关联情况，这种相互关联情况可用于检验两变量间的独立性。

例 8 -3　1912 年泰坦尼克号在首次航行期间撞上冰山后沉没，2224 名乘客和船员中有 1502 人遇难，kaggle 网站的 Titanic 数据中整理了 1309 名乘客的性别、年龄、舱位、是否幸存等相关数据。这里关注性别与幸存两个变量，整理成联列表，如表 8 -9 所示，可以看出泰坦尼克沉船案例中女性的幸存概率明显比男性高。

表 8 - 9　　泰坦尼克号性别和幸存情况的列联表

幸存状况	男	女	合计
幸存	109	385	494
死亡	734	81	815
合计	843	466	1309

资料来源：根据 kaggle 网站数据整理得到。

8.3.2　统计图

将数据以图形的形式展示出来，能够帮助我们更直观更清晰的理解数据的分布特征。常用的统计图有条形图、饼图、直方图、箱线图、线图、散点图等。

1. 条形图

条形图用宽度相同的矩形的长度来展示数据。条形图常用来展示分类数据和定序数据，图中横轴的每个矩形表示一个类别，矩形的宽度没有数值意义，纵轴表示每个类别的频数或频率。

根据例 8 - 1 中的房屋地段数据画出的条形图如图 8 - 2 所示，可以清楚地看出不同地段的房屋售卖数量。

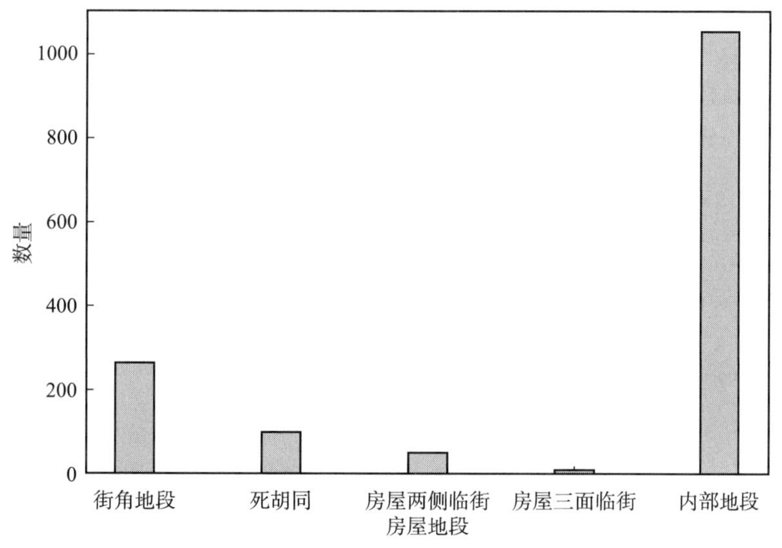

图 8 - 2　美国艾奥瓦州的艾姆斯镇 2006 ~ 2010 年出售房屋地段分布条形图

资料来源：根据 kaggle 网站数据绘制而成。

2. 圆饼图

圆饼图，简称为饼图，是用圆中扇形面积表示各类别所占比例情况。

根据中国统计年鉴（2021），用 2020 年我国人口不同年龄分布的数据绘制圆饼图（见图 8 - 3），图中可以直观看出各年龄段人口的频率分布情况。

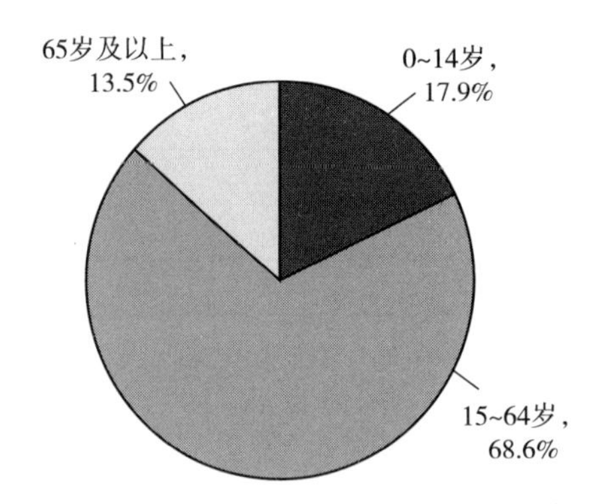

图 8-3　中国 2020 年人口的年龄分布圆饼图

资料来源：国家统计局官网《中国统计年鉴（2021）》。

3. 直方图

直方图是用矩形的面积来表示定量数据频数分布的图形。绘制时，横轴表示数据分组，纵轴表示频数或频率。矩形的底边是从对应组的下限到上限，即宽度表示组距，矩形的高度则表示对应组的频数或频数密度（频数密度 = 频数/组距）。

直方图与条形图不同。条形图是用矩形（条形）的长度表示各类别频数的多少，其固定宽度表示类别，并没有具体含义，矩形顺序可以交换；直方图是用面积表示各组频数的多少，矩形的高度和宽度都有各自含义。另外，直方图的各矩形通常是相连的，而条形图的各矩形之间是相互间隔的。

直方图可以直观地看到数据的中心位置、离散程度和所有观测值的分布情况，并且可以与理想中的分布进行比较。

根据例 8-1 中的房屋售价变量绘制直方图，如图 8-4 所示。从该直方图可以看出，

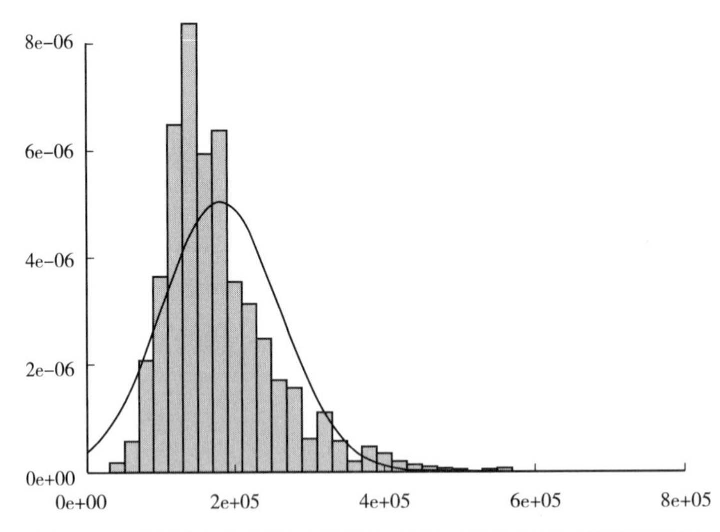

图 8-4　美国艾奥瓦州的艾姆斯镇 2006~2010 年房屋售价直方图

资料来源：根据 kaggle 网站数据绘制而成。

大部分数据取值在10000～25000美元之间，数据整体呈明显的右偏，右侧尾部有极端值，最极端的售价高至70000多美元。

4. 箱线图（Boxplot）

箱线图也称箱须图、盒型图，是五数（$x_{\min}$、Q_1、M_e、Q_3、$x_{\max}$）概况法的图形表示。箱线图可以粗略判断数据的中心位置、对称情况和分布范围等。在比较同一性质的多组数据分布时非常直观有用。

常见的箱线图的绘制方法如下。（1）画箱子。以Q_1、Q_3的位置为边界画一个箱子，箱子中M_e的位置画一条线。（2）确定上下限位置，以识别可疑的异常值。先计算四分位间距$IQR = Q_3 - Q_1$，再计算下限位置$Q_1 - 1.5 \times IQR$，上限位置$Q_3 + 1.5 \times IQR$。小于下限或者大于上限的值通常用特殊符号（例如星号＊，黑点·）标出，疑为异常值。（3）画须线。须线从箱子的边界出发，向两端延长至上、下限以内的最大值、最小值。

箱线图可以横着画，如图8－5所示，也可以竖着画，如图8－6所示。

图8－5为箱线图示例。箱子包含50%的数据，竖线代表中位数位置。箱子左侧没有异常值，说明左侧须线的边界是整个数据的最小值。箱子右侧有两个异常值，说明右侧须线的边界并不是整个数据的最大值，而是在上限以内的最大值。

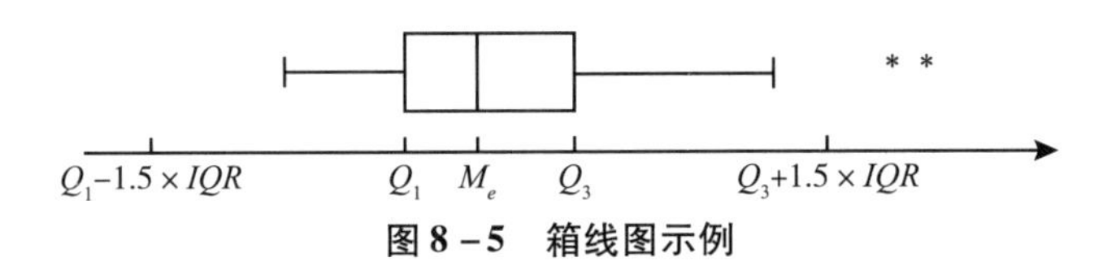

图8－5　箱线图示例

图8－6是根据例8－1中训练数据集的房屋售价数据按照房屋总体状况分类绘制的箱线图。黑点为不同类别下的异常值。

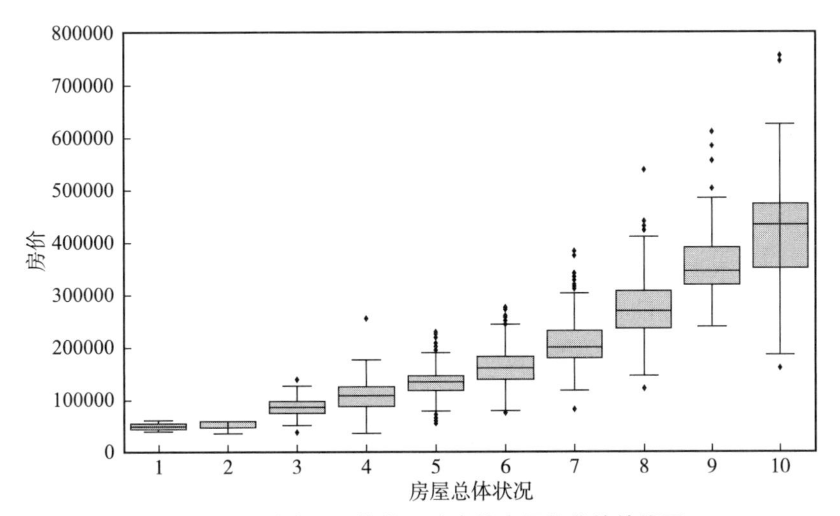

图8－6　按房屋总体状况分类的房屋售价的箱线图

资料来源：根据kaggle网站数据绘制而成。

5. 线图

线图一般用于绘制时间序列数据，反映出事物随时间变化的情况。图 8－7 是根据表 8－2 中我国 2012～2021 年的国内生产总值数据绘制得到的线图，可以看出国内生产总值在逐年增长。

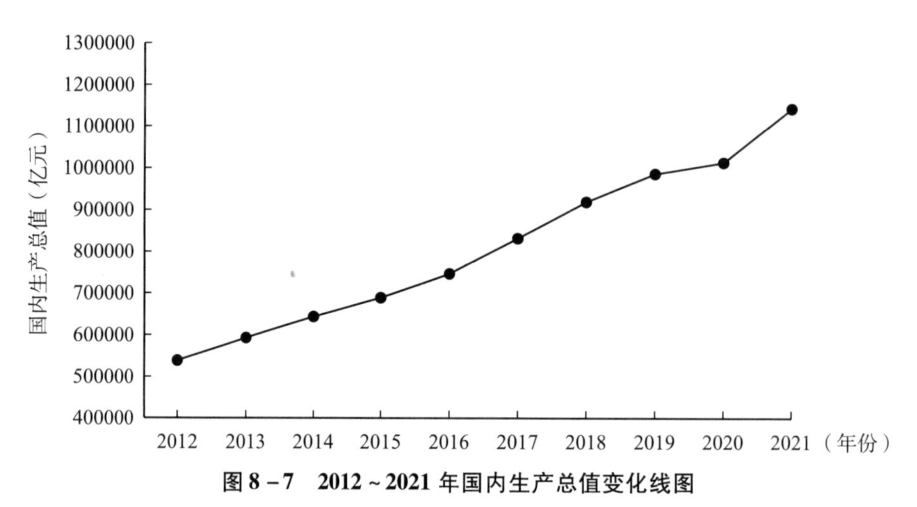

图 8－7　2012～2021 年国内生产总值变化线图

资料来源：根据国家统计局网站数据整理而成。

6. 散点图（矩阵）

散点图是研究两变量间的相关关系的统计图。散点图矩阵则展示了多个变量的两两之间的散点图和每个变量的直方图或密度曲线图。

根据例 8－1 中训练数据集的车库面积、地下室总面积、地上居住面积和房屋售价数据绘制散点图矩阵，如图 8－8 所示。对角线上是四个变量的密度曲线，下三角是变量间的散点图，上三角则是样本相关系数。

7. Q－Q 图

Q－Q 图是用于直观验证一组数据是否来自某个分布，或者验证某两组数据是否来自同一（族）分布的统计图。

实际使用中，Q－Q 图经常用于验证数据是否服从正态分布。令横轴为正态分布的理论分位数，纵轴为样本分位数，如果绘制出来的点近似一条直线，则可判断数据服从正态分布。

通过 Q－Q 图的形状可以判断数据的分布特征。模拟产生四个不同分布的随机数，并绘制直方图，如图 8－9 所示。左上角是对称的标准正态分布，右上角是右偏的 $F(5, 10)$ 分布，左下角是厚尾的 $t(2)$ 分布，右下角是指数分布 $exp(2)$ 取负数构造的左偏的分布。

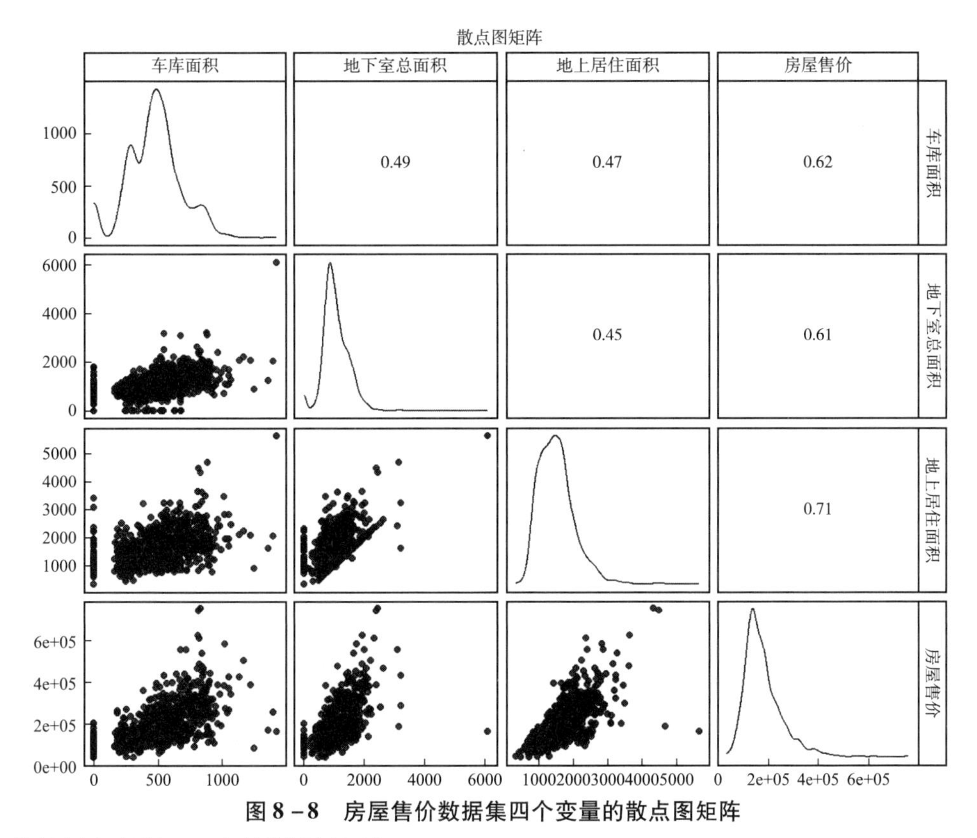

图8-8 房屋售价数据集四个变量的散点图矩阵

资料来源：根据 kaggle 网站数据绘制而成。

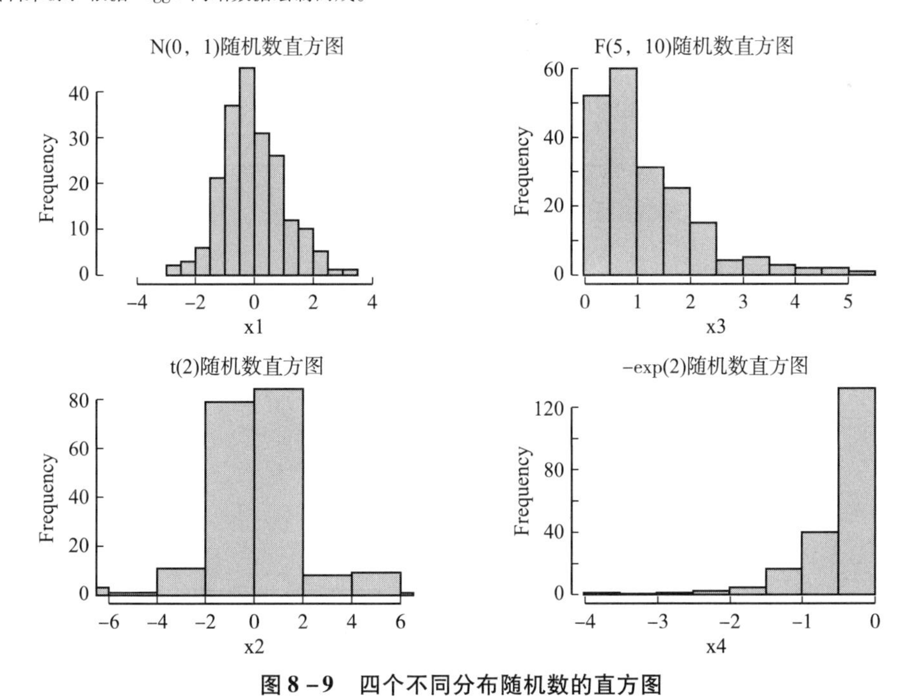

图8-9 四个不同分布随机数的直方图

资料来源：R 软件统计输出。

用R软件绘制这四个数据集的正态分布Q-Q图，如图8-10所示。左上角是正态分布随机数的Q-Q图，图中点落在一条直线上。右上角是右偏分布的Q-Q图，图中点是凸弯曲的。左下角是厚尾分布的Q-Q图，图中点呈反S型。右下角是左偏分布的Q-Q图，图中点是凹弯曲的。

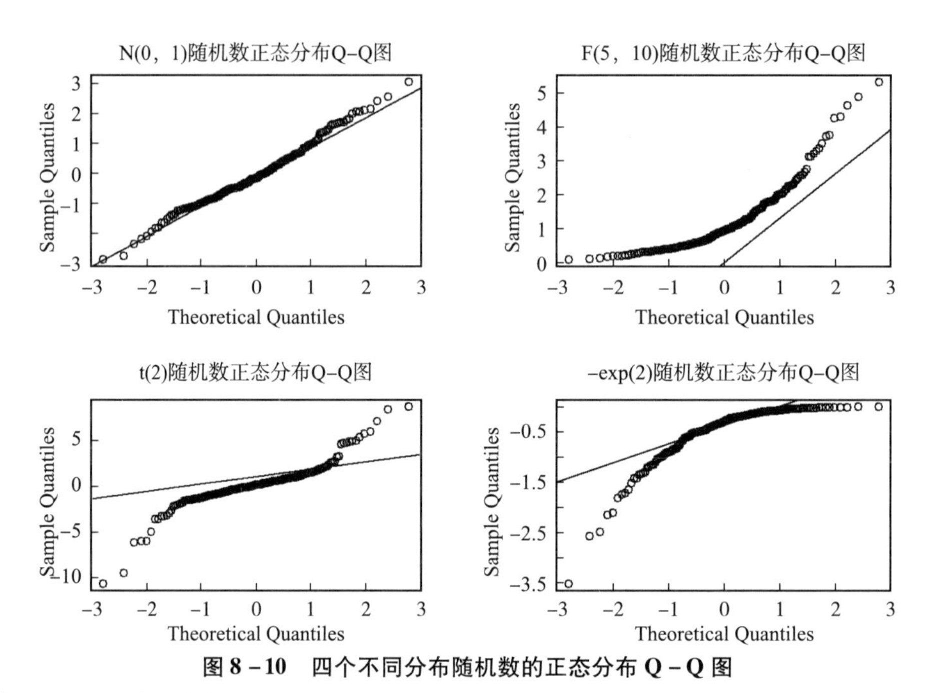

图8-10　四个不同分布随机数的正态分布Q-Q图

资料来源：R软件统计输出。

根据例8-1中训练数据集的房屋售价数据绘制正态分布Q-Q图，如图8-11所示。

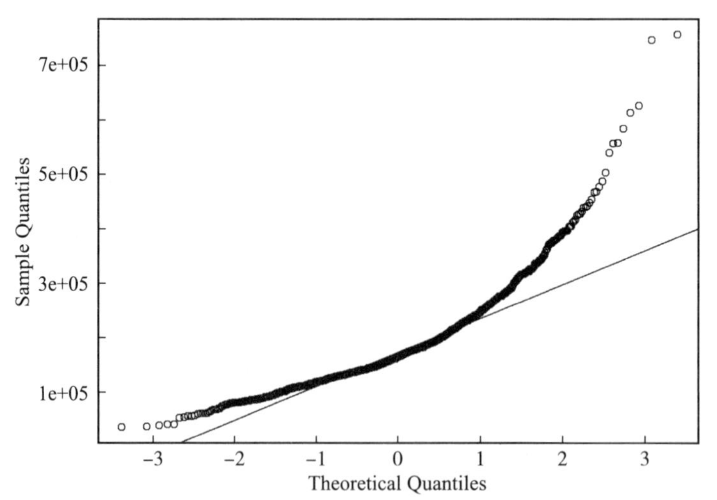

图8-11　美国艾奥瓦州的艾姆斯镇2006~2010年房屋售价的正态分布Q-Q图

资料来源：根据kaggle网站数据绘制而成。

图中点没有落在一条直线上，而是凸弯曲的，这说明美国艾奥瓦州的艾姆斯镇2006～2010年房屋售价数据并不来自正态分布，而是一个右偏的分布。

习　题

1. 理解总体、样本、变量、样本观测等概念。

2. 描述数据的集中趋势和分散程度的特征数主要有哪些？

3. 什么是五数概括法？

4. 对于单峰的分布，如何通过比较平均数、中位数、众数的大小关系来判断分布的偏斜情况？

5. 请解释为什么超过50%的人都认为自己的收入低于平均收入？

6. R软件的PlantGrowth数据集中整理了三种不同实验条件下获得的植物重量数据，如题表8－1所示。

题表8－1

重量	总体	重量	总体	重量	总体
4.17	ctrl	4.81	trt1	6.31	trt2
5.58	ctrl	4.17	trt1	5.12	trt2
5.18	ctrl	4.41	trt1	5.54	trt2
6.11	ctrl	3.59	trt1	5.5	trt2
4.50	ctrl	5.87	trt1	5.37	trt2
4.61	ctrl	3.83	trt1	5.29	trt2
5.17	ctrl	6.03	trt1	4.92	trt2
4.53	ctrl	4.89	trt1	6.15	trt2
5.33	ctrl	4.32	trt1	5.8	trt2
5.14	ctrl	4.69	trt1	5.26	trt2

（1）综合描述三组数据的植物重量的集中趋势、离散程度；

（2）绘制三组数据的箱线图；

（3）绘制三组数据的正态分布的Q－Q图，初步判断数据的正态性。

参考答案请扫二维码查看

第 9 章

统 计 推 断

统计方法帮助我们从一组数据（样本）出发，结合概率的理论，对未知的总体特征取值的可能性进行推断，这就是统计推断的工作。

在第 8 章，我们提到过，总体是我们的研究对象，总体的特征称为**参数**，例如反映总体集中趋势的均值，描述总体离散程度的方差。总体均值、总体方差这些参数通常是未知的，是我们想了解的。但是由于成本、时效、破坏性等各种原因，观测得到总体中所有个体的信息通常是不现实的，因此参数通常无法直接计算得到。这时我们只能“以小明大”，即用部分有代表性的样本来研究总体。从总体中选择一个较小的代表性样本的最好方法之一是使用随机样本，这个过程称为**随机抽样**。简单随机抽样是最基本的随机抽样方法，本章中的样本都是指简单随机抽样得到的样本。

统计推断的经典内容包括两部分：一是参数估计，是研究如何由样本的信息估计总体参数；二是假设检验，研究如何对总体参数的各种假设进行检验。本章将介绍这两部分经典的统计推断内容。

9.1　统计推断中的几种重要分布

除了正态分布，χ^2、t、F 分布也是统计推断中的常用分布。下面对这四种分布进行介绍。

9.1.1　正态分布

正态分布是概率统计中的最重要的一个分布，也是实践中最常见的一个分布。在统计推断中，总体均值、总体比例的估计和检验都要用到正态分布，而且，在方差分析、回归分析中也是以正态分布为前提假设。

早在 18 世纪后期，已经有多位科学家得到过正态分布的数学表达式，但是第一次将正态分布作为概率分布使用的是德国科学家高斯（Guass）。高斯在 1809 年的一篇天文学的著名论文中正式提出正态误差分布为基础的最小二乘法，他的这项工作意义非凡，影响深远。这也使得正态分布同时被称为高斯分布。

1. 正态分布的概率密度曲线

若随机变量 X 的概率密度函数为：

$$f(x)=\frac{1}{\sigma\sqrt{2\pi}}e^{-\frac{(x-\mu)^2}{2\sigma^2}},\quad -\infty<x<+\infty$$

则称 X 服从参数为 μ 和 σ^2 的正态分布，记为 $X\sim N(\mu,\ \sigma^2)$。

正态分布的概率密度函数曲线呈现中间高、两边低且左右对称的形状，被形象地称为钟形曲线。参数 μ 为正态随机变量 X 的均值，给出了正态分布的中心位置。正态分布是对称分布，所以 μ 也是中位数，当然也是众数。因此大部分数据取值在 μ 的附近。参数 σ^2 为正态随机变量 X 的方差，给出了正态分布的离散情况。σ^2 越小，数据越集中，密度曲线则越陡峭；反之，σ^2 越大，数据越分散，密度曲线则越平缓。所以，μ 被称为正态分布的位置参数，σ^2 被称为正态分布的形状参数。图 9－1 给出了不同参数的正态分布密度曲线。

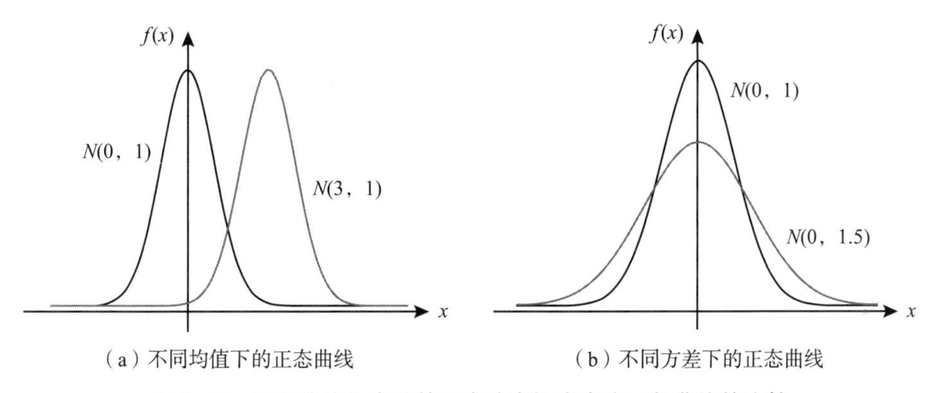

图 9－1　不同均值和方差的正态分布概率密度函数曲线的比较

2. 标准正态分布

正态分布中，最特别的是均值 $\mu=0$，方差 $\sigma^2=1$ 的标准正态分布。

任一正态分布都可以通过线性变换转化为标准正态分布。若 $X\sim N(\mu,\ \sigma^2)$，令 $Z=\frac{X-\mu}{\sigma}$，则 $Z\sim N(0,\ 1)$。故只需要了解标准正态分布，就可以了解任意一个正态分布。

标准正态分布可以用来对不同均值方差的正态分布进行比较。例如学生的课程分数服从正态分布，经常用标准分数来比较学生在不同课程中考试得分的优劣。

（1）标准正态分布函数表及查表问题。

标准正态分布函数定义为：$\Phi(x)=P(X\leqslant x)$，其中 $X\sim N(0,\ 1)$。$\Phi(x)$ 是图 9－2 中阴影部分的面积。由概率论的知识知道，$\Phi(x)$ 可以通过变上限定积分求得。统计学家将这些定积分的值求解出来并编制成表格，于是求概率的问题就变成了查表问题。一般教材会在附表中给出标准正态分布函数表，是 x 的左侧累积概率与 x 的对应关系。若 x 大于 0，则可以直接依据标准正态分布函数表查出 $\Phi(x)$ 的值；若 x 小于 0，则可由 $\Phi(x)=1-\Phi(-x)$ 求出。

实际使用中，我们常遇到已知概率 $\Phi(x)$，求 x 的问题。这是分布函数的反函数问题，也是反查表问题。我们常把这类问题称为“已知概率求临界值”的问题。

现在的查表问题已经可以由计算机软件计算来代替了。Excel 中的统计函数给出了统计中的常用函数，包括正态分布函数 NORM. DIST 及其反函数 NORM. INV。NORM. DIST 是给定临界值，求左侧概率（即小于等于临界值的概率），对应的是正态分布查表问题。NORM. INV 是给定左侧概率，求临界值，对应的是正态分布反查表的问题。NORM. S. DIST 和 NORM. S. INV 则是用于标准正态分布的查表和反查表问题。

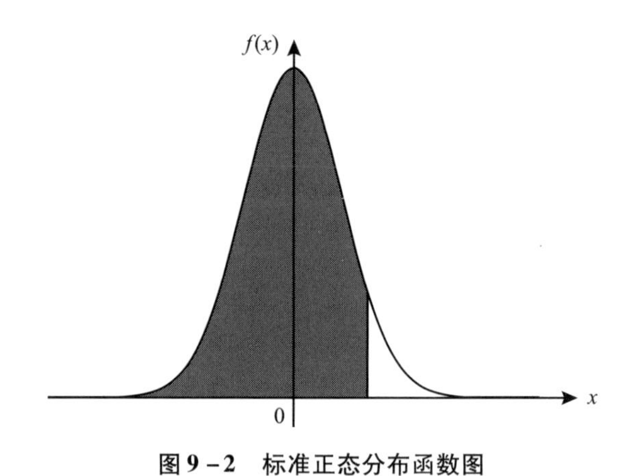

图 9-2　标准正态分布函数图

例 9-1　设 $X\sim N(0,1)$，求（1）$P(X\leqslant 1)$（2）$P(X\leqslant -1)$（3）$P(X>1)$（4）$P(X>-1)$（5）$P(-1<X\leqslant 1)$。

解：使用 Excel 的 NORM. S. DIST 函数，并根据正态分布的对称性可得：

（1）$P(X\leqslant 1)=\Phi(1)=0.8413$

（2）$P(X\leqslant -1)=\Phi(-1)=0.1587$

（3）$P(X>1)=1-\Phi(1)=0.1587$

（4）$P(X>-1)=1-\Phi(-1)=1-0.1587=0.8413$

（5）$P(-1<X\leqslant 1)=\Phi(1)-\Phi(-1)=0.8413-0.1587=0.6826$

例 9-2　设 $X\sim N(0,1)$，若已知概率 $\Phi(x)=0.95$，求临界值 x。

解：使用 Excel 的 NORM. S. INV 函数，可得到临界值 x = NORM. S. INV(0.95) = 1.645。

在统计推断中，我们经常设定双侧尾部概率（简称双尾概率）α 为 0.01、0.02、0.05、0.1、0.2 这些值，去求临界值。使用软件可以很容易得到标准正态分布的常用双尾概率及对应临界值（本书中临界值的下标均表示右尾概率，后面不再特别说明），见表9-1。

表9-1 标准正态分布的双尾概率及对应临界值

双尾概率 α	中间部分的概率 $1-\alpha$	左侧概率 $1-\alpha/2$	临界值 $z_{\alpha/2}$
0.20	0.80	0.900	1.282
0.10	0.90	0.950	1.645
0.05	0.95	0.975	1.960
0.02	0.98	0.990	2.326
0.01	0.99	0.995	2.576

（2）3σ 原则。

设 $Z \sim N(0, 1)$，查正态分布函数表，可得：

$$P(-1<Z\leqslant 1)=\Phi(1)-\Phi(-1)=2\Phi(1)-1=0.6827$$
$$P(-2<Z\leqslant 2)=\Phi(2)-\Phi(-2)=2\Phi(2)-1=0.9545$$
$$P(-3<Z\leqslant 3)=\Phi(3)-\Phi(-3)=2\Phi(3)-1=0.9973$$

设 $X \sim N(\mu, \sigma^2)$，标准化，得 $Z=\dfrac{X-\mu}{\sigma} \sim N(0, 1)$，于是有：

$$P(-\sigma<X-\mu\leqslant\sigma)=0.6827$$
$$P(-2\sigma<X-\mu\leqslant 2\sigma)=0.9545$$
$$P(-3\sigma<X-\mu\leqslant 3\sigma)=0.9973$$

从这些式子可以看出，正态随机变量的取值与均值相差在3个标准差之外的可能性很低。这就是实践中常使用的“3σ 原则”。图9-3给出了正态分布的“3σ 原则”各区域概率情况。

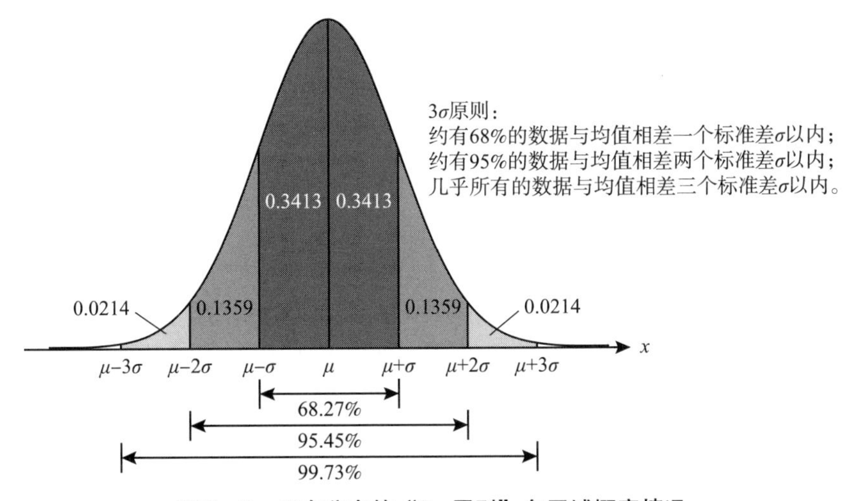

图9-3 正态分布的“3σ原则”各区域概率情况

第 8 章的表 8 - 5 给出了我国 7 岁以下男童身高（长）的 7 个百分位数的标准值，这 7 个百分位数分别是 P0. 13、P2. 28、P15. 87、P50、P84. 13、P97. 72、P99. 87，就是对应于 $\mu-3\sigma$、$\mu-2\sigma$、$\mu-\sigma$、μ、$\mu+\sigma$、$\mu+2\sigma$、$\mu+3\sigma$ 这 7 个位置。

3. 性质

正态分布具有很多良好的性质，很多统计推断问题都假定总体服从正态分布。下面我们来了解正态分布的一些良好性质。

（1）如果服从正态分布的随机变量之间不相关，则它们相互独立。

（2）正态分布具有线性性质，即相互独立的正态分布随机变量，其线性组合得到的随机变量还服从正态分布。

（3）正态分布可以近似很多其他的概率分布。

（4）大量微小的独立随机因素的影响之和近似正态分布。

9.1.2 χ^2 分布

χ^2 分布在统计推断中有很多用途，一是对单个正态总体方差的推断；二是用于分析数据是否来自某个特定分布，即分布的拟合优度检验；三是可用于列联表分析，即两变量的独立性检验。

1. 定义及概率密度函数曲线

n 个相互独立的标准正态分布随机变量 Z_1，Z_2，…，Z_n，它们的平方和 $\chi^2=\sum_{i=1}^{n}Z_i^2$ 服从自由度为 n 的 χ^2 分布。

自由度是统计学中的常用概念，可以理解为独立变量的个数。

关于 χ^2 分布的密度函数较为复杂，非统计专业的读者不必了解，因此本书不再介绍 χ^2 分布及后续 t 分布、F 分布的概率密度函数表达式。我们只需要认识其密度函数曲线。图 9 - 4 给出了当 $n=1$，$n=4$，$n=10$，$n=20$ 时 χ^2 分布的密度函数曲线。可以看出，χ^2 分布随机变量取值大于零，且当 $n>2$ 时，密度函数曲线为不对称的钟形曲线，呈现右偏态。自由度越小，χ^2 分布的不对称性越严重；当自由度足够大时，χ^2 分布的密度函数曲线趋于对称。

2. 查表问题

χ^2 分布随机变量的查表问题一般给的是右尾概率 α 与临界值 $\chi^2_\alpha(n)$ 的对应关系，即 $P(\chi^2>\chi^2_\alpha(n))=\alpha$，其中 $\chi^2\sim\chi^2(n)$。

χ^2 分布的查表问题在 Excel 中使用的是统计函数 CHISQ. DIST. RT，即给定临界值 $\chi^2_\alpha(n)$，输出右尾概率 α。而 CHISQ. INV. RT 是给定右尾概率 α，输出临界值 $\chi^2_\alpha(n)$，对应的是 χ^2 分布反查表的问题。

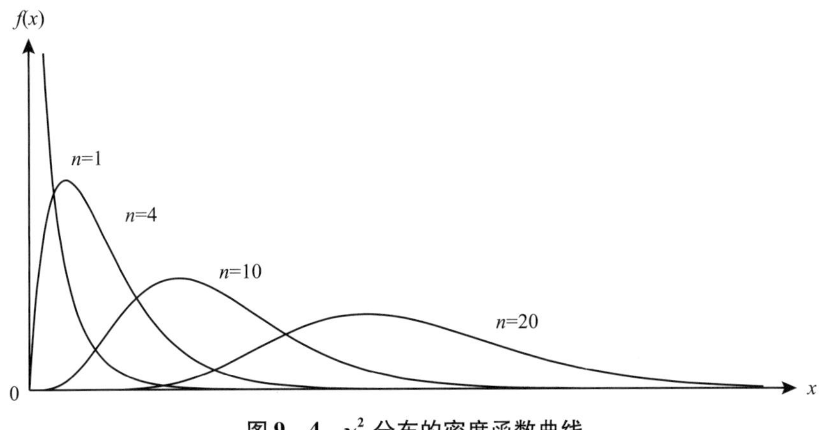

图9－4　χ^2分布的密度函数曲线

3. 性质

（1）若$\chi^2 \sim \chi^2(n)$，则$E(\chi^2)=n$，$Var(\chi^2)=2n$。

（2）X和Y分别服从自由度为m和n的χ^2分布，且X和Y相互独立，则$X+Y$服从自由度为$m+n$的χ^2分布。

9.1.3　t分布

t分布是英国统计学家戈塞特（W. S. Gosset）于1908年提出来的。这篇论文以笔名"学生（Student）"发表，所以也被称为学生t分布。在统计推断中，t分布常用于正态总体方差未知情形下对总体均值的估计和检验中。

1. 定义及概率密度函数曲线

设随机变量X服从标准正态分布，随机变量Y服从自由度为n的χ^2分布，且X与Y相互独立，则称随机变量$T=\frac{X}{\sqrt{Y/n}}$所服从的分布为自由度为n的t分布，记为$T\sim t(n)$。

t分布的密度函数曲线与标准正态分布很相似，都是均值为0的对称分布，如图9－5所示。与标准正态分布相比，t分布尾部更厚。随着自由度n的增加，t分布越来越接近标准正态分布。当自由度超过30以后，两者的差异很小了，此时可以用标准正态分布代替t分布。

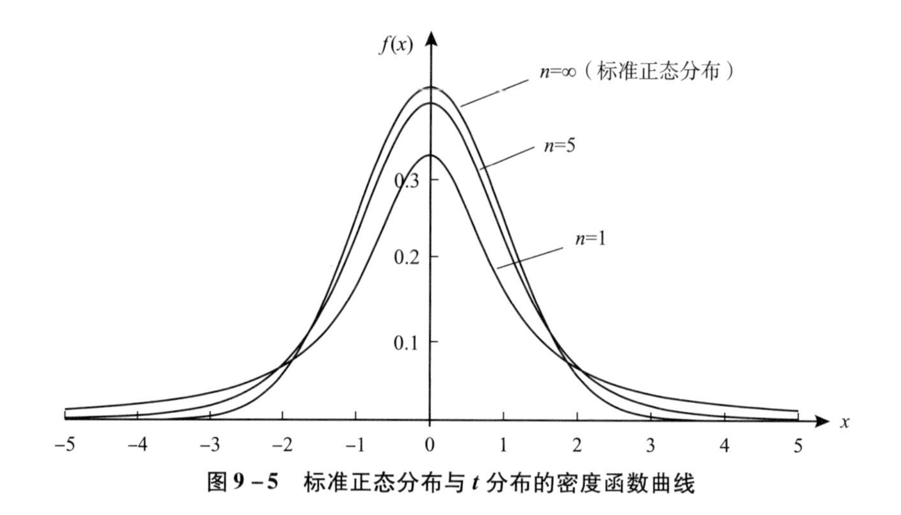

图 9－5　标准正态分布与 t 分布的密度函数曲线

2. 查表问题

t 分布随机变量的查表问题与标准正态分布类似，可以给临界值，求任一区间的概率，如左侧概率、双尾概率（对应中间概率）等。统计推断中，经常给定双尾概率 α（或中间概率 $1-\alpha$），求临界值 $t_{\alpha/2}(n)$，这是反查表问题。

Excel 中 t 分布的查表问题使用的是统计函数 T. DIST. 2T，给定临界值，输出双尾概率。而 T. INV. 2T 是给定双尾概率 α，输出临界值 $t_{\alpha/2}(n)$，对应的是 t 分布反查表的问题。

3. 性质

当样本容量充分大时，t 分布近似标准正态分布。

9.1.4　*F* 分布

F 分布在统计推断中的应用很广泛，在两正态总体方差的比较、方差分析、回归分析中都会用到 F 分布。

1. 定义及概率密度函数曲线

设随机变量 X 和 Y 分别服从自由度为 m 和 n 的 χ^2 分布，且 X 和 Y 相互独立，则称随机变量 $F=\dfrac{X/m}{Y/n}$ 服从第一自由度为 m，第二自由度为 n 的 F 分布，记为 $F\sim F(m,\ n)$。

图 9－6 给出了 $F(1,\ 5)$、$F(3,\ 5)$、$F(10,\ 5)$、$F(10,\ 10)$ 四个 F 分布的概率密度曲线。可以看出，F 分布随机变量取值大于零，形状与 χ^2 分布相似。F 分布的形状依赖于两个自由度。当第一自由度 $m>2$ 时，密度函数曲线为不对称的钟形曲线，呈现右偏态。

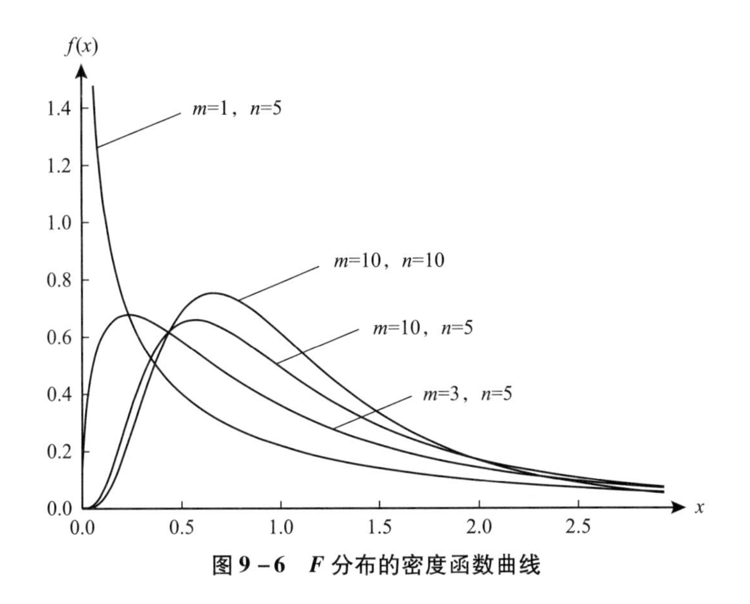

图9-6 F分布的密度函数曲线

2. 查表问题

F分布随机变量的查表问题与χ^2类似，常用的是右尾概率α与临界值$F_{\alpha}(m, n)$的对应关系，即$P(F > F_{\alpha}(m, n)) = \alpha$，其中$F \sim F(m, n)$。

Excel中F分布的查表问题使用的是统计函数F. DIST. RT，给定临界值，输出右尾概率。而F. INV. RT是给定右尾概率α，输出临界值$F_{\alpha}(n)$，对应的是F分布反查表的问题。

3. 性质

（1）若$F \sim F(m, n)$，则$\frac{1}{F} \sim F(n, m)$。

（2）若统计量$t \sim t(n)$，则有$t^2 \sim F(1, n)$。

9.2 样本统计量的抽样分布

9.2.1 简单随机抽样

在统计推断中，我们使用有代表性的样本来对总体进行推断。从总体中选择一个较小的代表性样本的最好方法之一是使用随机样本。简单随机抽样是最基本的随机抽样方法。

简单随机抽样是指从总体中抽取样本时，X_1，X_2，…，X_n这n个随机变量必须具备以下两个条件：

（1）X_1，X_2，…，X_n与总体X具有相同的概率分布；

（2）X_1，X_2，…，X_n之间相互独立。

简单随机抽样一般通过随机数表实现，现在则可以通过计算机产生随机数来实现。

另外三种科学的随机抽样方法为：分层随机抽样、整群随机抽样和系统随机抽样。

分层随机抽样是先将总体划分成不同的组，称为层，划分后层内个体之间差异小，但不同层之间的个体差异大。那么分层抽样可以使得样本更具代表性，从而提高统计分析的精度。

整群随机抽样是将总体划分为不同的组，称为群，然后以群为单位进行简单随机抽样。群之间差异不大，而群内个体差异大，理想情形是每个群可以看作总体的一个缩影。

而**系统随机抽样**是先将总体中个体按某个标志排序，并根据样本容量要求确定抽样间隔，然后采用简单随机抽样方法随机抽取第一个个体，之后等距离抽取其余的个体，一起组成样本。

9.2.2　样本统计量的概念

样本统计量，简称为**统计量**，是指根据样本数据 X_1，X_2，…，X_n 构造的函数$g(X_1, X_2, \cdots, X_n)$。例如，样本均值、样本方差、样本比例等都是统计量。

样本数据是随机抽样得到的，每一次抽样都会得到一次不同的观测，因此样本是一个随机变量。而统计量是样本的函数，因此也是一个随机变量。

统计量用来对总体参数进行推断。参数是总体的特征，例如总体均值，是根据总体中的所有个体计算得到的。但是，我们通常不会有整个总体的数据。因此，参数是未知且固定的常数，而统计量是已知的随机变量。对于每个总体参数（一个我们想知道但不能确切知道的数），都有一个从样本数据计算出来的统计量，它代表了关于未知参数的最佳信息。例如，对于总体均值，我们想知道它的真实取值，但是我们只能计算得到样本均值。很自然的，我们希望用样本均值去估计总体均值。

我们把用来估计总体参数 θ 的统计量称为**参数的估计量**，记为 $\hat{\theta}$。例如，样本均值 $\bar{X}$ 是总体均值 μ 的估计量，记为 $\hat{\mu} = \bar{X}$。具体观测之后计算得到统计量的具体取值，称为**参数的估计值**。

总体参数可以有多个估计量，那么如何判断一个估计量是好的估计量呢？通常我们会从三个方面去评估一个估计量的优劣。

第一个标准是**无偏性**。我们认为好的估计量应该是能够没有偏差地估计总计参数，也就是说既不会高估也不会低估参数真值。估计量的一次观测值不能保证正好是参数真值，但是要求所有观测的平均值是参数真值，即要求 $E(\hat{\theta}) = \theta$。这就是无偏性的含义。满足无偏性的估计量被称为参数的**无偏估计量**。

第二个标准是**有效性**。如果两个估计量都是无偏估计量，那么我们希望估计的离散程度越小越好，即要求方差越小越好。方差更小的无偏估计量称为**更有效的估计量**。

第三个标准是**一致性**。最后，我们希望随着样本量的增大，估计量的值越来越接近被估计的总体参数，这就是一致性的含义。如果估计量满足一致性，那么增加样本容量，就能提高估计的精度。

许多常用的统计量是无偏或近似无偏的。例如样本均值 $\bar{X}$、样本中位数 Me 都是总体均值 μ 的无偏估计量，样本方差 S^2 也是总体方差 σ^2 的无偏估计量。但是样本标准差 S 并不是总体标准差 σ 的无偏估计量，它只是近似无偏的。样本比例 p 也是总体比例 π 的无偏估计量。

在有效性方面，样本均值 $\bar{X}$ 是比样本中位数 Me 更有效的估计量。一致性方面，样本均值、样本方差都是满足一致性的估计量。

9.2.3　统计量的抽样分布

基于随机抽样的样本构造的统计量都会有一个概率分布，我们称之为该统计量的**抽样分布**。

通过理解统计量的抽样分布，我们将能够从样本的信息（已知的）去了解总体的信息（未知的）。有时候，尽管总体可能不服从正态分布，但统计量的抽样分布（例如样本均值）近似正态分布，这是概率论中的中心极限定理，我们在9.3节中介绍。这将简化我们的统计推断，因为我们已经非常熟悉正态分布。

如何理解统计量的抽样分布？以样本均值为例，对总体的每一次抽样都会得到一次不同的观测样本，从而计算得到一个样本均值。想象一下，我们多次重复抽样（虽然实际研究中，我们通常只做一次抽样），就能得到多个样本均值。把样本均值的所有取值以及对应的概率分布都描述出来，这就得到了样本均值的抽样分布。

下面我们将介绍常用的样本均值、样本方差、样本比例的抽样分布。

9.2.4　样本均值的抽样分布——正态分布和 *t* 分布

在接下来的内容中，我们假定总体容量 N（即总体中包含的个体数量）是无穷，称为无限总体。对于总体容量 N 较小的总体，涉及对统计量的标准误进行修正的问题，本书不予以讨论。

1. 正态总体情形

设 X_1，X_2，…，X_n 为从总体 X 中抽出的容量为 n 的随机样本。由简单随机抽样的概念可知，X_1，X_2，…，X_n 为相互独立且与总体有相同分布的随机变量。计算得到样本均值 $\bar{X}=\frac{1}{n}\sum_{i=1}^{n}X_i$，样本方差 $S^2=\frac{1}{n-1}\sum_{i=1}^{n}(X_i-\bar{X})^2$。

若总体 $X\sim N(\mu,\sigma^2)$，则样本均值 $\bar{X}\sim N\left(\mu,\frac{\sigma^2}{n}\right)$。$\bar{X}$ 的期望为 μ，即 $E(\bar{X})=\mu$，这说明 $\bar{X}$ 是总体均值 μ 的无偏估计量。$\bar{X}$ 的方差为 $\frac{\sigma^2}{n}$，即 $\mathrm{Var}(\bar{X})=\frac{\sigma^2}{n}$。标准差为

$\frac{\sigma}{\sqrt{n}}$，反映了统计量 $\bar{X}$ 与参数 μ 之间的平均距离，也称为 $\bar{X}$ 的**标准误差**，简称为**标准误**。当样本容量 n 越大，$\bar{X}$ 的标准误就越小，用 $\bar{X}$ 估计参数 μ 的精度就越高。

例 9－3 2020 年 12 月 23 日，国新办发布了《中国居民营养与慢性病状况报告（2020）年》。数据显示，中国成年男性（18～44 岁）的平均身高为 169.7 厘米。假设中国成年男性身高 X 服从正态分布，且标准差为 6.3。即已知 $X \sim N(169.7, 6.3^2)$，求：

（1）一个成年男子身高小于等于 172 厘米的概率；

（2）从总体中随机抽取容量 $n=16$ 的样本，样本均值 $\bar{X}$ 小于 172 厘米的概率；

（3）从总体中随机抽取容量 $n=36$ 的样本，样本均值 $\bar{X}$ 小于 172 厘米的概率。

解：（1）一个成年男子身高小于 175 厘米的概率为：

$$\begin{aligned} P(X \leqslant 172) &= P\left(\frac{X-169.7}{6.3} \leqslant \frac{172-169.7}{6.3}\right) \\ &= P(Z \leqslant 0.365) \\ &= \Phi(0.3651) = 0.6425 \end{aligned}$$

（2）$n=16$，样本均值 $\bar{X} \sim N\left(169.7, \frac{6.03^2}{16}\right)$，样本均值 $\bar{X}$ 小于 172 厘米的概率为：

$$\begin{aligned} P(\bar{X} \leqslant 172) &= P\left(\frac{\bar{X}-169.7}{6.3/\sqrt{16}} \leqslant \frac{172-169.7}{6.3/\sqrt{16}}\right) \\ &= P(Z \leqslant 1.4603) \\ &= \Phi(1.4603) = 0.9279 \end{aligned}$$

（3）$n=36$，样本均值 $\bar{X} \sim N\left(169.7, \frac{6.03^2}{36}\right)$，样本均值 $\bar{X}$ 小于 172 厘米的概率为：

$$\begin{aligned} P(\bar{X} \leqslant 172) &= P\left(\frac{\bar{X}-169.7}{6.3/\sqrt{36}} \leqslant \frac{172-169.7}{6.3/\sqrt{36}}\right) \\ &= P(Z \leqslant 2.1905) \\ &= \Phi(2.1905) = 0.9858 \end{aligned}$$

通常，我们将正态分布进行标准化变换，于是得到 **Z 统计量**：

$$Z = \frac{\bar{X}-\mu}{\sigma/\sqrt{n}} \sim N(0, 1)$$

Z 统计量的定义中，总体标准差 σ 要求是已知的。

当正态总体的标准差 σ 未知时，用样本标准差 S 去代替总体标准差 σ，统计量的抽样分布是否还是正态分布呢？戈塞特研究发现，当样本容量较小时，误差比较大，此时还是用正态分布是不合适的，应使用 t 统计量：

$$t = \frac{\bar{x}-\mu}{S/\sqrt{n}} \sim t(n-1)$$

2. 一般总体情形——中心极限定理

虽然正态分布很常见，但是并不是所有数据都来自正态总体。对于非正态总体或者总体分布未知的情形，中心极限定理能告诉我们 $\bar{X}$ 的抽样分布。

中心极限定理（central limit theorem）：已知总体 X 具有有限的均值 μ 和有限的方差 $\sigma^2 \neq 0$，从总体 X 中抽取样本容量为 n 的简单随机样本，当样本容量 n 充分大时，样本均值 $\bar{X}$ 的抽样分布近似服从均值为 μ，方差为 $\frac{\sigma^2}{n}$ 的正态分布。

为了更好地理解中心极限定理，我们从指数分布的总体中分别抽取四种样本容量 $n=1, 2, 15, 30$ 的样本观测值，并计算样本均值 $\bar{X}$，重复计算 1000 次，得到图 9-7 所示的 $\bar{X}$ 的直方图。从图中可以看出，当样本容量为 $n=2$ 时，$\bar{X}$ 的直方图不是对称的正态分布，但是随着样本容量的增加，$\bar{X}$ 的抽样分布越来越接近于正态分布。样本容量应该达到多大时，才可以使用中心极限定理呢？这其实与总体的分布形状有关，总体偏离正态越远，则要求 n 越大。通常在统计实践中，当样本容量 $n \geqslant 30$ 时，$\bar{X}$ 的抽样分布可用正态分布近似。

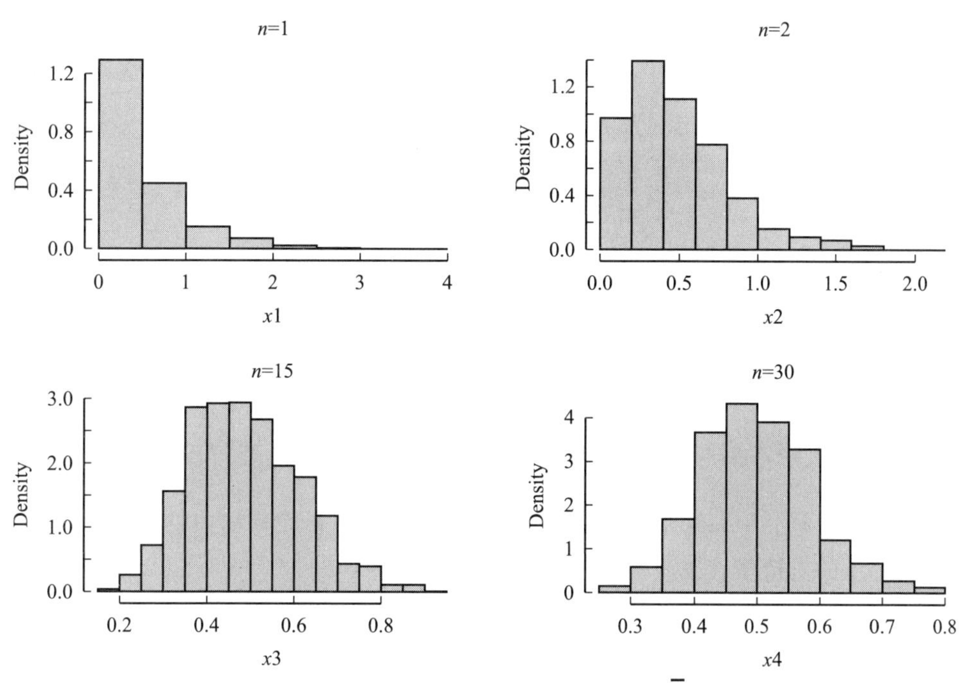

图 9-7 总体为指数分布时取不同样本容量的 $\bar{X}$ 的直方图

中心极限定理告诉我们，不管总体的分布是什么，在有限均值和有限方差（不为零）的条件下，只要抽取的样本容量足够大（如 $n \geqslant 30$），样本均值 $\bar{X}$ 的抽样分布总是近似正态分布 $N\left(\mu, \frac{\sigma^2}{n}\right)$。若总体标准差 σ 已知，则近似得到：

$$Z=\frac{\bar{X}-\mu}{\sigma/\sqrt{n}}\sim N(0,\ 1)$$

若总体标准差 σ 未知，由于是大样本，使用样本标准差 S 估计 σ 的误差较小，则近似得到：

$$Z=\frac{\bar{X}-\mu}{S/\sqrt{n}}\sim N(0,\ 1)$$

9.2.5　单个正态总体样本方差的抽样分布——χ^2分布

若总体 $X\sim N(\mu,\ \sigma^2)$，X_1，X_2，…，X_n 为从总体 X 中抽取的简单随机样本，计算得到样本均值 $\bar{X}=\frac{1}{n}\sum_{i=1}^{n}X_i$，样本方差 $S^2=\frac{1}{n-1}\sum_{i=1}^{n}(X_i-\bar{X})^2$。则 $\bar{X}$ 与 S^2 相互独立，且有：

$$\chi^2=\frac{(n-1)S^2}{\sigma^2}\sim\chi^2(n-1)$$

9.2.6　两独立的正态总体样本方差之比的抽样分布——*F*分布

若总体 $X\sim N(\mu_1,\ \sigma_1^2)$，$Y\sim N(\mu_2,\ \sigma_2^2)$，$X_1$，$X_2$，…，$X_n$ 为从总体 X 中抽取的简单随机样本，Y_1，Y_2，…，Y_m 为从总体 Y 中抽取的简单随机样本，计算得到两个样本均值 $\bar{X}=\frac{1}{n}\sum_{i=1}^{n}X_i$ 和 $\bar{Y}=\frac{1}{m}\sum_{i=1}^{m}Y_i$，两个样本方差 $S_X^2=\frac{1}{n-1}\sum_{i=1}^{n}(X_i-\bar{X})^2$ 和 $S_Y^2=\frac{1}{m-1}\sum_{i=1}^{m}(Y_i-\bar{Y})^2$。则样本方差之比定义了 F 统计量：

$$F=\frac{S_X^2/S_Y^2}{\sigma_1^2/\sigma_2^2}\sim F(n-1,\ m-1)$$

9.2.7　大样本情形下样本比例的抽样分布——近似正态分布

在对总体的研究中，经常会关注总体中具有某种特性的个体所占的比例，如产品合格品率、选举的支持率、失业率等。

设总体容量为 N，具有某种特性的个体数量为 M，则总体比例为 $\pi=\frac{M}{N}$。样本中具有某种特性的个体所占的比例称为样本比例。设容量为 n 的样本中具有某种属性的个体数量为 x，则样本比例为 $p=\frac{x}{n}$。

我们将抽取容量为 n 的样本看作进行了 n 次相同的独立试验，每个实验有两种可能——成功（抽到具有某种属性的个体）或失败（没有抽到具有某种属性的个体）。这样成功次数 x 是一个服从二项分布 $B(n,\ \pi)$ 的随机变量。根据概率论中二项分布的期望和方差的公式可知：

$$E(x) = n\pi,\ \mathrm{Var}(x) = n\pi(1-\pi)$$

于是样本比例的期望和方差为：

$$E(p) = E\left(\frac{x}{n}\right) = \frac{1}{n}n\pi = \pi$$

$$\mathrm{Var}(p) = \mathrm{Var}\left(\frac{x}{n}\right) = \frac{1}{n^2}n\pi(1-\pi) = \frac{\pi(1-\pi)}{n}$$

由概率论知识可以证明，当样本容量足够大时［这里要求 $n\pi \geqslant 5$ 且 $n(1-\pi) \geqslant 5$］，二项分布可以用正态分布来近似，此时近似有 $p \sim N\left(\pi, \frac{\pi(1-\pi)}{n}\right)$。

例 9-4 已知某企业中有40%的员工年龄不超过30岁，假定抽取一个由150名员工组成的随机样本，其中年龄不超过30岁的员工所占的比例位于0.037～0.043区间的概率有多大？

解：$E(p) = \pi = 0.4$

$$\mathrm{Var}(p) = \frac{\pi(1-\pi)}{n} = \frac{0.4 \times (1-0.4)}{150} = 0.04^2$$

由于 $n\pi = 60 \geqslant 5$，$n(1-\pi) = 90 \geqslant 5$，因此近似有 $p \sim N(0.4, 0.04^2)$。

$$\begin{aligned} P(0.037 < p < 0.043) &= P(p < 0.043) - P(p \leqslant 0.037) \\ &= \Phi\left(\frac{0.043-0.4}{0.04}\right) - \Phi\left(\frac{0.037-0.4}{0.04}\right) \\ &= \Phi(0.75) - \Phi(-0.75) \\ &= 2\Phi(0.75) - 1 \\ &= 0.5468 \end{aligned}$$

9.3 参数估计

参数估计是统计推断的重要内容之一，包括点估计和区间估计两种方法。

点估计是指用样本统计量 $\hat{\theta}$ 的一次取值直接作为总体参数 θ 的估计值。例如，随机抽取我国30名成年男子，测量他们的身高，并计算得到样本均值为171.3厘米。那么总体均值的点估计为 $\hat{\mu} = 171.3$。

点估计用一次观测的结果作为参数的估计值，优点是简单便捷。而其缺点是没有给出估计的精度，也就是不知道估计值与参数真值的偏离情况。

区间估计是在一定可靠程度下，用样本统计量构造一个包含参数 θ 的置信区间。即给定置信度 $1-\alpha$，若统计量 $\hat{\theta}_1$ 和 $\hat{\theta}_2$ 使得 $P(\hat{\theta}_1 \leqslant \theta \leqslant \hat{\theta}_2) = 1-\alpha$，则称 $[\hat{\theta}_1, \hat{\theta}_2]$ 为总体参数 θ 的**置信区间**，$\hat{\theta}_1$ 为**置信下限**，$\hat{\theta}_2$ 为**置信上限**。

置信度 $1-\alpha$，常取值为0.9、0.95、0.99，也称为**置信水平**，表示估计的可靠程度。而置信区间的宽度可以表示估计的精度，区间越宽，估计精度越低。样本容量保持不变时，不能同时提高估计精度和估计的可靠程度。若想提高置信度，则估计的区间必然增大，即估计精度降低；反之，想提高估计精度，则需要降低置信度。只有增加样本容量才能同时提高置信度和估计精度。

置信区间是一个随机区间。对于给定置信水平，例如0.95，得到具体的样本之后，就能确定具体的置信区间，它要么包含参数真值，要么不包含参数真值。但是若不断重复抽样，则所有置信区间中有95%的区间包含参数真值。

9.3.1 总体均值的区间估计

回顾一下9.2.4节中样本均值的抽样分布，相关统计量及其抽样分布汇总如表9-2所示。根据总体分布以及总体方差是否已知，可以将使用条件分为四种情况，但是最后使用的统计量是三个，第一种情况和第三种情况使用的是同一个统计量，区别是第三种情况是近似正态分布。而第二种情况是特殊的t统计量，由于大样本情况（$n\geqslant30$）下，t分布可由标准正态分布近似，因此有的书上将第二种情况又增加了“小样本”的条件。

表9-2　　样本均值有关的统计量及其抽样分布

总体分布	总体方差是否已知	统计量及其抽样分布
正态分布	σ^2 已知	$Z=\dfrac{\bar{X}-\mu}{\sigma/\sqrt{n}}\sim N(0,\ 1)$
	σ^2 未知	$t=\dfrac{\bar{x}-\mu}{S/\sqrt{n}}\sim t(n-1)$
一般分布 大样本（如$n\geqslant30$）	σ^2 已知	$Z=\dfrac{\bar{X}-\mu}{\sigma/\sqrt{n}}\sim N(0,\ 1)$（近似）
	σ^2 未知	$Z=\dfrac{\bar{X}-\mu}{S/\sqrt{n}}\sim N(0,\ 1)$（近似）

下面以第一种情况为例，介绍如何构造总体均值的置信区间。

1. 正态总体且总体方差σ^2已知情形

当总体分布为正态分布$N(\mu,\ \sigma^2)$，且总体方差σ^2已知时，

$$Z=\frac{\bar{X}-\mu}{\sigma/\sqrt{n}}\sim N(0,\ 1)$$

回顾标准正态分布的反查表问题可知，给定任一概率，可以确定相应的临界值。如图9-8所示，设定中间概率为$1-\alpha$，那临界值$z_{\alpha/2}$的右侧尾部概率为$\alpha/2$，左侧概率为

$1-\alpha/2$。9.1.1 节中表 9-1 给出了常用的 $1-\alpha$ 与对应的临界值 $z_{\alpha/2}$，例如取 $1-\alpha=0.95$，$z_{\alpha/2}=1.96$。

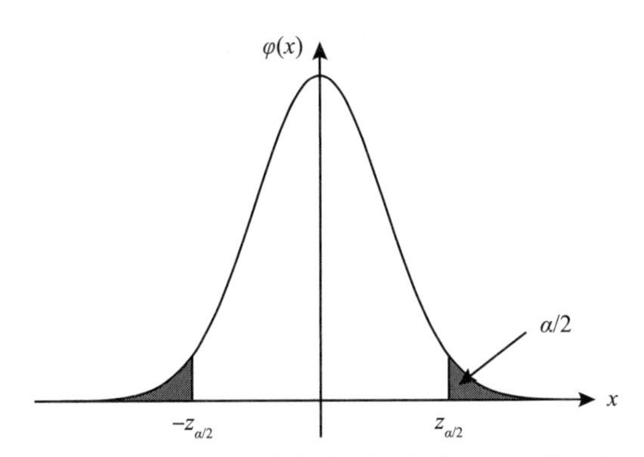

图 9-8 标准正态分布右侧面积为 $\alpha/2$ 时的 z 值

于是

$$P(|Z|\leqslant 1.96)=0.95$$

$$\Rightarrow P\left(\left|\frac{\bar{X}-\mu}{\sigma/\sqrt{n}}\right|\leqslant 1.96\right)=0.95$$

$$\Rightarrow P\left(\bar{X}-1.96\frac{\sigma}{\sqrt{n}}\leqslant\mu\leqslant\bar{X}+1.96\frac{\sigma}{\sqrt{n}}\right)=0.95$$

这就求出了置信度为 0.95 时，总体均值的置信区间为 $\left[\bar{X}-1.96\frac{\sigma}{\sqrt{n}},\ \bar{X}+1.96\frac{\sigma}{\sqrt{n}}\right]$。

将上式一般化，对于给定的置信度 $1-\alpha$，总体均值 μ 的置信区间为：

$$\left[\bar{X}-z_{\alpha/2}\frac{\sigma}{\sqrt{n}},\ \bar{X}+z_{\alpha/2}\frac{\sigma}{\sqrt{n}}\right] \tag{9-1}$$

其中，$\bar{X}-z_{\alpha/2}\frac{\sigma}{\sqrt{n}}$ 为置信下限，$\bar{X}+z_{\alpha/2}\frac{\sigma}{\sqrt{n}}$ 为置信上限。$z_{\alpha/2}\frac{\sigma}{\sqrt{n}}$ 是估计总体均值时的估计误差。这就是说，在给定置信水平的条件下，总体均值的置信区间由两部分组成：**点估计 ± 估计误差**。而估计误差是临界值与 $\bar{X}$ 的标准误相乘得到。

2. 不同情形下总体均值的置信区间

与第一种情形类似，可以推导出其他三种情形下的总体均值的置信区间都是相同的结构：点估计 ± 估计误差，或点估计 ± 临界值 × $\bar{X}$ 的标准误。在表 9-2 的基础上增加置信区间，得到不同情形下总体均值的置信区间的汇总表，如表 9-3 所示。不同的情形下，临界值可能不同，并且在总体方差未知时 $\bar{X}$ 的标准误只能使用估计值。例如第二种情形，临界值是 $t_{\alpha/2}(n-1)$，不再是查标准正态分布表得到，而是要查自由度为 $n-1$ 的 t 分布表得到，而且 $\bar{X}$ 的标准误使用的是估计的标准误 $\frac{S}{\sqrt{n}}$。

表 9-3　不同情形下总体均值的置信区间的汇总（置信度为 $1-\alpha$）

总体分布	总体方差是否已知	统计量及其抽样分布	置信区间
正态分布	σ^2 已知	$Z=\frac{\bar{X}-\mu}{\sigma/\sqrt{n}}\sim N(0,1)$	$\bar{X}\pm z_{\alpha/2}\frac{\sigma}{\sqrt{n}}$
	σ^2 未知	$t=\frac{\bar{x}-\mu}{S/\sqrt{n}}\sim t(n-1)$	$\bar{X}\pm t_{\alpha/2}(n-1)\frac{S}{\sqrt{n}}$
一般分布 大样本（如 $n\geqslant30$）	σ^2 已知	$Z=\frac{\bar{X}-\mu}{\sigma/\sqrt{n}}\sim N(0,1)$	$\bar{X}\pm z_{\alpha/2}\frac{\sigma}{\sqrt{n}}$
	σ^2 未知	$Z=\frac{\bar{X}-\mu}{S/\sqrt{n}}\sim N(0,1)$	$\bar{X}\pm z_{\alpha/2}\frac{S}{\sqrt{n}}$

例 9-5　假设我国成年男性身高 X 服从正态分布 $N(\mu,\sigma^2)$，现随机抽取了容量为 25 的一个样本，计算得到这 25 个成年男性的平均身高为 170.4 厘米，样本标准差为 $S=6.05$ 厘米。请分别在（1）已知总体标准差 $\sigma=6.3$ 厘米，（2）总体标准差未知，两种情形下求总体均值的 99% 的置信区间。

解：（1）这是表 9-3 中的第一种情形，正态总体，总体方差已知。

已知 $\bar{X}=170.4$，$n=25$，$\sigma=6.3$，$1-\alpha=0.99$，查标准正态分布表可知 $z_{0.005}=2.576$，则总体均值 μ 的 99% 的置信区间为：

$$\left[\bar{X}-z_{\frac{\alpha}{2}}\frac{\sigma}{\sqrt{n}},\ \bar{X}+z_{\frac{\alpha}{2}}\frac{\sigma}{\sqrt{n}}\right]$$

$$=\left[170.4-2.576\times\frac{6.3}{\sqrt{25}},\ 170.4+2.576\times\frac{6.3}{\sqrt{25}}\right]$$

$$=[170.4-3.246,\ 170.4+3.246]$$

$$=[167.154,\ 173.646]$$

因此，我国成年男性身高均值的 99% 的置信区间为 167.154～173.646 厘米。

（2）这是表 9-3 中的第二种情形，正态总体，总体方差未知。

已知 $\bar{X}=170.4$，$n=25$，$S=6.05$，$1-\alpha=0.99$，查自由度为 $n-1=24$ 的 t 分布表可知 $t_{0.005}(24)=2.797$，则总体均值 μ 的 99% 的置信区间为：

$$\left[\bar{X}-t_{\frac{\alpha}{2}}(n-1)\frac{S}{\sqrt{n}},\ \bar{X}+t_{\frac{\alpha}{2}}(n-1)\frac{S}{\sqrt{n}}\right]$$

$$=\left[170.4-2.797\times\frac{6.05}{\sqrt{25}},\ 170.4+2.797\times\frac{6.05}{\sqrt{25}}\right]$$

$$=[170.4-3.384,\ 170.4+3.384]$$

$$=[167.016,\ 173.784]$$

因此，我国成年男性身高均值的99%的置信区间为167.016厘米到173.784厘米。

例9-6 近日，某校针对“大学生手机使用情况”话题的调查结果显示，大学生每天平均使用手机时间为5小时，调查样本为100人，样本方差为0.089。试以95%的置信水平估计该校大学生平均每天使用手机时间。

解：这是表9-3中的第四种情形，一般分布，大样本，总体方差未知。

已知 $\bar{X}=5$，$S=\sqrt{0.089}=0.298$，$n=100$，$1-\alpha=0.95$，查标准正态分布表可知 $z_{0.025}=1.96$，则总体均值 μ 的置信区间为：

$$
\left[\bar{X}-z_{\frac{\alpha}{2}}\frac{S}{\sqrt{n}},\ \bar{X}+z_{\frac{\alpha}{2}}\frac{S}{\sqrt{n}}\right]
$$

$$
=\left[5-1.96\times\frac{0.298}{\sqrt{100}},\ 5+1.96\times\frac{0.298}{\sqrt{100}}\right]
$$

$$
=[5-0.058,\ 5+0.058]=[4.942,\ 5.058]
$$

因此，该校大学生平均每天使用手机时间的95%的置信区间为4.942～5.058小时。

9.3.2 大样本情形下总体比例的区间估计

这里只讨论大样本情形下总体比例的区间估计。由9.2.6节内容可知，大样本情形下，样本比例 p 的抽样分布近似正态分布。也就是，当样本量足够大（$n\pi\geqslant5$ 且 $n(1-\pi)\geqslant5$）时，近似有 $p\sim N\left(\pi,\ \frac{\pi(1-\pi)}{n}\right)$。那么样本比例经标准化后的 Z 统计量近似服从标准正态分布：

$$
Z=\frac{p-\pi}{\sqrt{\pi(1-\pi)/n}}\sim N(0,\ 1)
$$

与总体均值的置信区间类似，可推导出总体比例 π 在 $1-\alpha$ 置信度下的置信区间为“样本比例 $p\pm$ 估计误差”，具体为：

$$
p\pm z_{\alpha/2}\sqrt{\frac{\pi(1-\pi)}{n}}
$$

上式中总体比例 π 是待估计的未知参数，不能参与计算，一种简单化处理是用样本比例 p 直接代替上式中的 π，近似得到总体比例的 $1-\alpha$ 置信度下的置信区间：

$$
p\pm z_{\alpha/2}\sqrt{\frac{p(1-p)}{n}}
$$

例9-7 《今日美国》2021年11月8日公布了一项和Suffolk大学一起开展的民意测验调查结果：现任美国总统拜登的支持率降至38%。民意调查于11月3日至5日在1000名登记选民中进行。试求拜登支持率的95%的置信区间。

解：已知 $n=1000$，样本比例 $p=0.38$，$np=380>5$，$n(1-p)=620>5$，满足大样

本条件。已知 $1-\alpha=0.95$，查标准正态分布表可知 $z_{0.025}=1.96$。总体比例 π 的置信区间为：

$$\left[p-z_{\frac{\alpha}{2}}\sqrt{\frac{p(1-p)}{n}},\ p+z_{\alpha/2}\sqrt{\frac{p(1-p)}{n}}\right]$$

$$=\left[0.38-1.96\times\sqrt{\frac{0.38\times(1-0.38)}{1000}},\ 0.38+1.96\times\sqrt{\frac{0.38\times(1-0.38)}{1000}}\right]$$

$$=[0.3499,\ 0.4101]$$

因此，拜登支持率的95%的置信区间为34.99%～41.01%。

9.4 假设检验

参数估计与假设检验是统计推断的两个重要内容。参数估计是对未知参数给出一个合理的估计。假设检验（hypothesis testing）则是先对参数给出两种可能的基本假设，然后利用随机样本的信息去对这两种可能做出选择的全过程。假设检验实际上是一个决策的过程。由于样本数据相对于总体而言总是存在抽样误差的，因此统计量的一次观测结果不能直接用来对参数的可能取值做出判断。结合统计量的抽样分布才能做出正确的决策。

9.4.1 基本概念

1. 原假设和备择假设

统计中的假设是针对总体设立的，可以是与参数有关的，也可以是只针对总体分布而不涉及参数。

假设检验是在原假设和备择假设中进行二选一的决策过程。原假设和备择假设是对立的，但是并不对等的两个假设。原假设和备择假设的设立原则为：（1）原假设 H_0 是目前认同的但有怀疑、且不轻易否定的假设；（2）备择假设 H_1 是在研究中的、不轻易肯定的假设。

因此，有了充分证据才会拒绝原假设，认为备择假设成立。

若统计假设仅涉及随机变量概率分布的未知参数，则称为**参数假设检验**。若统计假设不涉及具体参数，而是针对随机变量的概率分布形式或者随机变量之间的相关性的假设，则称为**非参数假设检验**。

参数假设检验中对总体参数设立的原假设和备择假设一般有三种形式（以单个总体均值 μ 为例），如表 9－4 所示。“＝”一定出现在原假设中，而备择假设只有“≠”“<”“>”三种形式。

表9-4　参数统计假设的三种形式

假设	双边假设	左单边假设	右单边假设
原假设 H_0	$\mu=\mu_0$	$\mu\geqslant\mu_0$（等价于 $\mu=\mu_0$）	$\mu\leqslant\mu_0$（等价于 $\mu=\mu_0$）
备择假设 H_1	$\mu\neq\mu_0$	$\mu<\mu_0$	$\mu>\mu_0$

例9-8　中国慢性疾病和危险因素监测（CCDRFS）的数据表明，2010年中国成人普通肥胖（中国的肥胖标准是BMI在28千克/平方米）的患病率5.2%。有研究表明，肥胖患病率在逐年增加。现在想研究：（1）2020年的中国成人普通肥胖率是否比2010年的更高；（2）2020年上海市成年人普通肥胖率是否比天津市成年人普通肥胖率更低。请分别建立原假设和备择假设。

解：（1）设2020年的中国成人普通肥胖率为 π，原假设和备择假设分别为：

$$H_0:\ \pi\leqslant 5.2\%$$

$$H_1:\ \pi>5.2\%$$

这是一个单总体比例的假设检验问题。备择假设放的是研究中的假设，即需要有充分证据去证明的假设。

（2）设2020年的上海市成年人普通肥胖率为 π_1，天津市成年人普通肥胖率为 π_2。原假设和备择假设分别为：

$$H_0:\ \pi_1\geqslant\pi_2$$

$$H_1:\ \pi_1<\pi_2$$

这是一个对两总体比例进行比较的检验问题。备择假设仍然放的是研究中的假设。

2. 理论依据与基本思想

假设检验在进行原假设和备择假设二选一决策的时候，使用的理论依据是小概率事件原理。**小概率事件原理**是指小概率事件在一次随机试验中几乎不可能发生。

如何使用小概率事件原理做出决策呢？假设检验采用的是带有概率性质的反证法思想。首先假定原假设是正确的，然后观察总体的一次随机抽样中是否出现了小概率事件。如果样本观测值（意味着一次随机试验）的出现是小概率事件，而这是几乎不可能发生的情况，则认为出现了矛盾的情况，说明原假设是不正确的。于是拒绝原假设，认为有证据（即小概率事件的发生）表明原假设不成立。

多小的概率可以认为是小概率呢？我们需要确定一个阈值 α，小于 α 的概率就认为是小概率。α 称为**规定的显著性水平**。

3. 假设检验的基本步骤

（1）提出原假设和备择假设。

设立原假设和备择假设是假设检验的第一步。参数的假设检验中设立的原假设和备择假设一般有三种形式：双边假设、左单边假设和右单边假设。

（2）规定显著性水平 α。

（3）确定适当的检验统计量，并确定拒绝域的形式。

对总体均值 μ 的检验，将使用样本均值 $\bar{X}$ 构造的检验统计量——Z 统计量和 t 统计量。对总体方差 σ^2 的检验，将使用样本方差 S^2 构造的检验统计量——χ^2 统计量。对总体比例 π 的检验，在大样本情形下将使用样本比例 p 构造的检验统计量——Z 统计量。

拒绝域的形式与备择假设的形式一致。双边假设的拒绝域在统计量抽样分布的双侧尾部，左单边假设的拒绝域在统计量抽样分布的左侧尾部，而右单边假设的拒绝域在统计量抽样分布的右侧尾部。

（4）根据样本观测值计算统计量的值。

（5）做出统计决策。

假设检验的统计决策通常有三种方法：

第一种是临界值法。这是传统的手工计算的方法。首先根据统计量的抽样分布并结合备择假设的形式，找到显著性水平对应的临界值来确定拒绝域；然后将第（4）步中计算得到的统计量的值与临界值进行比较，若统计量的值落入拒绝域，说明小概率事件在一次实验（抽样）中发生了，即存在概率意义上的矛盾，此时做出拒绝原假设的统计决策，否则就做出不能拒绝原假设的统计决策。

第二种是 p 值法。这是目前使用统计软件的方法。输入备择假设、样本信息之后，统计软件会输出 p 值。所谓 p 值，是指当原假设 H_0 成立时，样本结果像实测值那么极端或更极端（与备择假设一致的方向）的概率。当 p 值小于规定的显著性水平 α，说明原假设 H_0 成立条件下出现目前实测值的结果的概率是小概率，即存在概率意义上的矛盾，此时做出拒绝原假设的统计决策，否则就做出不能拒绝原假设的统计决策。

第三种是置信区间法。通过总体参数的置信区间与参数的原假设值进行比较，若置信区间没有包含参数的原假设设定值，就拒绝原假设，否则就不拒绝原假设。用于假设检验决策的置信区间的计算不都是双边的，如果假设是左单边或右单边的形式，那么置信区间的形式也会是左单边或右单边的。目前，很多统计软件都能输出对应的置信区间，我们可以直接使用它来进行判断。

4. 两类错误

假设检验有可能拒绝原假设，也有可能不拒绝原假设。无论做出哪种判断，都有可能犯错。表 9－5 给出了假设检验中的两类错误。**第Ⅰ类错误**是原假设为真的条件下做出了拒绝原假设的判断，也称为**弃真错误**。**第Ⅱ类错误**是原假设为假的条件下做出了不拒绝原假设的判断，也称为**取伪错误**。

表9－5　　假设检验中的两类错误

决策情况	H_0 为真	H_0 为假
拒绝 H_0	第Ⅰ类错误（概率为 α）	结论正确
不拒绝 H_0	结论正确	第Ⅱ类错误（概率为 β）

既然两类错误是不可避免的，那我们就要关注犯两类错误的概率。犯第Ⅰ类错误的概率就是规定的显著性水平 α。而犯第Ⅱ类错误的概率用 β 表示，即：

$$\alpha = P(\text{拒绝 } H_0 \mid H_0 \text{ 为真})$$

$$\beta = P(\text{不拒绝 } H_0 \mid H_0 \text{ 为假})$$

在样本容量 n 固定时，无法同时使 α 和 β 变小。α 减小，则 β 增大；而 β 减小，会使 α 增大。使 α、β 同时变小的办法只有增大样本容量。

通常规定的显著性水平 α 取为0.05。实践中，如果犯第Ⅰ类错误的后果更严重，此时为了减小犯第Ⅰ类错误的概率而把 α 取为0.01；如果犯第Ⅱ类错误的后果更严重，此时为了减小第Ⅱ类错误的概率而把 α 取为0.1。

9.4.2　正态总体参数的假设检验

1. 单个正态总体参数的假设检验

正态总体有两个参数：均值 μ 和方差 σ^2。本小节给出了这两个参数的假设检验的方法。

设总体 $X \sim N(\mu, \sigma^2)$，X_1，X_2，…，X_n 为从总体 X 中抽出的容量为 n 的随机样本，可计算得到样本均值 $\bar{X} = \frac{1}{n}\sum_{i=1}^{n} X_i$，样本方差 $S^2 = \frac{1}{n-1}\sum_{i=1}^{n}(X_i - \bar{X})^2$。

均值的检验有 Z 检验和 t 检验两种方法。当正态总体方差 σ^2 已知时，使用 Z 检验，而当正态总体方差 σ^2 未知时，使用 t 检验。方差的检验使用的是 χ^2 统计量进行检验。表9－6给出了单个正态总体参数假设检验汇总表。

表9－6　　单个正态总体参数假设检验汇总（显著性水平为 α）

名称		条件	H_1	统计量及其抽样分布	拒绝域
均值检验	Z 检验	正态总体 σ^2 已知	$\mu \neq \mu_0$ $\mu > \mu_0$ $\mu < \mu_0$	$Z = \frac{\bar{X} - \mu_0}{\sigma/\sqrt{n}} \sim N(0, 1)$	双尾 $\lvert z \rvert > z_{\alpha/2}$ 右尾 $z > z_{\alpha}$ 左尾 $z < -z_{\alpha}$
	t 检验	正态总体 σ^2 未知	$\mu \neq \mu_0$ $\mu > \mu_0$ $\mu < \mu_0$	$t = \frac{\bar{X} - \mu_0}{S/\sqrt{n}} \sim t(n-1)$	双尾 $\lvert t \rvert > t_{\alpha/2}$ 右尾 $t > t_{\alpha}$ 左尾 $t < -t_{\alpha}$

续表

名称		条件	H_1	统计量及其抽样分布	拒绝域
方差检验	χ^2 检验	正态总体	$\sigma^2 \neq \sigma_0^2$ $\sigma^2 > \sigma_0^2$ $\sigma^2 < \sigma_0^2$	$\chi^2 = \frac{(n-1)S^2}{\sigma_0^2}$ $\sim \chi^2(n-1)$	双尾$\chi^2 > \chi_{\alpha/2}^2$或$\chi^2 < \chi_{1-\alpha/2}^2$ 右尾$\chi^2 > \chi_\alpha^2$ 左尾$\chi^2 < \chi_{1-\alpha}^2$

例 9－9 我国 2007 年印发的《关于加强青少年体育增强青少年体质的意见》中规定，高中生每天睡眠时间应达到 8 小时。某校随机调查了 16 名高一学生的睡眠时间数据（单位：小时），如下所示：

8.183　7.667　8.050　8.583　7.633　7.533　6.900　6.617

7.950　6.900　6.750　8.067　7.983　6.817　8.667　7.517

假设学生睡眠时间服从正态分布，请问：在 0.05 的水平上能否认为该校高一学生的平均睡眠时间低于 8 小时？

解：设该校高一学生的平均睡眠时间为μ，建立假设为：

$$H_0: \mu \geqslant 8 \qquad H_1: \mu < 8$$

由于正态总体的方差未知，故采用 t 检验。检验统计量为：

$$t = \frac{\bar{X} - \mu_0}{S/\sqrt{n}} = \frac{7.614 - 8}{0.655/\sqrt{16}} = -2.357$$

这是左单边假设检验，拒绝区域为左侧尾部。给定 $\alpha = 0.05$，查自由度为 $n - 1 = 15$ 的 t 分布函数表可得 $-t_\alpha = -1.753$。由于 $-2.357 < -1.753$，统计量的值落入左尾拒绝区域，因此在 0.05 水平上拒绝 H_0。也就是说，有证据表明该校高一学生的平均睡眠时间低于 8 小时。

例 9－10 某工厂生产一批产品，其某项指标服从正态分布，总体方差为 16。如果生产过程没有严重故障，各批产品的标准差应该保持不变。抽取某批产品的一个容量为 15 的简单随机样本，测得该指标的样本标准差为 4.5。请问：在 0.01 的水平下，能否认为产品的标准差没有显著变化？

解：设产品的方差为 σ^2，建立假设为：

$$H_0: \sigma^2 = 16 \qquad H_1: \sigma^2 \neq 16$$

单总体方差的检验采用χ^2 统计量：

$$\chi^2 = \frac{(n-1)S^2}{\sigma_0^2} = \frac{(15-1) \times 4.5^2}{16} = 17.72$$

这是双边假设检验，拒绝区域为双侧尾部。给定 $\alpha = 0.05$，查自由度为 $n - 1 = 14$ 的χ^2 分布函数表可得$\chi_{\alpha/2}^2 = 5.63$，$\chi_{1-\alpha/2}^2 = 26.12$。由于 $5.63 < 17.72 < 26.12$，统计量的值没有落入双尾拒绝区域，因此在 0.05 水平上不能拒绝 H_0。也就是说，在 0.01 的水平

下，可以认为产品的标准差没有显著变化。

2. 两个正态总体参数的假设检验

本小节讨论两个正态总体参数的比较的假设检验方法。

设相互独立的两总体 $X \sim N(\mu_1,\ \sigma_1^2)$，$Y \sim N(\mu_2,\ \sigma_2^2)$，$X_1$，$X_2$，…，$X_n$ 为从总体 X 中抽取的简单随机样本，Y_1，Y_2，…，Y_m 为从总体 Y 中抽取的简单随机样本，计算得到两个样本均值 $\bar{X} = \frac{1}{n}\sum_{i=1}^{n} X_i$ 和 $\bar{Y} = \frac{1}{m}\sum_{i=1}^{m} Y_i$，两个样本方差 $S_1^2 = \frac{1}{n-1}\sum_{i=1}^{n}(X_i - \bar{X})^2$ 和 $S_2^2 = \frac{1}{m-1}\sum_{i=1}^{m}(Y_i - \bar{Y})^2$。

两正态总体均值的比较，有三种情况，表9－7汇总了三种情况下所使用的统计量以及不同检验形式下的拒绝域。第一种情况是两正态总体方差 σ_1^2，σ_2^2 已知条件下，使用 Z 统计量进行检验，这种情况实际问题中比较少见。第二种情况是两正态总体方差虽然未知，但是有 $\sigma_1^2 = \sigma_2^2$ 的条件，这是实际中最常见的情况。由于两总体方差是未知的，因此需要先用两样本方差来检验总体方差是否相等，采用 F 统计量进行检验，见表9－7的最后一行。第三种是最糟糕的情况，两正态总体方差不仅未知，而且 $\sigma_1^2 \neq \sigma_2^2$，此时的双样本 t 检验是近似结果。

表9－7　两个正态总体参数的假设检验汇总（显著性水平为 α）

<table>
<tr><th colspan="2">名称</th><th>条件</th><th>H_1</th><th>统计量及其抽样分布</th><th>拒绝域</th></tr>
<tr><td rowspan="3">均值检验</td><td>双样本 Z 检验</td><td>正态总体 σ_1^2 和 σ_2^2 已知</td><td>$\mu_1 \neq \mu_2$
$\mu_1 > \mu_2$
$\mu_1 < \mu_2$</td><td>$Z = \frac{\bar{X} - \bar{Y}}{\sqrt{\frac{\sigma_1^2}{n} + \frac{\sigma_2^2}{m}}} \sim N(0,\ 1)$</td><td>双尾 $|z| > z_{\alpha/2}$
右尾 $z > z_\alpha$
左尾 $z < -z_\alpha$</td></tr>
<tr><td>双样本 t 检验（等方差）</td><td>正态总体 σ_1^2 和 σ_2^2 未知但相等</td><td>$\mu_1 \neq \mu_2$
$\mu_1 > \mu_2$
$\mu_1 < \mu_2$</td><td>$t = \frac{\bar{X} - \bar{Y}}{S_0\sqrt{\frac{1}{n} + \frac{1}{m}}} \sim t(n+m-2)$
其中 $S_0 = \sqrt{\frac{(n-1)S_1^2 + (m-1)S_2^2}{n+m-2}}$</td><td>双尾 $|t| > t_{\alpha/2}(n+m-2)$
右尾 $t > t_\alpha(n+m-2)$
左尾 $t < -t_\alpha(n+m-2)$</td></tr>
<tr><td>双样本 t 检验（异方差）</td><td>正态总体 σ_1^2 和 σ_2^2 未知但不相等</td><td>$\mu_1 \neq \mu_2$
$\mu_1 > \mu_2$
$\mu_1 < \mu_2$</td><td>$t = \frac{\bar{X} - \bar{Y}}{\sqrt{\frac{S_1^2}{n} + \frac{S_2^2}{m}}} \sim t(\nu)$
其中 $\nu = \frac{\left(\frac{S_1^2}{n} + \frac{S_2^2}{m}\right)^2}{\frac{(S_1^2/n)^2}{n-1} + \frac{(S_2^2/m)^2}{m-1}}$</td><td>双尾 $|t| > t_{\alpha/2}(\nu)$
右尾 $t > t_\alpha(\nu)$
左尾 $t < -t_\alpha(\nu)$</td></tr>
</table>

续表

名称		条件	H_1	统计量及其抽样分布	拒绝域
方差检验	F 检验	正态总体	$\sigma_1^2 \neq \sigma_2^2$ $\sigma_1^2 > \sigma_2^2$ $\sigma_1^2 < \sigma_2^2$	$F = \frac{S_1^2/S_2^2}{\sigma_1^2/\sigma_2^2} \sim F(n-1, m-1)$	双尾 $F > F_{\alpha/2}$ 或 $F < F_{1-\alpha/2}$ 右尾 $F > F_\alpha$ 左尾 $F < F_{1-\alpha}$

例 9－11 钞票真伪的辨别。伪钞与真钞在钞票宽度、对角线长度、内框到各边缘的距离等特征上会有所差异。表 9－8 收集了一些真、伪钞对角线长度数据，请问：能否在 0.01 的水平上认为伪钞对角线长度要小于真钞对角线长度？

表 9－8　　真、伪钞对角线长度数据

序号	真钞	伪钞	序号	真钞	伪钞
1	141.0	139.8	19	141.5	140.0
2	141.7	139.5	20	141.9	139.2
3	142.2	140.2	21	141.4	139.6
4	142.0	140.3	22	141.6	139.6
5	141.8	139.7	23	141.5	140.2
6	141.4	139.9	24	141.6	139.7
7	141.6	140.2	25	141.1	140.1
8	141.7	139.9	26	142.3	139.6
9	141.9	139.4	27	142.4	140.2
10	140.7	140.3	28	141.9	140.0
11	141.8	139.2	29	141.8	140.3
12	142.2	140.1	30	142.0	139.9
13	141.4	140.6	31	141.8	139.8
14	141.7	139.9	32	142.3	139.2
15	141.8	139.7	33	140.7	139.9
16	141.6	139.2	34	141.0	139.7
17	141.7	139.8	35	141.4	139.5
18	141.9	139.9	36	141.8	139.5

解：设真钞的对角线长度 $X \sim N(\mu_1, \sigma_1^2)$，伪钞的对角线长度 $Y \sim N(\mu_2, \sigma_2^2)$，根据样本数据可以计算得到其样本均值和样本方差，如表 9-9 所示。

表 9-9　变量 X 和 Y 的主要描述统计量

变量	样本容量 n	样本均值	样本方差	样本标准差	样本均值标准误
真钞 X	36	141.67	0.168	0.410	0.0684
伪钞 Y	36	139.82	0.125	0.353	0.0588

因总体方差未知，故采用双样本 t 检验。

需要先用两样本方差来检验总体方差是否相等，建立假设：

$$H_0: \sigma_1^2 = \sigma_2^2 \qquad H_1: \sigma_1^2 \neq \sigma_2^2$$

由 R 软件可以计算得到检验统计量的值为 $F = 1.35$，对应的 p 值为 0.377。由于 p 值 0.377 大于规定的显著性水平 0.01，因此我们在 0.01 的水平上不能拒绝 H_0，也就是认为两总体方差相等。

接下来采用等方差条件下的双样本 t 检验对均值进行比较，建立假设：

$$H_0: \mu_1 \leqslant \mu_2 \qquad H_1: \mu_1 > \mu_2$$

由 R 软件可以计算得到检验统计量的值为 $t = 20.47$，对应的 p 值近似为 0。由于 p 值小于规定的显著性水平 0.01，因此我们在 0.01 的水平上拒绝 H_0，也就是说有证据表明伪钞对角线长度确实显著小于真钞对角线长度。

9.4.3　总体比例的假设检验

本节讨论用样本比例 p 对总体比例 π 的假设进行检验的内容。

在 9.3.2 节介绍了大样本情形下单个总体比例的区间估计，使用的统计量是：

$$Z = \frac{p - \pi}{\sqrt{\pi(1-\pi)/n}} \sim N(0, 1)$$

单总体比例的假设检验仍然采用该统计量，如表 9-10 所示。

表 9-10　单个总体比例假设检验汇总表（显著性水平为 α）

名称	条件	H_1	统计量及其抽样分布	拒绝域
Z 检验	大样本，即 $n\pi \geqslant 5$ 且 $n(1-\pi) \geqslant 5$	$\pi \neq \pi_0$ $\pi > \pi_0$ $\pi < \pi_0$	$Z = \frac{p - \pi_0}{\sqrt{\pi_0(1-\pi_0)/n}} \sim N(0, 1)$	双尾 $\|z\| > z_{\alpha/2}$ 右尾 $z > z_\alpha$ 左尾 $z < -z_\alpha$

例 9-12 《中国睡眠研究报告（2022）》指出，中青年群体因看手机、上网导致睡眠拖延和失眠的情况最为突出，睡眠拖延这一“主动熬夜”的现象在年轻人中十分普遍。针对大学生“睡眠拖延”的问题，调查了 1123 名在校大学生，其中有 31 名大学生在睡觉前不看手机。给定显著性水平为 0.05，请问：根据这一调查结果，可否认为在睡觉前不看手机的大学生的真实比例低于 4%？

解：设在睡觉前不看手机的大学生的真实比例为 π，建立假设为：

$$H_0:\ \pi \geqslant 0.04 \qquad H_1:\ \pi < 0.04$$

样本比例 $p=\frac{31}{1123}=0.0276$，$np=1123\times 0.0276=31\geqslant 5$，显然 $n(1-p)\geqslant 5$，满足大样本条件。计算检验统计量：

$$Z=\frac{p-\pi_0}{\sqrt{\pi_0(1-\pi_0)/n}}=\frac{0.0276-0.04}{\sqrt{0.04(1-0.04)/1123}}=-2.12$$

这是左单边假设检验，拒绝区域为左侧尾部。给定 $\alpha=0.05$，查标准正态分布函数表可得 $-z_\alpha=-1.645$。由于 $-2.12<-1.645$，统计量的值落入左尾拒绝区域，因此在 0.05 水平上拒绝 H_0。也就是说，有证据表明在睡觉前不看手机的大学生的真实比例低于 4%。

9.5 多个正态总体均值的比较——方差分析

在 9.4.2 节中，我们讨论了两个总体均值是否相等的检验，本节讨论两个以上的多总体均值是否相等的检验。

对于多个总体均值是否相等的检验，是否可以采用两两比较的方法呢？两两比较的方法有两个明显的缺点：一是计算过程繁多，对于 k 个总体，需要做 C_k^2 次总体均值的两两比较的检验；二是检验的置信度降低，犯第 I 类错误的概率大大增大。本节将引入另一种更有效的方法——**方差分析**（analysis of variance，AVNOVA），来对多个总体均值是否相等进行检验。

方差分析通过差异源分解来解决多总体均值的比较问题。下面通过一个例子说明方差分析的基本概念和原理。

例 9-13 鸢尾花数据集是费雪（Fisher）于 1936 年收集整理的三种鸢尾花的四个特征的数据集。三种鸢尾花分别为：山鸢尾（Setosa）、变色鸢尾（Versicolour）和维吉尼亚鸢尾（Virginica）。四个特征变量为：花萼长度、花萼宽度、花瓣长度和花瓣宽度。表 9-11 为三种鸢尾花的花萼宽度的样本数据。请在 0.05 显著性水平下，判断鸢尾花的种类对花萼宽度是否有影响？

表9-11　　三种鸢尾花的花萼宽度数据　　单位：厘米

序号	山鸢尾	变色鸢尾	维吉尼亚鸢尾	序号	山鸢尾	变色鸢尾	维吉尼亚鸢尾
1	3.5	3.2	3.3	26	3.0	3.0	3.2
2	3.0	3.2	2.7	27	3.4	2.8	2.8
3	3.2	3.1	3.0	28	3.5	3.0	3.0
4	3.1	2.3	2.9	29	3.4	2.9	2.8
5	3.6	2.8	3.0	30	3.2	2.6	3.0
6	3.9	2.8	3.0	31	3.1	2.4	2.8
7	3.4	3.3	2.5	32	3.4	2.4	3.8
8	3.4	2.4	2.9	33	4.1	2.7	2.8
9	2.9	2.9	2.5	34	4.2	2.7	2.8
10	3.1	2.7	3.6	35	3.1	3.0	2.6
11	3.7	2.0	3.2	36	3.2	3.4	3.0
12	3.4	3.0	2.7	37	3.5	3.1	3.4
13	3.0	2.2	3.0	38	3.6	2.3	3.1
14	3.0	2.9	2.5	39	3.0	3.0	3.0
15	4.0	2.9	2.8	40	3.4	2.5	3.1
16	4.4	3.1	3.2	41	3.5	2.6	3.1
17	3.9	3.0	3.0	42	2.3	3.0	3.1
18	3.5	2.7	3.8	43	3.2	2.6	2.7
19	3.8	2.2	2.6	44	3.5	2.3	3.2
20	3.8	2.5	2.2	45	3.8	2.7	3.3
21	3.4	3.2	3.2	46	3.0	3.0	3.0
22	3.7	2.8	2.8	47	3.8	2.9	2.5
23	3.6	2.5	2.8	48	3.2	2.9	3.0
24	3.3	2.8	2.7	49	3.7	2.5	3.4
25	3.4	2.9	3.3	50	3.3	2.8	3.0

从表9-11的数据可以看出，同一种鸢尾花的花萼宽度取值也有所不同，这是同一个总体内部的差异，是随机扰动因素造成的。那么不同种类的鸢尾花的花萼宽度取值的不同，是因为来自不同的总体的缘故吗？如果是，就说明鸢尾花的种类对花萼宽度有影响，否则就说明鸢尾花的种类对花萼宽度没有影响。于是，我们将问题转向对总体均值的比较，如果总体均值不同，说明数据来自不同的总体，也就说明鸢尾花的种类对花萼宽度有影响。

方差分析是想分析某个因素是否对我们关心的结果有影响，这要求数据来自随机化试验。在随机化试验中，将要考察的结果称为**指标**，将可控制的试验条件称为**因素**，通常用大写英文字母 A、B、C 等来表示。因素在试验中的不同取值称为**水平**，用表示因素的字母加上小标来表示，例如因素 A 的 k 不同水平表示为 A_1，A_2，…，A_k。在随机化试验中，如果只控制一个因素在变化，则称为**单因素试验**，如果控制两个或两个以上的因素在变化，则称为**双因素或多因素试验**。本书只介绍单因素试验数据的方差分析，简称为**单因素方差分析**。

9.5.1 方差分析的基本原理

例9-13中，研究的指标是鸢尾花的花萼宽度，试验中只考察鸢尾花的种类对花萼宽度的影响，这是单因素方差分析，因素为鸢尾花的种类，用 A 表示。该因素有三个水平，A_1 表示山鸢尾，A_2 表示变色鸢尾，A_3 表示维吉尼亚鸢尾。要检验的假设是：

$$H_0: \mu_1 = \mu_2 = \mu_3$$

$$H_1: \mu_1, \mu_2, \mu_3 \text{ 不全相等}$$

为了解决问题，方差分析有三个基本假定：一是正态总体；二是同方差，也称为方差齐性；三是观测值相互独立。在这三个基本假定下，对总体均值是否相等的检验变成了对相同方差的正态总体的均值是否相等的检验。如果原假设成立，那三个均值和方差都相等的正态总体实际上就是同一个总体，此时，样本观测值的差异是由于随机误差引起的，而不是系统误差造成的。而如果备择假设成立，那样本观测值的差异不仅有随机误差，也包含系统误差。因此，考虑定义两类方差，一类是组内方差，只包含随机误差；另一类是组间方差，既包含随机误差，又包含系统误差。将这两类方差进行比较，如果原假设成立，那么两类方差应该差异不大，而如果备择假设成立，那么两类方差应该存在显著的差异。

9.5.2 单因素方差分析

假设因素 A 有 k 个水平，把每个水平所对应的指标看成一个总体 Y_j（$j=1, 2, \cdots, k$），根据方差分析的基本假定，可知 $Y_j \sim N(\mu_j, \sigma^2)$，其中 $j=1, 2, \cdots, k$。每个水平下有 n_j 个随机样本观测值，记为 $Y_{ij}(i=1, 2, \cdots, n_j; j=1, 2, \cdots, k)$。

1. 单因素方差分析的检验假设

$$H_0: \mu_1 = \mu_2 = \cdots = \mu_k$$

$$H_1: \mu_1, \mu_2 \cdots \mu_k \text{ 不全相等}$$

2. 单因素方差分析的检验统计量

单因素方差分析的检验统计量为两类方差的比值。下面通过对差异源的分解来定义两类方差。

（1）平方和分解。

记 $\bar{Y}_j$ 为第 j 个总体（即因素的第 j 个水平）的样本均值，即：

$$\bar{Y}_j = \frac{\sum_{i=1}^{n_j} Y_{ij}}{n_j}, j = 1, 2, \cdots, k$$

记 $\bar{Y}$ 为所有样本观测值的总均值，即：

$$\bar{Y} = \frac{\sum_{j=1}^{k} \sum_{i=1}^{n_j} Y_{ij}}{n}$$

其中 $n = n_1 + n_2 + \cdots + n_k$ 为所有样本观测值的个数。

定义总偏差平方和为：

$$\text{SST} = \sum_{j=1}^{k} \sum_{i=1}^{n_j} (Y_{ij} - \bar{Y})^2$$

SST 反映了样本观测值 Y_{ij} 相对于总均值 $\bar{Y}$ 的总的离散程度。

我们把同一个总体（水平）下的样本观测值称为同一组的数据，那么组内的数据差异可以用 $\text{SSE} = \sum_{j=1}^{k} \sum_{i=1}^{n_j} (Y_{ij} - \bar{Y}_j)^2$ 来描述。SSE 反映了组内数据间的随机误差大小，称为组内离差平方和（或误差平方和）。

不同组间的数据差异可以用 $\text{SSA} = \sum_{j=1}^{k} \sum_{i=1}^{n_j} (\bar{Y}_j - \bar{Y})^2$ 来描述。SSA 反映了组间数据的差异，既包含随机误差，又包含因素 A 的不同水平导致的系统误差，称为组间离差平方和（或因素 A 的效应平方和）。

数学上可以证明：SST = SSE + SSA，我们称之为平方和分解公式。

（2）构造两类方差。

为了消除参与计算平方和的数据项数对偏差大小的影响，方差是由离差平方和除以其自由度计算得到的。因此组间方差是由组间离差平方和除以它的自由度定义得到，组内方差是由组内离差平方和除以它的自由度定义得到。

平方和的自由度通常由参与计算的相互独立的随机变量的个数减去被估计参数的个数（即受约束的条件个数）计算得到。SST、SSA 及 SSE 的自由度分别为：

$$df_T = n - 1$$

$$df_A = k - 1$$

$$df_E = n - k$$

组间方差和组内方差分别为：

$$\text{MSA} = \text{SSA}/(k-1)$$

$$\text{MSE} = \text{SSE}/(n-k)$$

（3）构造 F 统计量：

$$F = \frac{\text{MSA}}{\text{MSE}} = \frac{\text{SSA}/(k-1)}{\text{SSE}/(n-k)} \sim F(k-1,\ n-k)$$

3. 单因素方差分析的决策规则

如果原假设成立，那么两类方差应该差异不大，F 统计量取值应在 1 附近；而如果备择假设成立，那么两类方差应该存在显著的差异，F 统计量取值应比 1 大得多。因此检验的规则为，若 F 统计量足够大，则拒绝原假设 H_0。

统计软件会给出 F 统计量对应的 p 值。对于给定的显著性水平 α，当 p 值小于 α，应拒绝 H_0，认为多个总体均值是不全相等的，即所检验的因素 A 的不同水平对指标的影响是显著的。

将上述分析结果汇总成表格，即为单因素方差分布表，如表 9－12 所示。

表 9－12　　单因素方差分析

方差来源	自由度 df	平方和 SS	均方 MS	F 比
组间（因素 A）	$k-1$	SSA	MSA = SSA/($k-1$)	$F=\frac{MSA}{MSE}$
组内（误差 E）	$n-k$	SSE	MSE = SSE/($n-k$)	
总和 T	$n-1$	SST	—	

回到例 9－13，首先建立假设：

$$H_0: \mu_1=\mu_2=\mu_3 \qquad H_1: \mu_1, \mu_2, \mu_3 \text{ 不全相等}$$

由 R 软件计算得到方差分析表如表 9－13 所示。

表 9－13　　例 9－13 的单因素方差分析

方差来源	自由度 df	平方和 SS	均方 MS	F 比	p 值
组间（因素 A）	2	11. 35	5. 672	$F=49.16$	<2e－16
组内（误差 E）	147	16. 96	0. 115		
总和 T	149	28. 307	—		

因为检验统计量的 p 值小于 2×10^{-16}，近似为 0，小于规定的显著性水平 0. 05，因此拒绝 H_0，即有证据表明三种鸢尾花的花萼宽度的均值不全相等，也就是说鸢尾花的种类对花萼宽度有影响。

9. 6　非参数假设检验——χ^2 检验

χ^2 检验不仅可用于对分布的拟合优度检验，也可用于列联表数据中两个变量的独立性检验。

9.6.1　拟合优度检验

很多统计理论和方法都有一些基本假定，如总体服从正态分布、二项分布、泊松分布等。我们把总体是否服从某个特定分布的检验称为拟合优度检验，原假设 H_0 为总体

服从某特定分布 $F(x)$。

我们以一个例子介绍拟合优度检验。

例 9-14 巴特开惠茨（Bortkiewicz）根据普鲁士军队的统计报告，整理了10个连队的骑兵20年间偶然被马践踏致死的士兵数量，频数分布如表9-14所示：

表 9-14 骑兵20年间被马践踏致死的士兵数量频数分布

i	1	2	3	4	5
x	0	1	2	3	4
观察频数 f_i	109	65	22	3	1

请问：在0.05的显著性水平下，此数据可否认为是服从泊松分布？

解：首先建立如下的原假设和备择假设：

$$H_0\text{：总体服从泊松分布}$$

$$H_1\text{：总体不服从泊松分布}$$

泊松分布的参数 λ 未知，用样本观测值估计得到：

$$\hat{\lambda}=\bar{X}=0.61$$

假定 H_0 成立，即总体 $X\sim P(0.61)$，根据泊松分布的概率分布计算得到：

$$p_1=P(X=0)=\frac{0.61^0e^{-0.61}}{0!}=0.544,\quad np_1=200\times0.544=108.8$$

$$p_2=P(X=1)=\frac{0.61^1e^{-0.61}}{1!}=0.331,\quad np_2=200\times0.331=66.2$$

$$p_3=P(X=2)=\frac{0.61^2e^{-0.61}}{2!}=0.101,\quad np_3=200\times0.101=20.2$$

$$p_4=P(X=3)=\frac{0.61^3e^{-0.61}}{3!}=0.021,\quad np_4=200\times0.021=4.2$$

$$p_5=P(X=4)=\frac{0.61^4e^{-0.61}}{4!}=0.003,\quad np_5=200\times0.003=0.6$$

于是得到如表9-15所示的期望频数。

表 9-15 骑兵20年间被马践踏致死士兵数量的观察频数和期望频数

i	1	2	3	4	5
x	0	1	2	3	4
观察频数 f_i	109	65	22	3	1
期望频数 np_i	108.8	66.2	20.2	4.2	0.6

在 H_0 成立条件下，观察频数与期望频数之间的差异不应太大。

通常使用卡尔·皮尔逊（Karl Pearson）提出的χ^2 统计量作为差异的度量：

$$\chi^2 = \sum_{i=1}^{m} \frac{(f_i - np_i)^2}{np_i}$$

H_0 成立条件下，对于大样本，上述统计量近似服从自由度为 $m-r-1$ 的χ^2 分布，其中 m 是分组个数，r 是总体的概率密度函数中需要估计的参数个数。

统计研究表明，实际检验中，样本容量并不需要非常大。通常的规则为：如果每一组的期望频数 np_i 至少为 5（特别是对于两端的两组），则认为样本容量是足够大的，统计量近似χ^2 分布。

例 9－14 中，后两组的期望频数太小，将它们合并成一组，于是 $m=4$，最后计算得到：

$$\chi^2 = \sum_{i=1}^{4} \frac{(f_i - np_i)^2}{np_i} = 0.3160$$

而因为用样本观测值估计了一个参数 λ，所以 $r=1$，于是统计量χ^2 近似服从自由度为 2 的χ^2 分布。根据 R 软件可计算出$\chi^2=0.3160$ 对应的 p 值为 0.8539，比 $\alpha=0.05$ 大得多，因此在 0.05 的显著性水平上，我们不能拒绝原假设，即认为总体服从泊松分布。

9.6.2 列联表的独立性检验

在 8.3.1 节中，我们介绍了列联表。列联表不仅描述了两变量的边缘分布情况，还描述了两变量的相互关联情况，可以用于检验变量间的独立性。下面用一个具体的例子说明列联表的独立性检验。

例 9－15 根据表 8－9 的列联表数据，检验泰坦尼克号乘客的幸存情况是否与性别有关。

解：检验乘客的幸存情况是否与性别有关，实际上就是检验两变量是否相互独立。建立假设：

H_0：幸存情况与性别相互独立

H_1：幸存情况与性别不相互独立

假定 H_0 成立，则在 1309 名乘客中男性幸存的概率为：

$$P(\text{男性且幸存}) = P(\text{男性}) \times P(\text{幸存}) = \frac{843}{1309} \times \frac{494}{1309}$$

于是在 1309 名乘客中“男性且幸存”的期望频数为：

$$\frac{843}{1309} \times \frac{494}{1309} \times 1309 = 318.1$$

类似的，计算出所有情况的期望频数，整理成表 9－16：

表9-16　　泰坦尼克号乘客的性别与幸存情况的列联表（观察频数和期望频数）

幸存情况		男	女	合计
幸存	观察频数	109	385	494
	期望频数	318.1	175.9	—
死亡	观察频数	734	81	815
	期望频数	524.9	290.1	—
合计		843	466	1309

在 H_0 成立条件下，观察频数与期望频数之间的差异不应太大，检验统计量仍为 χ^2 统计量：

$$\chi^2 = \sum_{i=1}^{n}\sum_{j=1}^{m}\frac{(f_{ij}-np_{ij})^2}{np_{ij}} \sim \chi^2((n-1)(m-1))$$

上式中 n 是列联表的行数，m 是列联表的列数。

例9-15中，统计量为：

$$\chi^2 = \sum_{i=1}^{2}\sum_{j=1}^{2}\frac{(f_{ij}-np_{ij})^2}{np_{ij}} = 620.276$$

根据R软件可计算出该统计量对应的 p 值近似为0，比 $\alpha=0.05$ 小得多，因此在0.05的显著性水平上，我们拒绝原假设，即认为乘客的幸存情况会受到性别的影响，数据显示女性的幸存率要显著高于男性。

9.7　正态性检验

总体服从正态分布是很多统计理论方法的基本假定，在使用这些统计方法时常常需要评估这个基本假定是否成立。

图示法是比较直观的评估方法。第八章介绍的Q-Q图是最常使用的图形工具之一。根据数据绘制正态分布Q-Q图，图中数据点近似一条直线，则可判断数据服从正态分布。

除了图示法，还可以进行一些非参数假设检验。可用于正态性假设检验的方法有很多，9.6节介绍的 χ^2 拟合优度检验就是其中之一。除此之外，常用的还有正态性W检验（Shapiro-Wilk test）、K-S检验（Kolmogorov-Smirnov test）、A-D检验（Anderson-Darling test）、偏度-峰度检验（skewness-kurtosis test）等。这些检验方法的原假设和备择假设为：

H_0：总体服从正态分布

H_1：总体不服从正态分布

如果检验得到一个小于显著性水平的 p 值，就应该拒绝原假设，意味着数据来自正态总体的假设不成立。

例 9-16 在例 9-13 中，对鸢尾花数据集的三种鸢尾花的花萼宽度进行了方差分析，现在请对方差分析的正态性假定进行评估（取显著性水平 $\alpha=0.05$）。

解：方差分析的正态性假定是三种鸢尾花的花萼宽度都服从正态分布。分别绘制这三组数据的正态分布 Q-Q 图，如图 9-9 所示。三个 Q-Q 图的数据点都近似在一条直线上，可以初步判断数据来自正态分布。

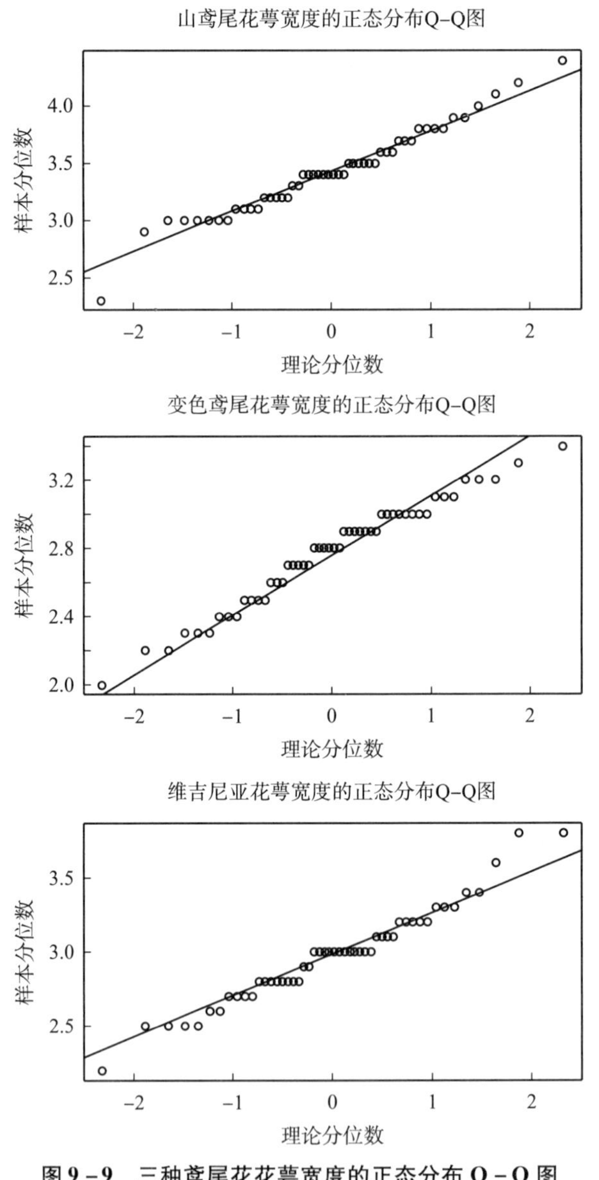

图 9-9 三种鸢尾花花萼宽度的正态分布 Q-Q 图

进一步，使用 R 软件的 shapiro. test 函数进行正态性 W 检验。第一组山鸢尾的数据计算得到统计量值为 W = 0. 97172，对应的 p 值为 p - value = 0. 2715。第二组变色鸢尾的数据计算得到统计量值为 W = 0.97413，对应的 p 值为 p − value = 0.338。第三组维吉尼亚鸢尾的数据计算得到统计量值为 W = 0.96739，对应的 p 值为 0.1809。统计量的 p 值都大于显著性水平 α，因此不能拒绝原假设，即可以认为三种鸢尾花的花萼宽度都服从正态分布。

习　题

1. 样本均值的标准差为什么也被称为它的标准误？

2. 在参数估计中，衡量统计量优劣的标准有哪些？

3. 在区间估计中，置信区间的宽度反映了估计的精度，区间越宽，估计精度越低。假定样本容量固定，总体标准差已知，请分析置信水平与估计精度之间的关系。

4. 假设检验中有可能犯两类错误，请问：如何能同时降低犯两类错误的概率？

5. 近日，中国青年网就“大学生手机使用情况”话题，对全国高校 856 名大学生展开调查，调查结果显示：有 359 名大学生每天使用手机 4 ~ 6 小时，无聊时、睡觉前、休闲娱乐时手机使用频率最高，社交聊天、听音乐、转账支付系主要用途，超 3 成学生认为手机已成为生活的一部分，超 4 成学生表示“一天不玩手机会无聊”，超 7 成学生表示“手机没有网络，会影响到学习和生活”。

（1）请根据这一调查结果估计大学生每天使用手机 4 ~ 6 小时的真实比例的 95% 的置信区间。

（2）取 0.05 的显著性水平，根据这一调查结果能否说明大学生每天使用手机 4 ~ 6 小时的真实比例大于 40%？

6. 本习题使用第 8 章的习题 8.6 中的数据，请回答以下问题：

（1）分别检验三个实验条件下的植物高度数据的正态性假设（取显著性水平为 0.05）。

（2）估计 ctrl 实验条件下的植物高度的 99% 的置信区间。

（3）取 0.05 的显著性水平，检验 ctrl 实验条件下与 trt1 实验条件下的植物高度的均值是否有显著差异。

（4）取 0.05 的显著性水平，检验 trt2 实验条件下的植物高度的均值是否大于 ctrl 实验条件下的植物高度的均值。

（5）取 0.05 的显著性水平，检验三组实验的植物高度的均值是否有显著差异。

7. 1912 年泰坦尼克号在首次航行期间撞上冰山后沉没，2224 名乘客和船员中有 1502 人遇难，R 语言的 Titanic 数据集中整理了 2201 名乘客的性别、年龄、舱位、是否幸存等相关数据，整理得到题表 9 − 1。

题表 9 − 1

舱位	性别	年龄	是否幸存	
			否	是
一等舱	男性	儿童	0	5
		成人	118	57
	女性	儿童	0	1
		成人	4	140

续表

舱位	性别	年龄	是否幸存	
			否	是
二等舱	男性	儿童	0	11
		成人	154	14
	女性	儿童	0	13
		成人	13	80
三等舱	男性	儿童	35	13
		成人	387	75
	女性	儿童	17	14
		成人	89	76
船员	男性	儿童	0	0
		成人	670	192
	女性	儿童	0	0
		成人	3	20

请根据 R 语言的 Titanic 数据，检验：

（1）泰坦尼克号乘客的幸存情况是否与舱位有关。

（2）泰坦尼克号乘客的幸存情况是否与性别有关。

（3）泰坦尼克号乘客的幸存情况是否与年龄有关。

参考答案请扫二维码查看

第四篇　大数据分析与商务智能

第10章

大数据与商务智能基础

移动通信、社交媒体、各种数字内容平台等信息技术的迅猛发展，产生了大量的、形式多样的数据，即大数据。为了充分挖掘大数据的潜在价值，需要各种统计、分析、可视化等大数据分析技术，而这些技术正属于商务智能的技术范畴。本章将对大数据和商务智能的基础性概念和理论进行简介。

10.1 大数据的含义

大数据（Big Data），或称巨量资料，被定义为数据集的集合，其涉及的数据体积、生成速度以及数据种类非常大以至于难以使用传统数据库和数据处理工具在合理时间内进行数据的存储、管理、处理和分析。“大数据”的概念最早在2008年8月由维克托·迈尔·舍恩伯格（Viktor Mayer－Schönberger）和肯尼斯·库克耶（Kenneth Cukier）在编写的《大数据时代》中提出，指的是对所有数据进行整体分析处理，而不是采用随机抽样进行分析。全球管理资讯公司麦肯锡在2011年发布的一篇题为《大数据：创新、竞争和生产力的下一个前沿领域》的研究报告中将大数据定义为：大数据是指数据的规模、分布、多样性和时效性需要使用新的技术架构进行分析，以解锁新的商业价值来源。麦肯锡对大数据的定义意味着，新的数据架构、分析工具、分析方法以及多种技能被整合到数据科学家这一新角色中。图10－1为根据大数据相关的百度指数绘制的词云图。

数字信息已经渗透到我们生活和社会的方方面面，近年来，信息技术、工业、医疗保健、物联网和其他系统生成的数据量都呈指数增长。表10－1给出了描述数据存储量的单位量级。根据IBM的估计，2013年全球大数据储量为4.3泽字节（ZB），2018年在全球范围内创建、捕获、复制和消耗的数据总量为33ZB，相当于33万亿GB。据世界经济论坛官方数据显示，2020年这一数字增长到59ZB，预计到2025年全球数据量将达到令人难以想象的175ZB。据IDC预计，全球数据总量年增长率将维持40%左右。

图 10－1　大数据词云

资料来源：根据百度指数运用 python 统计自绘。

表 10－1　计算机存储容量单位

名称	符号	值	名称	符号	值
Kilobyte 千字节	KB	10^3	Exabyte 艾字节	EB	10^{18}
Megabyte 兆字节	MB	10^6	Zettabyte 泽字节	ZB	10^{21}
Gigabyte 吉字节	GB	10^9	Yottabyte 尧字节	YB	10^{24}
Terabyte 太字节	TB	10^{12}	Brontobyte 波字节	BB	10^{27}
Petabyte 拍字节	PB	10^{15}	Gegobyte Ge 字节	GeB	10^{30}

资料来源：国际标准化组织，国际电工委员会 . ISO/IEC 80000－13 Quantities and units—Part 13：Information science and technology［S］. 2008.

我们产生的大部分数据存储在数据服务器与云数据中心里，根据 Synergy Research Group 统计显示，全球超大规模数据中心数量截至 2021 年已增至 659 个，其中中国和美国的数量和占总数的半数以上。世界上最大的数据服务器是位于中国呼和浩特的中国电信数据中心（占地 100 万平方米）和位于美国内华达州里诺市附近的 The Citadel 数据中心（占地 67 万平方米）。至 2022 年，地球上每天都会产生 5 亿条推文、450 亿条微信消息、2940 亿封电子邮件、400 万 GB 的 Facebook 数据、72 万小时的 YouTube 新视频、数千万 TB 过亿条微博和上亿 TB 抖音快手数据。

过去十余年，人类一直与数据大爆炸同行。据中商情报网数据显示，中国的数据产生量约占全球数据产生量的 23%，美国的数据产生量占比约为 21%，欧洲、中东、非洲（EMEA）的数据产生量占比约为 30%，日本和亚太（APJxC）数据产生量占比约为 18%，全球其他地区数据产生量占比约为 8%（见图 10－2）。

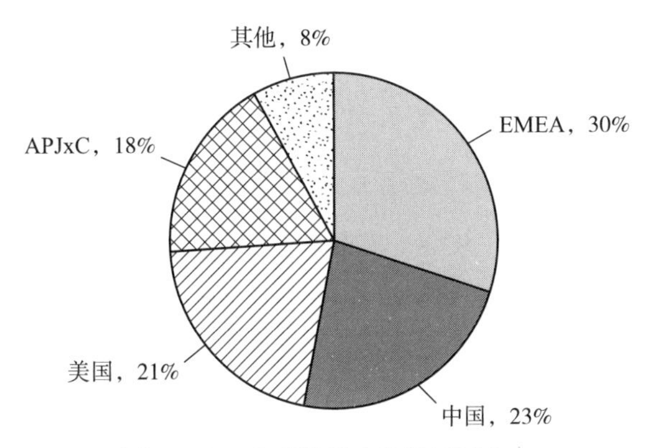

图 10－2　全球数据产生量区域分布

资料来源：IDC、中商情报网整理。

值得一提的是，中国正在成为真正的数据资源大国。在 2020 年 9 月 8 日，国务委员兼外长王毅在全球数字治理研讨会上表示，中国数字经济正在蓬勃发展。截至 2020 年 12 月，我国网民规模近 10 亿人，人均产生数据量 0.5TB，数字经济总量超过 GDP 的三分之一。国家网信办《国家数据资源调查报告（2021）》报告显示，2021 年全年，我国数据产量达到 6.6ZB，同比增加 29.4%，占全球数据总产量（67ZB）的 9.9%，仅次于美国（16ZB），位列全球第二。2018～2022 年，我国数据产量每年保持 30% 左右的增速。

以微信和阿里巴巴为例分别进行说明。微信自 2011 年诞生起至 2021 年年末，月活跃用户突破 12 亿人，每天有 10.8 亿人打开微信，3.3 亿人进行视频通话，7.8 亿人进入朋友圈，3.6 亿个公众号，4 亿名用户使用小程序，1.2 亿人发朋友圈，朋友圈每天有 1 亿条视频内容。阿里巴巴集团公布的 2021 年年报显示：阿里巴巴生态体系的年度活跃消费者达到 11.3 亿人，其中中国消费者达 8.91 亿人，海外消费者为 2.4 亿人；每天有超过 6000 万人的固定访客，同时每天的在线商品数超过 8 亿件，平均每分钟售出 4.8 万件商品。

10.2　大数据的特征（5V）

IBM 提出大数据的基本特征包括大规模（Volume）、时效性（Velocity）、多样性（Variety）、准确性（Veracity）以及大价值（Value），如图 10－3 所示。下面依次进行说明。

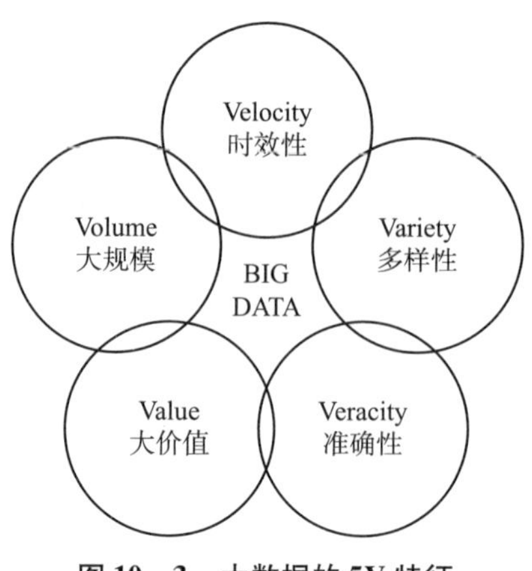

图 10－3　大数据的 5V 特征

1. 大规模

大数据是一种容量巨大的数据形式，可从数百 TB 到数十数百 PB、甚至 ZB 的规模。大数据的容量非常大，往往无法完全存储在一台机器上，而需要专门的工具和框架来存储、处理和分析此类数据。例如，社交媒体应用程序每天处理数十亿条消息，工业和能源系统每天可以生成数 TB 的传感器数据，等等。随着数据存储和处理成本的降低，以及企业从数据中提取有用信息以改善业务流程的需求增加，现代 IT、工业、医疗、物联网和其他系统产生的数据量正在呈指数级增长。虽然大数据的容量没有固定的阈值，但“大数据”往往用于表示难以使用传统数据库和数据处理架构来存储、管理和处理的大规模数据。

2. 时效性

大数据的生成及传播的速度快，带来了对大数据处理的时效性的要求。时效性是大数据的一个重要特征，主要体现在其很多数据可以在一定的时间限度下得到及时处理。例如，在大数据背景下，推荐系统要求个性化推荐算法能够尽量产生实时推荐。时效性是大数据区别于传统的数据挖掘的重要特征。

3. 多样性

多样性是指数据的形式多样。大数据有不同的形式，如结构化、非结构化或半结构化；大数据还包括各种格式和形态不同的数据，如文本数据、图像、音频、视频和传感器数据。大数据系统需要足够的灵活性来处理各种各样的数据。

4. 准确性

准确性是指数据处理的结果要保证一定的准确性。为了从数据中提取价值，首先需要对数据进行清洗，去除噪声，过滤掉错误数据。只有当数据有意义且准确的情况下，数据驱动的应用程序才能受益于大数据。

5. 大价值

任何大数据分析系统的最终目标都是从数据中提取价值。大数据包含很多深度的价值，可以通过大数据分析挖掘带来巨大的商业价值。数据的价值往往与数据的准确性有关。对于某些应用程序来说，价值还取决于数据处理的速度。

10.3　大数据的来源及典型应用领域

10.3.1　大数据的来源

随着科学技术的发展，互联网、移动传感器、地球物理探测、视频监测、医疗成像、智能电网、基因测序等领域数据被创造的速度在不断增加，它们也成了大数据的主要来源①。常见的大数据例如：社交网络生成的数据，包括文本、图像、音频和视频数据；通过电子商务等web应用程序生成的点击流数据，可以用来分析用户行为；从工业和能源系统中嵌入的机器传感器收集的数据，可以用于故障检测；电子健康记录（EHR）系统中收集的医疗保健数据；web应用程序产生的日志；股票市场的数据；银行和金融应用程序生成的事务性数据以及交易数据。

10.3.2　大数据的典型应用领域

大数据的应用领域广泛，包括但不限于网络、家庭、城市、能源系统、农业、零售营销、银行和金融、工业、医疗、环境、物联网、物流和网络物理系统等。

1. 互联网

大数据技术对各行各业都产生了影响，其中影响最大的是基于互联网的数字内容平台。典型的数字平台如京东、淘宝、今日头条、抖音、微博以及亚马逊、Facebook、推特等。这些数字内容平台和数据深度捆绑。特别是在2020年3月疫情防控期间，我国人均日使用互联网时间一度达到7.3小时，单短视频一项所占时长份额就接近20%。在这样的背景下，各种网络应用平台会利用大数据为用户提供内容推荐的服务。各种音乐、购物和视频流应用程序如抖音、淘宝、网易云等数字内容平台收集各种类型的数据，包括用户的浏览日志、消费内容和用户评分等，并按照一定的推荐算法，为用户进行个性化的内容推荐。

对于社交平台如微信和Facebook等公司来说，数据本身就是公司的主要产品。这些公司的估值很大程度上来自其收集和托管的数据，随着数据的增长，这些数据包含越来越多的内在价值。例如，2021年，Facebook用户在全球范围内每天发布500TB条数据，这些更新可以用来推断用户潜在的兴趣或政治观点，并进行个性化推荐。例如，一位女性将她的属性数据从“单身”更改为“订婚”，就会触发婚纱、婚礼策划等广告推

① Long C，Talbot K. Data Science and Big Data Analytics Discovering，Analyzing，Visualizing and Presenting Data［M］. Indianapolis，IN：John Wiley & Sons，2015.

荐。此外，该类社交平台还会通过分析用户之间的联系，构建社交网络。

2. 金融通信

金融通信是大数据的另一典型应用领域。例如，信用卡公司会通过监控客户的每一笔交易，利用处理数 10 亿笔交易得出的规则，对欺诈购买行为进行高度准确的识别。移动电话公司会通过分析用户的通话模式以确定来电者的频繁联系人是否来自竞争对手的网络。并在竞争对手会提出可能导致用户退出的促销活动的时候，主动向用户提供奖励以留住用户。这些服务都离不开对大数据的分析。

3. 医疗保健

基因测序被认为是增长最快的大资料来源，也是被用于分析非传统资料来源的例子。以基因组学为例进行说明，基因测序和人类基因组图谱提供了对基因组成和谱系的详细了解。医疗保健行业可以借用这些技术的进步预测人的一生中可能患上的疾病并采取措施通过使用个性化的药物和治疗来避免这些疾病或减少它们的影响。随着数据量的增长，执行这项工作的成本大幅下降：测序一个人类基因组的成本从 2001 年的 1 亿美元下降到 2011 年的 1 万美元并且如今还在继续下降。此外，大数据在新型冠状病毒的基因组分析过程中也发挥了巨大的作用。

4. 零售业

零售商可以利用大数据系统来促进销售、提高盈利能力和提高客户满意度。例如，随着竞争的加剧，零售业的库存管理变得越来越重要。虽然产品库存过多会导致额外的存储费用和风险（在易腐物品的情况下），但库存不足会导致收入损失。附加在产品上的电子标签则可以帮助零售商减少相关损失，电子标签可以通过实时跟踪产品准确地确定库存水平，并提醒零售商补充库存不足的产品。通过将电子读取器连接到零售商店货架或仓库中，大数据系统就可以分析从电子读取器收集的数据，并在某些产品的库存水平较低时发出警报，帮助减少由于缺货造成的收入损失。

5. 疫情防控

自 2019 年新冠肺炎暴发起，整个疫情防控的全过程中，从疫情研判到情况处置，从专家建议到管理决策，从传染源控制到智能诊断，从药物筛选到疫苗研制，从防疫物资生产到紧急调度等，“大数据”技术均发挥出了快速、精准、智能、便利、真实的巨大优势和作用。比如，2020 年武汉市封城前将近 500 万人流出，电信大数据、交通大数据、电力大数据等在实现快速精准追踪到这 500 万人并追踪密切接触者的工作中提供了强大的支撑作用。

10.4 大数据与商务智能的关系

10.4.1 商务智能的概念

商务智能（business intelligence，BI）的概念于 1996 年由加特纳集团（Gartner

Group）提出，加特纳将商务智能定义为帮助企业从海量数据中合成有价值的信息的数据分析、报告和查询等工具的统称。经过近些年的发展，商务智能更多地被定义为一套完整的解决方案：它可以将企业中现有的数据进行有效的整合，快速准确地为企业提供科学的决策依据，帮助企业实现商业价值。其常用分析技术包括现代数据仓库技术、在线分析处理技术、数据挖掘和数据展现技术。中国知网对商务智能做出了如下解释：商务智能是指由数据仓库、查询报表、数据分析、数据挖掘、数据备份和恢复等部分组成的、帮助企业提高运营性能而采用的一系列方法、技术和软件。一个商务智能系统通常包含六个主要组成部分，即数据源、数据仓库、在线分析处理、数据探查、数据挖掘以及业务绩效管理。

10.4.2　大数据与商务智能的关系

全球管理资讯公司麦肯锡在 2011 年发布的题为《大数据：创新、竞争和生产力的下一个前沿领域》的研究报告中指出，大数据可以为世界经济创造重要价值，提高企业和公共部门的生产率和竞争力，并为消费者创造大量的经济剩余。报告中总结了利用大数据创造价值的五种方法和途径并指出：充分挖掘大数据的潜力需要解决的几个问题之一就是大数据分析技术，包括数据集成、分析、可视化等，利用这些技术才能从大数据中发现相关信息和知识。这些技术正是属于商务智能的技术范畴。

但是并不能简单地将商务智能与大数据混为一谈。一般情况下，商务智能主要提供关于当前时期和过去时期的商业问题的报表、仪表盘[①]和查询功能等。例如，商务智能系统使得用户可以快捷方便地了解企业某一季度的收入、季度目标的完成情况以及给定产品在前一个季度或前一年的销售额等相关问题。但是这些问题往往都是预设的或封闭的，大多用于解释当前或者过去的行为并提供一些事后见解和观点。

相比之下，大数据分析技术则更倾向于以一种更具有前瞻性、探索性的方式来处理和分析数据，着重为企业未来的决策提供数据支持。例如，大数据技术不是简单地汇集历史数据来看上季度销售了多少产品，而是利用数据科学技术（例如时间序列分析）来预测未来产品的销售和收入情况。此外，大数据分析技术本质上往往更具有探索性，可以使用场景优化技术来处理更多开放式问题，可以用来研究事件是“如何”以及“为什么”发生的。

数据科学和商务智能的关系，可用图 10－4 进行形象展示，从中可以看出，相比于商务智能，大数据技术（数据科学）更加具有探索性，并且着眼未来。

---

① dashboard，指向企业展示各种信息和关键业务指标（KPI）的数据可视化工具。

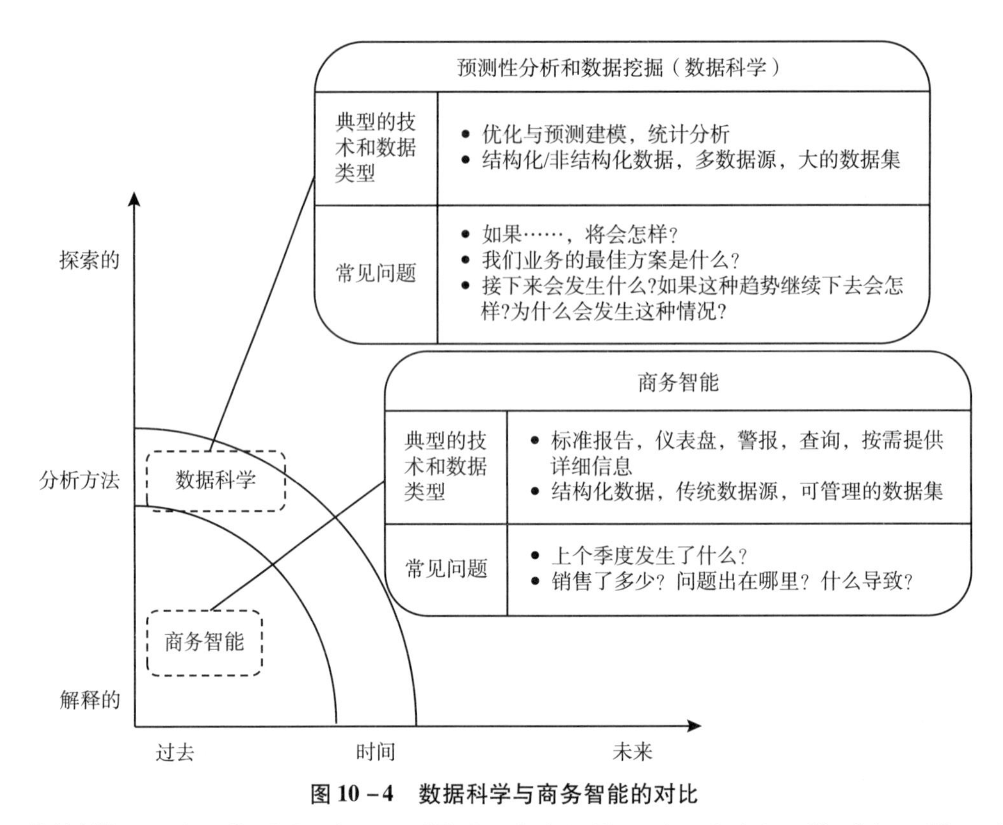

图 10－4　数据科学与商务智能的对比

资料来源：Long C，Talbot K. Data Science and Big Data Analytics Discovering，Analyzing，Visualizing and Presenting Data［M］. Indianapolis，IN：John Wiley & Sons，2015.

10.4.3　商务智能的关键技术

商务智能是随着数据仓库、数据挖掘和在线分析处理等技术的发展而产生的。数据是商务智能的根本，其来源主要包括企业内部的操作型系统以及企业外部的信息。其中，内部系统即支持各业务部分日常运营的信息系统，其产生的数据主要包括来自企业业务系统的订单、库存、交易账目、客户和供应商等；企业外部信息则包括人口统计信息、竞争对手信息等。

各种数据源的数据经过抽取、转换之后需要被放到一个供分析使用的环境即数据仓库（data warehouse）中，以便对数据进行管理。在商务智能系统中，数据仓库可以集成企业内外的各种数据，为数据的分析处理提供基础。

在线分析处理（online analytical processing）主要从多个维度以及多个层次对数据进行多种聚集汇总操作如切片、切块、下钻、上卷等，透过快速、一致、交谈式的界面对同一数据提供各种不同的呈现方式。在线分析处理可以用于探查业务性能指标的交互分析功能，并通过交互的方式发现业务运行的关键性能指标的异常之处。

数据挖掘（data mining）则属于主动分析方法，不需要分析者的先验假设，是从大量数据中自动发现隐含的信息和知识的过程。数据挖掘常用的分析方法包括分类、聚类、关联分析、数值预测、序列分析、社交网络分析等，通常会结合人工智能、统计等技术以发现新知识。

商务智能的上述关键技术如图 10－5 所示。

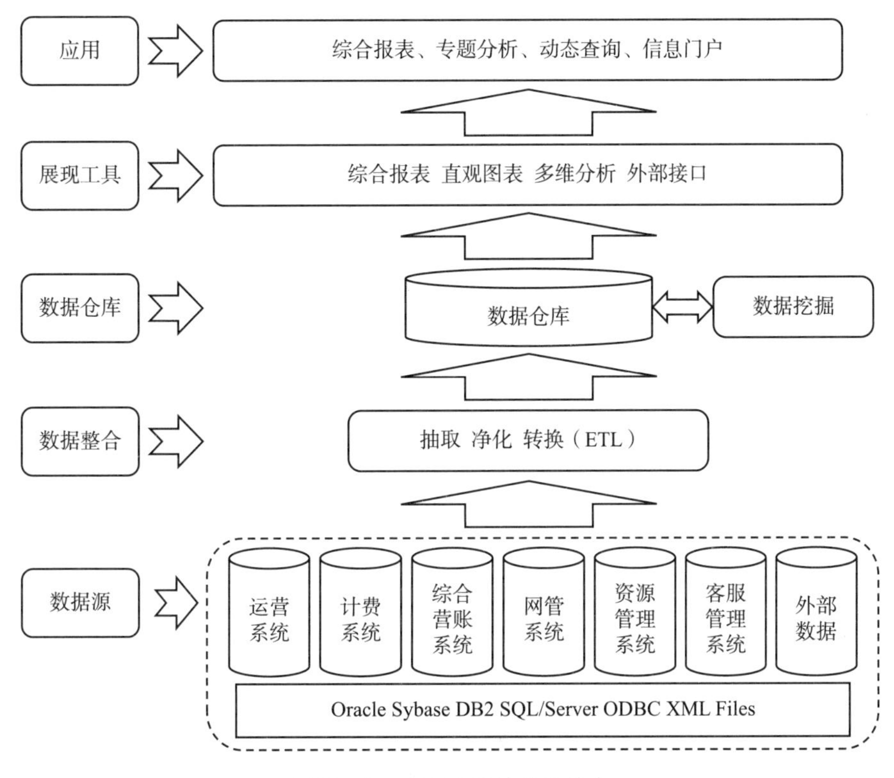

图 10－5　商务智能的关键技术

资料来源：王飞，刘国峰．商务智能深入浅出［M］．北京：机械工业出版社，2012.

10.5　大数据分析方法简介

大数据分析处理是对大规模数据进行收集、存储、处理和分析。在以下情况下，大数据分析需要有专门的分析工具和分析框架：（1）涉及的数据量太大难以储存，且需要在同一台计算机上处理和分析数据时；（2）数据的产生及运行速度非常高并且需要对实时数据进行分析时；（3）有各种各样不同形式的数据（如结构化、非结构化或半结构化）并且数据来自多个数据源时；（4）需要执行各种类型的分析并需要从数据中提取价值，如进行描述性诊断、预测性分析和规范性分析时。

大数据分析的流程主要包括需求分析、数据获取、数据预处理、分析与建模、模型评估与优化以及部署几个步骤。其中，需求分析是根据业务、生产、财务等部门的需要，结合现有的数据情况，定义挖掘目标；数据获取是根据需求分析的结果提取和收集数据，资料来源主要有网络数据和本地数据两种；数据预处理则是对数据进行数据合并、数据清洗、数据标准化、数据变换以及可视化，以便用于分析建模。分析与建模是大数据分析的生命周期中最重要的环节，是通过分析方法、模型与算法，发现数据中有价值的信息并得出结论。在进行大数据分析时，用到的分析方法主要包括描述性分析、预测性分析以及规范性分析三种。描述性分析是回答“已经发生了什么”，本书第 8 章主要介绍了描述性分析的方法。预测性分析是探索“将来可能发生什么”，而回归、分类和深度学习等均为预测性分析的重要方法，本书将于第 11 章深入讲解线性回归分析，并分别于第 12 章与第 13 章分别就线性分类模型以及无监督学习进行讲解，最后在第 14 章对深度学习进行简要介绍。规范性分析用于探索过去事件和未来结果之间的关系，帮助企业确定应采取什么行动，以取得某种未来结果，是大数据分析技术中最难的一种分析方法，不属于本书范畴。

习　题

1. 简述大数据的 5V 特征。

2. 简述大数据与商务智能的关系。

参考答案请扫二维码查看

第11章

线性回归模型

在统计分析的实践中，预测和解释数据是最常见的应用。而回归分析是做预测分析和解释数据的常用统计方法，即根据样本观测数据建立变量间关系的回归模型，并基于该模型来根据一个或多个变量的取值去分析、解释或预测另一个变量的取值。在回归分析中，线性回归模型是理论研究最深入且也是应用最广泛的回归模型。本章将介绍线性回归模型的经典理论和应用。

11.1 回归分析概述

11.1.1 回归分析的基本概念

管理中的很多变量之间存在着一些内在联系，例如父母的身高越高，子女的身高也越高，但是它们之间的关系又不能用一个函数定义出来，此时，两代人身高之间的关系被称为**相关关系**。虽然不能定义一个函数来定义两者之间的关系，但是我们仍然希望能定量的描述两者之间的关系，以便通过父辈身高对子辈的身高进行预测或分析。

当给定父辈身高 x 的某个取值时，子辈身高 y 的取值是不确定的，这种不确定性可以通过概率分布来描述。因此，对 x 的某个取值，可以认为 y 是一个随机变量。在对随机变量的分析中，最常用的一个数字特征是随机变量的均值，或称为数学期望。给定 x 的某个取值时，y 的数学期望为：

$$E(y|x)=f(x) \tag{11-1}$$

我们把这个函数 $f(x)$ 称为 **y 对 x 的回归函数**，准确的，应称为**均值回归函数**。变量 y 称为**因变量**（或**被解释变量**），而变量 x 称为**自变量**（或**解释变量**）。回归函数使得我们可以通过自变量的取值去分析或者预测因变量的取值。这是回归分析最常见的应用之一。

回归分析研究的主要问题，是在某些基本假定下，利用 x 和 y 的样本观测值，对回归函数进行估计，建立自变量与因变量之间的数学关系式，并对此数学关系式进行各种与基本假定有关的统计检验。

理论研究最深入且也是应用最广泛的回归模型，是在“回归函数线性”的假定下得到的线性回归模型。回归函数线性是指回归函数$f(x)$关于未知参数是线性的。以最简单的一元线性回归模型为例，下列两个回归函数

$$E(Y|X=x)=\beta_0+\beta_1 x \tag{11-2}$$

$$E(Y|X=x)=\beta_0+\beta_1 \ln x \tag{11-3}$$

都是线性的，此处β_0，β_1是回归模型的未知参数。分析式（11-3）可知，变量的非线性并不是判断回归模型是否线性的条件。

进一步，可以加入其他的假定，从而产生各种不同的回归模型。假定条件更多的回归模型，针对它的统计推断方法性能更好，但是适用性会更差些。而关于自变量是否为随机变量的问题，因为当自变量非随机时，回归分析理论更简化一些，所以初学回归分析时，可以假定自变量是确定性变量。本章的回归模型中也假定自变量是非随机的确定性变量。

11.1.2 回归分析的主要内容

回归分析是研究客观世界变量间相关关系的有力工具。考虑一个因变量y和多个自变量x_1，x_2，…，x_k之间存在相关关系，回归模型的一般形式为：

$$y=f(x_1, x_2, \cdots, x_k)+\varepsilon \tag{11-4}$$

其中，$f(x_1, x_2, \cdots, x_k)$为回归函数，ε是一随机变量，称为**随机误差**，后面简称为**误差项**。

由式（11-4）可知，因变量y的取值由两部分组成，第一部分是回归函数f，通常是指均值回归函数，描述了因变量y的条件期望随着自变量x_1，x_2，…，x_k取值的变化而变化。第二部分是误差项ε，则是描述除回归函数之外的因素对因变量y取值的影响。显然，回归模型（11-4）准确地描述了变量之间有着某种联系但是又不能由函数唯一确定的关系，也就是相关关系。

如果将高斯（Gauss，1809）提出最小二乘法（least square，LS）作为回归分析方法的起源，那么回归分析发展到现在已经有200多年的历史。回归分析作为统计学中的一个非常重要的分支，其研究内容已经非常丰富。

从回归函数的设定形式来考虑，回归分析的研究内容包括线性回归模型、非线性回归模型和非参数回归模型等。如果假定回归函数是线性的，则称为线性回归模型；如果假定回归函数是非线性的，则得到非线性回归模型；如果只假定回归函数存在，具体形式未知，则是非参数回归模型。

线性回归模型是回归分析中理论研究最深入的模型，实际中的应用也最为广泛。从高斯提出LS方法以来，对线性回归模型的参数估计，LS一直是最重要的估计方法。经典的线性回归模型，除了回归函数线性假定之外，还假定给定自变量任何取值的条件下，误差项是零均值、同方差、序列不相关且服从正态分布。这些假定能保证模型参数的LS估计具有良好的统计性质。

在实际应用中，如果样本观测值不能完全满足上述基本假定，则模型参数的 LS 估计的优良性质将不再成立，各种统计检验也将失去意义。因此，我们需要检验这些基本假定是否成立。如果不成立，模型应如何进行修正。这部分研究内容称为回归诊断。自变量的内生性、自变量的多重共线性、误差项的异方差、误差项的自相关等问题都是回归诊断的研究内容。而回归诊断的另一个重要研究内容是探寻对回归模型的统计推断具有强影响的样本观测点。关于强影响点的处理是一个较为复杂的问题，通常在初级回归分析中不会涉及这部分内容的介绍。

本章的内容主要集中于线性回归模型，接下来 11.2 节介绍经典线性回归模型，11.3 节介绍放松基本假定的线性回归，11.4 节介绍虚拟变量的问题，11.5 节介绍自变量筛选与线性回归模型选择的问题。

通常，在回归分析中涉及的变量都是定量变量，但是在实践中，经常会碰到一些定性变量。含有定性变量的回归分析有两种情况。第一种情况是自变量中含有定性变量，例如，性别、专业等变量，此时的处理方法是引进虚拟变量来将定性变量数量化。这部分内容将在 11.4 中进行介绍。第二种情况是因变量为定性变量，例如，互联网公司的广告点击预测模型中，因变量为用户是否点击广告，这是一个二值定性变量，此时普通的线性回归模型是不可用的，而适用的模型是 Logistic 回归或 Probit 回归模型。因为定性变量也可视为分类变量，所以这也被称为是分类问题。我们将在第 12 章讨论线性分类模型。

在实际应用中，回归分析首要解决的一个问题是自变量的选择问题。在建模之前，我们根据管理、经济等科学理论选取了很多可能与因变量相关的因素作为自变量。我们可能担心遗漏了对因变量有较大影响的重要的自变量而使得预测误差较大，也担心放入了对因变量不怎么重要的自变量而使得建模成本较高。因此，我们需要研究确定自变量选择的一些准则。根据这些准则发展出来的方法用来评估模型的预测误差，从而使研究者在众多模型中选择出“最优”的模型。我们将在 11.5 中讨论模型的评估与自变量的选择问题。

从未知参数的估计方法来考虑，回归分析的研究内容包括 LS 估计、极大似然估计、广义矩估计、贝叶斯估计等。而为了解决自变量间多重共线性的问题，统计学家对 LS 估计提出了一些改进方法，有对回归系数进行压缩的岭回归和 LASSO 回归等方法，也有使用降维思想的主成分回归和偏最小二乘估计等方法。这些参数估计方法的研究内容偏复杂，本书不做介绍。

11.2　经典线性回归模型

11.2.1　线性回归模型的一般形式与基本假定

1. 线性回归模型的一般形式

在回归分析中，我们希望通过自变量的取值去分析因变量的取值。例如，通过家庭可支配收入去分析家庭消费支出，因变量为家庭消费支出，常用 y 来表示，自变量为家庭可支配收入，常用 x 来表示。

一个因变量 y 若只受到一个自变量 x 的影响，则可以建立**一元线性回归模型**：

$$y = \beta_0 + \beta_1 x + \varepsilon \tag{11-5}$$

式中，β_0，β_1 是模型的未知参数，而 ε 是误差项。β_0 是截距参数，也称为常数项。β_1 是斜率参数，称为回归系数。

给定自变量 x 任何值的条件下，假定误差项的均值为零。这被称为**条件零均值假定**，是回归分析的关键假定。误差项的条件零均值假定意味着 ε 的均值不依赖于自变量任何取值的变化，并且总是取值为零。在这个关键假定下，式（11－5）可以分解成两部分。第一部分为总体回归函数 $E(y|x) = \beta_0 + \beta_1 x$，描述了因变量 y 的条件期望随着自变量 x 取值的变化而变化，是可由 x 解释的那部分。第二部分是误差项 ε，则是描述除回归函数之外的因素对因变量 y 取值的影响，是不可由 x 解释的部分。

在实践中，自变量和因变量的总体信息通常是未知的，所以总体回归函数也是未知的，只能通过样本数据进行估计。根据样本数据估计得到的回归函数，称为**样本回归函数**：

$$\hat{y} = \hat{\beta}_0 + \hat{\beta}_1 x$$

由于抽样误差的原因，样本回归函数与总体回归函数之间存在着差异。

我们用一个简单的例子来理解总体回归函数和样本回归函数。

例 11－1 甲、乙两人玩双人掷骰子游戏，用 x 表示甲掷一枚骰子得到的点数，z 表示乙掷一枚骰子得到的点数，定义 $y = x + z$。以 y 为因变量，x 为自变量，计算条件期望，得到总体回归函数 $E(y|x) = 3.5 + x$。记录甲、乙两人掷骰子游戏结果 x 和 z 的观测数据并计算得到 y，见表 11－1。x 和 y 的散点图见图 11－1。图中的直线是总体回归函数（或称总体回归线）$3.5 + x$。虚线则是由样本数据估计得到的样本回归函数 $\hat{y} = 4.26 + 0.69x$，使用的估计方法是普通最小二乘（ordinary least square，OLS）法，将在 11.2.2 中介绍。虚线是对总体回归函数（直线）的估计，如果换一组观测数据，会得到另一条虚线。

表 11－1　双人掷骰子游戏 18 次模拟结果

游戏序号	x	z	y	游戏序号	x	z	y
1	6	1	7	9	5	5	10
2	1	6	7	10	5	3	8
3	1	2	3	11	3	6	9
4	4	1	5	12	6	1	7
5	2	4	6	13	4	3	7
6	4	2	6	14	4	6	10
7	6	1	7	15	1	1	2
8	1	3	4	16	6	3	9

续表

游戏序号	x	z	y	游戏序号	x	z	y
17	2	5	7	18	3	4	7

资料来源：计算机模拟结果。

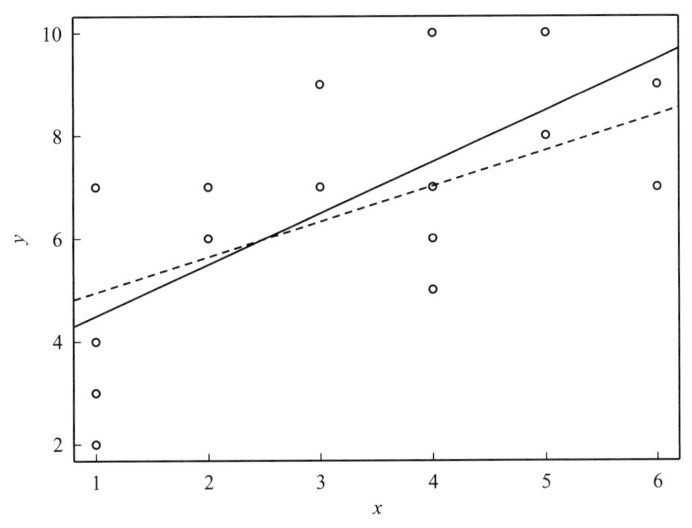

图 11－1　总体回归线与样本回归线

资料来源：R 软件统计输出。

在很多实践问题中，因变量往往受到多个变量的影响。例如，跨境电商月销售额，除了受到产品因素的影响外，还会受到物流、信用、政策、平台、人员等多种因素的影响。这样回归模型中会包含多个自变量，一元线性回归模型不再适用，我们需要考虑更复杂的多元线性回归模型。

一个因变量 y 和 k 个自变量 x_1，x_2，…，x_k 建立的**多元线性回归模型**的一般形式为：

$$y = \beta_0 + \beta_1 x_1 + \beta_2 x_2 + \cdots + \beta_k x_k + \varepsilon \tag{11-6}$$

此时，总体回归函数为：

$$E(y \mid x_1, x_2, \cdots, x_k) = \beta_0 + \beta_1 x_1 + \beta_2 x_2 + \cdots + \beta_k x_k \tag{11-7}$$

式（11－7）有 $k+1$ 个未知参数，其中 β_0 是常数项，而 β_j（$j=1$，…，k）是自变量 x_j 的回归系数。

随机抽样得到样本观测值 $\{(x_{i1}, x_{i2}, \cdots, x_{ik}; y_i), i = 1, 2, \cdots, n\}$，将其代入式（11－6）可得：

$$\begin{cases} y_1 = \beta_0 + \beta_1 x_{11} + \beta_2 x_{12} + \cdots + \beta_k x_{1k} + \varepsilon_1 \\ y_2 = \beta_0 + \beta_1 x_{21} + \beta_2 x_{22} + \cdots + \beta_k x_{2k} + \varepsilon_2 \\ \qquad \vdots \\ y_n = \beta_0 + \beta_1 x_{n1} + \beta_2 x_{n2} + \cdots + \beta_k x_{nk} + \varepsilon_n \end{cases}$$

其矩阵表达形式为：

$$\begin{bmatrix} y_1 \\ y_2 \\ \vdots \\ y_n \end{bmatrix} = \begin{bmatrix} 1 & x_{11} & x_{12} & \cdots & x_{1k} \\ 1 & x_{21} & x_{22} & \cdots & x_{2k} \\ \vdots & \vdots & \vdots & & \vdots \\ 1 & x_{n1} & x_{n2} & \cdots & x_{nk} \end{bmatrix} \begin{bmatrix} \beta_0 \\ \beta_1 \\ \vdots \\ \beta_k \end{bmatrix} + \begin{bmatrix} \varepsilon_1 \\ \varepsilon_2 \\ \vdots \\ \varepsilon_n \end{bmatrix}$$

或

$$\boldsymbol{Y} = \boldsymbol{X\beta} + \boldsymbol{\varepsilon} \tag{11-8}$$

在多元线性回归分析中，式（11－8）是有了观测值以后回归模型的具体化，所以式（11－6）和式（11－8）都是多元线性回归模型的一般形式。

2. 经典线性回归模型的基本假定

为了估计模型参数并保证估计具有良好的统计性质，我们需要对线性回归模型加入一些基本假定。

对于一个含有 n 次观测的随机样本 $\{(x_{i1}, x_{i2}, \cdots, x_{ik}; y_i), i=1, 2, \cdots, n\}$，多元线性回归模型（11－8）有如下基本假定。

（1）误差项具有条件零均值。即给定自变量的任何值，有 $E(\varepsilon_i)=0$，$i=1, 2, \cdots, n$。

（2）误差项具有条件同方差，且无序列自相关性。即给定自变量的任何值，有 $\mathrm{Var}(\varepsilon_i)=\sigma^2$，$i=1, 2, \cdots, n$，$\mathrm{Cov}(\varepsilon_i, \varepsilon_j)=0$，$i\neq j$，$i, j=1, 2, \cdots, n$。

（3）误差项服从正态分布，即 $\varepsilon_i \sim N(0, \sigma^2)$，$i=1, 2, \cdots, n$。

（4）自变量在样本中的取值具有变异性，且相互之间不存在严格的线性关系（或称为无完全多重共线性）。

由期望方差理论可知，误差项的条件零均值假定可推导出误差项与自变量之间的不相关特性，即 $\mathrm{Cov}(\varepsilon_i, x_j)=0$，$i=1, 2, \cdots, n$，$j=1, 2, \cdots, k$。

这些基本假定称为经典假定，而满足这些基本假定的线性回归模型也被称为经典线性回归模型。

经典线性回归模型中，误差项 $\varepsilon_i \sim N(0, \sigma^2)$，$i=1, 2, \cdots, n$ 且相互独立，因变量 $y_i \sim N(\beta_0+\beta_1 x_{i1}+\beta_2 x_{i2}+\cdots+\beta_k x_{ik}, \sigma^2)$，$i=1, 2, \cdots, n$ 且相互独立。

11.2.2 经典线性回归模型的参数估计

回归模型的参数估计有两部分内容：一是估计样本回归函数；二是估计误差项的方差 σ^2。

式（11－7）给出了多元线性回归模型的总体回归函数：

$$E(y|x_1, x_2, \cdots, x_k)=\beta_0+\beta_1 x_1+\beta_2 x_2+\cdots+\beta_k x_k$$

回归系数 $\beta_j(j=1, \cdots, k)$ 描述了在其他自变量不变时，x_j 每变化一个单位，y 的均值的变化情况，因此也被称为**偏回归系数**。

通过样本数据对总体回归函数中的未知参数进行估计，得到样本回归函数：

$$\hat{y} = \hat{\beta}_0 + \hat{\beta}_1 x_1 + \hat{\beta}_2 x_2 + \cdots + \hat{\beta}_k x_k$$

式中，$\hat{\beta}_0$，$\hat{\beta}_1$，…，$\hat{\beta}_k$ 是未知参数 β_0，β_1，…，β_k 的估计。

估计参数的方法有很多种，如普通最小二乘法、矩估计法、极大似然法等，这里介绍最经典的普通最小二乘法。

1. 普通最小二乘估计

给定随机样本数据 $\{(x_{i1}, x_{i2}, \cdots, x_{ik}; y_i), i = 1, 2, \cdots, n\}$，假设估计得到样本回归函数为：

$$\hat{y}_i = \hat{\beta}_0 + \hat{\beta}_1 x_{i1} + \hat{\beta}_2 x_{i2} + \cdots + \hat{\beta}_k x_{ik} \tag{11-9}$$

我们认为最佳的估计能使估计值 $\hat{y}_i$ 尽可能接近观测值 y_i，或者说所有观测值 y_i 与估计值 $\hat{y}_i$ 的总体误差越小越好。由于误差存在正误差与负误差，简单相加会相互抵消，因此误差平方和成为反映总体误差的合适选择，这便是高斯在 1809 年提出的最小二乘法的基本原理。

定义**残差**（Residual）$e_i = y_i - \hat{y}_i$，表示实际观测值 y_i 与估计值 $\hat{y}_i$ 的偏差。残差平方和 $Q = \sum e_i^2$ 刻画了所有观测值 y_i 与估计值 $\hat{y}_i$ 的总体误差。残差平方和 Q 越小，说明估计得到的样本回归函数拟合程度越好。使残差平方和 Q 达到最小的 $\hat{\beta}_0$，$\hat{\beta}_1$，…，$\hat{\beta}_k$ 称为参数 β_0，β_1，…，β_k 的**普通最小二乘估计**。

下面求残差平方和

$$\begin{aligned} Q &= \sum e_i^2 = \sum (y_i - \hat{y}_i)^2 \\ &= \sum (y_i - \hat{\beta}_0 - \hat{\beta}_1 x_{1i} - \hat{\beta}_2 x_{2i} - \cdots - \hat{\beta}_k x_{ki})^2 \end{aligned}$$

的最小点。根据微积分学中的极值理论，$\hat{\beta}_0$，$\hat{\beta}_1$，…，$\hat{\beta}_k$ 应满足下述方程组：

$$\begin{cases} \dfrac{\partial Q}{\partial \hat{\beta}_0} = 0 \\ \dfrac{\partial Q}{\partial \hat{\beta}_i} = 0, \ i = 1, 2, \cdots, k \end{cases} \tag{11-10}$$

（11－10）称为正规方程组。

当自变量个数为 1，即一元线性回归时，可求解得到：

$$\begin{cases} \hat{\beta}_1 = \dfrac{\sum (x_i - \bar{x})(y - \bar{y})}{\sum (x_i - \bar{x})^2} \\ \hat{\beta}_0 = \bar{y} - \hat{\beta}_1 \bar{x} \end{cases}$$

当自变量个数大于等于 2 时，正规方程组的矩阵形式为：$\boldsymbol{X}^{\mathrm{T}}\boldsymbol{X}\hat{\boldsymbol{\beta}} = \boldsymbol{X}^{\mathrm{T}}\boldsymbol{Y}$。在 $\boldsymbol{X}$ 列满秩的条件下，$\boldsymbol{X}^{\mathrm{T}}\boldsymbol{X}$ 是可逆的，可求解得 $\boldsymbol{\beta}$ 的普通最小二乘估计量为：

$$\hat{\boldsymbol{\beta}} = (\boldsymbol{X}^{\mathrm{T}}\boldsymbol{X})^{-1}\boldsymbol{X}^{\mathrm{T}}\boldsymbol{Y} \tag{11-11}$$

多元线性回归的求解计算工作量较大，我们可以选择统计软件进行求解。具体算例放在本节的最后。

在经典假定下，可推导出最小二乘估计量 $\hat{\beta}_j$ 具有以下性质。

（1）线性性。即估计量 $\hat{\beta}_j$ 是 y_1，y_2，…，y_n 的线性函数。

（2）无偏性。即估计量的期望等于总体回归函数的参数真值，$E(\hat{\beta}_j)=\beta_j$。

（3）有效性（或最小方差性）。即在所有的线性无偏估计量中，最小二乘估计量 $\hat{\beta}_j$ 具有最小方差，称为最佳线性无偏估计量。

除了上述性质，在样本容量趋于无穷大时，$\hat{\beta}_j$ 依概率收敛于参数真值 β_j，也就是说 $\hat{\beta}_j$ 还具有一致性。

2. 误差项的方差 σ^2 的无偏估计

残差 e_i 反映了因变量中去除自变量的线性影响后“残留”下来的影响，因此残差也可视为误差项的估计。残差可用于诊断回归模型中关于误差项的基本假定，也可用来估计误差项的方差 σ^2。

误差项的方差 σ^2 越大，则残差平方和 $\sum e_i^2$ 也是越大的。事实上，可以证明，估计量 $\hat{\sigma}^2=\dfrac{\sum e_i^2}{n-k-1}$ 是误差项的方差 σ^2 的无偏估计量。而 $\hat{\sigma}^2$ 的正平方根 $\hat{\sigma}$ 通常被称为回归标准误。

为了使估计量 $\hat{\sigma}^2$ 有意义，自然要求 $n>k+1$。而 $n-k-1$ 称为残差平方和的自由度。

3. 样本确定系数与拟合优度

普通最小二乘法的基本原理是使样本回归线上的点 $\hat{y}_i$ 尽可能接近观测点 y_i，那么怎么度量 $\hat{y}_i$ 与 y_i 到底有多“接近”呢？这个问题称为样本回归线对观测值的拟合优度问题。

（1）平方和分解公式。

因变量的样本观测值 y_i 与其均值 $\bar{y}$ 的偏离可分解为两部分：

$$y_i-\bar{y}=(\hat{y}_i-\bar{y})+(y_i-\hat{y}_i)$$

式中，$\hat{y}_i-\bar{y}$ 是样本回归线上的点与均值 $\bar{y}$ 的偏离。由于样本回归线是自变量的函数，因此 $\hat{y}_i-\bar{y}$ 可以看成自变量可解释的偏离部分。而 $y_i-\hat{y}_i$ 是残差，反映剩余的偏离部分。

进一步可以证明：

$$\sum_{i=1}^{n}(y_i-\bar{y})^2=\sum_{i=1}^{n}(\hat{y}_i-\bar{y})^2+\sum_{i=1}^{n}(y_i-\hat{y}_i)^2$$

式中，$\sum(y_i-\bar{y})^2$ 为**总离差平方和**（sum square of total，SST），反映了因变量样本观测值总的变异程度；$\sum(\hat{y}_i-\bar{y})^2$ 为**回归平方和**（sum square of regression，SSR），也称为可解释平方和，反映了自变量的变异所引起的因变量的变异，即可以由自变量解释的变异；$\sum(y_i-\hat{y}_i)^2=\sum e_i^2$ 为**残差平方和**，也称为误差平方和（sum square of error，SSE），这是不能由自变量解释的变异，也称为剩余平方和。

（2）样本确定系数。

在平方和分解公式 SST = SSR + SSE 中，回归平方和 SSR 占比越大，残差平方和 SSE 占比越小，说明自变量的解释能力越强，此时样本回归线对观测点的拟合程度是越好的。

定义 $R^2=\frac{SSR}{SST}=1-\frac{SSE}{SST}$，称为**样本确定系数**。$R^2$ 反映了因变量 y 的样本总变异中自变量可以解释的比例。

显然，$0\leqslant R^2\leqslant 1$。$R^2$ 越接近1，样本回归线对观测值拟合得越好。极端的情况，样本观测点完全落在回归线上，此时 $R^2=1$。

统计软件在给出 R^2 的同时，会给出调整的 R^2（adjusted R - square）。为什么需要对 R^2 进行调整呢？

当样本容量不变时，在回归模型中加入新的自变量，无论新自变量是否对 y 有影响，R^2 往往都会增大。也就是说，增加自变量能使模型的拟合优度更好。但是如果增加的是无关紧要的自变量，模型的解释能力并没有增强，那此时 R^2 的增大就不合理，它并不能真实反映模型的拟合优度。因此，我们需要对 R^2 进行调整。

调整的思路是引入平方和的自由度，以消除自变量个数的影响。调整的样本确定系数定义如下：

$$\bar{R}^2=1-\frac{SSE/(n-k-1)}{SST/(n-1)}=1-(1-R^2)\frac{n-1}{n-k-1}$$

显然，当自变量个数 $k\geqslant 1$ 时，调整后的 $\bar{R}^2\leqslant R^2$。对于很小的 n 和很大的 k，$\bar{R}^2$ 可能会远低于 R^2，甚至有可能为负。

11.2.3 线性回归模型的推断

1. 回归方程的显著性检验（F 检验）

回归方程的显著性检验是指在一定的显著性水平下，对因变量与所有自变量之间的线性关系是否显著进行的统计检验。

对于线性回归模型 $y=\beta_0+\beta_1x_1+\beta_2x_2+\cdots+\beta_kx_k+\varepsilon$，提出检验的假设为：

$$H_0:\ \beta_1=\beta_2=\cdots=\beta_k=0$$

$$H_1:\ 至少有一个\ \beta_j\ 不等于0\ (j=1,\ 2,\ \cdots,\ k)$$

换句话说，如果原假设成立，则因变量与自变量之间不存在线性关系。

分别定义回归均方（mean square of regression，MSR）和误差均方（mean square of error，MSE）：

$$MSR=\frac{SSR}{k}$$

$$\mathrm{MSE}=\frac{\mathrm{SSE}}{n-k-1}$$

原假设成立条件下，检验统计量：

$$F=\frac{\mathrm{MSR}}{\mathrm{MSE}}\sim F(k,\ n-k-1) \tag{11-12}$$

根据显著性水平 α，查表得到临界值 $F_{\alpha}(k,\ n-k-1)$，其中下标 α 表示右尾概率。若检验统计量的值 $F>F_{\alpha}(k,\ n-k-1)$，则拒绝原假设，即总体回归函数中因变量与自变量存在显著的线性关系，称总体回归函数显著成立。统计软件会报告 F 统计量的 p 值，若 p 值足够小（即小于规定的显著性水平 α），则拒绝原假设。

2. 最小二乘估计量 $\hat{\beta}_j$ 的抽样分布

在多元线性回归分析中，总体回归函数的显著成立并不意味着每个自变量对因变量的影响都是显著的。因此，我们需要对每一个自变量进行回归系数的显著性检验。通过剔除影响不显著的自变量，可以使模型更加合理简洁。在进行假设检验之前，我们先来了解最小二乘估计量 $\hat{\beta}_j$ 的抽样分布。

由最小二乘估计量的性质可知，估计量 $\hat{\beta}_j$ 是因变量观测值 y_1，y_2，…，y_n 的线性函数。而根据经典假定，y_i（$i=1$，2，…，n）服从正态分布且相互独立。由此可得 $\hat{\beta}_j$ 服从正态分布。$\hat{\beta}_j$ 是无偏估计量，因此其均值为 β_j。而 $\hat{\beta}_j$ 的方差为：

$$\sigma^2(\hat{\beta}_j)=\frac{\sigma^2}{\mathrm{SST}_j(1-R_j^2)} \tag{11-13}$$

其中 $\mathrm{SST}_j=\sum_{i=1}^{n}(x_{ij}-\bar{x}_j)^2$ 是自变量 x_j 的总离差平方和，R_j^2 则是 x_j 对所有其他自变量（含常数项）进行回归得到的样本确定系数。

方差 $\sigma^2(\hat{\beta}_j)$ 的大小取决于三个因素：σ^2，SST_j 和 R_j^2。误差项的方差 σ^2 越大，方差越大；x_j 的总样本波动 SST_j 越大，方差越小；而 R_j^2 反映了自变量之间的线性关系的程度，该值越大，线性相关程度越高，此时方差就越大。

用无偏估计量 $\hat{\sigma}^2=\frac{\sum e_i^2}{n-k-1}=\frac{\mathrm{SSE}}{n-k-1}$ 去估计式（11－13）中的 σ^2，开方后得到 $\hat{\beta}_j$ 的估计的标准差，或称 $\hat{\beta}_j$ 的标准误：

$$S(\hat{\beta}_j)=\frac{\hat{\sigma}}{\sqrt{\mathrm{SST}_j(1-R_j^2)}} \tag{11-14}$$

3. 回归系数的显著性检验（t 检验）

检验自变量 x_j 是否对因变量 y 有显著影响，等价于检验总体回归函数中其回归系数 β_j 是否为零。原假设和备择假设为：

$$H_0:\ \beta_j=0 \qquad H_1:\ \beta_j\neq 0$$

原假设成立条件下，检验统计量

$$t_j = \frac{\hat{\beta}_j}{S(\hat{\beta}_j)} \sim t(n-k-1) \tag{11-15}$$

对于预先给定的显著性水平 α，查自由度为 $n-k-1$ 的 t 分布表可得临界值 $t_{\alpha/2}(n-k-1)$，其中下标 $\alpha/2$ 表示右尾概率。若 $|t_j| > t_{\alpha/2}(n-k-1)$，则拒绝原假设，即自变量 x_j 对因变量存在显著影响。否则，不拒绝原假设，即自变量 x_j 对因变量不存在显著影响。

不显著的自变量应考虑将其从回归模型中剔除，并重新进行回归。

4. 回归系数的置信区间

参数的置信区间是在给定置信度下包含参数真值的区间。置信度越大，统计推断的把握度越高。而置信区间越小，统计推断的精度越高。

由式（11－15）可得，β_j 的置信度为（$1-\alpha$）的置信区间为：

$$[\hat{\beta}_j - t_{\frac{\alpha}{2}}(n-k-1) \times S(\hat{\beta}_j),\ \hat{\beta}_j + t_{\alpha/2}(n-k-1) \times S(\hat{\beta}_j)]$$

其中，$t_{\alpha/2}(n-k-1)$ 为自由度为 $n-k-1$ 的 t 分布表中右尾概率为 $\alpha/2$ 的临界值。

11.2.4　线性回归模型的预测问题

回归分析最常见的应用之一就是通过回归函数分析或者预测因变量的取值。根据样本观测值，可以估计得到多元回归模型的样本回归函数：

$$\hat{y}_i = \hat{\beta}_0 + \hat{\beta}_1 x_{i1} + \hat{\beta}_2 x_{i2} + \cdots + \hat{\beta}_k x_{ik} \quad i = 1,\ 2,\ \cdots,\ n$$

当给定一组自变量的特定值 $\boldsymbol{x}_0 = (x_{01},\ x_{02},\ \cdots,\ x_{0k})^{\mathrm{T}}$，如何预测因变量 y_0 呢？

1. 点预测

很自然的，将自变量的特定取值 $\boldsymbol{x}_0$ 代入样本回归函数中，可计算得到因变量 y_0 的点预测值：

$$\hat{y}_0 = \hat{\beta}_0 + \hat{\beta}_1 x_{01} + \hat{\beta}_2 x_{02} + \cdots + \hat{\beta}_k x_{0k}$$

对于 $\hat{y}_0$，存在两种解释，一种解释认为 $\hat{y}_0$ 是给定自变量 $\boldsymbol{x}_0$ 条件下，y_0 的条件期望 $E(y_0|\boldsymbol{x}_0)$ 的点估计；另一种是将 $\hat{y}_0$ 看作因变量的个别值 y_0 的点估计。

2. 区间预测

点估计很简单，但是我们无法进一步了解估计精度。实际应用中，研究者更关心因变量的区间估计。由于对 $\hat{y}_0$ 存在两种不同的解释，因此也存在两种类型的区间估计，分别称为条件期望 $E(y_0|\boldsymbol{x}_0)$ 的置信区间和个别值 y_0 的预测区间。

（1）条件期望 $E(y_0|\boldsymbol{x}_0)$ 的置信区间。

$E(y_0|\boldsymbol{x}_0)$ 的置信度为（$1-\alpha$）的置信区间为：

$$[\hat{y}_0 - t_{\alpha/2}(n-k-1) \cdot \hat{\sigma}\sqrt{\boldsymbol{x}_0^T(\boldsymbol{X}^T\boldsymbol{X})^{-1}\boldsymbol{x}_0},\ \hat{y}_0 + t_{\alpha/2}(n-k-1) \cdot \hat{\sigma}\sqrt{\boldsymbol{x}_0^T(\boldsymbol{X}^T\boldsymbol{X})^{-1}\boldsymbol{x}_0}]$$

（2）个别值 y_0 的预测区间。

y_0 的置信度为（$1-\alpha$）的预测区间为：

$$[\hat{y}_0 - t_{\alpha/2}(n-k-1) \cdot \hat{\sigma}\sqrt{1+\boldsymbol{x}_0^T(\boldsymbol{X}^T\boldsymbol{X})^{-1}\boldsymbol{x}_0},\ \hat{y}_0 + t_{\alpha/2}(n-k-1) \cdot \hat{\sigma}\sqrt{1+\boldsymbol{x}_0^T(\boldsymbol{X}^T\boldsymbol{X})^{-1}\boldsymbol{x}_0}]$$

例 11－2 Advertising 数据集（James G，et al.，2013）中包括了 4 个变量的 200 个样本观测数据，变量名称及含义如表 11－2 所示。

表 11－2 **Advertising 数据集变量名称及含义**

变量	含义
Sales	某产品销售量（单位：千）
TV	电视广告预算（单位：千美元）
Radio	广播广告预算（单位：千美元）
Newspaper	报纸广告预算（单位：千美元）

请以 Sales 为因变量，TV、Radio 和 Newspaper 为自变量，通过回归模型分析不同的媒体广告对该产品销售量的影响。

解：第一，通过散点图矩阵观察变量之间的关系。从图 11－2 中可以看出产品销售量与电视广告相关性最强，其次是广播广告，而与报纸广告的相关性是最弱的。

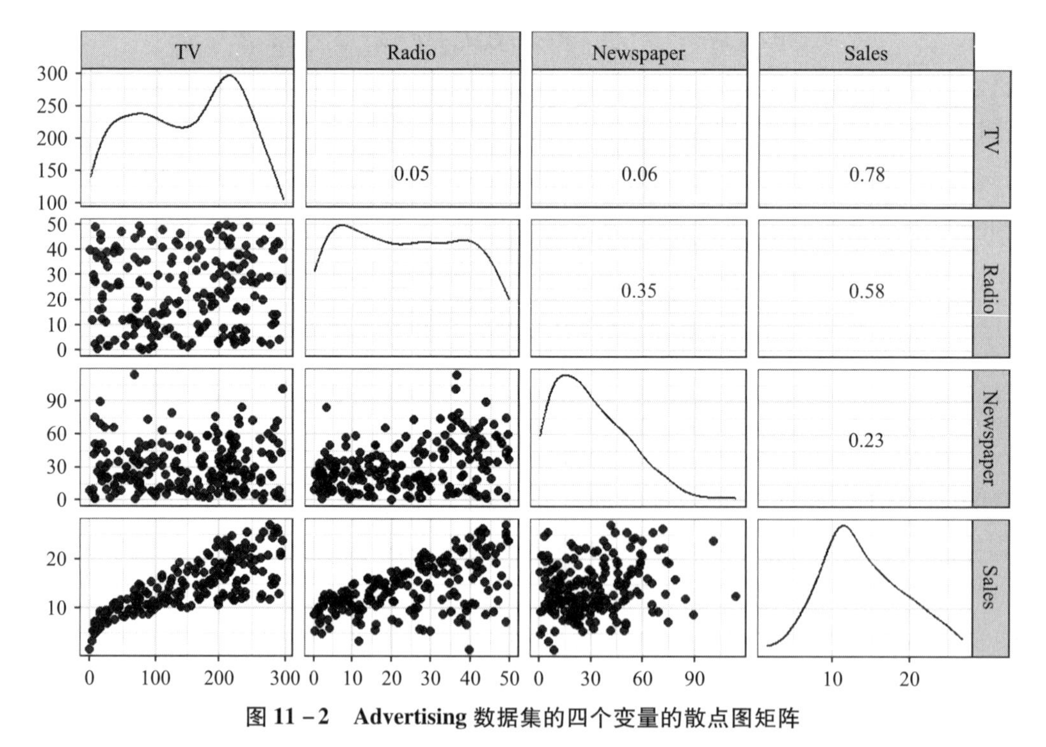

图 11－2 Advertising 数据集的四个变量的散点图矩阵

资料来源：R 软件统计输出。

第二，调用 R 软件中的 lm 函数可以方便地进行线性回归分析。将 Sales 关于 TV、

Radio 和 Newspaper 建立多元线性回归模型，回归分析主要结果如表 11－3 所示。

表 11－3　　Sales 关于 TV、Radio 和 Newspaper 的多元线性回归主要结果

变量	系数	标准误	t 统计量	p 值
常数项	2.939	0.312	9.422	< 2e－16 ***
TV	0.046	0.001	32.809	< 2e－16 ***
Radio	0.189	0.009	21.893	< 2e－16 ***
Newspaper	－0.001	0.006	－0.177	0.86
Residual standard error：1.686 on 196 degrees of freedom				
Multiple R－squared：0.8972　　Adjusted R－squared：0.8956				
F－statistic：570.3 on 3 and 196DF，p－value：< 2.2e－16				

注：符号 *** 表示在 0.01 的显著性水平上通过检验。
资料来源：根据 R 软件统计输出整理。

用 y 表示因变量 Sales，x_1 表示自变量 TV，x_2 表示自变量 Radio，x_3 表示自变量 Newspaper，给定显著性水平为 0.05，具体分析如下。

（1）估计得到样本回归函数为：$\hat{y}=2.939+0.046x_1+0.189x_2-0.001x_3$。$x_1$ 的回归系数描述了在其他自变量不变时，TV 广告预算每增加 1 个单位，Sales 的均值会增加 0.046 个单位；x_2 的回归系数描述了在其他自变量不变时，Radio 广告预算每增加 1 个单位，Sales 的均值会增加 0.189 个单位；x_3 的回归系数描述了在其他自变量不变时，Newspaper 广告预算每增加 1 个单位，Sales 的均值会减少 0.001 个单位。

（2）模型的样本确定系数为 0.8972，说明三个自变量可以解释因变量取值变异的 89.72%。

（3）模型的 F 检验中，F 统计量的 p 值小于 2.2×10^{-16}，远小于规定的显著性水平 0.05，因此拒绝原假设，说明因变量 Sales 与自变量 TV、Radio 和 Newspaper 间的线性关系显著成立。

（4）模型的 t 检验中，TV 和 Radio 的回归系数检验的 t 统计量的 p 值远小于规定的显著性水平 0.05，因此拒绝原假设，说明 TV 和 Radio 的回归系数都显著不为 0。但是，Newspaper 的回归系数检验的 t 统计量的 p 值为 0.86，大于规定的显著性水平 0.05，因此不拒绝原假设，即没有证据表明 Newspaper 的回归系数不为零。于是我们需要将这个自变量从模型中去除。

第三，将 Newspaper 从模型中去除，重新回归，回归分析主要结果如表 11－4 所示。

表 11－4　　Sales 关于 TV 和 Radio 的多元线性回归主要结果

变量	系数	标准误	t 统计量	p 值
常数项	2.921	0.294	9.919	< 2e－16 ***
TV	0.046	0.001	32.909	< 2e－16 ***
Radio	0.188	0.008	23.382	< 2e－16 ***
Residual standard error：1.681 on 197 degrees of freedom				
Multiple R－squared：0.8972　Adjusted R－squared：0.8962				
F－statistic：859.6 on 2 and 197DF，p－value：< 2.2e－16				

注：符号 *** 表示在 0.01 的显著性水平上通过检验。
资料来源：根据 R 软件统计输出整理。

估计得到的样本回归函数为 $\hat{y}=2.921+0.046x_1+0.188x_2$，模型的样本确定系数为 0.8972，$F$ 统计量和所有的 t 统计量的 p 值都小于 2.2×10^{-16}，说明都通过了 1% 显著性水平的检验。

第四，给定新的观测数据 TV＝200 千美元，Radio＝30 千美元，计算 Sales 的 95% 置信区间和预测区间。

使用 R 软件的 predict 函数计算得到，当 TV＝200 千美元，Radio＝30 千美元时，Sales 的点估计为 17.711，95% 置信区间为［17.419，18.005］，而相应的 95% 预测区间为［14.382，21.041］。

11.3　放松基本假定的线性回归

上一节对线性回归模型提出了若干基本假定，当满足这些基本假定时，我们可以使用普通最小二乘法得到未知参数 β_0，β_1，…，β_k 的最佳线性无偏估计量。然而，在实际应用中，通常很难满足所有基本假设。根据违背基本假设的不同，可以将问题分为内生性、多重共线性、异方差和自相关。本节将对这四个问题的来源、后果、检验以及修正方法进行简单介绍。

11.3.1　多重共线性

回归分析的一个基本假定是自变量相互之间不存在严格的线性关系，或称为无完全共线性。完全的共线性将导致回归参数的最小二乘估计失效，即参数的最小二乘估计量不存在。

在实际问题中，自变量之间出现严格的线性关系并不多见，但是有可能会出现一定程度的线性相关关系，也就是出现了近似共线性，我们称之为多重共线性问题。

出现多重共线性问题的主要原因是自变量们存在共同的相关因素，或者是在时间上有共同变动的趋势。例如，在对汽车油耗的影响因素进行分析时，若选择汽车每加仑汽油英里数为因变量，气缸个数、车的排量、总马力、后轴比、重量、前进齿轮数、化油器个数等为自变量，可以发现，这些自变量之间存在较强的相关性，可能导致严重的多重共线性。此外，样本数据量较小也可能导致多重共线性问题。

1. 多重共线性的后果

适度的多重共线性往往可以被接受，但过度的多重共线性会导致不良后果。

（1）普通最小二乘估计量的方差变大，导致回归系数的 t 统计量变小，从而使得我们不能正确判断自变量对因变量的影响程度。

回归系数的方差将随着多重共线性强度的增加而加速增大。例如，在二元线性回归模型中，若两个自变量的线性相关系数 r 为 0.5 时，回归系数的方差将增大到 1.33 倍；当 r 为 0.7 时，回归系数的方差将增大到 1.96 倍；当 r 达到 0.95 时，回归系数的方差将增大到 10.26 倍；当完全相关时，即 r 为 1 时，回归系数的方差将变为无穷大。自变量的线性相关程度越高，多重共线性越严重，参数估计量的方差就越大，参数的置信区间就越宽，也就是说估计精度就大幅度降低，导致估计值很不稳定。极端的情况，可能出现回归方程显著成立，但是回归系数却都不成立的情况。

（2）自变量之间的高度线性相关性，可能会导致参数估计值出现不合理的符号。如果在多元回归分析中出现估计量的符号无法得到合理的经济学解释，那首先怀疑是否出现了多重共线性问题。

2. 多重共线性的诊断

在进行多元线性回归时，多重共线性是普遍存在的。检验方法有多种，一般可以从自变量之间的相关性、参数最小二乘估计量的结果等多方面进行考察，做出综合判断。具体来说，包括以下常见诊断方法。

（1）计算自变量的简单相关系数，相关系数较大时，可能会出现多重共线性问题。

（2）计算方差膨胀因子（variance inflation factor，VIF）。将其中一个自变量 x_j 对其他所有自变量进行回归，拟合优度为 R_j^2，则自变量 x_j 的方差膨胀因子为：

$$\mathrm{VIF}_j = \frac{1}{1 - R_j^2}$$

显然，方差膨胀因子越大，多重共线性越严重。一般认为，若 $\mathrm{VIF}_j > 10$ 时，则认为模型存在严重的多重共线性问题，且这种多重共线性可能会过度的影响参数的最小二乘估计。

（3）若参数估计值的符号与预期或经济理论相违背，则考虑模型存在多重共线性问题。

（4）参数估计值的统计检验。若线性回归模型的拟合优度 R^2 较大，而几乎所有回归系数的 t 检验均不显著，则模型可能存在多重共线性。

（5）一些重要的自变量没有通过显著性检验时，可考虑模型存在多重共线性问题。

3. 多重共线性的修正方法

当模型多重共线性问题较为严重，或多重共线性影响到了关键自变量的估计值时，要对模型进行修正，来减小多重共线性的影响。由于多重共线性可能是一种样本现象，即样本容量较小也可能会导致多重共线性，所以在修正模型之前，可以先尝试增加样本容量看是否可以消除多重共线性。若不能，则可以考虑下列两类方法对模型进行修正。

（1）第一类方法是排除引起多重共线性的自变量。如果引起多重共线性的自变量并不是关键的影响变量，则可以通过直接删除这些变量来减弱多重共线性。如何在多个引起多重共线性的自变量中进行选择，逐步回归法是使用最广泛的一种方法。

（2）第二类方法是引入偏误为代价来减小参数估计量的方差，从而提高估计量的稳定性。多重共线性的主要后果是最小二乘估计量的方差变大，所以统计学家提出了一些估计量有偏估计的方法来降低估计量的方差，虽然没有消除多重共线性问题，但是可以消除多重共线性的不良后果。这类方法包括对回归系数进行压缩的岭回归和 LASSO 回归等方法，也有使用降维思想的主成分回归和偏最小二乘估计等方法。

例 11－3 mtcars 是根据 1974 年美国汽车趋势杂志整理的关于 32 辆汽车的设计和性能等信息的数据集。该数据集在 R 软件的基本程序包 datasets 中（R Core Team，2015）。数据包括汽车每加仑汽油英里数以及汽车设计和性能有关的其他 10 个变量的 32 个样本观测值。变量名称及含义如表 11－5 所示。以每加仑油英里数为因变量，其他所有定量变量为自变量进行回归分析。

表 11－5　mtcars 数据集变量名称及含义

缩写	含义	
mpg	Miles/gallon	每加仑油英里数
cyl	Number of cylinders	气缸个数
disp	Displacement	汽车排量
hp	Gross horsepower	总马力
drat	Rear axle ratio	后轴比
wt	Weight（1000lbs）	汽车重量
qsec	1/4 – mile time	1/4 英里加速时间
vs	Engine（0 = V – shaped，1 = straight）	发动机类型（0 = V 型发动机，1 = 直列发动机）
am	Transmission（0 = automatic，1 = manual）	传动方式（0 = 自动变速，1 = 手动变速）
gear	Number of forward gears	前进挡数
carb	Number of carburetors	化油器个数

解：第一步，设建立的回归模型为：

$$mpg = \beta_0 + \beta_1 cyl + \beta_2 disp + \beta_3 hp + \beta_4 drat + \beta_5 wt + \beta_6 qsec + \beta_9 gear + \beta_{10} carb + \varepsilon$$

用最小二乘法估计回归模型，表 11 －6 给出模型的主要回归结果。

表 11 －6　　mpg 关于所有自变量的多元线性回归主要结果

变量	系数	标准误	t 统计量	p 值
常数项	17. 890	17. 820	1. 004	0. 3259
cyl	－0. 415	0. 958	－0. 433	0. 6691
disp	0. 013	0. 018	0. 736	0. 4694
hp	－0. 021	0. 021	－1. 006	0. 3248
drat	1. 101	1. 598	0. 689	0. 4977
wt	－3. 921	1. 862	－2. 106	0. 0463 **
qsec	0. 541	0. 621	0. 872	0. 3924
gear	1. 233	1. 402	0. 879	0. 3883
carb	－0. 255	0. 816	－0. 313	0. 7573
Residual standard error：2. 622 on 23 degrees of freedom				
Multiple R－squared：0. 8596　　Adjusted R－squared：0. 8107				
F－statistic：17. 6 on 8 and 23DF，　p－value：4. 226e－08				

注：符号 *、**、*** 分别表示在 0. 1、0. 05、0. 01 的显著性水平上通过检验。
资料来源：根据 R 软件统计输出整理。

从 R 软件输出结果可以看到 F 统计量的 p 值为 3.793×10^{-7}，近似为零，远小于规定的显著性水平 0. 05，说明因变量与自变量的线性关系的显著成立。但是，在 0. 05 的显著性水平下，几乎所有自变量的回归系数都没有通过检验。这说明回归模型可能存在多重共线性。

表 11 －7 为自变量的相关系数矩阵，可以看到多个自变量之间的相关系数都比较大。表 11 －8 给出了自变量的方差膨胀因子，气缸个数 cyl、车的排量 disp 以及车的重量 wt 的方差膨胀因子都超过了 10。这些都说明模型可能存在多重共线性问题。

表 11 －7　　mtcars 数据集自变量的相关系数矩阵

变量	mpg	cyl	disp	hp	drat	wt	qsec	gear	carb
mpg	1. 00	－0. 85	－0. 85	－0. 78	0. 68	－0. 87	0. 42	0. 48	－0. 55
cyl	－0. 85	1. 00	0. 90	0. 83	－0. 70	0. 78	－0. 59	－0. 49	0. 53

续表

变量	mpg	cyl	disp	hp	drat	wt	qsec	gear	carb
disp	-0.85	0.90	1.00	0.79	-0.71	0.89	-0.43	-0.56	0.39
hp	-0.78	0.83	0.79	1.00	-0.45	0.66	-0.71	-0.13	0.75
drat	0.68	-0.70	-0.71	-0.45	1.00	-0.71	0.09	0.70	-0.09
wt	-0.87	0.78	0.89	0.66	-0.71	1.00	-0.17	-0.58	0.43
qsec	0.42	-0.59	-0.43	-0.71	0.09	-0.17	1.00	-0.21	-0.66
gear	0.48	-0.49	-0.56	-0.13	0.70	-0.58	-0.21	1.00	0.27
carb	-0.55	0.53	0.39	0.75	-0.09	0.43	-0.66	0.27	1.00

资料来源：根据 R 软件统计输出整理。

表 11-8　　自变量的方差膨胀因子

变量	cyl	disp	hp	drat	wt	qsec	gear	carb
VIF	15.190	21.403	9.102	3.292	14.963	5.556	4.827	7.826

资料来源：根据 R 软件统计输出整理。

第二步，使用逐步回归法筛选自变量，最终的回归模型保留了总马力 hp 和重量 wt 两个自变量，回归分析主要结果如表 11-9 所示。

表 11-9　　mpg 关于 hp 和 wt 的多元线性回归主要结果

变量	系数	标准误	t 统计量	p 值
常数项	37.227	1.599	23.285	< 2e-16 ***
hp	-0.032	0.009	-3.519	0.0015 ***
wt	-3.878	0.633	-6.129	1.12e-06 ***
Residual standard error: 2.593 on 29 degrees of freedom				
Multiple R-squared: 0.8268　　Adjusted R-squared: 0.8148				
F-statistic: 69.21 on 2 and 29DF, p-value: 9.109e-12				

注：符号 *** 表示在 0.01 的显著性水平上通过检验。
资料来源：根据 R 软件统计输出整理。

11.3.2　异方差性

在经典模型的基本假定中，要求误差项具有条件同方差，即给定自变量的任何值，有 $\mathrm{Var}(\varepsilon_i)=\sigma^2$，$i=1, 2, \cdots, n$。若对于不同的样本观测，误差项的方差不再是常数，

即 $\mathrm{Var}(\varepsilon_i)=\sigma_i^2$，则称误差项出现了异方差性。

1. 异方差的类型

异方差的常见类型有递增型、递减型和复杂型。递增型是指误差项的方差 σ_i^2 随着自变量的增大而增大；递减型是指误差项的方差 σ_i^2 随着自变量的增大而减小；除此之外的，我们都可以看作复杂型。

通过散点图或残差图（残差为纵轴、自变量为横轴作图）可初步判断模型是否具有异方差性。通常，递增型和递减型异方差较好识别，但是复杂型的异方差却不易识别。

异方差在实际的应用中较为常见，例如在研究收入对消费的影响时，由于高收入群体消费比较有弹性，而低收入群体消费很少变动，所以误差项方差常常随收入的增加而增加，即出现递增型异方差。

一般来说，截面数据比时间序列数据更容易出现异方差问题。这往往是因为同一时间点不同对象的差异，可能会比同一对象不同时间点的差异要大。

2. 异方差性的后果

当模型出现异方差问题时，如果依旧采用最小二乘法估计模型参数，将导致以下可能后果。

（1）参数估计量不再满足有效性。最小二乘估计量仍然是无偏的，但是不再具有最小方差。

（2）变量的显著性检验失效。当模型出现异方差问题时，变量回归系数估计量的方差估计就出现了偏误。基于有偏误的方差构造 t 统计量进行的回归系数的显著性检验也就不再有效。

（3）因变量的预测精度降低。基于有偏误的方差构造的预测区间不准确，回归模型的应用效果不理想。

3. 异方差性的检验

多年来，人们对异方差性进行了广泛的研究，提出了多种检验异方差性的方法，如戈里瑟（Glejser）检验、哥德菲尔德－夸特（Goldfeld－Quandt）检验、布罗施－帕甘（Breusch－Pagan，B－P）检验和怀特（White）检验等。下面我们仅介绍较现代的两种检验方法。

对于线性回归模型：

$$y_i=\beta_0+\beta_1x_{i1}+\beta_2x_{i2}+\cdots+\beta_kx_{ik}+\varepsilon_i \quad i=1,\ 2,\ \cdots,\ n$$

误差项 ε_i 具有条件同方差是指：给定自变量的任何值，有 $\mathrm{Var}(\varepsilon_i)=\sigma^2$，或可表示成 $\mathrm{Var}(\varepsilon_i|x_{1i},\ x_{2i},\ \cdots,\ x_{ki})=\sigma^2$。由于误差项 ε_i 具有条件零均值，所以可得 $\mathrm{Var}(\varepsilon_i|x_{1i},\ x_{2i},\ \cdots,\ x_{ki})=E(\varepsilon_i^2|x_{1i},\ x_{2i},\ \cdots,\ x_{ki})=E(\varepsilon_i^2)=\sigma^2$，这就意味着 ε_i^2 与一个或多个自变量不相关。若存在异方差，则意味着 ε_i^2 与一个或多个自变量相关。

（1）布罗施 - 帕甘（Breusch - Pagan，B - P）检验。

B - P 检验假设 ε_i^2 与自变量之间是线性相关，建立线性回归模型如下：

$$\varepsilon_i^2 = \gamma_0 + \gamma_1 x_{i1} + \gamma_2 x_{i2} + \cdots + \gamma_k x_{ik} + \mu_i$$

检验的原假设设为没有异方差，即检验

$$H_0: \gamma_1 = \gamma_2 = \cdots = \gamma_k = 0 \tag{11-16}$$

由于误差项 ε_i^2 是不可观测的，但是可用残差 e_i^2 近似替代，所以异方差性的检验是针对辅助回归

$$e_i^2 = \gamma_0 + \gamma_1 x_{i1} + \gamma_2 x_{i2} + \cdots + \gamma_k x_{ik} + \mu_i \tag{11-17}$$

检验（11 - 16）。这可通过拉格朗日乘数（LM）检验来进行：$LM = nR^2$，这里 R^2 为辅助回归式（11 - 17）的样本确定系数。

如果 B - P 检验得到一个小于显著性水平的 p 值，就应该拒绝原假设，即意味着模型存在异方差性。

（2）怀特（White）检验。

在 B - P 检验的回归函数中引入自变量的二次项（既可以包括平方项，也可以包含交叉乘积项）时，即为怀特检验。

以包含 3 个自变量的回归模型为例，怀特检验是基于如下的辅助回归

$$\begin{aligned} e_i^2 &= \gamma_0 + \gamma_1 x_{i1} + \gamma_2 x_{i2} + \gamma_3 x_{i3} + \gamma_4 x_{i1}^2 + \gamma_5 x_{i2}^2 + \gamma_6 x_{i3}^2 \\ &\quad + \gamma_7 x_{i1} x_{i2} + \gamma_8 x_{i1} x_{i3} + \gamma_8 x_{i2} x_{i3} + \mu_i \end{aligned}$$

进行的，检验的原假设为：

$$H_0: \gamma_1 = \gamma_2 = \cdots = \gamma_9 = 0$$

仍然可采用 LM 统计量进行检验。

若怀特检验得到一个小于显著性水平的 p 值，就应该拒绝原假设，即意味着模型存在异方差性。

4. 异方差的修正方法

当 B - P 检验或怀特检验得到一个足够小的 p 值，说明回归模型存在异方差，此时模型需要进行修正，一种措施是采用异方差 - 稳健标准误，另一种可能措施是使用加权最小二乘估计。此外，通过对自变量、因变量取对数，可以减小（而非消除）异方差的影响。

（1）异方差 - 稳健标准误。

误差项的异方差性会影响参数的最小二乘估计量的方差或标准差的正确估计，但是并不会影响估计量的无偏性和一致性。怀特于 1980 年提出了异方差 - 稳健标准误来对最小二乘估计量的标准差进行修正，从而消除异方差带来的不良后果。

我们可以使用统计软件计算异方差 - 稳健标准误，进一步计算异方差 - 稳健的 t 统计量和异方差 - 稳健的 F 统计量，并基于此进行正确的统计推断。

（2）加权最小二乘法。

如果异方差的具体形式可以明确或可以估计得到，那可以对原模型进行加权处理，对方差较大的观测值赋以较小的权重，对方差较小的观测值赋以较大的权重，以弥补观测值方差之间的差距，使变换后的模型具有同方差性。这种方法称为加权最小二乘法（weighted least square，WLS）。详细内容读者可以参考李子奈（2015）。

对例 11－3 最后建立的二元线性回归模型进行布罗施－帕甘异方差检验，R 软件输出结果为：BP＝0.8807，对应的 p－value＝0.6438。由于 p 值大于规定的显著性水平 0.05，因此不能拒绝原假设，模型不存在异方差问题。

11.3.3　内生性

回归分析的一个关键假定是误差项 ε 具有条件零均值，也就是说，ε 的均值不依赖于自变量任何取值的变化，并且总是取值为零。这意味着 ε 与 x 不存在任何形式的相关。这个假定成立的话，称自变量是**严格外生的**（strictly exogenous）。**内生性问题**（endogeneity issue）是指违反了这一关键假定而出现的问题。此时，模型中的一个或多个自变量与同期误差项或与异期误差项之间存在相关关系。与误差项相关的变量被称为**内生变量**。一般来说，模型中因变量应为内生变量，而自变量为外生变量。通常截面数据模型的内生性问题表现在内生变量与误差项存在同期相关。所以接下来提到的内生性问题只考虑内生变量与误差项的同期相关性。

1. 产生内生性问题的原因及带来的后果

一般来说，内生性出现的原因通常可分为三类。

第一类是模型中遗漏了重要的自变量。被遗漏的自变量被纳入误差项，如果被遗漏变量对自变量有影响，就会导致自变量与误差项相关。

第二类是模型中的因变量与自变量的互为因果关系。这时建立的是联立方程模型，因此也称为联立因果关系。例如，从全国范围来看，某消费品的需求量 Q 主要由该商品的价格 P 以及居民的收入水平 Y 决定，而商品价格又受到商品需求量的影响。这里即为联立因果关系，建立的模型称为联立方程模型。商品需求量 Q 与价格 P 是模型的内生变量。而居民的收入水平 Y 不由联立方程模型决定，是模型的外生变量（李子奈，2015）。

第三类是模型中的自变量存在测量误差。在实际建模中，我们获取得到的数据很多都是对理论值估计得到的，因此会导致各种测量误差存在。例如，在研究教育对收入的影响时，我们使用教育年限来估计教育这个变量，这显然是存在测量误差的。自变量的测量误差被纳入误差项，将导致自变量与误差项存在相关关系。

当模型出现内生性问题时，参数的普通最小二乘估计量将不再具有优良的性质。第一，最小二乘估计量将高估或低估参数，也就是无偏性不再满足。第二，估计量也不再满足一致性，即无论样本量多大，最小二乘估计量不能保证会收敛于总体参数的真实值。

2. 内生性问题的解决——工具变量法

内生性问题是由于内生变量与误差项相关而引起的，如果我们可以将内生变量分解成两部分：一部分与误差项相关，另一部分与误差项不相关，那么我们是不是可以用与误差项不相关的那部分去估计得到满足一致性的估计量呢？这就是工具变量法解决内生性问题的思路。

工具变量，就是替代有内生问题的自变量的工具，显然，工具变量与内生变量应高度相关。而从模型角度看，工具变量是用来解决内生性问题的，所以应是与误差项不相关的变量。

但是工具变量法并不是简单地将模型中的内生变量替换成工具变量，而是在模型的参数过程中用工具变量的信息代表内生变量的信息。这个过程一般通过两阶段的最小二乘（two stage least square，2SLS）估计来完成，也就是通过作两个回归来实现。

第一阶段回归，用工具变量 z 来解释内生变量 x，并得到估计值 $\hat{x}=\hat{\alpha}_0+\hat{\alpha}_1 z$；

第二阶段回归，在原模型中，以估计值 $\hat{x}$ 替换 x，进行普通最小二乘估计。

3. 内生性的检验——豪斯曼检验

豪斯曼（Hausman）于 1978 年提出了一种如何从统计上检验自变量是否为内生变量的方法。豪斯曼检验的原假设为自变量为外生变量，如果原假设成立，则工具变量法与普通最小二乘法的估计结果应是一致的。因此可以将两种方法的结果进行对比，若差异显著存在，则说明存在内生变量。

如果豪斯曼检验得到一个小于显著性水平的 p 值，就应该拒绝原假设，即意味着模型存在内生变量。

除了对检验自变量是否为内生变量外，在使用工具变量法中还经常进行弱工具变量检验、过度识别检验。这些内容的详细分析读者可以参考伍德里奇（2018）。

11.3.4 自相关

自相关的问题一般出现在时间序列的数据中，所以这部分内容通常都放在时间序列中介绍。而截面数据的自相关性，是空间相关的问题，属于空间计量学的研究内容。本节简单介绍时间序列数据的自相关问题。

对于式（11-6）的经典基本假定中，除了要求误差项具有条件同方差，还要求无序列自相关，即给定自变量的任何值，$\text{Cov}(\varepsilon_i,\ \varepsilon_j)=0$，$i\neq j$，$i$，$j=1$，2，…，$n$。当违背这一基本假设时，就称模型出现了自相关问题。

自相关最常见的形式是一阶自相关：

$$\varepsilon_t=\rho\varepsilon_{t-1}+\nu_t$$

其中 ν_t 是满足条件零均值、同方差、无序列自相关的随机误差项。

1. 自相关的来源

一般来说，时间序列数据出现自相关问题，主要是出于以下几种原因。

（1）惯性。大多数经济时间序列都存在自相关性，突出特征就是惯性。例如，国民收入、货币发行量等一般都有一定的滞后性，前期消费额对后期消费额一般会有明显的影响等。

（2）模型设定偏差。若使用的数学模型形式的选择不对，误差项常表现出自相关，例如变量间的真实关系为指数关系，却选择进行线性回归。

（3）遗漏了重要的自变量。如果忽略了一个或一些重要的自变量，并且这些变量存在自相关，那么被遗漏的自变量进入误差项，进而导致了误差项的自相关。当然，当略去多个重要自变量时，也许会互相抵消这种相关性。

2. 自相关的后果

当模型出现自相关问题时，模型参数的最小二乘估计量仍具有无偏性，但是估计量的方差会出现偏误。基于有偏误的方差构造的 t 检验和 F 检验失效。同样，基于有偏误的方差构造的预测区间不准确，预测精度降低，回归模型的预测将不再有效。

3. 自相关的检验

（1）图示法。

该方法简单直观，但不严格，只能用来作初步判断。做出残差 e_t 与 e_{t-1} 的散点图，根据走势判断正相关还是负相关，如图 11－3 所示。

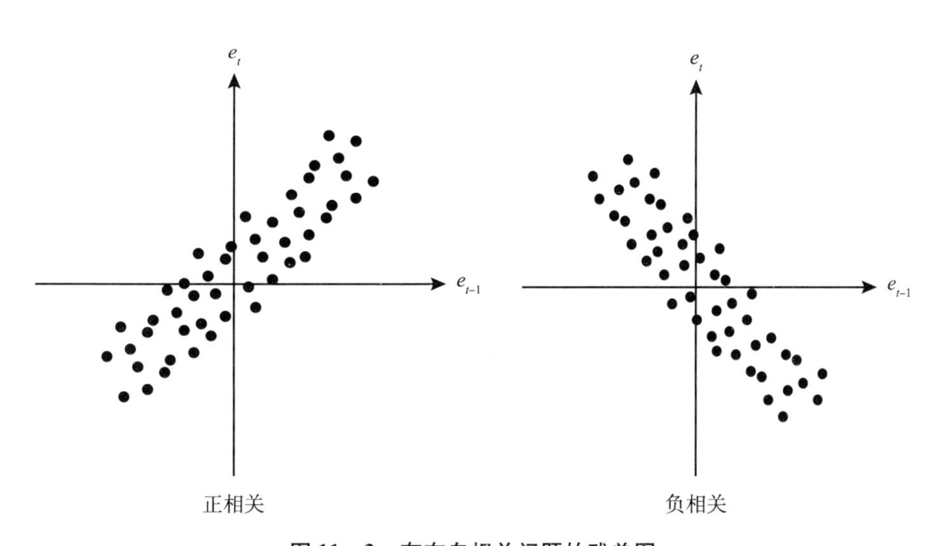

图 11－3 存在自相关问题的残差图

（2）DW 检验。

DW 检验是杜宾和瓦森（J. Durbin and G. S. Watson）提出的一种检验序列一阶自相关的方法。

一般软件会自动求出 DW 值，根据样本容量 n 和自变量个数 k 查 DW 检验上下限表，得到临界值 d_L 和 d_U，根据图 11 - 4 进行判断。

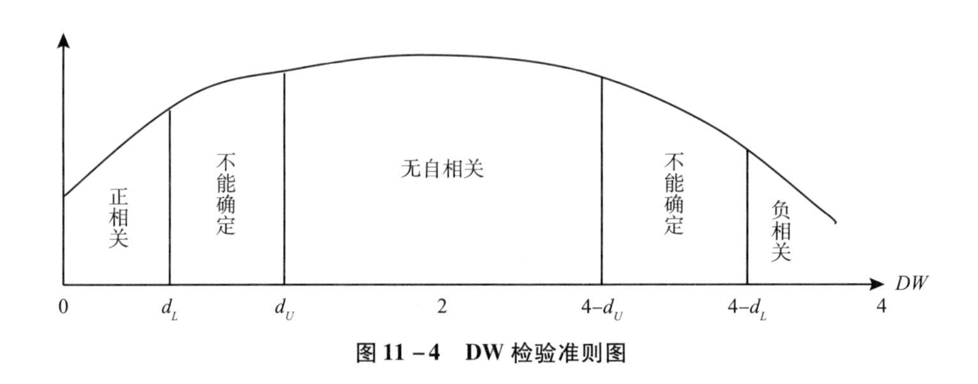

图 11 - 4　DW 检验准则图

该方法早期使用较多。但是由于其假定条件较多，且还存在不能确定的区域，因此现已不常用。

（3）BG 检验。

DW 检验仅适用于一阶自相关检验，不适用于高阶自相关检验。而 BG 检验克服了 DW 检验的缺陷，是一种适用于高阶自相关的检验方法。

BG 检验是由布罗施与戈弗雷（Breusch and Godfrey）于 1978 年提出的，使用的是拉格朗日乘数（Lagrange multiplier，LM）形式的统计量，也称为拉格朗日乘数检验。

BG 检验的原假设是“模型误差项无 p 阶自相关”，若统计软件中 BG 检验得到一个小于给定显著性水平的 p 值，就应该拒绝原假设，即意味着模型误差项存在 p 阶自相关。

4. 自相关的处理

在排除了模型设定偏误和遗漏重要自变量之后，模型还存在自相关问题，才能认为误差项 ε_t 存在“真正”的自相关。一般常用两种方法处理自相关问题。一是采用异方差 - 自相关一致标准误，二是使用广义最小二乘法。

（1）异方差 - 自相关一致标准误。

误差项的自相关问题会影响参数的最小二乘估计量的方差或标准差的正确估计，但是并不会影响估计量的无偏性和一致性。尼威和韦斯特（Newey and West）于 1987 年提出了当模型的误差项存在自相关问题时，对最小二乘估计量的标准差的正确估计。该估计方法不仅在模型误差项存在自相关问题时有效，而且在模型误差项同时存在异方差问题和自相关问题时也有效，因此被称为异方差 - 自相关一致标准误。

我们可以使用统计软件计算异方差 - 自相关一致标准误，并基于此构造正确的 t 统计量和 F 统计量，进行正确的统计推断。

（2）广义最小二乘法。

广义最小二乘法，是基于误差项的方差－协方差矩阵分解，将原模型变换成满足条件同方差、无序列自相关的新模型，再使用普通最小二乘法进行估计。加权最小二乘法是广义最小二乘法的特例。这些内容的详细分析读者可以参考李子奈（2015）。

11.4　含有虚拟变量的线性回归模型

前面介绍的回归模型，因变量和自变量都是定量变量。当自变量中包含定性变量时，如何将其“量化”以便进行回归分析呢？实践中，经常将现象分成两类，如性别是男还是女、产品是否合格、天气是否干旱、一个人是否大学毕业等。对这些两个类别属性的定性变量，可以通过定义一个 0－1 变量来完成定性变量的“量化”。我们将这样的人工赋值量化的变量称为**虚拟变量**（或哑变量）。

11.4.1　虚拟变量的设置

在虚拟变量的定义中，我们建议将取值为 1 的类别属性作为变量名称。例如，定义性别的虚拟变量，可以将“男性”作为虚拟变量，此时对男性取值为 1，而女性取值为 0。当然，也可以将“女性”作为虚拟变量，此时女性取值为 1，男性取值为 0。另外，对于性别这样的两类别属性的定性变量，只需要定义一个虚拟变量进入模型。不要同时定义“男性”“女性”两个虚拟变量进入模型，因为这将导致完全共线性问题。

同样，对于有 n 个类别属性的定性变量，则定义 $n-1$ 个虚拟变量进入模型。例如表示性别和是否已婚两变量的组合，有未婚男性、已婚男性、未婚女性、已婚女性四个属性，此时只需要定义三个虚拟变量进入模型：

$$D_1=\begin{cases}1，已婚男性\\0，其他\end{cases}，D_2=\begin{cases}1，未婚女性\\0，其他\end{cases}，D_3=\begin{cases}1，已婚女性\\0，其他\end{cases}$$

当 $D_1=0$，$D_2=0$，$D_3=0$ 时，表示未婚男性；当 $D_1=1$，$D_2=0$，$D_3=0$ 时，表示已婚男性；当 $D_1=0$，$D_2=1$，$D_3=0$ 时，表示未婚女性；当 $D_1=0$，$D_2=0$，$D_3=1$ 时，表示已婚女性。

11.4.2　对虚拟变量系数的解释

将虚拟变量引入模型，有两种方法，一种是直接将虚拟变量以简单相加的方式引入模型，另一种是将虚拟变量与其他自变量的相乘项（也称为交互项）引入模型。下面分别介绍这两种方式下虚拟变量系数的含义。

1. 加法方式

以加法方式引入虚拟变量，其系数的作用是调整模型的截距。

考虑一个分析员工薪酬的简单回归模型，因变量为员工的月薪 y，自变量为受教育年限 x_1、性别 x_2。因性别 x_2 为定性变量，故引入表示女性的虚拟变量 D，其取值为：

$$D=\begin{cases}1, & \text{当 } x_2 \text{ 取值为女性}\\ 0, & \text{当 } x_2 \text{ 取值为男性}\end{cases}$$

则员工薪酬的回归模型为：

$$y=\beta_0+\beta_1x_1+\gamma_1D+\varepsilon \tag{11-18}$$

在误差项条件零均值的假定下，可知：

$$E(y\mid x_1, D=1)=(\beta_0+\gamma_1)+\beta_1x_1 \tag{11-19}$$

$$E(y\mid x_1, D=0)=\beta_0+\beta_1x_1 \tag{11-20}$$

这两个回归函数具有不同的截距。式（11－19）表示女性员工的平均月薪，式（11－20）表示男性员工的平均月薪，两式之差为：

$$\gamma_1=E(y\mid x_1, D=1)-E(y\mid x_1, D=0)$$

也就是说虚拟变量的系数 γ_1 反映了女性与男性的薪酬之差，即性别导致的薪酬之差。

在上面的分析中，我们实际上是将员工分成了男性和女性两组进行分析，并且把虚拟变量 D 取值为零的男性员工组作为基本组，虚拟变量系数反映了另一组（女性员工）与基本组相比较的差异。

2. 乘法方式

将虚拟变量与其他自变量的相乘项引入模型，也就是以乘法方式引入虚拟变量，其系数的作用是调整模型的斜率。

继续考虑员工薪酬的简单回归模型，因变量为员工的月薪 y，自变量为受教育程度 x_1，表示女性的虚拟变量 D，建立如下的回归模型：

$$y=\beta_0+\beta_1x_1+\gamma_1D+\gamma_1Dx_1+\varepsilon \tag{11-21}$$

在误差项条件零均值的假定下，可知：

$$E(y\mid x_1, D=1)=(\beta_0+\gamma_1)+(\beta_1+\gamma_2)x_1 \tag{11-22}$$

$$E(y\mid x_1, D=0)=\beta_0+\beta_1x_1 \tag{11-23}$$

式（11－22）表示女性员工的平均月薪，式（11－23）表示基本组男性员工的平均月薪。虚拟变量的系数 γ_1 度量了女性员工与基本组相比较在截距上的差异。而交互项的系数 γ_2 度量了女性员工与基本组相比较在自变量 x_1 的斜率上的差异，反映了受教育回报上的差异。交互项的存在意味着女性和男性相比较，受教育程度对工资的影响程度是不一样的。

γ_1 和 γ_2 的取值符号有四种组合，而很多实证表明，$\gamma_1<0$ 是常见的情形。下面我们讨论 $\gamma_1<0$ 情形下，γ_2 分别取负值和正值的两种组合。图 11－5 中（1）图是 $\gamma_1<0$，$\gamma_2<0$ 情形下，男性和女性平均工资受教育影响的回归函数图示。随着受教育程度的提高，女性与男性平均工资的差距会越来越大。（2）图则是 $\gamma_1<0$，$\gamma_2>0$ 情形下，男性和女性平均工资受教育影响的回归函数图示。此时，随着受教育程度的提高，女性与男性平均工资的差距越来越小，甚至到后面反超男性。

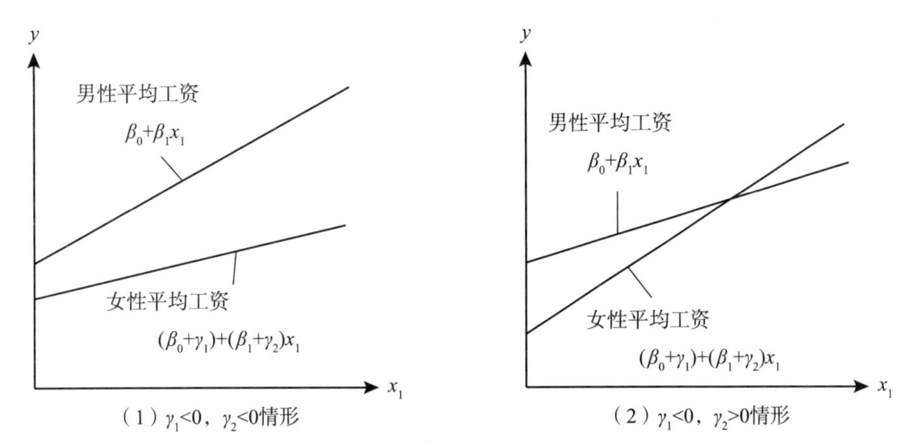

图 11－5　γ_1、γ_2 取值符号不同组合下，总体回归线图示

11.4.3　因变量 y 和 ln（y）的比较

在回归模型中引入虚拟变量后，经常会采用对数形式的因变量。那对数形式的因变量有什么作用呢？

仍然考虑员工薪酬的回归模型（11－18），若因变量采用对数形式，则回归模型定义为：

$$\ln(y)=\beta_0+\beta_1x_1+\gamma_1D+\varepsilon \tag{11-24}$$

在回归模型（11－18）中，虚拟变量的系数 γ_1 反映了女性与男性的薪酬之差，即性别导致的薪酬之差。那在回归模型（11－24）中，虚拟变量的系数 γ_1 则可以解释为性别导致的薪酬的百分比变化。

例 11－4　本例题继续使用 R 软件的 mtcars 数据集。以每加仑油英里数 mpg 为因变量，汽车重量 wt 和发动机类型 vs 为自变量，分析不同的发动机类型的汽车重量对每加仑油英里数的影响。

解：第一，发动机类型 vs 有两个取值，取值为 1 表示直列发动机（straight），取值为 0 表示 V 型发动机（V－shaped），引入虚拟变量

$$\text{straight}=\begin{cases}1,\ \text{直列发动机}\\0,\ \text{V 型发动机}\end{cases}$$

建立如下回归模型：

$$\text{mpg}=\beta_0+\beta_1\text{wt}+\gamma_1\text{straight}+\varepsilon$$

在条件零均值的假定下，得到总体回归函数为：

$$\text{对于直列发动机，}E(\text{mpg}\mid\text{wt, straight}=1)=(\beta_0+\gamma_1)+\beta_1\text{wt}$$

$$\text{对于 V 型发动机，}E(\text{mpg}\mid\text{wt, straight}=0)=\beta_0+\beta_1\text{wt}$$

R 软件的 lm 函数可以直接估计带虚拟变量的回归模型，由 mtcars 数据集估计得到的主要回归结果如表 11－10 所示。

表 11－10　mpg 关于 wt 和 straight 的多元线性回归主要结果

变量	系数	标准误	t 统计量	p 值
常数项	37.004	2.355	14.012	1.92e－14 ***
wt	－4.443	0.613	－7.243	5.63e－08 ***
straight	3.154	1.191	2.649	0.0129 **
Residual standard error：2.78 on 29 degrees of freedom				
Multiple R－squared：0.801　　Adjusted R－squared：0.7873				
F－statistic：58.36 on 2 and 29DF，p－value：6.818e－11				

注：符号 **、*** 分别表示在 0.05、0.01 的显著性水平上通过检验。
资料来源：根据 R 软件统计输出整理。

这个模型得到的是截距不同但斜率相同的两条平行的样本回归直线，如图 11－6 所示。

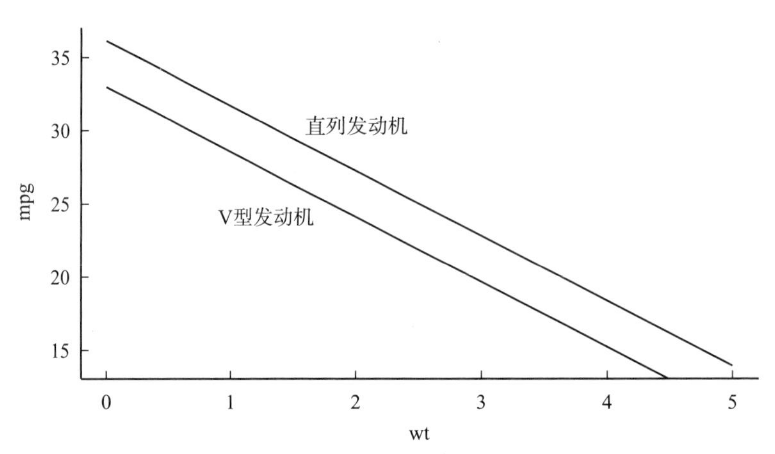

图 11－6　用汽车重量 wt 预测不同发动机类型的 mpg 的样本回归函数

资料来源：R 软件统计输出。

第二，在模型中增加交互项 wt × straight，建立如下回归模型：

$$mpg = \beta_0 + \beta_1 wt + \gamma_1 straight + \gamma_2 wt \times straight + \mu$$

在条件零均值的假定下，得到总体回归函数为：

对于直列发动机，$E(mpg \mid wt, straight = 1) = (\beta_0 + \gamma_1) + (\beta_1 + \gamma_2) wt$

对于 V 型发动机，$E(mpg \mid wt, straight = 0) = \beta_0 + \beta_1 wt$

表 11－11 给出了增加交互项的回归模型的主要结果。

表 11 - 11　　mpg 关于 wt、straight 和 wt × straight 的多元线性回归主要结果

变量	系数	标准误	t 统计量	p 值
常数项	29. 531	2. 622	11. 263	6. 55e - 12 ***
wt	- 3. 501	0. 692	- 5. 063	2. 33e - 05 ***
straight	11. 767	3. 764	3. 126	0. 0041 ***
wt × straight	- 2. 910	1. 216	- 2. 393	0. 0236 **
Residual standard error：2. 578 on 28 degrees of freedom				
Multiple R - squared：0. 8348　　Adjusted R - squared：0. 8171				
F - statistic：47. 16 on 3 and 28DF，p - value：4. 497e - 11				

注：符号 ** 、 *** 分别表示在 0. 05、0. 01 的显著性水平上通过检验。
资料来源：根据 R 软件统计输出整理。

加入交互项之后的回归模型得到的是截距不同，斜率也不同的样本回归直线，如图 11 - 7 所示。

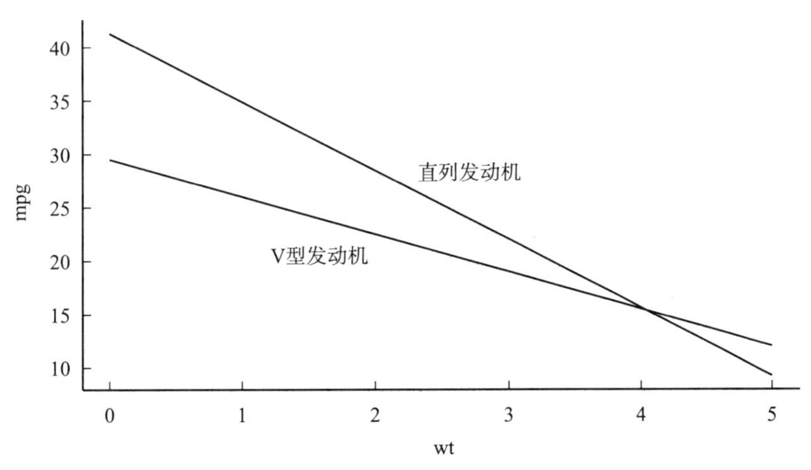

图 11 - 7　加入 wt 和 straight 交互项的样本回归直线

资料来源：R 软件统计输出。

11. 5　自变量的筛选与线性回归模型的选择

回归模型中自变量的筛选问题是回归分析中非常重要的问题。而在自变量的筛选问题中，最后都落脚在“最优”模型的选择问题。在本节中，介绍自变量筛选的两类方法和统计软件中常用的一些回归模型的评价准则。

11.5.1 自变量的筛选

在回归模型中，遗漏重要自变量显然会使回归分析的效果较差，但是加入太多的自变量又会存在过度拟合的情况。并且，在对实际问题的建模中，因变量往往受到很多因素的影响。而且由于影响因素相互之间可能存在着复杂的关系，我们往往很难直接判断哪些影响因素应该选为自变量，哪些和因变量没有太大关系的影响因素应该被舍弃。因此我们需要借助于科学的统计方法进行自变量的筛选，最终达到“最优”模型的目的。那么什么是“最优”呢？应该是回归模型包含所有对因变量影响显著的自变量，且回归方程中的自变量尽可能的少。

常用的自变量的筛选方法可以归纳为两类：最优子集法和逐步筛选法。

1. 最优子集法

最优子集法也称为全子集法，这种方法简单粗暴，其基本思想是将 k 个自变量 x_1，x_2，…，x_k 所有可能的组合与因变量 y 进行回归，然后在所有组合中选取评价指标最好的那一组自变量作为最优子集。

k 个自变量的所有可能组合数是 2^k-1。当 k 较大时，计算量很大，此时最优子集法不具有可行性。例如 $k=8$，自变量的所有可能组合数是 $2^8-1=255$，但是 $k=16$，自变量的所有可能组合数是 $2^{16}-1=65535$。若 $k=20$，自变量的所有可能组合数已经超过百万种。这么大的计算量，即使是借助计算机完成，也需要好的算法来实现。

2. 逐步筛选法

最优子集法虽然比较简单直观，但消耗的计算资源较大，当自变量的个数比较多时，最优子集法便不太适用，这时候可以采用逐步筛选法。

逐步筛选法主要包括向前引入法（Forward）、向后剔除法（Backward）和逐步回归法（Stepwise）三种方法。

（1）向前引入法。

向前引入法是将自变量逐个引入回归模型之中的方法。从只包含常数项开始，每次把能使得模型发生最显著性变化的自变量引入回归方程中。具体而言，首先选择 k 个自变量中与因变量关系最密切的 x_i 进入模型中，然后在剩下的自变量中选择一个 x_j，(x_i, x_j) 是所有二维变量中对因变量拟合效果最好的，依此类推，直到得到包含所有 k 个自变量的回归模型。最后比较这 k 个回归模型，从中选择“最优”的。

向前引入法中，已经进入模型中的自变量不会再剔除，这是向前引入法的一个缺陷。因为自变量之间有可能存在相关性，因此后面进入的自变量有可能导致已经进入的自变量变得不再显著，于是最后得到的“最优”模型中可能会包含不显著的自变量。

（2）向后剔除法。

与向前引入法相反，向后剔除法是将自变量逐个从回归模型中剔除的方法。从包含常数项和所有 k 个自变量的回归模型开始，每次把对因变量贡献最小的自变量剔除，直到剩下一个自变量。最后在这 k 个回归模型中选择“最优”的。

向后剔除法中，已经剔除出去的自变量不会再被选入回归模型中，这有可能使得最后得到的“最优”模型中遗漏相对重要的自变量，这是向后剔除法的缺陷。

（3）逐步回归法。

考虑到向前引入法和向后剔除法各自的缺陷，很自然地想到把这两种方法结合起来，这就是逐步回归法。逐步回归法以向前引入法为主，被选入的变量当它的作用在新变量引入后变得微不足道时，可以将它剔除；被剔除的变量当它的作用在新变量引入后变得重要时，可以将它重新引入。在逐步回归法中，自变量可进可出，克服了向前引入法和向后剔除法的缺陷，是当前主流的变量筛选方法。

11.5.2　线性回归模型选择

在自变量的筛选问题中，最后都落脚在选择“最优”模型上。那么如何评价模型的优劣呢？目前的研究成果中有很多评价准则，例如 C_p 统计量、AIC 等，这些评价准则通常从以下三个方面来综合考虑：一是残差平方和越小越好；二是回归的标准误 $\hat{\sigma}$ 越小越好；三是模型包含的自变量越少越好。

下面介绍在统计软件中常用的一些评价准则。

1. 调整的 R^2（记为 $\bar{R}^2$）准则

样本确定系数 R^2，反映了因变量 y 的样本总变异中自变量可以解释的比例。然而，R^2 会随着模型中自变量数目增加而增加，这个问题可以由调整的 R^2（见公式 11－3）解决。$\bar{R}^2$ 越大，意味着模型的测试误差越低，拟合优度越好。因此选 $\bar{R}^2$ 达到最大的模型。

2. C_p 统计量准则

另一种评价准则是马洛斯（Mallows）提出的 C_p 统计量，定义为：

$$C_p = RSS/\hat{\sigma}^2 - n + 2p$$

其中 $p = k + 1$ 是模型中参数个数（k 是自变量个数），n 是样本观测数量，RSS 是残差平方和，$\hat{\sigma}^2$ 是回归模型误差项方差的估计。

C_p 统计量越小，模型拟合效果越好。另外，当 n 比 k 大得多时，有 $C_p \approx p$。因此该准则是选用 C_p 值接近 p，且 C_p 值最小的模型。

3. AIC 准则和 BIC 准则

AIC 准则和 BIC 准则尽管非常相似，但是构造的起源是不同的。AIC 准则是日本统计学家赤池（Akaike）根据极大似然估计原理提出的一种模型选择准则，称为赤池信息量准则（Akaike information criterion）。而 BIC 是施瓦兹（Schwartz）根据贝叶斯

（Bayes）理论提出的判别准则，全称是贝叶斯信息准则（Bayesian information criterion），或称为 SBIC（schwartz bayesian information criterion）。这两个准则具体为：

$$\mathrm{AIC} = -2\ln L(\hat{\theta}, x) + 2p$$

$$\mathrm{BIC} = -2\ln L(\hat{\theta}, x) + \ln(n)p$$

其中 $L(\hat{\theta}, x)$ 是模型的极大似然函数的最大值，$p = k + 1$ 是模型参数的个数，n 是样本观测数量。上面两式中第二项是对模型增加参数的惩罚项，BIC 的惩罚项比 AIC 的增加了对样本量的惩罚。因此在样本量较大时，BIC 对模型参数惩罚得更多，导致 BIC 更倾向于选择参数少的简单模型。

对于经典线性回归模型，误差项服从常数方差的正态分布，可以得到：

$$\mathrm{AIC} = n\ln\left(\frac{RSS}{n}\right) + 2p$$

$$\mathrm{BIC} = n\ln\left(\frac{RSS}{n}\right) + \ln(n)p$$

AIC 和 BIC 越小，模型拟合效果越好，因此这两个准则都是选择 AIC 和 BIC 取值最小的模型为“最优”模型。

例 11－5 Credit 数据集是一个信用卡公司的客户个人信用卡债务及相关变量的数据集。该数据集在 R 软件的 ISLR 软件包中（James G，et al.，2013），包括了 11 个变量的 400 个样本观测数据。变量名称及含义如表 11－12 所示。

表 11－12　Credit 数据集变量名称及含义

变量	含义	变量	含义
Balance	个人平均信用卡债务	Rating	信用评分
Age	年龄	Gender	性别
Cards	信用卡数量	Student	是否学生
Education	受教育年限	Status	婚姻状况
Income	收入（单位：千美元）	Ethnicity	种族（白人、非洲裔、亚洲人）
Limit	信用额度		

请以 Balance 为因变量，通过逐步回归法筛选自变量来选择“最优”模型。

解： 第一，通过散点图矩阵（见图 11－8）初步了解变量之间的相关性。Balance 与 Limit、Rating 具有较强的线性相关性，与 Income 有着较弱的线性相关性，而与 Age、Education 几乎不存在线性相关性。而且 Limit 与 Rating 具有完全正线性相关。

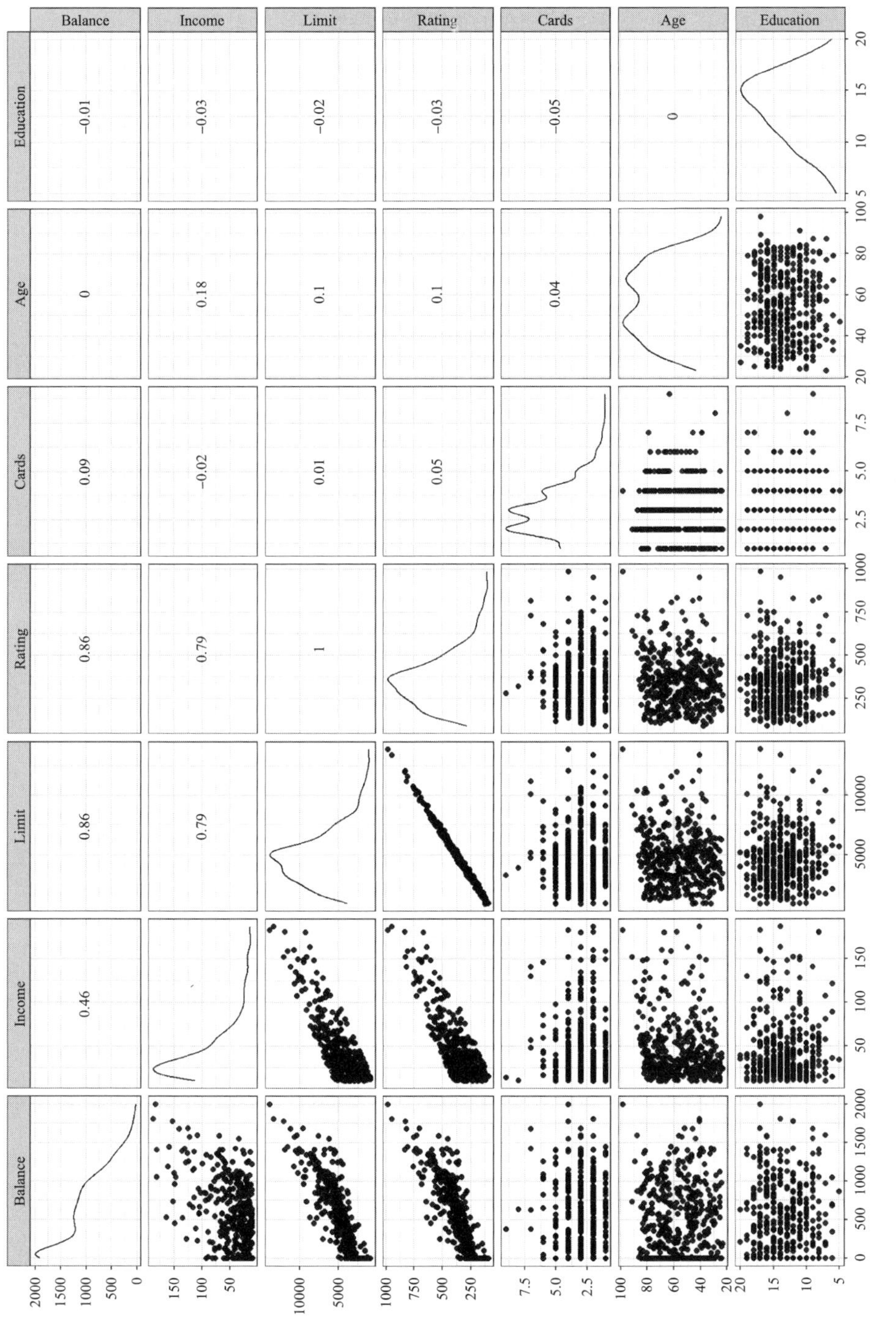

图11-8　Credit数据集的七个定量变量的散点图矩阵

资料来源：R软件统计输出。

第二，建立所有自变量对 Balance 进行预测的全模型，主要回归结果如表 11－13 所示。虽然 F 检验表明因变量与自变量之间的线性关系显著，且自变量对因变量的解释能力很强，但是有的自变量的回归系数没有通过显著性检验。

表 11－13　　Balance 关于所有自变量的多元线性回归主要结果

变量	系数	标准误	t 统计量	p 值
常数项	－479.208	35.774	－13.395	< 2e－16 ***
Income	－7.803	0.234	－33.314	< 2e－16 ***
Limit	0.191	0.033	5.824	1.21e－08 ***
Rating	1.137	0.491	2.315	0.0211 **
Cards	17.724	4.341	4.083	5.40e－05
Age	－0.614	0.294	－2.088	0.0374 **
Education	－1.099	1.598	－0.688	0.4921
GenderFemale	－10.653	9.914	－1.075	0.2832
StudentYes	425.747	16.723	25.459	< 2e－16 ***
MarriedYes	－8.534	10.363	－0.824	0.4107
EthnicityAsian	16.804	14.119	1.190	0.2347
EthnicityCaucasian	10.107	12.210	0.828	0.4083
Residual standard error：98.79 on 388 degrees of freedom				
Multiple R－squared：0.9551　　Adjusted R－squared：0.9538				
F－statistic：750.3 on 11 and 388DF，p－value：<2.2e－16				

注：符号 ** 、*** 分别表示在 0.05、0.01 的显著性水平上通过检验。
资料来源：根据 R 软件统计输出整理。

第三，通过逐步回归筛选自变量，使用调整的 R^2、C_p 统计量、AIC 准则和 BIC 准则选择“最优”模型。

用 R 软件进行逐步回归，整理得到表 11－14。从表中可以看出，模型 5 和模型 6 的所有自变量的系数都通过了显著性检验。从 C_p 和 AIC 准则来看，模型 5“最优”，但是从 BIC 准则来看，模型 6“最优”。基于以下两点理由，选择模型 6 为“最优”模型。一是，从图 11－8 可以看出，变量 Rating 和 Limit 高度相关，所以模型 5 可能存在多重共线性。并且 Age 与 Balance 的线性相关性很弱。这说明模型 5 中 Rating（或者 Limit）和 Age 有可能是多余的自变量。二是，在解释能力相近似的模型中，总是倾向于选择最简单的模型，即自变量最少的模型。模型 6 虽然比模型 5 少了 Rating 和 Age 两个自变量，但是调整的 R^2 只降低了 0.1%，解释能力与模型 5 近似，但是模型更简洁。

表 11－14　　Credit 数据集的不同回归模型结果的比较

变量	模型 1	模型 2	模型 3	模型 4	模型 5	模型 6
常数项	−479.208 (35.774)***	−468.404 (34.355)***	−471.714 (33.988)***	−488.616 (25.289)***	−493.734 (24.825)***	−499.727 (15.89)***
Income	−7.803 (0.234)***	−7.802 (0.234)***	−7.807 (0.234)***	−7.804 (0.234)***	−7.795 (0.233)***	−7.839 (0.232)***
Limit	0.191 (0.033)***	0.193 (0.033)***	0.195 (0.032)***	0.194 (0.032)***	0.194 (0.032)***	0.267 (0.004)***
Rating	1.137 (0.491)**	1.102 (0.489)**	1.068 (0.486)**	1.094 (0.485)**	1.091 (0.485)**	—
Cards	17.724 (4.341)***	17.923 (4.332)***	18.100 (4.322)***	18.109 (4.319)***	18.212 (4.319)***	23.175 (3.639)***
Age	−0.614 (0.294)**	−0.635 (0.293)**	−0.618 (0.292)**	−0.621 (0.292)**	−0.624 (0.292)**	—
Education	−1.099 (1.598)	−1.115 (1.596)	−1.185 (1.592)	—	—	—
GenderFemale	−10.653 (9.914)	10.407 (9.904)	−10.529 (9.896)	−10.453 (9.890)	—	—
StudentYes	425.747 (16.723)***	426.469 (16.678)***	427.542 (16.592)***	426.581 (16.533)***	425.610 (16.510)***	429.606 (16.61)***
MarriedYes	−8.534 (10.363)	−7.019 (10.278)	—	—	—	—
EthnicityAsian	16.804 (14.119)	—	—	—	—	—
EthnicityCaucasian	10.107 (12.210)	—	—	—	—	—
$\bar{R}^2$	0.9538	0.9539	0.954	0.954	0.954	0.9531
C_p	12.000	9.443	7.909	6.462	5.575	11.149
AIC	4823.370	4820.855	4819.333	4817.901	4817.039	4822.701
BIC	4875.259	4864.761	4859.248	4853.824	4848.971	4846.650

注：括号中的数值表示回归系数估计量的标准误，符号 ** 、 *** 分别表示在 0.05、0.01 的显著性水平上通过检验。

资料来源：R 软件统计输出。

习　题

1. 简述回归模型中的总体回归函数和样本回归函数。

2. 简述经典线性回归模型的基本假定。

3. 在多元线性回归分析中，为什么需要对 R^2 进行调整？

4. 简述线性回归模型的统计推断中的 F 检验与 t 检验。

5. 当自变量之间存在较强的相关性时，回归模型可能出现什么问题？

6. 回归模型出现异方差问题时，会产生什么后果？

7. 有哪些科学的统计方法可以帮助进行自变量的筛选，最终达到“最优”模型的目的？

8. 简述评价模型优劣的准则。

9. 在例 11－3 中，使用 R 软件的 mtcars 数据集建立了每加仑油英里数 mpg 的多元线性回归模型。具体数据如题表 11－1 所示。

题表 11－1

变量	mpg	cyl	disp	hp	drat	wt	qsec	gear	carb	vs	am
Mazda RX4	21.0	6	160.0	110	3.90	2.620	16.46	4	4	0	1
Mazda RX4 Wag	21.0	6	160.0	110	3.90	2.875	17.02	4	4	0	1
Datsun 710	22.8	4	108.0	93	3.85	2.320	18.61	4	1	1	1
Hornet 4 Drive	21.4	6	258.0	110	3.08	3.215	19.44	3	1	1	0
Hornet Sportabout	18.7	8	360.0	175	3.15	3.440	17.02	3	2	0	0
Valiant	18.1	6	225.0	105	2.76	3.460	20.22	3	1	1	0
Duster 360	14.3	8	360.0	245	3.21	3.570	15.84	3	4	0	0
Merc 240D	24.4	4	146.7	62	3.69	3.190	20.00	4	2	1	0
Merc 230	22.8	4	140.8	95	3.92	3.150	22.90	4	2	1	0
Merc 280	19.2	6	167.6	123	3.92	3.440	18.30	4	4	1	0
Merc 280C	17.8	6	167.6	123	3.92	3.440	18.90	4	4	1	0
Merc 450SE	16.4	8	275.8	180	3.07	4.070	17.40	3	3	0	0
Merc 450SL	17.3	8	275.8	180	3.07	3.730	17.60	3	3	0	0
Merc 450SLC	15.2	8	275.8	180	3.07	3.780	18.00	3	3	0	0
Cadillac Fleetwood	10.4	8	472.0	205	2.93	5.250	17.98	3	4	0	0
Lincoln Continental	10.4	8	460.0	215	3.00	5.424	17.82	3	4	0	0
Chrysler Imperial	14.7	8	440.0	230	3.23	5.345	17.42	3	4	0	0
Fiat 128	32.4	4	78.7	66	4.08	2.200	19.47	4	1	1	1
Honda Civic	30.4	4	75.7	52	4.93	1.615	18.52	4	2	1	1

续表

变量	mpg	cyl	disp	hp	drat	wt	qsec	gear	carb	vs	am
Toyota Corolla	33.9	4	71.1	65	4.22	1.835	19.90	4	1	1	1
Toyota Corona	21.5	4	120.1	97	3.70	2.465	20.01	3	1	1	0
Dodge Challenger	15.5	8	318.0	150	2.76	3.520	16.87	3	2	0	0
AMC Javelin	15.2	8	304.0	150	3.15	3.435	17.30	3	2	0	0
Camaro Z28	13.3	8	350.0	245	3.73	3.840	15.41	3	4	0	0
Pontiac Firebird	19.2	8	400.0	175	3.08	3.845	17.05	3	2	0	0
Fiat X1 - 9	27.3	4	79.0	66	4.08	1.935	18.90	4	1	1	1
Porsche 914 - 2	26.0	4	120.3	91	4.43	2.140	16.70	5	2	0	1
Lotus Europa	30.4	4	95.1	113	3.77	1.513	16.90	5	2	1	1
Ford Pantera L	15.8	8	351.0	264	4.22	3.170	14.50	5	4	0	1
Ferrari Dino	19.7	6	145.0	175	3.62	2.770	15.50	5	6	0	1
Maserati Bora	15.0	8	301.0	335	3.54	3.570	14.60	5	8	0	1
Volvo 142E	21.4	4	121.0	109	4.11	2.780	18.60	4	2	1	1

请以 mpg 为因变量，wt 和 qsec 为自变量，使用软件建立二元线性回归模型并回答以下问题：（1）绘制因变量与自变量的散点图，并计算简单相关系数；（2）使用 mtcars 数据集估计样本回归函数，并说明估计得到的 wt 的回归系数的含义；（3）样本确定系数为多少？说明了什么？（4）回归模型的 F 检验的原假设和备择假设是什么？检验的结论是什么？（5）回归模型的所有回归系数的 t 检验的结论是什么？（6）给定新的观测数据 wt = 4，qsec = 18，计算 mpg 的 95% 置信区间和预测区间。

10. 请使用习题 9 的题表 11 - 1 数据，分析在不同传动方式下，汽车重量对每加仑油英里数的影响。

参考答案请扫二维码查看

第 12 章

线性分类模型

在第 11 章的线性回归模型中，因变量是定量变量，如职工工资、居民储蓄额、房屋售价等。但是有的时候，问题涉及的因变量是定性变量，如三种不同的疾病、晴天或者雨天，也就是进行类别的预测，这类问题属于分类问题。

很多方法可以解决分类问题，如判别分析、Logistic 回归、支持向量机法、基于树的方法、近邻法、人工神经网络法、基于关联规则的方法等。这些方法既有线性分类方法，也有非线性分类方法。Logistic 回归和判别分析是两种常用的线性分类方法。本章将分别介绍它们的主要思想和具体内容。限于篇幅问题，其他方法不做介绍。

12.1　分类问题概述

分类问题是实际中很常见的问题。我们可以看几个例子。

（1）气象台根据已有的气象资料，如气温、气压、湿度等，判断明天的天气是否下雨。

（2）银行根据客户的基本资料，如年龄、职业、收入、婚姻状况、信用卡每月底可用额度、贷款数量等，判断客户是否为优质客户。

（3）银行根据钞票的特征，如钞票长度、各边边距、对角线长度等，判断是否为假钞。

（4）肺部 CT 检查发现病灶，医生需根据病灶的特征判断是否为肺结核、肺部良性肿瘤、肺部恶性肿瘤或者其他肺部疾病。

这些问题的共同点都是需预测的因变量是定性变量，而自变量是定量变量。这种情况使用第 11 章介绍的线性回归模型是不适合的，可以使用 Logistic 回归和判别分析。

12.2 Logistic 回归

Logistic 回归的基本思想是对因变量属于某个类别的概率建模而不是直接对因变量建模。

那么该如何利用这一基本思想进行建模呢？其关键是找到一个函数，使得对因变量属于某个类别的概率建模后，任意自变量的取值在模型中的输出结果都在 0 ~ 1 区间。有许多函数满足这个要求，Logistic 函数是其中之一。

考虑最简单的二分类模型，即因变量为二分类变量的分类模型。因变量取值定义为 0 和 1，属于某个类别的概率用 $p=P(Y=1|X)$ 表示，此时 Logistic 函数可表示为：

$$P(Y=1|X)=\frac{e^{\beta_0+\beta_1x_1+\cdots+\beta_kx_k}}{1+e^{\beta_0+\beta_1x_1+\cdots+\beta_kx_k}} \tag{12-1}$$

整理得到：

$$\frac{P(Y=1|X)}{P(Y=0|X)}=\frac{p}{1-p}=e^{\beta_0+\beta_1x_1+\cdots+\beta_kx_k}$$

上式中的$\frac{p}{1-p}$称为发生比（odds），取值范围为 0 到 $+\infty$。当 $p=P(Y=1|X)$ 较低时，发生比$\frac{p}{1-p}$取值接近于 0；当 $p=P(Y=1|X)$ 很高时，发生比$\frac{p}{1-p}$取值接近于 $+\infty$。进一步将上式取对数，得到：

$$\ln\left(\frac{p}{1-p}\right)=\beta_0+\beta_1x_1+\cdots+\beta_kx_k \tag{12-2}$$

$\ln\left(\frac{p}{1-p}\right)$ 称为**对数发生比**。

式（12-1）和式（12-2）都是二分类模型 Logistic 函数的表达式。将此 Logistic 函数用于建立回归模型，就是**二值 Logistic 回归模型**。式（12-2）说明对数发生比是自变量的线性函数。因此，二值 Logistic 回归模型是一个广义的线性回归模型。模型中回归系数 β_i 的含义为：自变量 x_i 每增加一个单位，对数发生比平均增加 β_i 个单位。

12.3 线性判别分析

判别分析用于解决已知类别的分类问题。将每一个类别称为一个总体，判别分析试图找到这样一些“判别量”，根据这些判别量的数值能尽可能地将这些总体分离，并导出一种能最优的将新的观测值分配给各总体的规则。

判别分析方法有很多，如距离判别、Fisher 判别、Bayes 判别、逐步判别、主成分判别等。限于篇幅，本书介绍最简单直观的距离判别和实践中最常用的 Fisher 判别、

Bayes 判别。

12.3.1 距离判别

距离判别，顾名思义，是按照距离大小来进行判别，观测值离哪个总体最近，就判别它属于哪个总体。

1. 马氏距离的概念

在介绍距离判别之前，首先要讨论距离的概念。

多元统计分析中许多方法都是建立在距离概念的基础上的。统计上希望从概率的角度来考虑距离，即认为偏离相同标准差的距离是相同的，这就是印度统计学家马哈拉诺比斯（Mahalanobis，1963）引入的马氏距离。

设 $\boldsymbol{x}_{p\times1}$、$\boldsymbol{y}_{p\times1}$是从均值向量为$\boldsymbol{\mu}_{p\times1}$和协方差矩阵为 $\boldsymbol{\Sigma}_{p\times p}$的 p 维总体 $\boldsymbol{\pi}$ 中抽取的两个观测样本，定义**两点间的马氏距离**为：

$$D^2(\boldsymbol{x},\ \boldsymbol{y})=(\boldsymbol{x}-\boldsymbol{y})^{\mathrm{T}}\boldsymbol{\Sigma}^{-1}(x-\boldsymbol{y})$$

点 $\boldsymbol{x}$ 到总体 $\boldsymbol{\pi}$ 的马氏距离为点 $\boldsymbol{x}$ 到均值$\boldsymbol{\mu}$ 之间的距离为：

$$D^2(\boldsymbol{x},\ \boldsymbol{\pi})=(\boldsymbol{x}-\boldsymbol{\mu})^{\mathrm{T}}\boldsymbol{\Sigma}^{-1}(\boldsymbol{x}-\boldsymbol{\mu})$$

2. 两总体 $\boldsymbol{\pi}_1$ 和 $\boldsymbol{\pi}_2$ 的距离判别

设总体 $\boldsymbol{\pi}_1$ 的均值向量为$\boldsymbol{\mu}_1$，协方差矩阵为 $\boldsymbol{\Sigma}_1$，总体 $\boldsymbol{\pi}_2$ 的均值向量为$\boldsymbol{\mu}_2$，协方差矩阵为 $\boldsymbol{\Sigma}_2$，对一个给定的样本观测 $\boldsymbol{x}$，要判断它来自哪个总体，直观的想法是，$\boldsymbol{x}$ 离哪个总体更近，就判 $\boldsymbol{x}$ 属于哪个总体。于是判别规则为：

$$\begin{cases}\boldsymbol{x}\in\boldsymbol{\pi}_1，\text{若 } D^2(\boldsymbol{x},\ \boldsymbol{\pi}_1)\leqslant D^2(\boldsymbol{x},\ \boldsymbol{\pi}_2)\\ \boldsymbol{x}\in\boldsymbol{\pi}_2，\text{若 } D^2(\boldsymbol{x},\ \boldsymbol{\pi}_1)>D^2(\boldsymbol{x},\ \boldsymbol{\pi}_2)\end{cases}$$

或者计算 $\boldsymbol{x}$ 到两个总体的距离差，根据差值的正负情况来进行判断：

$$\begin{aligned}&D^2(\boldsymbol{x},\ \boldsymbol{\pi}_2)-D^2(\boldsymbol{x},\ \boldsymbol{\pi}_1)\\&=(\boldsymbol{x}-\boldsymbol{\mu}_2)^{\mathrm{T}}\boldsymbol{\Sigma}_2^{-1}(\boldsymbol{x}-\boldsymbol{\mu}_2)-(\boldsymbol{x}-\boldsymbol{\mu}_1)^{\mathrm{T}}\boldsymbol{\Sigma}_1^{-1}(\boldsymbol{x}-\boldsymbol{\mu}_1)\\&=(\boldsymbol{x}^{\mathrm{T}}\boldsymbol{\Sigma}_2^{-1}\boldsymbol{x}-2\boldsymbol{x}^{\mathrm{T}}\boldsymbol{\Sigma}_2^{-1}\boldsymbol{\mu}_2+\boldsymbol{\mu}_2^{\mathrm{T}}\boldsymbol{\Sigma}_2^{-1}\boldsymbol{\mu}_2)\\&\quad-(\boldsymbol{x}^{\mathrm{T}}\boldsymbol{\Sigma}_1^{-1}\boldsymbol{x}-2\boldsymbol{x}^{\mathrm{T}}\boldsymbol{\Sigma}_1^{-1}\boldsymbol{\mu}_1+\boldsymbol{\mu}_1^{\mathrm{T}}\boldsymbol{\Sigma}_1^{-1}\boldsymbol{\mu}_1)\end{aligned}\tag{12-3}$$

若假定两总体具有共同的协方差阵 $\boldsymbol{\Sigma}_1=\boldsymbol{\Sigma}_2=\boldsymbol{\Sigma}$，式（12－3）可简化为：

$$\begin{aligned}D^2(\boldsymbol{x},\ \boldsymbol{\pi}_2)-D^2(\boldsymbol{x},\ \boldsymbol{\pi}_1)&=2(\boldsymbol{\mu}_1-\boldsymbol{\mu}_2)^{\mathrm{T}}\boldsymbol{\Sigma}^{-1}\boldsymbol{x}-(\boldsymbol{\mu}_1-\boldsymbol{\mu}_2)^{\mathrm{T}}\boldsymbol{\Sigma}^{-1}(\boldsymbol{\mu}_1+\boldsymbol{\mu}_2)\\&=2(\boldsymbol{\mu}_1-\boldsymbol{\mu}_2)^{\mathrm{T}}\boldsymbol{\Sigma}^{-1}\left(\boldsymbol{x}-\frac{\boldsymbol{\mu}_1+\boldsymbol{\mu}_2}{2}\right)\end{aligned}$$

记 $\boldsymbol{a}^{\mathrm{T}}=(\boldsymbol{\mu}_1-\boldsymbol{\mu}_2)^{\mathrm{T}}\boldsymbol{\Sigma}^{-1}$，$\bar{\boldsymbol{\mu}}=\dfrac{\boldsymbol{\mu}_1+\boldsymbol{\mu}_2}{2}$，于是：

$$D^2(\boldsymbol{x},\ \boldsymbol{\pi}_2)-D^2(\boldsymbol{x},\ \boldsymbol{\pi}_1)=2\boldsymbol{a}^{\mathrm{T}}(\boldsymbol{x}-\bar{\boldsymbol{\mu}})$$

此时基于马氏距离的判别规则为：

$$\begin{cases} x \in \pi_1, \text{ 若 } W(x) = a^{\mathrm{T}}(x - \bar{\mu}) \geqslant 0 \\ x \in \pi_2, \text{ 若 } W(x) = a^{\mathrm{T}}(x - \bar{\mu}) < 0 \end{cases} \tag{12-4}$$

显然式（12-4）中的判别函数 $W(x)$ 是 x 的线性函数，所以（12-4）是一种**线性判别分析**（Linear Discriminant Analysis，LDA）规则，$W(x)$ 为线性判别函数。

若两总体协方差阵不相等，则（12-3）中定义的判别函数是 x 的二次函数，相应的判别规则为非线性判别规则。

例 12-1 设 $x = [x_1 \quad x_2]^{\mathrm{T}}$ 有来自两个总体的样本观测数据：

$$\text{总体 } \pi_1\text{：} x_1 = \begin{bmatrix} -2 & 5 \\ 0 & 3 \\ -1 & 1 \end{bmatrix}, \text{ 总体 } \pi_2\text{：} x_2 = \begin{bmatrix} 0 & 6 \\ 2 & 4 \\ 1 & 2 \end{bmatrix}$$

假定两总体协方差阵相等，试求基于马氏距离的判别函数，并将 $x_0 = [-2 \quad 1]^{\mathrm{T}}$ 进行分类。

解：两总体协方差阵相等条件下，基于马氏距离的判别函数为：

$$W(x) = a^{\mathrm{T}}(x - \bar{x}) = (\bar{x}_1 - \bar{x}_2)^{\mathrm{T}} S_p^{-1}(x - \bar{x})$$

判别函数中总体参数未知，可以用样本均值向量估计总体均值向量，而两总体的共同的协方差阵用合并样本协方差阵来估计，计算得：

$$\bar{x}_1 = \begin{bmatrix} -1 \\ 3 \end{bmatrix}, \quad \bar{x}_2 = \begin{bmatrix} 1 \\ 4 \end{bmatrix}, \quad \bar{x} = \begin{bmatrix} 0 \\ 3.5 \end{bmatrix}, \quad S_p = \frac{1}{4}(2S_1 + 2S_2) = \begin{bmatrix} 1 & -1 \\ -1 & 4 \end{bmatrix}$$

基于马氏距离的判别函数为：

$$\begin{aligned} W(x) &= a^{\mathrm{T}}(x - \bar{x}) = (\bar{x}_1 - \bar{x}_2)^{\mathrm{T}} S_p^{-1}(x - \bar{x}) \\ &= [-2 \ -1]\begin{bmatrix} 1 & -1 \\ -1 & 4 \end{bmatrix}^{-1}\begin{bmatrix} x_1 - 0.0 \\ x_2 - 3.5 \end{bmatrix} \\ &= -3x_1 - x_2 + 3.5 \end{aligned}$$

下面对 $x_0 = [-2 \quad 1]^{\mathrm{T}}$ 进行分类。将 $x_1 = -2$，$x_2 = 1$ 代入判别函数，得到：

$$W(x) = -3 \times (-2) - 1 + 3.5 = 8.5 > 0$$

由判别规则（12-4）可知，判 $x_0 \in \pi_1$。

12.3.2 Bayes 判别

1. Bayes 判别的基本思想

距离判别简单实用，但是也有缺点，一是没有考虑总体（即类别）发生的概率，二是没有考虑与误判相联系的代价。

一个好的判别规则应该考虑事件发生的概率。例如，信用卡持有人违约概率很小，所以我们应该首先默认信用卡持有人不会违约，除非数据压倒性地支持信用卡持有人违约这一事件。一个好的判别规则也应该考虑与误判相联系的代价。例如，将信用卡持有人违约误判为不违约往往比将信用卡持有人不违约误判为违约的“代价”要大。

Bayes 判别是将这两个因素都考虑进来的一种判别方法。Bayes 判别将 Bayes 统计的思想用于判别分析中。Bayes 统计的思想是把目前对总体的认识称为先验概率，然后根据样本信息对先验概率进行修正，得到后验概率，并基于后验概率进行统计推断。

2. 两总体的 Bayes 判别

用 $\boldsymbol{\pi}_1$ 和 $\boldsymbol{\pi}_2$ 代表两个总体，各自的先验概率为 p_1 和 $p_2(p_1+p_2=1)$。$f_1(\boldsymbol{x})$ 和 $f_2(\boldsymbol{x})$ 分别是总体 $\boldsymbol{\pi}_1$ 和 $\boldsymbol{\pi}_2$ 的概率密度函数。设 $\boldsymbol{\Omega}$ 为样本空间，$\boldsymbol{R}_1$ 和 $\boldsymbol{R}_2$ 代表按判别规则划分的两组区域。$\boldsymbol{R}_1$ 和 $\boldsymbol{R}_2$ 一起构成整个样本空间 $\boldsymbol{\Omega}$。

若只考虑先验概率而不考虑错判的代价，Bayes 判别直接根据后验概率进行判别，将观测值分到后验概率更大的那个总体。样本 $\boldsymbol{x}$ 已知条件下，它属于总体 $\boldsymbol{\pi}_i$ 的后验概率记为 $P(\boldsymbol{\pi}_i|\boldsymbol{x})$（$i=1, 2$），由条件概率的定义可以导出：

$$P(\boldsymbol{\pi}_1|\boldsymbol{x})=\frac{p_1 f_1(\boldsymbol{x})}{p_1 f_1(\boldsymbol{x})+p_2 f_2(\boldsymbol{x})}$$

$$P(\boldsymbol{\pi}_2|\boldsymbol{x})=\frac{p_2 f_2(\boldsymbol{x})}{p_1 f_1(\boldsymbol{x})+p_2 f_2(\boldsymbol{x})}$$

采用后验概率的判别规则为：若 $P(\boldsymbol{\pi}_1|\boldsymbol{x})\geqslant \boldsymbol{P}(\boldsymbol{\pi}_2|\boldsymbol{x})$，则判 $\boldsymbol{x}$ 来自 $\boldsymbol{\pi}_1$，否则认为 $\boldsymbol{x}$ 来自 $\boldsymbol{\pi}_2$。

若同时考虑先验概率和错判代价，Bayes 判别以最小化**期望的错判代价**（Expected Cost of Misclassification，**ECM**）来进行判别。用 $c(2|1)$ 和 $c(1|2)$ 表示错判代价。$c(2|1)$ 表示将来自真实总体 $\boldsymbol{\pi}_1$ 的样本错判到 $\boldsymbol{\pi}_2$ 的代价，$c(1|2)$ 表示将来自真实总体 $\boldsymbol{\pi}_2$ 的样本错判到 $\boldsymbol{\pi}_1$ 的代价。用 $P(2|1)$ 和 $P(1|2)$ 表示错判概率。$P(2|1)$ 表示“将实际上来自 $\boldsymbol{\pi}_1$ 的样本 $\boldsymbol{x}$ 错判到 $\boldsymbol{\pi}_2$”的概率，$P(1|2)$ 表示“将实际上来自 $\boldsymbol{\pi}_2$ 的样本 $\boldsymbol{x}$ 错判到 $\boldsymbol{\pi}_1$”的概率。期望的错判代价为：

$$\mathrm{ECM}=c(2|1)P(2|1)p_1+c(1|2)P(1|2)p_2$$

由于 $P(2|1)=\int_{\boldsymbol{R}_2} f_1(\boldsymbol{x})\mathrm{d}\boldsymbol{x}$，$P(1|2)=\int_{\boldsymbol{R}_1} f_2(\boldsymbol{x})\mathrm{d}\boldsymbol{x}$，于是根据概率的推导，可以得到最小化 ECM 判别规则为：

$$\begin{cases}\boldsymbol{x}\in\boldsymbol{\pi}_1, & 若\dfrac{f_1(x)}{f_2(x)}\geqslant\left(\dfrac{c(1|2)}{c(2|1)}\right)\left(\dfrac{p_2}{p_1}\right)\\ \boldsymbol{x}\in\boldsymbol{\pi}_2, & 若\dfrac{f_1(x)}{f_2(x)}<\left(\dfrac{c(1|2)}{c(2|1)}\right)\left(\dfrac{p_2}{p_1}\right)\end{cases} \tag{12-5}$$

式（12-5）是两总体 Bayes 判别的基本规则。

3. 正态总体条件下两总体的 Bayes 判别

在正态总体假设下，又进一步假定方差-协方差矩阵相同，即设总体 $\boldsymbol{\pi}_1\sim N_p(\boldsymbol{\mu}_1, \boldsymbol{\Sigma})$，$\boldsymbol{\pi}_2\sim N_p(\boldsymbol{\mu}_2, \boldsymbol{\Sigma})$，可计算得到：

$$
\begin{aligned}
\frac{f_1(\boldsymbol{x})}{f_2(\boldsymbol{x})} &= \frac{\exp\left[-\frac{1}{2}(\boldsymbol{x}-\boldsymbol{\mu}_1)^{\mathrm{T}}\boldsymbol{\Sigma}^{-1}(\boldsymbol{x}-\boldsymbol{\mu}_1)\right]}{\exp\left[-\frac{1}{2}(\boldsymbol{x}-\boldsymbol{\mu}_2)^{\mathrm{T}}\boldsymbol{\Sigma}^{-1}(\boldsymbol{x}-\boldsymbol{\mu}_2)\right]} \\
&= \exp\left[-\frac{1}{2}(\boldsymbol{x}-\boldsymbol{\mu}_1)^{\mathrm{T}}\boldsymbol{\Sigma}^{-1}(\boldsymbol{x}-\boldsymbol{\mu}_1)+\frac{1}{2}(\boldsymbol{x}-\boldsymbol{\mu}_2)^{\mathrm{T}}\boldsymbol{\Sigma}^{-1}(\boldsymbol{x}-\boldsymbol{\mu}_2)\right] \\
&= \exp\left[(\boldsymbol{\mu}_1-\boldsymbol{\mu}_2)^{\mathrm{T}}\boldsymbol{\Sigma}^{-1}\boldsymbol{x}-\frac{1}{2}(\boldsymbol{\mu}_1-\boldsymbol{\mu}_2)^{\mathrm{T}}\boldsymbol{\Sigma}^{-1}(\boldsymbol{\mu}_1+\boldsymbol{\mu}_2)\right] \\
&= \exp\left[(\boldsymbol{\mu}_1-\boldsymbol{\mu}_2)^{\mathrm{T}}\boldsymbol{\Sigma}^{-1}\left(\boldsymbol{x}-\frac{\boldsymbol{\mu}_1+\boldsymbol{\mu}_2}{2}\right)\right] \\
&= \exp[(\boldsymbol{\mu}_1-\boldsymbol{\mu}_2)^{\mathrm{T}}\boldsymbol{\Sigma}^{-1}(\boldsymbol{x}-\bar{\boldsymbol{\mu}})]
\end{aligned}
$$

由对数函数的单调性可知，取对数后判别规则不变，于是两正态总体 Bayes 判别规则式（12 -5）的具体形式化为：

$$
\begin{cases}
\boldsymbol{x}\in\boldsymbol{\pi}_1，若(\boldsymbol{\mu}_1-\boldsymbol{\mu}_2)^{\mathrm{T}}\boldsymbol{\Sigma}^{-1}(\boldsymbol{x}-\bar{\boldsymbol{\mu}})\geqslant\ln\left[\left(\frac{c(1\mid 2)}{c(2\mid 1)}\right)\left(\frac{p_2}{p_1}\right)\right] \\
\boldsymbol{x}\in\boldsymbol{\pi}_2，若(\boldsymbol{\mu}_1-\boldsymbol{\mu}_2)^{\mathrm{T}}\boldsymbol{\Sigma}^{-1}(\boldsymbol{x}-\bar{\boldsymbol{\mu}})<\ln\left[\left(\frac{c(1\mid 2)}{c(2\mid 1)}\right)\left(\frac{p_2}{p_1}\right)\right]
\end{cases}
$$

若假定错判代价相同，即 $c(1\mid 2)=c(2\mid 1)$，则上述判别规则简化为：

$$
\begin{cases}
\boldsymbol{x}\in\boldsymbol{\pi}_1，若(\boldsymbol{\mu}_1-\boldsymbol{\mu}_2)^{\mathrm{T}}\boldsymbol{\Sigma}^{-1}(\boldsymbol{x}-\bar{\boldsymbol{\mu}})\geqslant\ln\left(\frac{p_2}{p_1}\right) \\
\boldsymbol{x}\in\boldsymbol{\pi}_2，若(\boldsymbol{\mu}_1-\boldsymbol{\mu}_2)^{\mathrm{T}}\boldsymbol{\Sigma}^{-1}(\boldsymbol{x}-\bar{\boldsymbol{\mu}})<\ln\left(\frac{p_2}{p_1}\right)
\end{cases} \tag{12 -6}
$$

式（12 -6）中，判别规则的左侧即为式（12 -4）中的 $W(\boldsymbol{x})$。若进一步假定先验概率也相同，即 $p_1=p_2$，则 Bayes 判别规则式（12 -6）与协方差相等条件下的距离判别规则式（12 -4）等价。这说明距离判别是 Bayes 判别的一种特殊情形。

实际使用中，若式（12 -6）中的参数未知，则用对应的样本统计量来估计参数。假设总体 $\boldsymbol{\pi}_1$ 有 n_1 个随机样本观测值，计算得到样本均值向量 $\bar{\boldsymbol{x}}_1$，样本协方差阵 $\boldsymbol{S}_1$。总体 $\boldsymbol{\pi}_2$ 有 n_2 个随机样本观测值，计算得到样本均值向量 $\bar{\boldsymbol{x}}_2$，样本协方差阵 $\boldsymbol{S}_2$。取各参数的无偏估计量：

$$
\hat{\boldsymbol{\mu}}_1=\bar{\boldsymbol{x}}_1，\hat{\boldsymbol{\mu}}_2=\bar{\boldsymbol{x}}_2，\bar{\boldsymbol{x}}=\frac{1}{2}(\bar{\boldsymbol{x}}_1+\bar{\boldsymbol{x}}_2)，\hat{\boldsymbol{\Sigma}}=\boldsymbol{S}_p=\frac{(n_1-1)\boldsymbol{S}_1+(n_2-1)\boldsymbol{S}_2}{n_1+n_2-2}
$$

其中 $\boldsymbol{S}_p$ 表示两总体随机样本的合并样本协方差阵，得到“样本”判别规则：

$$
\begin{cases}
\boldsymbol{x}\in\boldsymbol{\pi}_1，若(\bar{\boldsymbol{x}}_1-\bar{\boldsymbol{x}}_2)^{\mathrm{T}}\boldsymbol{S}_p^{-1}(\boldsymbol{x}-\bar{\boldsymbol{x}})\geqslant\ln\left(\frac{p_2}{p_1}\right) \\
\boldsymbol{x}\in\boldsymbol{\pi}_2，若(\bar{\boldsymbol{x}}_1-\bar{\boldsymbol{x}}_2)^{\mathrm{T}}\boldsymbol{S}_p^{-1}(\boldsymbol{x}-\bar{\boldsymbol{x}})<\ln\left(\frac{p_2}{p_1}\right)
\end{cases} \tag{12 -7}
$$

先验概率通常由历史资料估计得到，或者根据随机样本中各类观测值占的比例来估计。

判别规则式（12－6）是在假定多元正态密度函数$f_1(\boldsymbol{x})$和$f_2(\boldsymbol{x})$完全已知的前提下推导出来的，而“样本”判别规则式（12－7）只是式（12－6）的一个估计，所以在具体应用中无法保证还能使期望的错判代价 ECM 最小化。但是如果样本容量充分大，这个估计还是具有良好的表现。

例 12－2 设两个协方差阵相等的二元正态总体 $\boldsymbol{x}=[x_1 \quad x_2]^{\mathrm{T}}$ 的样本观测数据计算得到：

$$\text{总体}\ \boldsymbol{\pi}_1:\ \bar{\boldsymbol{x}}_1=\begin{bmatrix}2\\6\end{bmatrix},\ \text{总体}\ \boldsymbol{\pi}_2:\ \bar{\boldsymbol{x}}_2=\begin{bmatrix}4\\2\end{bmatrix}$$

$$\boldsymbol{S}_p=\begin{bmatrix}1 & 1\\1 & 4\end{bmatrix}$$

已知先验概率 $p_1=0.4$，$p_2=0.6$，且错判代价相同，试用 Bayes 判别规则判断 $\boldsymbol{x}_0=[3 \quad 5]^{\mathrm{T}}$ 的类别。

解：两正态总体协方差阵相等条件下，Bayes“样本”判别规则为：

$$(\bar{\boldsymbol{x}}_1-\bar{\boldsymbol{x}}_2)^{\mathrm{T}}\boldsymbol{S}_p^{-1}(\boldsymbol{x}-\bar{\boldsymbol{x}})\ \text{与}\ \ln\left(\frac{p_2}{p_1}\right)\text{进行比较}$$

计算得到：

$$(\bar{\boldsymbol{x}}_1-\bar{\boldsymbol{x}}_2)^{\mathrm{T}}\boldsymbol{S}_p^{-1}(\boldsymbol{x}-\bar{\boldsymbol{x}})=[-2 \quad 4]\begin{bmatrix}1 & 1\\1 & 4\end{bmatrix}^{-1}\begin{bmatrix}x_1-3\\x_2-4\end{bmatrix}=-4x_1+2x_2+4$$

下面对 $\boldsymbol{x}_0=[3 \quad 5]^{\mathrm{T}}$ 进行分类。将 $x_1=3$，$x_2=5$ 代入上式中，得到：

$$(\bar{\boldsymbol{x}}_1-\bar{\boldsymbol{x}}_2)^{\mathrm{T}}\boldsymbol{S}_p^{-1}(\boldsymbol{x}_0-\bar{\boldsymbol{x}})=-4\times3+2\times5+4=2>\ln\left(\frac{0.6}{0.4}\right)=0.4055$$

由判别规则（12－7）可知，判 $\boldsymbol{x}_0\in\boldsymbol{\pi}_1$。

12.3.3 Fisher 判别

1. Fisher 判别的基本思想

Fisher 判别的基本思想是投影。选择合适的投影轴，把高维的样本观测值都投影到这个轴上，再进行判别。投影轴的选取是使投影后不同类别的点尽量分开，而同类别的点尽量靠拢。Fisher 判别方法借助于方差分析的思想导出判别函数，这个判别函数可以是线性的，也可以是非线性的。本节仅介绍最常用的 Fisher 线性判别函数。

2. 两总体的 Fisher 线性判别

假设 p 维空间中有两个总体，$\boldsymbol{\pi}_1$ 和 $\boldsymbol{\pi}_2$，均值向量不等，$\boldsymbol{\mu}_1\neq\boldsymbol{\mu}_2$，但协方差矩阵相等，即 $\boldsymbol{\Sigma}_1=\boldsymbol{\Sigma}_2=\boldsymbol{\Sigma}$。$\boldsymbol{x}_{p\times1}$是 p 维空间中的样本观测。投影轴用 y 表示，是原始变量的线性组合，即 $y=\boldsymbol{a}^{\mathrm{T}}\boldsymbol{x}$，称为 Fisher 线性判别函数，这里 $\boldsymbol{a}_{p\times1}$表示投影方向。图 12－1 给出了 $p=2$ 时两总体 Fisher 判别投影示意图。

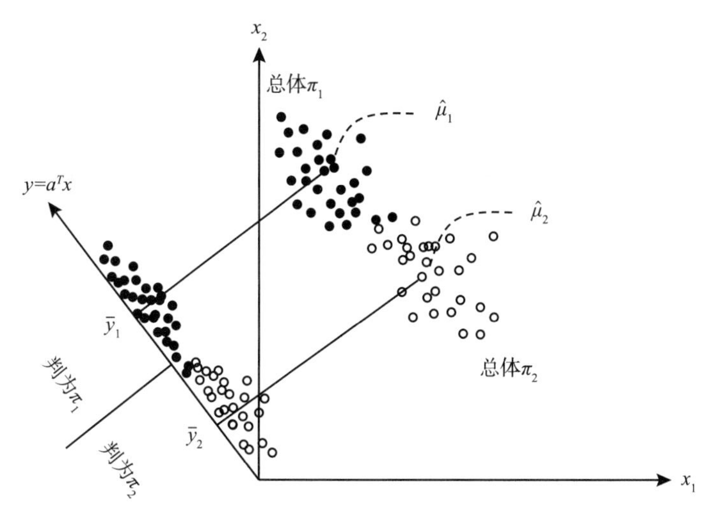

图 12－1 两总体 Fisher 判别投影示意图（$p=2$）

若 $\boldsymbol{x}\in\boldsymbol{\pi}_i$，则 $y=\boldsymbol{a}^{\mathrm{T}}\boldsymbol{x}$ 的期望和方差为：

$$E(\boldsymbol{a}^{\mathrm{T}}\boldsymbol{x}\,|\,\boldsymbol{x}\in\boldsymbol{\pi}_i)=\boldsymbol{a}^{\mathrm{T}}E(\boldsymbol{x}\,|\,\boldsymbol{x}\in\boldsymbol{\pi}_i)=\boldsymbol{a}^{\mathrm{T}}\boldsymbol{\mu}_i \qquad i=1,\ 2$$

$$\mathrm{Var}(\boldsymbol{a}^{\mathrm{T}}\boldsymbol{x}\,|\,\boldsymbol{x}\in\boldsymbol{\pi}_i)=\boldsymbol{a}^{\mathrm{T}}\mathrm{Var}(\boldsymbol{x}\,|\,\boldsymbol{x}\in\boldsymbol{\pi}_i)\boldsymbol{a}=\boldsymbol{a}^{\mathrm{T}}\boldsymbol{\Sigma}\boldsymbol{a} \qquad i=1,\ 2$$

投影后不同总体的点尽量分开，意味着使 $\boldsymbol{a}^{\mathrm{T}}\boldsymbol{\mu}_1$ 到 $\boldsymbol{a}^{\mathrm{T}}\boldsymbol{\mu}_2$ 的距离尽可能大；而同一总体的点尽量靠拢，则意味着使 $\boldsymbol{a}^{\mathrm{T}}\boldsymbol{\Sigma}\boldsymbol{a}$ 尽可能小。于是，两总体的 Fisher 线性判别函数的求解转为：寻找 $\boldsymbol{a}$ 使 $\Phi(\boldsymbol{a})=\dfrac{(\boldsymbol{a}^{\mathrm{T}}\hat{\boldsymbol{\mu}}_1-\boldsymbol{a}^{\mathrm{T}}\hat{\boldsymbol{\mu}}_2)^2}{\boldsymbol{a}^{\mathrm{T}}\hat{\boldsymbol{\Sigma}}\boldsymbol{a}}=\dfrac{(\bar{y}_1-\bar{y}_2)^2}{s^2}$ 达到最大。

样本 $\boldsymbol{x}$ 在最佳投影轴上的投影为 $y=\boldsymbol{a}^{\mathrm{T}}\boldsymbol{x}$，若 $\boldsymbol{x}$ 的投影 $\boldsymbol{y}$ 离 $\bar{\boldsymbol{y}}_1$ 更近，则判 $\boldsymbol{x}$ 来自总体 $\boldsymbol{\pi}_1$，否则判 $\boldsymbol{x}$ 来自总体 $\boldsymbol{\pi}_2$。如图 12－1 所示，记 $m=\dfrac{1}{2}(\bar{y}_1+\bar{y}_2)$，两总体的 Fisher 线性判别规则也可如下表述：

$$\begin{cases}\boldsymbol{x}\in\boldsymbol{\pi}_1，\ 若\ y\geqslant m\\ \boldsymbol{x}\in\boldsymbol{\pi}_2，\ 若\ y<m\end{cases}$$

由于投影方向有如下性质：若 $\boldsymbol{a}$ 使 $\Phi(\boldsymbol{a})$ 达到最大，那么 $m\boldsymbol{a}+n$ 也使 $\Phi(\boldsymbol{a})$ 达到最大，其中 $m>0$，n 为任意常数，所以 Fisher 线性判别函数 $\boldsymbol{a}^{\mathrm{T}}\boldsymbol{x}$ 并不唯一。我们可从中任取一个判别函数来确定判别规则。

12.4 两总体分类模型的评估

9.4 节中提到过，假设检验是在原假设和备择假设中进行二选一的决策过程，因此关于两总体分类模型的评估，我们可以使用经典统计推断中假设检验的一些概念来理解相关的概念。两个总体分别对应假设检验的原假设与备择假设，原假设对应的总体称为

负类（Negative），而备择假设对应的总体称为**正类**（Positive）。正类一般表示需要检测的，比如“疾病”“违约”，负类则是对立的“无病”“无违约”。

1. 混淆矩阵（Confusion Matrix）

混淆矩阵是将真实总体情况和预测分类情况一起展现出来的矩阵。在两总体分类模型中，真实总体有两个，预测分类也是两个，这样就得到一个 2×2 的混淆矩阵，如表 12－1 所示。

表 12－1　　两总体分类模型的混淆矩阵

总体		预测分类情况		合计
		π_1（负类）	π_2（正类）	
真实情况	π_1（负类）	TN（真负类值）	FP（假正类值）	N
	π_2（正类）	FN（假负类值）	TP（真正类值）	P
合计		N*	P*	—

在混淆矩阵中，对角线元素是正确分类的情况：真负类值 TN（True Negative）表示实际是负类，也被正确分类到负类的观测值个数；真正类值 TP（True Positive）表示实际是正类，也被正确分类到正类的观测值个数。而非对角线元素是错误分类的情况：假负类值 FN（False Negative）表示实际是正类，却被错误分类到负类的观测值个数；假正类值 FP（False Positive）表示实际是负类，却被错误分类到正类的观测值个数。

2. 错误率（Error Rate）

错误率是指所有观测值的错误分类观测值所占的比率。

$$\text{Error Rate} = \frac{FP + FN}{P + N}$$

如果两总体的观测值数据不平衡，那么即使总的错误率较低，分类效果也可能达不到要求。例如在表 12－2 所示的混淆矩阵中，错误率只有 1/10000，但是正类的错误率高达 50%。

表 12－2　　两总体观测值数据不平衡的混淆矩阵

总体		预测分类情况		合计
		π_1（负类）	π_2（正类）	
真实情况	π_1（负类）	9998	0	9998
	π_2（正类）	1	1	2
合计		9999	1	10000

3. 精准度（Precision）

精准度是指预测为正样本的准确率。

$$\text{Precision} = \frac{\text{TP}}{\text{TP} + \text{FP}} = \frac{\text{TP}}{\text{P}^*}$$

4. 灵敏度（Sensitivity）

灵敏度，或称为**召回率**（Recall），反映的是正类样本的分类的准确率，因此也称为**真正类率**（True Positive Rate，TPR）。

$$\text{Sensitivity} = \text{TPR} = \frac{\text{TP}}{\text{TP} + \text{FN}} = \frac{\text{TP}}{\text{P}}$$

5. F_1 分数（F_1 Score）

通常精准度和灵敏度这两个指标是相互矛盾的。例如，在 Bayes 判别模型中，一般后验概率的阈值取为 0.5，若观测样本的后验概率大于 0.5，则归类为正类，否则归类为负类。如果将后验概率的阈值由 0.5 降为 0.3，那么模型将识别出更多的正类，也就是说灵敏度会提高，但是同时模型也会把更多的负类识别为正类，因此精准度会降低。

F_1 分数是由精准度与灵敏度的调和平均定义的，综合考虑了这两个指标。F_1 分数值越大，说明模型的分类效果越好。

$$F_1 = 2 \times \frac{\text{Precision} \times \text{Sensitivity}}{\text{Precision} + \text{Sensitivity}}$$

6. 特异度（Specificity）

特异度，反映的是负类样本的分类的准确率，因此也称为**真负类率**（True Negative Rate，TNR）。

$$\text{Specificity} = \text{TNR} = \frac{\text{TN}}{\text{TN} + \text{FP}} = \frac{\text{TN}}{\text{N}}$$

7. 两类错误率

假正类率（False Positive Rate，FPR），是真实总体为负类，实际被分到正类的比率，等于 1 − Specificity，也是第Ⅰ类错误率。

$$\text{FPR} = \frac{\text{FP}}{\text{N}}$$

假负类率（False Negative Rate，FNR），是真实总体为正类，实际被分到负类的比率，等于 1 − Sensitivity，也是第Ⅱ类错误率。

$$\text{FNR} = \frac{\text{FN}}{\text{P}}$$

8. ROC 曲线（Receiver Operating Characteristic Curve）

ROC 曲线的名字来自通信理论，它的横轴为假正类率 FPR（即第Ⅰ类错误率），纵轴为真正类率 TPR（即 1 − 第Ⅱ类错误率），横轴与纵轴长度相等，均取为 1，形成面积为 1 的正方形。不同分类阈值产生的点（FPR，TPR）连成线即为 ROC 曲线，如图 12 -2 所示。

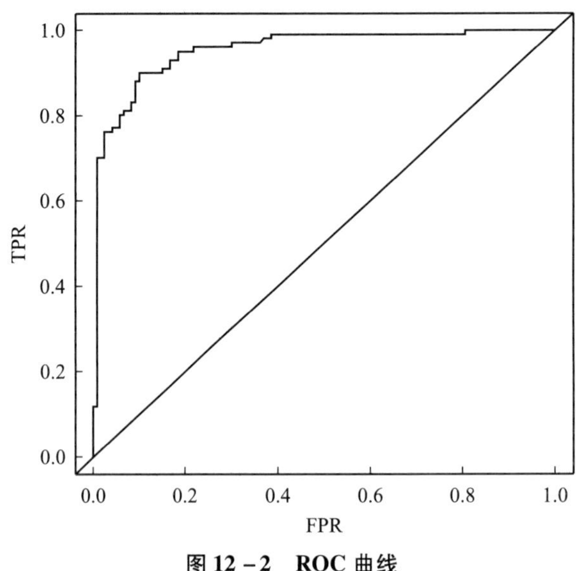

图 12 -2　ROC 曲线

理想的分类结果是 TPR =1，FPR =0，也就是图中的左上角的点，所以理想的 ROC 曲线应该紧贴左上角。而从原点出发，到右上角点的直线表示随机猜测的分类模型，也称为机会线，代表没有价值的分类。好的分类模型的 ROC 曲线应偏离机会线，而贴近图中的左上角。引入 ROC 曲线下方的面积 **AUC**（Area Under ROC Curve）值来度量模型效果。AUC 取值范围为 0 ~1，若等于 0. 5，对应的是机会线，是随机猜测的分类模型，是没有价值的分类。AUC 值大于 0. 5，说明分类模型是有价值的，并且 AUC 值越接近 1，说明模型的分类效果越好。

例 12 -3　Default 数据集是一个有关信用卡违约的数据集。该数据集在 R 软件的 ISLR 软件包中（James G，et al.，2013），包括了 4 个变量的 10000 个样本观测数据。4 个变量中有 2 个分类变量（default 表示客户是否违约，分类变量 student 表示是否学生）和 2 个定量变量（balance 表示个人信用卡平均债务，income 表示个人收入）。请建立 Logistic 回归模型，分析 Default 数据集的信用卡违约情况。

解：第一，以 default 为因变量，student、balance 和 income 为自变量建立 logistic 回归模型。表 12 -3 为 R 软件进行 Logistic 回归分析的主要结果。模型 1 是加入所有自变量的回归模型。在模型 1 中，变量 income 的系数没有通过显著性检验，说明该变量对于信用卡违约情况的影响不显著。把变量 income 从回归模型中删除，建立模型 2。模型 2 中，学生身份和信用卡平均债务的回归系数都通过了显著性检验。信用卡平均债务 Balance 的回归系数 0. 0057 表明 Balance 每增加 1 个单位，平均来说，违约概率 p 与不

违约概率 $1-p$ 的比值（优势比）的对数 $\ln\left(\frac{p}{1-p}\right)$ 变为原来的 0.0057 倍。

表 12－3　　Default 数据集的不同回归模型结果的比较

变量	模型 1	模型 2
常数项	－10.87 (0.492)***	－10.75 (0.369)***
Balance	0.0057 (0.0002)***	0.0057 (0.0002)***
Income	0.000003 (0.000008)	—
StudentYes	－0.647 (0.236)***	－0.715 (0.148)***
残差偏差	1571.5	1571.7
AIC	1579.5	1577.7

注：括号中的数值表示回归系数估计量的标准误，符号 *** 表示在 0.01 的显著性水平上通过检验。
资料来源：根据 R 软件输出整理。

第二，使用模型 2，即用学生身份和信用卡平均债务分析信用卡违约情况。表 12－4 为该模型分类的混淆矩阵。

表 12－4　　模型 2 进行违约预测的混淆矩阵

总体		预测分类情况		合计
		没有违约（负类）	违约（正类）	
真实情况	没有违约（负类）	9628	39	9667
	违约（正类）	228	105	333
合计		9856	144	10000

资料来源：根据 R 软件输出整理。

第三，评估模型 2 的分类效果。计算主要评价指标如下：

$$\text{错误率}\quad \text{Error Rate}=\frac{39+228}{10000}=2.67\%$$

$$\text{精准度}\quad \text{Precision}=\frac{105}{144}=72.92\%$$

$$\text{灵敏度}\quad \text{Sensitivity}=\text{TPR}=\frac{105}{333}=31.53\%$$

$$F_1 \text{ 分数} \quad F_1 = 2 \times \frac{0.7292 \times 0.3153}{0.7292 + 0.3153} = 44.03\%$$

$$\text{特异度} \quad \text{Specificity} = \text{TNR} = \frac{9628}{9667} = 99.60\%$$

虽然整体的错误率很低，只有 2.67%，但是信用卡公司关注的违约（正类）的预测正确率仅为 31.53%，而没有违约（负类）的预测正确率高达 99.60%。

进一步绘制 ROC 曲线图，如图 12－3 所示。ROC 曲线下方的面积 AUC＝0.949548。

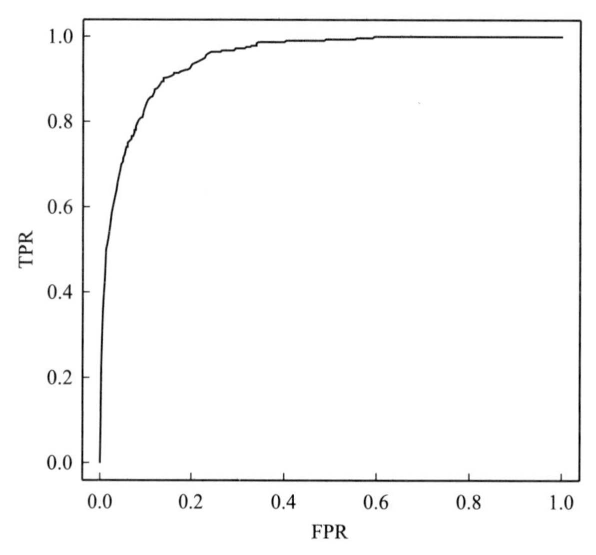

图 12－3　模型 2 的 ROC 曲线

资料来源：R 软件统计输出。

例 12－4　根据学生身份和个人信用卡平均债务，假定错判代价相同，使用 Bayes 判别分析方法分析例 12－3 中 Default 数据集的信用卡违约情况。

解：第一，根据学生身份，将 Default 数据集分为学生和非学生两个子集，分别使用 Bayes 线性判别方法分析信用卡违约情况。先验概率使用两总体的观测值的占比来估计。后验概率使用 0.5 为阈值进行分类预测，总的预测结果的混淆矩阵如表 12－5 所示。

表 12－5　Bayes 线性判别的混淆矩阵（以 0.5 为后验概率阈值）

总体		预测分类情况		合计
		没有违约（负类）	违约（正类）	
真实情况	没有违约（负类）	9644	23	9667
	违约（正类）	252	81	333
合计		9896	104	10000

资料来源：根据 R 软件输出整理。

第二，评估 Bayes 线性判别模型的分类效果。计算主要评价指标如下：

$$错误率\quad \text{Error Rate}=\frac{23+252}{10000}=2.75\%$$

$$精准度\quad \text{Precision}=\frac{81}{104}=77.88\%$$

$$灵敏度\quad \text{Sensitivity}=\text{TPR}=\frac{81}{333}=24.32\%$$

$$F_1\ 分数\quad F_1=2\times\frac{0.7788\times0.2432}{0.7788+0.2432}=37.07\%$$

$$特异度\quad \text{Specificity}=\text{TNR}=\frac{9644}{9667}=99.76\%$$

评价指标的取值与例 12－3 的 logistic 回归模型的结果相差不大。整体错误率不大，但是违约（正类）预测正确率还是很低，仅有 24.32%。进一步计算得到 ROC 曲线下方的面积 AUC＝0.949529，略低于 logistic 回归模型的 AUC 值。

第三，为了提高模型的灵敏度值，也就是降低违约预测的错误率，可以考虑将后验概率的阈值从 0.5 降为 0.3 进行分类预测，表 12－6 为新的混淆矩阵。

表 12－6　　Bayes 线性判别的混淆矩阵（以 0.3 为后验概率阈值）

总体		预测分类情况		合计
		没有违约（负类）	违约（正类）	
真实情况	没有违约（负类）	9573	94	9667
	违约（正类）	187	146	333
合计		9760	240	10000

资料来源：根据 R 软件输出整理。

各评估指标值为：

$$错误率\quad \text{Error Rate}=\frac{94+187}{10000}=2.81\%$$

$$精准度\quad \text{Precision}=\frac{146}{240}=60.83\%$$

$$灵敏度\quad \text{Sensitivity}=\text{TPR}=\frac{146}{333}=43.84\%$$

$$F_1\ 分数\quad F_1=2\times\frac{0.6083\times0.4384}{0.6083+0.4384}=50.96\%$$

$$特异度\quad \text{Specificity}=\text{TNR}=\frac{9573}{9667}=99.03\%$$

阈值设为 0.5 时，333 个违约者中，有 81 个违约者是被准确分类。现在阈值设为

0.3，被准确分类的违约者提高到 146 个。当然，灵敏度的提高所付出的代价就是精准度的降低，没有违约者被错判的人数由 23 提高到了 94。总的错误率也略微增大，由 2.75% 增加到 2.81%。

习　　题

1. Logistic 回归模型中，回归系数的含义是什么？

2. 请比较距离判别、Bayes 判别和 Fisher 判别的异同。

3. 为了检验女性是否为血友病基因携带者，研究人员分析了 30 个正常女性和 22 个携带血友病基因女性的血样，记 x_1 为血液中 AHF 活性的对数值，x_2 为血液中似 AHF 抗原的对数值。假定两个总体的 $\boldsymbol{x}=[x_1,\ x_2]^{\mathrm{T}}$ 为等协方差阵的正态分布，研究人员计算得到两总体样本均值向量和合并样本协方差阵为：

$$\bar{\boldsymbol{x}}_1=\begin{bmatrix}-0.0065\\-0.0390\end{bmatrix},\quad \bar{\boldsymbol{x}}_2=\begin{bmatrix}-0.2483\\0.0262\end{bmatrix},\quad \boldsymbol{S}_p=\begin{bmatrix}0.01800 & 0.01505\\0.01505 & 0.02183\end{bmatrix}$$

（1）试求判别函数；

（2）若一女性其 $\boldsymbol{x}_0=[-0.210,\ -0.044]^{\mathrm{T}}$，请判断她是否为血友病基因携带者？

4. 设有两总体 $\boldsymbol{\pi}_1$ 和 $\boldsymbol{\pi}_2$，已知 $\boldsymbol{\pi}_2$ 约占全部个体的30%，且知错判代价 $c(1|2)=5$ 元，$c(2|1)=10$ 元。设某样本观测 $\boldsymbol{x}_0$ 使 $f_1(\boldsymbol{x}_0)=0.3$，$f_2(\boldsymbol{x}_0)=0.5$。请用 Bayes 判别法，判断 $\boldsymbol{x}_0$ 属于那个总体。

参考答案请扫二维码查看

第 13 章

无监督学习

第 11 章和第 12 章介绍的回归和分类模型，都是利用一些自变量的信息来预测因变量的取值，这被称为有监督学习（supervised learning）。在有监督学习中，有一个清晰判定模型是否成功的标准。例如，在回归分析中，可以根据训练样本因变量的估计值与其观测值的差异来判别模型的优劣。

本章将讨论无监督学习（unsupervised learning）。在无监督学习中，只有自变量的样本观测，但没有与之对应的因变量，也就是说，缺乏一个因变量来指导数据，因此无监督学习的建模效果的评估是很困难的。

无监督学习是对数据进行探索性分析的一系列统计方法，其目的是发现 p 个变量 x_1，…，x_p 的 n 次样本观测的特征。本章主要介绍主成分分析、聚类分析这两种无监督学习的方法。

13.1　主成分分析

主成分分析（principal components analysis，PCA）是将研究对象的多个相关变量化为少数几个不相关变量的一种多元统计方法，是最常用的降维技术之一。在多变量的分析中，为了尽可能完整地收集信息，往往要收集很多变量的信息，当然，这样可以避免重要信息的遗漏，然而从统计的角度来看，这些变量可能存在着很强的相关性，使得分析问题增加了复杂性。因此，自然想到用少数几个不相关的综合变量来代替原来较多的相关变量的研究，而且要求这些不相关的综合变量能够反映原变量提供的大部分信息。

13.1.1　主成分的概念

记原始变量 $\boldsymbol{x}=(x_1，\cdots，x_p)^{\mathrm{T}}$，其均值向量为 $\boldsymbol{\mu}$，协方差阵为 $\boldsymbol{\Sigma}$，定义一组互不相关的综合变量 y_1，…，y_p，它们都是 x_1，…，x_p 的线性组合：

$$y_1 = a_{11}x_1 + \cdots + a_{1p}x_p = \boldsymbol{a}_1^{\mathrm{T}}\boldsymbol{x}$$
$$y_2 = a_{21}x_1 + \cdots + a_{2p}x_p = \boldsymbol{a}_2^{\mathrm{T}}\boldsymbol{x}$$
$$\vdots$$
$$y_p = a_{p1}x_1 + \cdots + a_{pp}x_p = \boldsymbol{a}_p^{\mathrm{T}}\boldsymbol{x}$$

显然，综合变量 y_1，…，y_p 的方差为 $\mathrm{Var}(y_i) = \boldsymbol{a}_i^{\mathrm{T}}\boldsymbol{\Sigma}\boldsymbol{a}_i$（$i = 1, 2, \cdots, p$），协方差为 $\mathrm{Cov}(y_i, y_k) = \boldsymbol{a}_i^{\mathrm{T}}\boldsymbol{\Sigma}\boldsymbol{a}_k$（$i, k = 1, 2, \cdots, p$）。

我们希望少数几个不相关的综合变量能够反映原变量提供的大部分信息，这里所说的“信息”怎么来描述呢？最经典的方法是用方差来描述变量的信息。例如，第一个综合变量 y_1 的方差 $\mathrm{Var}(y_1) = \boldsymbol{a}_1^{\mathrm{T}}\boldsymbol{\Sigma}\boldsymbol{a}_1$ 越大，说明 y_1 包含的信息越多。因此通过最大化 $\boldsymbol{a}_1^{\mathrm{T}}\boldsymbol{\Sigma}\boldsymbol{a}_1$ 求解得到的 y_1 称为第一主成分，为了使求解有意义，需约束 $\boldsymbol{a}_1^{\mathrm{T}}\boldsymbol{a}_1 = 1$。如果第一主成分不足以代表原变量的绝大部分信息，就需要继续寻找第二主成分 y_2。为了最有效的表示原变量的信息，y_1 已体现的信息不希望出现在 y_2 中，用统计语言来表述就是两变量不相关，即 $\mathrm{Cov}(y_2, y_1) = \boldsymbol{a}_2^{\mathrm{T}}\boldsymbol{\Sigma}\boldsymbol{a}_1 = 0$。于是求 y_2，就是在 $\boldsymbol{a}_2^{\mathrm{T}}\boldsymbol{a}_2 = 1$ 和 $\mathrm{Cov}(y_1, y_2) = \boldsymbol{a}_1^{\mathrm{T}}\boldsymbol{\Sigma}\boldsymbol{a}_2 = 0$ 的约束下，使 $\mathrm{Var}(y_2) = \boldsymbol{a}_2^{\mathrm{T}}\boldsymbol{\Sigma}\boldsymbol{a}_2$ 最大。类似的，可求出第三、第四主成分等。

从代数角度看，主成分就是 p 个原变量的特殊的线性组合。线性组合在几何上代表选取一个新的坐标系，是原坐标系旋转后得到的。所以从几何上看，第一主成分就是数据变异性最大方向的坐标轴。

13.1.2　主成分的求法

主成分 y_1，…，y_p 按照“方差贡献度”依次导出：

第一主成分 $y_1 = \boldsymbol{a}_1^{\mathrm{T}}\boldsymbol{x}$：在满足限制 $\boldsymbol{a}_1^{\mathrm{T}}\boldsymbol{a}_1 = 1$ 时，使方差 $\mathrm{Var}(\boldsymbol{a}_1^{\mathrm{T}}\boldsymbol{x})$ 最大化；

第二主成分 $y_2 = \boldsymbol{a}_2^{\mathrm{T}}\boldsymbol{x}$：在满足限制 $\boldsymbol{a}_2^{\mathrm{T}}\boldsymbol{a}_2 = 1$ 且 $\boldsymbol{a}_2^{\mathrm{T}}\boldsymbol{\Sigma}\boldsymbol{a}_1 = 0$ 时，使方差 $\mathrm{Var}(\boldsymbol{a}_2^{\mathrm{T}}\boldsymbol{x})$ 最大化；

⋮

第 p 主成分 $y_p = \boldsymbol{a}_p^{\mathrm{T}}\boldsymbol{x}$：在满足限制 $\boldsymbol{a}_p^{\mathrm{T}}\boldsymbol{a}_p = 1$ 且 $\boldsymbol{a}_p^{\mathrm{T}}\boldsymbol{\Sigma}\boldsymbol{a}_k = 0$（$k < p$）时，使方差 $\mathrm{Var}(\boldsymbol{a}_p^{\mathrm{T}}\boldsymbol{x})$ 最大化。

通过线性代数的知识可以求解出主成分，详细推导本书不予以讨论。记（λ_1，$\boldsymbol{e}_1$），…，（λ_p，$\boldsymbol{e}_p$）为协方差阵 $\boldsymbol{\Sigma}$ 的特征值和特征向量，其中 $\lambda_1 \geqslant \lambda_2 \geqslant \cdots \geqslant \lambda_p$，并且 $\boldsymbol{e}_1$，…，$\boldsymbol{e}_p$ 是正交化特征向量。变量 x_1，…，x_p 的第 i 个主成分（$i = 1, \cdots, p$）由下式给出：

$$y_i = \boldsymbol{e}_i^{\mathrm{T}}\boldsymbol{x} = e_{i1}x_1 + \cdots + e_{ip}x_p \tag{13-1}$$

进一步，我们有：

$$\lambda_1 + \lambda_2 + \cdots + \lambda_p = \sum_{i=1}^{p}\mathrm{Var}(y_i) = \sum_{i=1}^{p}\mathrm{Var}(x_i) = \sigma_{11} + \sigma_{22} + \cdots + \sigma_{pp} \tag{13-2}$$

由式（13－1）可知，主成分系数由协方差阵 $\boldsymbol{\Sigma}$ 的特征向量的分量给出。式（13－2）表明主成分的方差 $\mathrm{Var}(y_i)=\lambda_i$（$i=1, 2, \cdots, p$），而且原变量的总方差可以分解为不相关的主成分的方差之和。

如果原始变量的数值（由于度量单位不同等原因）差距过大，直接由协方差阵生成的主成分会由方差大的变量主导。在这种情况下，我们可以对每一个原始变量做标准化后再做主成分，这等价于基于原始变量的相关系数矩阵进行主成分分析。

通常，同样的总体，用协方差阵和相关系数矩阵两种方法产生的主成分是不一样的。不同变量的方差间相差悬殊时，两种方法会有较大差别。基于相关系数矩阵的主成分分析不受度量单位影响。如果变量数值差异很大，推荐基于相关系数矩阵进行主成分分析。

13.1.3　主成分个数的选择

主成分分析是把 p 维随机向量的总方差 $\sum_{i=1}^{p}\mathrm{Var}(x_i)$ 分解为 p 个不相关的主成分的方差之和 $\lambda_1+\lambda_2+\cdots+\lambda_p$，并且最大的方差是 λ_1。显然 $\lambda_1/\sum_{i=1}^{p}\lambda_i$ 表明了第一主成分的方差在全部方差中的比值，称为**第一主成分的贡献率**。这个值越大，表明第一主成分 y_1 综合反映 $x_1, \cdots, x_p$ 的能力越强。或者说，这个值越大，那么由 y_1 的差异来解释 $\boldsymbol{x}$ 这个随机向量的差异的能力越强。由于 $\lambda_1\geqslant\lambda_2\geqslant\cdots\geqslant\lambda_p$，所以各主成分的贡献率越来越小。

通常我们不需要求全部的主成分，那保留多少个主成分就足够反映原变量提供的大部分信息呢？假设选取 m（$m<p$）个主成分，考虑这 m 个主成分的**累积贡献率** $\sum_{i=1}^{m}\lambda_i/\sum_{i=1}^{p}\lambda_i$。一般来说，如果累积贡献率足够大，例如大于 85%，那么我们认为这 m 个主成分就足够解释原变量的大部分信息。

决定主成分个数的另一个工具是碎石图（scree graph）。按照特征值大小顺序，绘出（j, λ_j）的图称为**碎石图**。假设前 m 个主成分足够解释原变量的大部分信息，那么前 m 个特征值明显较大，而后 $p-m$ 个特征值则全部较小。碎石图中"大特征值"和"小特征值"的分界点就是应保留的主成分的个数。

例 13－1　对某小学五年级学生进行体格检查，测量身高（x_1，单位：厘米）、体重（x_2，单位：千克）、胸围（x_3，单位：厘米）和坐高（x_4，单位：厘米），25 名学生的观测数据见表 13－1。试基于协方差阵进行主成分分析。

表 13 – 1　　25 名小学生身体四项指标数据

学生序号	x_1	x_2	x_3	x_4	学生序号	x_1	x_2	x_3	x_4
1	141	31	67	71	14	144	33	68	73
2	155	38	72	80	15	145	37	68	73
3	150	34	67	78	16	142	34	73	72
4	163	44	76	86	17	139	29	64	73
5	146	33	68	76	18	153	47	75	84
6	152	43	78	80	19	154	44	76	84
7	146	39	73	76	20	143	34	70	78
8	158	46	73	82	21	138	32	68	73
9	153	49	83	81	22	154	45	77	83
10	141	33	64	74	23	140	31	68	72
11	158	48	78	84	24	148	40	71	79
12	156	46	79	85	25	141	31	67	76
13	150	41	70	79					

解：首先计算样本均值向量 $\bar{\boldsymbol{x}}$ 和样本协方差阵 $\boldsymbol{S}$，得：

$$\bar{\boldsymbol{x}} = \begin{bmatrix} 148.40 \\ 38.48 \\ 71.72 \\ 78.08 \end{bmatrix} \quad \boldsymbol{S} = \begin{bmatrix} 48.58 & 38.76 & 26.28 & 30.13 \\ 38.76 & 40.51 & 28.47 & 26.25 \\ 26.28 & 28.47 & 25.04 & 17.98 \\ 30.13 & 26.25 & 17.98 & 22.08 \end{bmatrix}$$

计算得到 $\boldsymbol{S}$ 的特征值和特征向量，如表 13 – 2 所示。

表 13 – 2　　$\boldsymbol{S}$ 的特征值和特征向量

特征值	121.910	9.500	2.590	2.210
特征向量	0.604	0.596	–0.438	0.297
	0.558	–0.348	0.604	0.451
	0.403	–0.675	–0.552	–0.279
	0.402	0.263	0.373	–0.794
方差贡献率	0.895	0.070	0.019	0.016
累积方差贡献率	0.895	0.965	0.984	1.000

资料来源：根据 R 软件统计输出整理。

由表 13－2 列出的累积方差贡献率可知，前两个主成分的累积贡献率高达 96.5%，因此只取前两个主成分就足够了。第一、第二主成分如下：

$$y_1 = \boldsymbol{e}_1^{\mathrm{T}}\boldsymbol{x} = 0.604x_1 + 0.558x_2 + 0.403x_3 + 0.402x_4$$

$$y_2 = \boldsymbol{e}_2^{\mathrm{T}}\boldsymbol{x} = 0.596x_1 - 0.348x_2 - 0.675x_3 + 0.263x_4$$

下面具体分析这两个主成分的实际意义。第一主成分 y_1 的表达式中，身高（x_1）、体重（x_2）、胸围（x_3）和坐高（x_4）的系数都是正的，且都在 0.5 左右，显然可以认为 y_1 反映了学生身材的魁梧情况。y_1 取值越大，说明这个学生越高大魁梧。第二主成分 y_2 的表达式中，身高（x_1）和坐高（x_4）的系数是正的，而体重（x_2）和胸围（x_3）的系数是负的，显然 y_2 反映了学生的胖瘦情况。如果第二主成分 y_2 的取值大，表明其 x_1 和 x_4 取值大，x_2 和 x_3 取值小，那么说明这个学生是偏瘦的。反之，若 y_2 的取值小，则说明这个学生是偏胖的。计算 25 名学生的这两个主成分的得分可以用来分析每个学生的魁梧情况和胖瘦情况，结果如表 13－3 所示。

表 13－3　　25 名小学生前两个主成分得分

学生序号	y_1	y_2	学生序号	y_1	y_2	学生序号	y_1	y_2
1	158.00	46.68	10	159.11	48.79	19	181.95	47.25
2	175.99	51.58	11	187.41	46.89	20	164.90	46.64
3	167.92	52.84	12	185.89	45.98	21	157.95	44.39
4	188.19	53.13	13	173.44	48.64	22	182.51	45.96
5	164.54	49.60	14	162.13	47.62	23	158.20	45.67
6	179.38	44.00	15	164.97	46.83	24	172.07	47.12
7	169.91	44.14	16	163.09	42.44	25	160.00	47.99
8	183.47	50.43	17	155.27	48.73			
9	185.75	39.40	18	182.62	46.28			

资料来源：根据 R 软件统计输出整理。

根据表 13－3 的主成分得分数据绘制散点图，得到图 13－1。从图中可以直观地分析学生的魁梧情况和胖瘦情况，例如，序号为 4 的学生，两个主成分的得分都是最高的，说明这个学生相比其他学生，身材高大但是偏瘦。

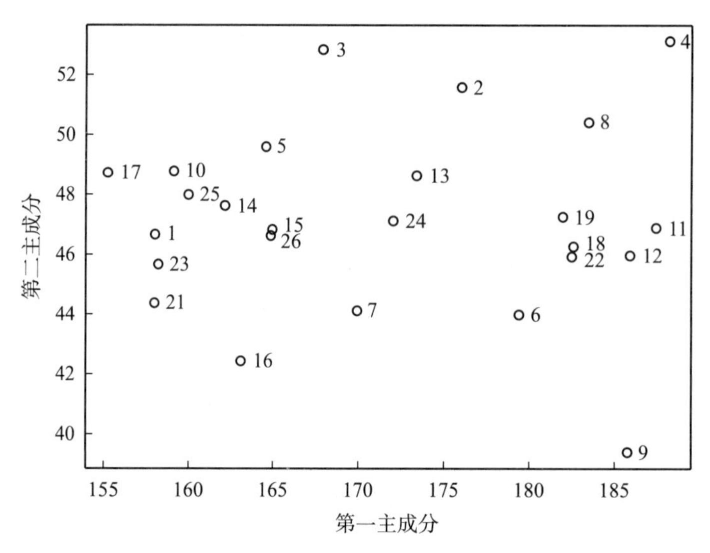

图 13-1 前两个主成分得分的散点图

资料来源：R Studio 统计输出。

13.2 聚类分析

聚类分析（cluster analysis）是一种应用非常广泛的多元统计分析方法。例如，在电子商务应用中，电商平台希望通过用户的订单交易行为和商品属性特征等信息将客户划分成不同群体，为每个客户群体推荐符合用户兴趣的商品，从而提高用户体验、增加用户黏性。从策略上讲，我们希望每组用户尽可能相似，且偏好很不相同的用户不会被放在同一组中。聚类分析可以用来进行这种客户群体划分的研究，从而根据不同群体客户的共同特点进行不同的商品推荐。

聚类分析是从“物以类聚”角度考虑的观测样本或变量特征的自然分类的方法，这里将每类也称为簇（cluster）。这种方法与 12 章介绍的判别分析是不同的。在判别分析中，类别的数目是已知的，只是对于新观测个体应属于哪类暂时未知，其操作目标旨在根据其特征将新观测值分派给某一类中，并且后续可知是否预测准确，属于有监督学习。而在聚类分析中，对类的个数或类的结构不做任何假定，只是根据观测值特征的相似性形成“合理”的聚集，并无“正确答案”参考，属于无监督学习。

聚类分析根据分类对象的不同分为两类：一类是根据变量对观测样本（或称样品）进行聚类，称为 Q 型聚类；另一类是根据观测样本对变量（或称指标）进行聚类，称为 R 型聚类。本书介绍 Q 型聚类，R 型聚类将样本观测阵转置后运用相同的算法即可实现。

选择恰当的方式度量样本点之间的距离是聚类分析的前提。合理的聚类方式应使得同一类内的观测尽可能地“相似”，但不同类之间有明显区分。也就是说，聚类结果的类内相似度高，类间相似度低。

度量样本之间相似度的统计量常用距离和相似系数。距离描述样本之间的差异度，取值越小差异越小，此时样本之间的相似度越高，所以距离也称为相异度指标。而相似系数是直接描述样本之间的相似性，取值越大相似度越高。距离和相似系数对样本之间相似性度量的方向是相反的，它们之间可以进行转换。用 d_{ij} 表示样本 $X_{(i)}$ 和 $X_{(j)}$ 之间的距离，如果只能得到相似系数 C_{ij}，那么距离可以由 $d_{ij}=1-|C_{ij}|$ 或 $d_{ij}^2=1-C_{ij}^2$ 表示。

聚类分析以样本间的距离为基础。如果变量为定量变量，那么样本之间的距离可以用空间中点之间的距离来度量，例如欧式距离或闵可夫斯基距离。如果变量是定性变量，那么可以通过配对和不配对的变量个数定义距离或通过相似系数的转换来得到距离。

由于聚类分析的实用性很强，因此针对聚类分析的研究结果非常丰富，有很多可供选择的聚类方法。本书介绍最常用的两种方法：系统聚类和 K－均值聚类。

13.2.1　系统聚类法

系统聚类（hierarchical clustering），也称为分层聚类，其基本思想是：先将每个样本自成一类，并计算类与类之间的距离（简称为类间距离），然后每次合并距离最小的两类，合并后重新计算类间距离，这个过程一直继续到所有的样本归为一类为止，并把这个过程做成一张系统聚类图，称为**谱系图**。

在初始类中，每类只有一个样本，此时类间距离就是样本间的距离。当类中包含一个以上样本时，类间距离如何来定义呢？表 13－4 给出了五种常用的类间距离的定义。

表 13－4　　　　常用的 5 种类间距离定义方法

方法名称	方法概述
最短距离法（single linkage）	采用最小距离（即两类中最近样品之间的距离）来定义类间距离，也称为简单连接法
最长距离法（complete linkage）	采用最大距离（即两类中最远样品之间的距离）来定义类间距离，也称为完全连接法
类平均法（average linkage）	采用平均距离（即两类中所有样品之间的距离的均值）来定义类间距离
重心法（centroid method）	采用两类的重心，即样本均值向量之间的距离来定义类间距离
离差平方和法（wald method）	基于方差分析的思想，采用合并后增加的离差平方和来定义类间的平方距离

一般来说，不同类间距离定义方法得到的聚类结果不完全相同。统计学家通过研究各种方法的性质，如单调性、空间的浓缩性和扩张性等，认为类平均法聚类效果较好，不容易在样本容量大时失真又具有一定的灵敏性，所以类平均法在实践中比较常用。

将 n 个样本进行系统聚类的基本步骤为：

（1）计算 n 个样本两两间的距离，得到距离矩阵；

（2）建立 n 个初始类，每个类中只有一个样本，此时类间距离就是样本间的距离；

（3）合并距离最小的两个类，此时类的总个数减少 1 个；

（4）确定类间距离计算方法，计算新类与各类的类间距离，得新的距离矩阵。若类的总个数大于 1，重复步骤（3）和步骤（4），直至类的总个数变为 1 时转到步骤（5）；

（5）绘制谱系图；

（6）决定类的个数，根据谱系图确定各类的成员。

例 13－2 采集 6 朵鸢尾花样本，分别用序号 1、2、3、4、5、6 表示，每朵鸢尾花都测量花萼长度 x_1、花萼宽度 x_2、花瓣长度 x_3 和花瓣宽度 x_4 四个特征变量的取值，样本观测数据矩阵如下，试用系统聚类法将 6 个样本分类。

$$
\boldsymbol{X}=\begin{array}{c} \\ 1\\2\\3\\4\\5\\6 \end{array}\begin{array}{c} \begin{array}{cccc} x_1 & x_2 & x_3 & x_4 \end{array} \\ \begin{bmatrix} 5.1 & 3.5 & 1.4 & 0.2\\ 4.9 & 3.0 & 1.4 & 0.2\\ 7.0 & 3.2 & 4.7 & 1.4\\ 6.4 & 3.2 & 4.5 & 1.5\\ 6.3 & 3.3 & 6.0 & 2.5\\ 5.8 & 2.7 & 5.1 & 1.9 \end{bmatrix}\end{array}
$$

解：样本间的距离使用欧式距离，类间距离使用最短距离法，系统聚类过程各步骤如下。

（1）计算样本间的欧式距离，得到距离矩阵 $\boldsymbol{D}^0$（由于是对称矩阵，所以只写出下三角部分）：

$$
\boldsymbol{D}^0=\begin{bmatrix} 0 & & & & & \\ 0.54 & 0 & & & & \\ 4.00 & 4.10 & 0 & & & \\ 3.62 & 3.69 & 0.64 & 0 & & \\ 5.28 & 5.34 & 1.84 & 1.81 & 0 & \\ 4.21 & 4.18 & 1.45 & 1.06 & 1.33 & 0 \end{bmatrix}
$$

（2）建立 6 个初始类：$C_1=\{1\}$，$C_2=\{2\}$，$C_3=\{3\}$，$C_4=\{4\}$，$C_5=\{5\}$，$C_6=\{6\}$，此时类间距离就是样本间的距离。

（3）由于样本 1 和 2 的距离最小，所以 C_1 和 C_2 合并成一新类 $C_7=C_1\cup C_2=\{1,2\}$，然后按照最短距离法计算 C_7 与 C_3、C_4、C_5、C_6 各类之间的距离，得到新的距离矩阵 $\boldsymbol{D}^1$，如表 13－5 所示。

表13－5　距离矩阵 D^1

类别	$C_7=\{1,2\}$	C_3	C_4	C_5	C_6
$C_7=\{1,2\}$	0				
C_3	4.00	0			
C_4	3.62	0.64	0		
C_5	5.28	1.84	1.81	0	
C_6	4.18	1.45	1.06	1.33	0

（4）由 D^1 可知，最小值为0.64，所以 C_3 和 C_4 合并成一新类 $C_8=C_3\cup C_4=\{3,4\}$，然后按照最短距离计算 C_8 与 C_7、C_5、C_6 各类之间的距离，得到新的距离矩阵 D^2，如表13－6所示。

表13－6　距离矩阵 D^2

类别	$C_7=\{1,2\}$	$C_8=\{3,4\}$	C_5	C_6
$C_7=\{1,2\}$	0			
$C_8=\{3,4\}$	3.62	0		
C_5	5.28	1.81	0	
C_6	4.18	1.06	1.33	0

（5）由 D^2 可知，最小值为1.06，所以 C_8 和 C_6 合并成一新类 $C_9=C_8\cup C_6=\{3,4,6\}$，然后按照最短距离计算 C_9 与 C_7、C_5 各类之间的距离，得到新的距离矩阵 D^3，如表13－7所示。

表13－7　距离矩阵 D^3

类别	$C_7=\{1,2\}$	$C_9=\{3,4,6\}$	C_5
$C_7=\{1,2\}$	0		
$C_9=\{3,4,6\}$	3.62	0	
C_5	5.28	1.33	0

（6）由 D^3 可知，最小值为1.33，所以 C_9 和 C_5 合并成一新类 $C_{10}=C_9\cup C_5=\{3,4,6,5\}$，然后按照最短距离计算 C_{10} 与 C_7 之间的距离，得到新的距离矩阵 D^4，如表13－8所示。

表 13-8　　　　距离矩阵 D^4

类别	$C_7=\{1, 2\}$	$C_9=\{3, 4, 6, 5\}$
$C_7=\{1, 2\}$	0	
$C_{10}=\{3, 4, 6, 5\}$	3.62	0

（7）最后，$C_7=\{1, 2\}$ 和 $C_{10}=\{3, 4, 6, 5\}$ 在距离 3.62 处合并为一新类 $C_{11}=\{1, 2, 3, 4, 6, 5\}$，类的总个数变为 1，聚类过程完成。

（8）将上述并类过程画成图形，得到聚类谱系图，如图 13-2 所示。

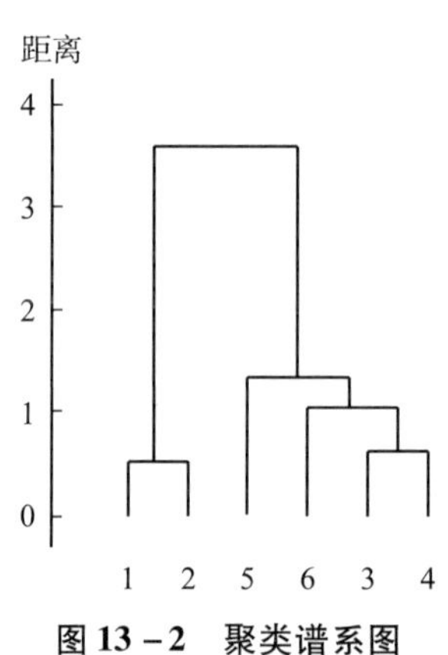

图 13-2　聚类谱系图

（9）确定类的个数及各类的成员。在谱系图的某个特定的高度水平画一条直线，可以把谱系图分割成不相交的类。例如，在距离为 1.5 的高度画水平直线，样本分为两类。

如果分成两类，则 $C_1^{(2)}=\{1, 2\}$，$C_2^{(2)}=\{3, 4, 6, 5\}$；

如果分成三类，则 $C_1^{(3)}=\{1, 2\}$，$C_2^{(3)}=\{3, 4, 6\}$；$C_3^{(3)}=\{5\}$；

如果分成四类，则 $C_1^{(4)}=\{1, 2\}$，$C_2^{(4)}=\{3, 4\}$；$C_3^{(4)}=\{6\}$；$C_4^{(4)}=\{5\}$。

在实践中，数据分成多少类是合适的？这个问题是一个十分困难的问题，虽然统计上有一些统计量可用于近似检验分类个数是否合适，但是没有统一的标准答案，至今也没有找到令人满意的方法。在实际应用中，通常选择符合实用目的且最容易解释的分类个数。

13.2.2　K-均值法

系统聚类法计算过程中不能对进入类别的样本进行再次调整，这就要求每一次分类都比较准确，从而对聚类方法提出了较高要求。系统聚类法每一步都需要计算类间距离并逐一进行比较，当样本容量比较大时，系统聚类法的计算量也变得很大。为了解决这两个缺点，产生了动态聚类的方法。

动态聚类的简单想法是先将样本随机粗略地分类，之后再按照某种最优原则修改不合理的分类，直至认为分类较为合理为止，这样得到最终分类结果。这种方法计算量较小，且能对类中样本进行动态调整，适用于样本容量较大时的聚类分析。

最常用的动态聚类的方法是K－均值法。K－均值法采用的最优原则是寻找使得聚类后的类内差异尽可能小的分类方式。如何来定义类内差异？K－均值法使用类内样本观测与类的重心（即类中样本观测的均值向量）的总离差平方和来定义类内差异。

K－均值法的基本步骤为：

（1）确定想要得到的类数 k，将所有样本随机分配到这 k 个初始类，并将这 k 个类的重心（均值）作为初始凝聚点；

（2）将每个样本（凝聚点除外）归入距离其最近的那个类，通常用欧式距离计算距离；

（3）归类完成后，将新产生的类的重心定为新的凝聚点；

（4）重复步骤（2）和步骤（3），直到所有的样本都不能再分配为止。

在上述基本步骤中，步骤（1）也可以不从分割 k 个初始类开始，而是从直接选定 k 个初始凝聚点开始。

K－均值法对初始凝聚点选取比较敏感，分类结果在某种程度上依赖于初始凝聚点或初始分类的选择。经验表明，聚类过程中的绝大多数重要变化均发生在第一次再分配中。因此，建议尝试选取不同初始凝聚点重复多次K－均值聚类，取其中最好的一次结果。

例13－3 Kaggle网站上的企鹅数据集penguins收集了344个样本观测数据，定量变量有4个，具体名称和含义见表13－9。基于这4个变量，取类数 $k=3$，试用K－均值聚类法将样本进行分类。

表13－9　　企鹅数据集变量名称及含义

变量	含义
bill_length	企鹅的喙的长度（单位：毫米）
bill_depth	企鹅的喙的高度（单位：毫米）
flipper_length	企鹅的脚蹼长度（单位：毫米）
body_mass	体重（单位：克）

资料来源：根据Kaggle网站资料整理。

解：首先对数据进行综合描述。在这个数据集中，共有344个样本的4个特征变量的观测数据，表13－10给出了其主要样本特征。

表 13－10　　企鹅数据集各变量的主要样本统计量的值

主要样本特征	bill_length	bill_depth	flipper_length	body_mass
均值	43.92	17.15	200.92	4201.75
标准差	5.46	1.97	14.06	801.95
最小值	13.10	13.10	172.00	2700.00
第一四分位数	39.23	15.60	190.00	3550.00
中位数	44.45	17.30	197.00	4050.00
第三四分位数	48.50	18.70	213.00	4750.00
最大值	59.60	21.50	231.00	6300.00
样本容量 n（非缺失值）	342	342	342	342
缺失值个数	2	2	2	2

数据集中有 2 个缺失值，占比很少，所以做删除缺失值的处理。删除缺失值后，数据集还有 342 个样本观测数据。考虑到变量的度量单位不同，在进行聚类分析之前，使用 R 软件的 scale 函数对它们进行标准化处理。

取 $k=3$，使用 R 软件的 kmeans 函数执行 K－均值聚类对样本进行分类，主要结果如图 13－3 所示。从图 13－4 中看出，342 个样本分成了三类，第一类包含 71 个样本观测数据，第二类包含 148 个样本数据，第三类包含 123 个样本观测数据。

```
K-means clustering with 3 clusters of sizes 71, 148, 123

Cluster means:
  Culmen Length (mm) Culmen Depth (mm) Flipper Length (mm) Body Mass (g)
1          0.8898759         0.7564847          -0.3004658    -0.4487199
2         -0.9723116         0.5499273          -0.8175594    -0.6907503
3          0.6562677        -1.0983711           1.1571696     1.0901639

Clustering vector:
  [1] 2 2 2 2 2 2 2 2 2 2 2 2 2 2 2 2 2 2 1 2 1 2 2 2 2 2 2 2 2 2 2 2 2 2 2 2 2 2
 [39] 2 2 2 2 1 2 2 2 2 2 2 2 2 2 2 2 2 2 2 2 2 2 2 2 2 2 2 2 2 2 2 2 2 2 1 2 2 2
 [77] 2 2 2 2 1 2 2 2 2 2 2 2 2 2 2 2 2 2 2 2 2 2 2 2 2 2 2 2 2 2 2 1 2 1 2 2 2 2
[115] 2 2 2 2 2 2 2 2 2 2 2 2 2 2 2 1 2 2 2 2 2 2 2 2 2 2 2 2 2 2 2 2 2 2 2 2 2 3
[153] 3 3 3 3 3 3 3 3 3 3 3 3 3 3 3 3 3 3 3 3 3 3 3 3 3 3 3 3 3 3 3 3 3 3 3 3 3 3
[191] 3 3 3 3 3 3 3 3 3 3 3 3 3 3 3 3 3 3 3 3 3 3 3 3 3 3 3 3 3 3 3 3 3 3 3 3 3 3
[229] 3 3 3 3 3 3 3 3 3 3 3 3 3 3 3 3 3 3 3 3 3 3 3 3 3 3 3 3 3 3 3 3 3 3 3 3 3 3
[267] 3 3 3 3 3 3 3 3 3 1 1 1 1 1 1 1 1 1 1 1 1 1 1 1 1 1 1 1 1 1 1 1 2 1 2 1 1 1 1 1 1 1
[305] 2 1 2 1 1 1 1 1 1 1 1 1 1 1 1 1 1 1 1 1 1 1 1 1 1 1 1 1 1 1 2 1 1 1 1 1 1 1 1 1 1 1 1 1 1

Within cluster sum of squares by cluster:
[1]  81.56839 155.25908 143.15025
 (between_SS / total_SS =  72.1 %)
```

图 13－3　企鹅数据集 K－均值聚类结果（$k=3$）

资料来源：R 软件统计输出。

为了直观地查看聚类结果，使用主成分分析方法将数据进行降维处理。使用前两个主成分综合反映原四个变量，累积贡献率为88.16%。画出前两个主成分的散点图，得到可视化的聚类结果，如图13-4所示。从图中发现，有一类的分布明显不同，聚成了一类。但是另两类的观测数据不是很好分开，因此用“分割”来描述这个过程似乎更形象。

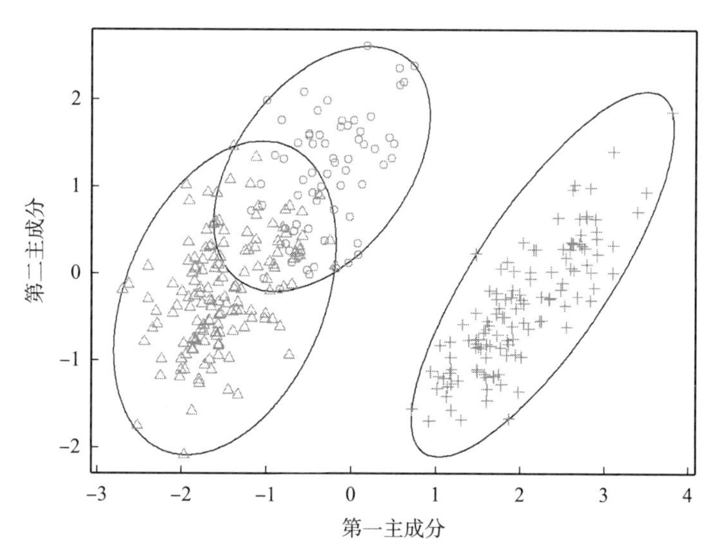

图13-4　企鹅数据集K-均值聚类结果可视化（k=3）

注：这两个主成分解释了样本数据变异的88.16%。

资料来源：R软件统计输出。

需要注意的是，在进行聚类分析时，应该要考虑是否需要对变量进行标准化处理，这对于系统聚类法和K-均值聚类法都是一样的问题。标准化处理不是必需的，但是如果变量的度量单位不同，或者变量取值的大小差异很大，那么变量在聚类过程中的地位是不平等的，这时可以考虑标准化之后再进行聚类分析。

习　题

1. 在主成分分析中，前几个主成分能够反映原变量提供的大部分信息。这里的“信息”指的是什么？

2. 利用例13-1的数据，基于相关系数阵$\boldsymbol{R}$进行主成分分析，并与例13-1的结果进行比较。

3. 简述系统聚类法和K-均值法的优缺点。

4. 设5个样本两两之间的距离矩阵$\boldsymbol{D}^0$如题表13-1所示。

题表 13-1

样本	1	2	3	4	5
1	0				
2	1.0	0			
3	3.5	2.5	0		
4	5.0	4.0	1.5	0	
5	7.0	6.0	3.5	2.9	0

试基于最短距离法使用系统聚类方法将 5 个样本分类。

参考答案请扫二维码查看

第 14 章

深度学习简介

深度学习是机器学习领域的一个新的研究方向，近些年来，其在自然语言处理、计算机视觉和个性化推荐等领域取得了很多成果。本章将对深度学习的模型、应用和最新前沿技术等进行简介。

14.1　深度学习与数据分析

14.1.1　深度学习的起源与基本思想

人工智能（artificial intelligence，AI）自 1956 年诞生以来一直存在两个同时起步、相互竞争发展的范式——符号主义和连接主义。符号主义又称为逻辑主义，认为计算机可以通过各种符号运算来模拟人的“智能”，一直到 20 世纪 80 年代之前都主导着 AI 技术的发展方向。而连接主义则从 90 年代才开始逐步得到关注，并在 21 世纪初进入高潮。连接主义认为，感官信息（视觉、听觉和触觉等）通过在神经网络中建立起“刺激—响应”连接（通道）的方式，从而影响人类的行为，进而产生智能行为。

早在 1958 年，弗兰克·罗森布拉特（Frank Rosenblatt）受 M－P 模型和 Hebb 学习规则的启发，按照连接主义的技术思路建立起了一个人工神经网络（artificial neural network，ANN）的雏形——感知机，如图 14－1 所示。1969 年，马文·明斯基（Marvin Minsky）等出版的图书《感知机》指出了感知机的致命缺陷：只能解决线性可分问题，即使增加隐藏层的数量，也由于没有有效的学习算法而难以实用。这一批评几乎将感知机扼杀在了摇篮之中。

然而，人们对于神经网络的研究并没有完全停滞，并在 20 世纪的后 30 年里取得了许多重要进展。这些进展涉及训练方法（梯度下降、反向传播）、损失函数、防止过拟合的方法、网络形式（卷积神经网络、循环神经网络）等神经网络的各个方面，逐步发展出了较为成熟的深度学习理论与技术。

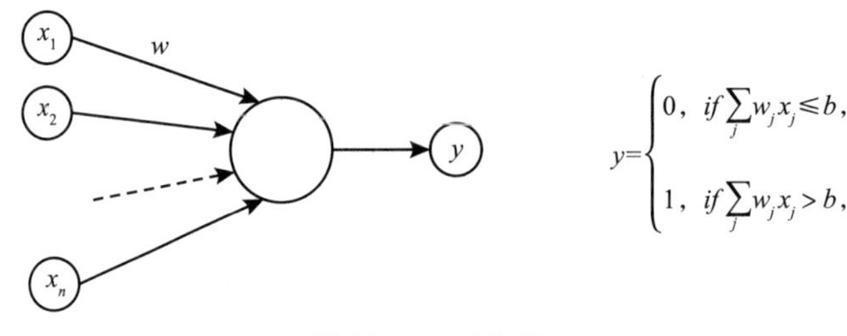

图 14－1　感知机

资料来源：张钹，朱军，苏航. 迈向第三代人工智能［J］. 中国科学：信息科学，2020，50：1281－1302.

“深度学习（deep learning）”一词首次被引入机器学习领域是在1986年，开始被用于人工神经网络结构设计是在2000年左右。2006年，加拿大多伦多大学教授、机器学习领域的泰斗杰弗里·辛顿（Geoffrey Hinton）与他的学生一起在《科学》（*Science*）上发表文章，提出了深度学习的主要观点：包含多个隐藏层的人工神经网络具有优异的特征学习能力，且可以通过“逐层初始化”来有效克服深度神经网络在训练上的难度，自此开启了学术界和工业界的深度学习时代。

14.1.2　作为数据分析方法的深度学习

数据表示或者数据特征的选择决定着机器学习和深度学习方法的性能，使用机器学习和深度学习可以很好地提取数据的非直观隐藏模式。深度学习作为机器学习和人工智能的一个分支，同时也是一种数据分析方法论。深度学习是相对于传统机器学习中的浅层学习而言的，这些浅层模型包括逻辑回归、支持向量机、高斯混合模型等。深度学习、机器学习、人工智能与数据分析的关系如图14－2所示。

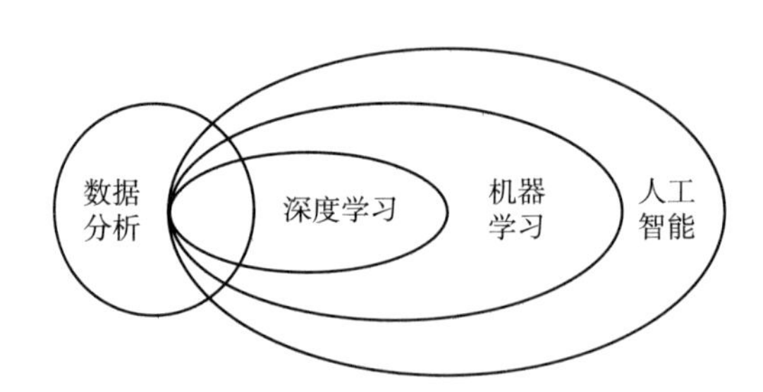

图 14－2　数据分析与深度学习等的关系

数据表示或者数据特征的选择也被称为特征工程。大部分浅层学习方法采用的是手工特征工程的方式。在人类进入大数据时代的过程中，随着数据的积累和数据生产速度的加快，仅靠人类的先验知识驱动的特征工程变得越来越困难。深度学习方法的出现提供了一种能够自动学习数据表示和数据特征的有效手段。因此，深度学习也被称为表示学习或特征学习。

深度学习与传统机器学习的不同在于：第一，深度学习强调了模型结构的深度；第二，深度学习明确突出了特征学习的重要性，同时实现了自动的特征工程。因此可以说，在深度学习中，“深度模型”是手段，“特征学习”是目的。深度学习使用多个处理层组成的计算模型学习具有多个抽象级别的数据表示，擅长发现高维数据中的复杂结构，其成功离不开“大量数据、鲁棒算法和强大算力”三个要素的支撑。

14.2　深度学习典型模型

近年来，随着各种数据的爆炸式增长和机器算力的迅猛提升，深度学习的算法模型也如雨后春笋般涌现，并在各个应用领域大放异彩。本节选取深度学习中公认的典型模型进行初步介绍。

14.2.1　多层感知机

只有一个计算单元的感知机作为一种简单的线性模型，其能够处理的问题十分有限。在网络中使用多层结构，通过堆叠全连接层可以克服这一限制。这里的“全连接”是指相邻两层的每个隐藏单元之间均有信息传递，如图14－3所示。在这种多层结构下，除输出层外，每一层的输出都作为输入传递到后面的层，直至生成最终的输出结果。可以把最后一层看作线性预测器，前面的所有层看作表示，这种模型架构被称为多层感知机（multilayer perceptron，MLP）。

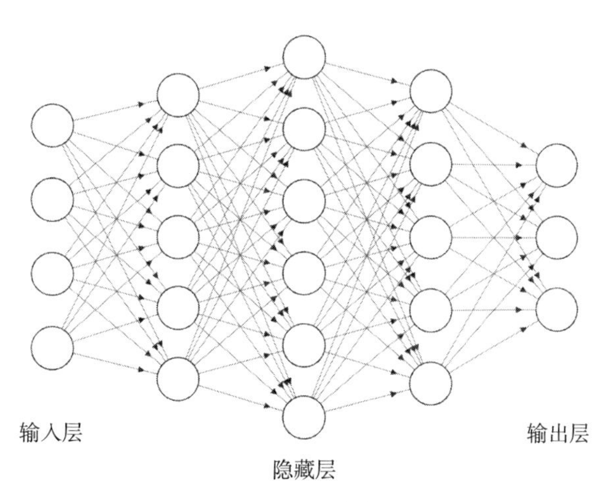

图14－3　多层感知机

资料来源：使用网页工具生成，网址链接：http：//alexlenail. me/NN－SVG/index. html.

多层感知机中的单元可以看作输入的仿射函数，仅将这些仿射函数线性的堆叠并不能发挥多层结构的潜力。于是还需要引入一个关键要素——激活函数，此时多层感知机模型可以写作：

$$H=\sigma(XW^{(1)}+b^{(1)})$$
$$O=HW^{(2)}+b^{(2)}$$

其中，X 是具有 d 维输入特征的小批量样本的矩阵表示，H 被称为隐藏层变量或隐藏变量，W，b 分别为权重和偏置，O 是输出，$\sigma(\cdot)$ 为激活函数。正是激活函数的使用使得多层感知机具有了拟合非线性函数的能力。经常被使用的激活函数包括 ReLU 函数、sigmoid 函数、tanh 函数等。

多层感知机可以通过隐藏神经元捕捉到输入之间的复杂相互作用，理论上只要有足够的神经元数量，单隐层网络即可拟合任意函数。但在实际问题中往往使用更深的网络进行函数逼近。

14.2.2 深度自动编码器

自动编码器通过学习数据的主要特征，实现降维目的。自动编码器的数据降维过程与 13.1 中介绍的主成分分析（PCA）技术类似，但自动编码器比 PCA 功能更强。它由编码器、解码器和潜在特征表示三部分组成，如图 14－4 所示。其中，编码器和解码器只是简单的函数，潜在特征表示通常是实数张量。

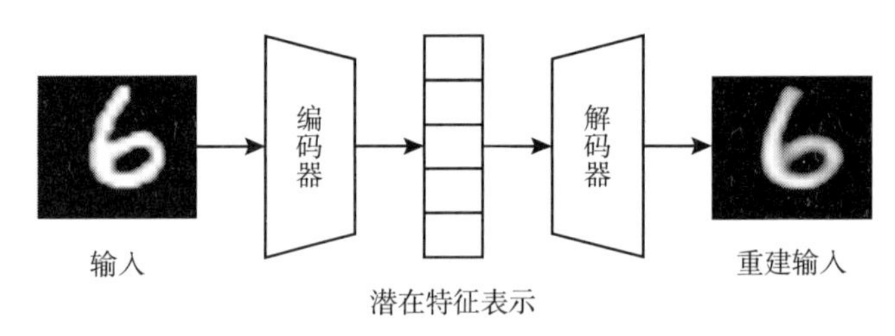

图 14－4　自动编码器的框架结构

自动编码器首先对输入数据进行编码，使用得到的编码表示，通过解码器重建输入数据，使得重建结果和原始输入之间的误差最小化。在编码和重建过程中，自动编码器将输入数据映射到特定的特征空间。经过设计和训练后，自动编码器学习到的输入数据的潜在特征表示，可以用于数据降维和分类等下游任务。

深度自动编码器（deep autoencoders）也被称为堆叠式自动编码器（stacking automatic encoders）。根据"深度"学习的思想，深度自动编码器将多个自动编码器进行堆叠并逐层初始化，最后对其参数进行微调。为适用于不同的应用场景，深度自编码器还发展出了卷积自动编码器（convolutional autoencoders，CAEs）、变分自动编码器（variational autoencoders，VAEs）、去噪自动编码器（denoising autoencoders，DAEs）等。其中卷积自动编码器常用于图像识别与分类，变分自动编码器作为生成模型常用于图像生成，去噪自编码器常用于工业中的异常检测。

14.2.3　卷积神经网络

图像数据是一类重要的数据，这类数据的典型特征是它们由二维像素网格组成。卷积神经网络（convolutional neural networks，CNN）专门为处理图像数据而设计，因其“卷积”操作而得名。卷积操作的一个简单例子如图 14－5 所示，其计算过程为 $0\times0+1\times1+3\times2+4\times3=19$。卷积神经网络的人工神经元可以响应一部分覆盖范围内的周围单元，从而提取图像数据的局部特征模式，擅长处理大型图像。

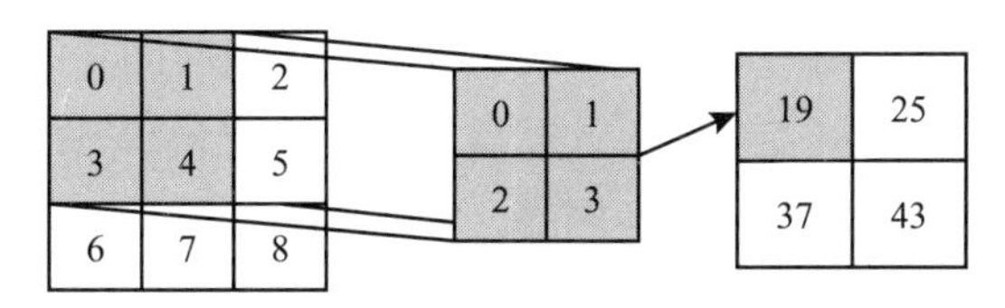

图 14－5　卷积操作

资料来源：Aston Z，Zachary C L，Mu L，et al. Dive into Deep Learning [M/OL]. http：//www. d2l. ai/，2022. 08. 12.

图像处理任务包含两个关于图像数据的基本原则：平移不变性和局部性，基于这两个原则设计的卷积神经网络包含卷积、填充、步幅、多通道等基本操作，体现了四个基本思想：局部连接、共享权重、池化和多层结构。卷积神经网络实例 LeNet－5 的结构如图 14－6 所示。

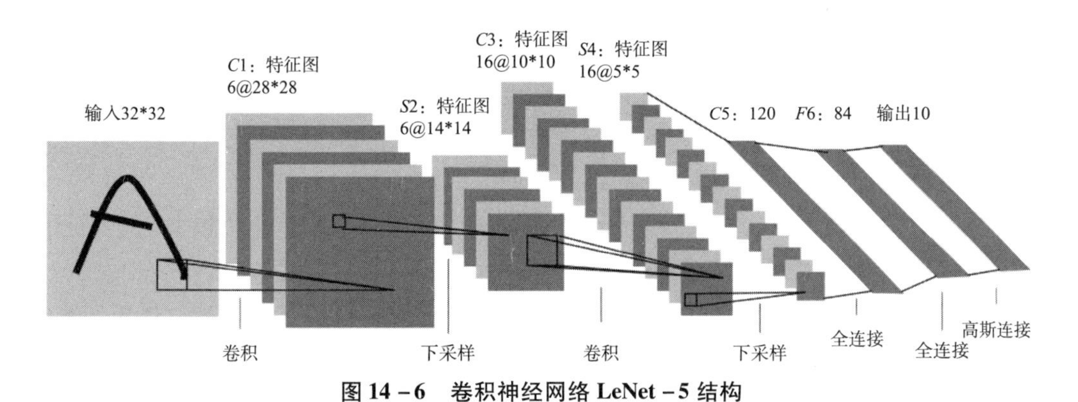

图 14－6　卷积神经网络 LeNet－5 结构

资料来源：Lecun Y，Bottou L，Bengio Y，Haffner P. Gradient－based learning applied to document recognition [C]. Proceedings of the IEEE，1998，86（11）：2278－2324.

在最近的研究中，卷积神经网络模型的设计从单个神经元发展到层、块和重复的层的模式。经典的模型有：包含块的网络 VGG 网络、网络中的网络 NiN 网络和包含并行连接的网络 GoogleLeNet 等。另外一个需要指出的现象是，现代卷积神经网络在模型和算法上大同小异，推动图像识别这一领域进步的更多是数据特征以及支持大量数据特征运算的算力。

14.2.4 循环神经网络

如果把图像看作空间序列数据，那么文本、语音、视频等都是常见的时间序列数据，这些数据之间存在时间上的顺序关系。传统的时间序列模型包括马尔可夫模型、自回归模型等。通过将神经网络在时序上进行展开，也可以找到样本间的序列相关性。

循环神经网络（recurrent neural networks，RNN）是一类具有隐藏状态的神经网络模型，隐藏状态的一次更新称为一个时间步。与多层感知机相比，RNN 通过建立隐藏层之间的连接，保存了一个前一时间步的隐藏变量，当前时间步的隐藏变量由当前时间步的输入与前一时间步的隐藏变量一起计算得出。由于隐藏状态的计算过程是循环进行的，因此这种网络模型被称为循环神经网络，如图 14－7 所示。

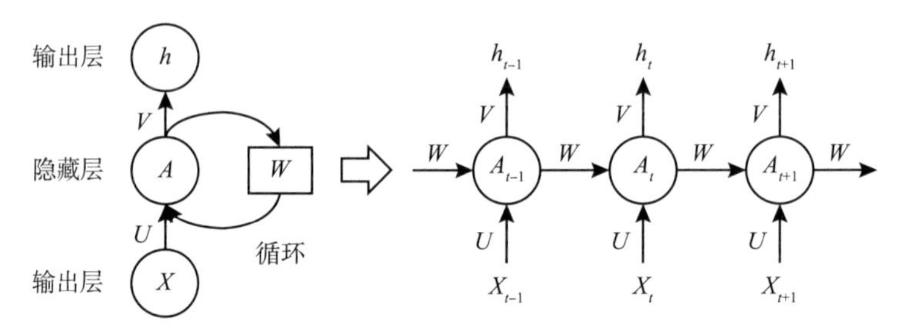

图 14－7　循环神经网络在时序上的展开

资料来源：LeCun Y，Bengio Y，Hinton G. Deep learning［J］. Nature，2015，521（7553）：436－444.

给定一个输入序列 $x=(x_1, x_2, \cdots, x_T)$，循环神经网络的隐藏变量 h 的循环更新过程为：

$$h_t = g(\boldsymbol{W}x_t + \boldsymbol{U}h_{t-1})$$

其中，g 是一个激活函数，$\boldsymbol{W}$ 是输入这一时刻隐藏变量的权重矩阵，$\boldsymbol{U}$ 是上一个时刻隐藏变量到这一时刻隐藏变量的权重矩阵。

循环神经网络在训练时使用的是时间的反向传播算法。传统的 RNN 会存在梯度爆炸和梯度消失的问题，难以储存较长时间的序列信息，难以发现长期依赖关系。长短期记忆网络（long short term memory networks，LSTM）通过设计精巧的元件，从结构上解决了这些问题。长短期记忆网络的设计灵感来自计算机中的逻辑门，在结构上引入了记忆单元。其中记忆单元的控制由“门”来实现，门的类型有输入门、输出门和遗忘门。与 RNN 类似，LSTM 前向传播将一个时间序列作为输入，时间步长每前进一次，输出结果便更新一次；LSTM 后向传播通过从时间序列末尾时刻开始，逐步反向循环计算各参数梯度，最终用各时间步的梯度更新网络参数。

门控循环单元（gated recurrent unit，GRU）是对 LSTM 的简化和更新，可以使每个循环单元能够自适应地捕捉不同时间尺度的依赖关系。与 LSTM 类似，GRU 使用两个门控单元来调节内部的信息流，但不设置单独的记忆单元。更新门决定 GRU 更新其内容的程度，复位门决定遗忘其之前隐藏状态的程度。GRU 模型相对简单，更适用于构建较大的网络。从计算角度看，由于只有两个门控单元，在效果和 LSTM 等同的情况下计算效率更高，可以节约计算成本。

14.3　深度学习应用

深度学习影响了很多传统的研究领域，为许多任务提供了新的思路和方法。本节简要介绍深度学习在自然语言处理（natural language processing，NLP）、计算机视觉（computer vision，CV）和推荐系统（recommender system，RS）三个方面的应用。

14.3.1　自然语言处理

自然语言处理任务希望能通过一些方法，使得机器能够达到三个目的（之一）：标记文本区域（如词性标注、情感分类、实体识别等）、链接文本区域（识别表示同一含义的实体并进行归类）、基于上下文填补空缺。机器学习方法是目前能达成这些目标最有希望的方法，深度学习方法的出现加深了这一共识。自然语言处理的范式如图 14－8 所示，可以看出，语言预训练模型已经成为自然语言处理的基础，这与表示学习中的“表示”的含义相通。至于在下游使用何种模型架构，对自然语言处理的任务效果的影响尚在其次。

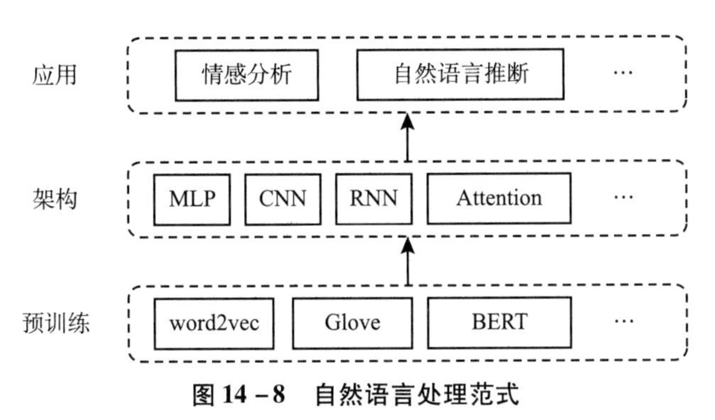

图 14－8　自然语言处理范式

资料来源：整理自 Aston Z，Zachary C L，Mu L，et al. Dive into Deep Learning［M/OL］. http：//www. d2l. ai/，2022. 08. 12.

深度学习在自然语言处理中更实际的应用包括信息检索、信息提取、文本分类、问答、机器翻译等。深度学习模型开始慢慢成为计算语言学的规范，预训练和迁移学习发挥着越来越重要的作用。但是在另外一方面，传统模型相对于深度学习模型只需要很少的数据样本，而在许多语言任务中可用的数据量很小，因此短时间内深度学习不会完全取代传统的自然语言处理模型。

14.3.2 计算机视觉

目前，深度学习方法在多个领域的表现都优于以前最先进的机器学习技术，其中计算机视觉是最突出的例子之一。计算机视觉作为人工智能的一个重要应用，主要研究计算机如何从数字图像或视频中获得高级理解。计算机视觉系统在医疗诊断、自动驾驶、智慧交通、智能安防等许多领域扮演着重要角色，最先进的计算机视觉应用已经离不开深度学习，最先进的深度学习技术也大都因为在计算机视觉任务上的成功应用而备受关注。计算机视觉的具体任务包括目标检测、语义分割和视觉跟踪、风格迁移等。

深度学习在计算机视觉中的应用可以大致分为三个阶段。早期阶段（2012 ~ 2016 年），AlexNet 的出现揭开了卷积神经网络在计算机视觉上大规模应用的序幕，计算机视觉神经网络的研究转向基础应用场景，图像分类的准确性首次超越人类。中期阶段（2016 ~ 2019 年），研究人员开始追求参数轻量化和精度，考虑不同应用场景下的具体的需求，比如快速。新阶段（2019 年至今），将探索新的网络结构，与更多的机器学习方法相结合，并渗透到更广泛的应用领域。

14.3.3 推荐系统

有关推荐系统的研究和应用发端于 1992 年大卫·古德伯格（David Goldberg）等提出的协同过滤算法。推荐系统的初衷是解决信息过载问题，它和搜索引擎一起成为了个性化时代互联网的核心应用技术和强劲的增长引擎。如图 14 -9 所示，推荐系统的核心任务是利用用户信息、物品信息、交互信息等为用户在候选物品库中筛选用户可能感兴趣的物品或项目，即信息过滤。

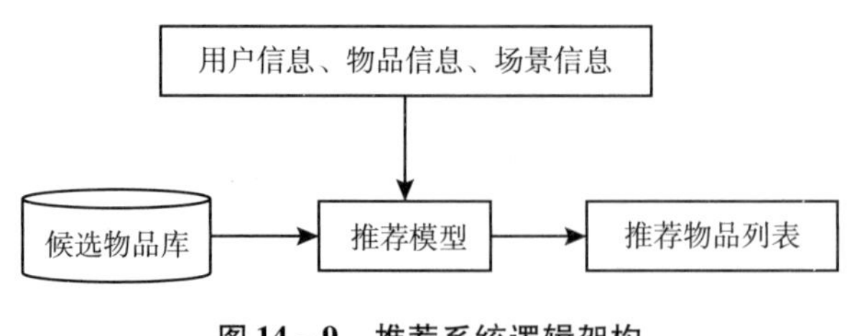

图 14 -9 推荐系统逻辑架构

资料来源：整理自王喆．深度学习推荐系统［M］．北京：电子工业出版社，2020：1 -35.

由于推荐系统领域往往面对的是非线性复杂度高的大数据，推荐系统天然适合数据驱动的方法，恰好成为近年来以数据作为三要素之一的深度学习技术的肥沃土壤。2015 年左右，推荐系统领域开始了新一轮深刻的技术变革——深度学习推荐系统。深度学习带给推荐系统最显著的变革是将推荐系统从手工特征工程（包括特征构建和特征交叉）带入自动特征工程的阶段，省去了繁杂的特征工程步骤，发挥了大数据、大模型的潜力。深度学习当前已成为构建推荐系统的主要且有效的工具。

深度学习推荐系统以多层感知机为核心，通过精心设计神经网络的结构，构建了能在各个具体场景展现其优点的深度学习推荐模型。深度学习推荐系统的发展脉络如图 14－10 所示。其中一部分方法直接使用深度学习架构改变传统推荐方法的过程，如使用自编码器的 AutoRec、用神经网络代替协同过滤中点击操作的 NeuralCF 等；另外一部分方法将传统推荐方法和深度学习模型结构组合，如将逻辑回归和多层感知机相结合的 Wide&Deep、将因子分解机作为上游组件的 FNN 等；还有一部分方法将注意力机制、强化学习或图深度学习引入推荐系统。

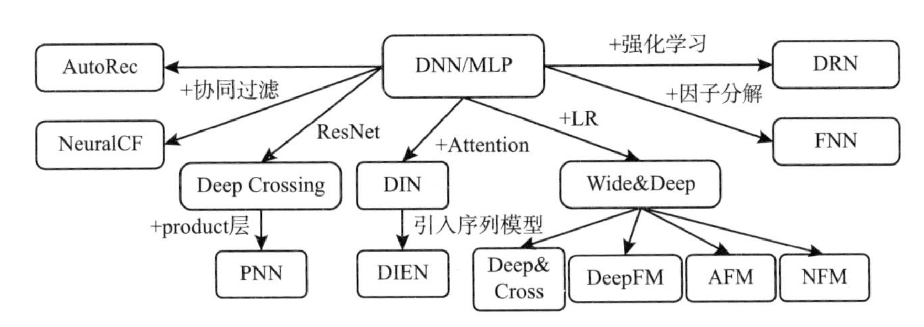

图 14－10　深度学习推荐系统的演化关系

资料来源：改编自王喆．深度学习推荐系统［M］．北京：电子工业出版社，2020：1－35.

14.4　深度学习前沿技术

14.4.1　生成对抗网络

生成对抗网络（generative adversarial networks，GAN）是一类基于博弈论的生成模型。生成对抗网络由分别被称为生成器和判别器的两个神经网络组成，生成器不断生成假样本集试图欺骗判别器，使其相信输入来自真实数据，而判别器尽量区分输入数据到底是生成结果还是真实输入。

生成对抗网络在训练过程中固定生成器和判别器中的一方，更新另一方的网络权重参数，并交替迭代。在这个过程中双方都极力优化各自的网络，从而形成竞争对抗，直到生成器和判别器达到一个动态的平衡（纳什均衡）。此时生成模型 G 恢复了训练数据的分布（即生成了和真实数据相同的样本），判别器的准确率为 50%。生成对抗网络的工作原理如图 14－11 所示。

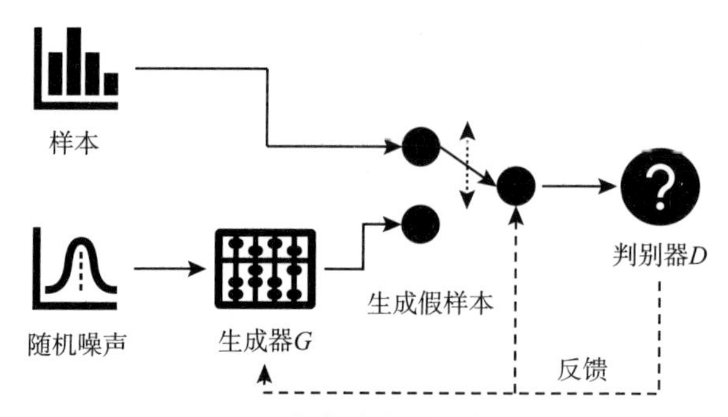

图 14－11　生成对抗网络的工作原理

资料来源：整理自 Dong S，Wang P，Abbas K. A survey on deep learning and its applications [J]. Computer Science Review，2021，40：100379.

14.4.2　注意力机制

经济学对稀缺资源分配的研究表明，我们正处于“注意力经济”时代，人类的注意力被视为可交换、有限、有价值且稀缺的商品。研究显示，人类的视觉系统大约每秒收到 10^8 位的信息，这远远超出了大脑的处理水平。但是人类祖先已经认识到“并非所有感官输入都是同等重要的”，并只将注意力引向感兴趣的一小部分。

受人类视觉的注意力机制启发而设计的神经网络注意力机制框架在近年来取得了优异的效果。注意力机制的本质是引入一个注意力权重，基于这个权重值的加权和得到注意力汇聚输出，最终实现突出对象的某些重要特征的目的。注意力机制一般依附于一个“编码—解码”框架（见图 14－12），并衍生出了自注意力机制、多头注意力机制

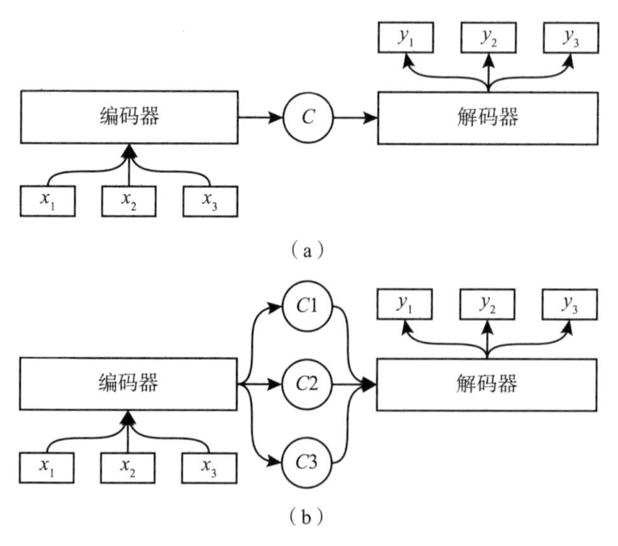

图 14－12　编码—解码框架（a）与注意力机制（b）

资料来源：整理自 Bahdanau D，Cho K，Bengio Y. Neural machine translation by jointly learning to align and translate [C]. Bengio Y，LeCun Y（Eds.）. Proceedings of the 3rd International Conference on Learning Representations（ICLR'15）. San Diego，2015.

等形式。注意力机制最早采用 RNN 和 CNN 等网络结构，后来这些网络结构被完全抛弃，仅保留了纯粹的注意力机制。Transformer 模型在此基础上延续了序列的“编码—解码”框架，使用堆叠的多头自注意力机制。在 Transformer 思想的影响下，涌现出了 BERT、GPT 等一些经典的大型预训练模型，并迅速占据了自然语言处理等领域的应用研究。

14.4.3　图深度学习

图是一种广泛存在于信息社会的数据结构，常被应用于描述社交网络、生物网络和信息网络等复杂系统。以处理图数据为目标的神经网络方法被称为图神经网络（Graph Neural Networks，GNNs）、图深度学习（deep learning on graphs）或图表示学习（graph representation learning）。关于图深度学习的研究近年来备受关注，深刻影响了推荐系统、计算机视觉、自然语言处理、归纳逻辑编程、程序合成、自动规划、网络安全和智能交通等诸多研究领域。

与其他深度学习方法“本质上是数据表征学习”类似，图深度学习本质上是图数据表征学习的一类方法，目的是将图中的节点分配给低维向量进行表示，同时有效地保持图的结构。获得图的表示后，可以基于这些表示处理下游任务，如节点分类、节点聚类、图形可视化和图的链接预测等。

图神经网络通过节点级或图级的状态建模来捕获图的递归和顺序模式，目前主要有以下几种图神经网络模型：图卷积神经网络定义了不规则图结构上的卷积和读出操作，以捕获局部和全局结构模式；图自动编码器采用低秩图结构，通过无监督方法进行节点表示学习；图对抗方法采用对抗训练技术来增强基于图的模型的泛化能力，并通过对抗攻击来检验模型的鲁棒性。当前关于图深度学习的研究还包括动态图、图神经网络可解释性和鲁棒性等多个方面，未来还将会有许多新的图结构模型被提出。

14.5　本章小结

浪潮之下，必有沉浮。深度学习无疑掀起了一场技术革命，但在狂欢之后越来越多的人开始清醒地认识到“任重而道远”的现实。虽然目前仍然有很多深度学习模型被陆续提出，但这些模型越来越缺乏结构上的创新，转而追求复杂度和大模型。深度学习“端到端”的特性从一个被称赞的优点越来越成为研究人员的忧虑，不可解释性逐渐成为复杂深度学习模型的痛点。深度学习模型效果的好坏很大程度上取决于其在训练时所使用的数据，在实际应用的过程中会遇到很多挑战。

从更加宏观的视角来看，深度学习不过是人工智能发展史上的一个技术进步，人们离最初的梦想还很遥远。近年来一些学者提出“第三代人工智能”的概念，他们将 20 世纪 80 年代之前盛行的知识驱动的符号主义研究称为第一代人工智能，将 90 年代以来以深度学习为代表的连接主义研究称为第二代人工智能，并提出融合知识、数据、算法和算力四个要素，构建可解释的、鲁棒的第三代人工智能的发展思路。

习　题

1. 非线性激活函数的使用使得感知机模型实现了从只能解决线性问题到可以解决非线性问题的跨越。请通过查找资料，分别画出常用激活函数 ReLU、sigmoid 和 tanh 的函数图像（可以使用 python 等程序语言辅助画图）。

2. YOLO 是一个以快速和高泛化能力著称的使用深度神经网络的目标检测和分类系列算法，于 2016 IEEE CVPR 发布第一版（YOLO－v1）。YOLO－v1 的网络结构包含 24 个卷积层和两个全连接层，输入 448×448 的 RGB 图像并划分为 7×7 网格，输出 $7\times7\times30$ 的张量。在按某一任务训练好的 YOLO 网络上，其中一个卷积层发生了如下运算：

（1）输入的某通道 7×7 特征矩阵 $\boldsymbol{G}$；

（2）$\boldsymbol{G}$ 与其对应的 3×3 卷积核 $\boldsymbol{C}$ 进行卷积操作，步长为 2；

（3）卷积结果通过激活函数 Leaky ReLU；

（4）通过最大池化层（maxpool layer），采样核大小为 2×2，步长为 1；

其中：

$$\boldsymbol{G}=\begin{bmatrix}-1 & 1 & 2 & 0 & 1 & -1 & 2\\ 0 & 1 & -1 & 2 & 0 & 1 & -1\\ 1 & -1 & 0 & 2 & 0 & 2 & 1\\ -1 & -1 & 2 & 0 & 1 & -1 & 1\\ 1 & 1 & 2 & -1 & 0 & 0 & 2\\ 0 & 0 & 1 & -1 & -1 & 2 & 0\\ 2 & -1 & 1 & -1 & 1 & -1 & 2\end{bmatrix},\ \boldsymbol{C}=\begin{bmatrix}0 & -1 & 0\\ -1 & 5 & -1\\ 0 & -1 & 0\end{bmatrix}.$$

$$\text{Leaky ReLU}：\phi(x)=\begin{cases}x, & \text{if } x>0\\ 0.1x & \text{otherwise}\end{cases}.$$

请写出上述运算的结果及其计算过程。

3. 阐述深度学习技术在数据分析中的作用。

4. 除了本章中提到的应用领域外，深度学习还为哪些领域带来了变革？

5. 查找资料尝试回答：深度学习与强化学习有什么区别与联系？

参考答案请扫二维码查看

参考文献

［1］蔡正军，龚坚，刘飞. 板材优化下料的数学模型的研究［J］. 重庆大学学报：自然科学版，1996，19（2）：82－88.

［2］陈希孺，王松桂. 近代回归分析——原理方法及应用［M］. 合肥：安徽教育出版社，1987.

［3］方开泰. 实用多元统计分析［M］. 上海：华东师范大学出版社，1989.

［4］费史著，王福保（译）. 概率论及数理统计［M］. 上海：上海科学出版社，1978.

［5］高惠璇. 应用多元统计分析［M］. 北京：北京大学出版社，2005.

［6］郭愈强. 飞机租赁原理与实务操作［M］. 北京：中国经济出版社，2019.

［7］国际标准化组织，国际电工委员会. ISO/IEC 80000－13 Quantities and Units—Part 13：Information Science and Technology［S］. 2008.

［8］何晓群. 回归分析与经济数据建模［M］. 北京：中国人民大学出版社，1997.

［9］胡运权. 运筹学教程（第5版）［M］. 北京：清华大学出版社，2018.

［10］贾俊平，何晓群，金勇进. 应用统计学［M］. 北京：中国人民大学出版社，2008.

［11］李子奈，潘文卿. 计量经济学（第四版）［M］. 北京：高等教育出版社，2015.

［12］刘红岩. 商务智能方法与应用［M］. 北京：清华大学出版社，2013.

［13］刘建伟，宋志妍. 循环神经网络研究综述［J］. 控制与决策，2022，37（11）：2753－2768.

［14］刘金兰. 管理统计学［M］. 天津：天津大学出版社，2007.

［15］刘艳锋. 利用肯德尔和谐系数检验测量结果的可信度［J］. 新乡教育学院学报，2006（2）：95－96.

［16］马逢时，何良材，余书明，等. 应用概率统计（下册）［M］. 北京：高等教育出版社，1990.

［17］前瞻产业研究院. 2018－2023年中国数据中心IT基础设施第三方服务行业发展前景与投资预测分析报告［R/OL］. 2022－02－25.

［18］王静龙，梁小筠，王黎明. 数据、模型与决策［M］. 上海：复旦大学出版

社，2019.

［19］王耀星，于航，阎安．大数据技术在官方微信公众号运营中的应用［J］．新闻世界，2020（11）：56－59.

［20］王喆．深度学习推荐系统［M］．北京：电子工业出版社，2020.

［21］吴喜之，赵博娟．非参数统计（第4版）［M］．北京：中国统计出版社，2013.

［22］吴育华，杜纲．管理科学基础（第3版）［M］．天津：天津大学出版社，2009.

［23］吴育华，付永进．决策、对策与冲突分析［M］．海口：南方出版社，2001.

［24］吴育华，刘喜华，郭均鹏．经济管理中的数量方法［M］．北京：经济科学出版社，2008.

［25］伍德里奇．计量经济学导论：现代观点（第六版）［M］．北京：中国人民大学出版社，2018.

［26］谢金星，薛毅．优化建模与 LINDO/LINGO 软件［M］．北京：清华大学出版社，2005.

［27］杨保安，张科静．多目标决策分析理论、方法与应用研究［M］．上海：东华大学出版社．2008.

［28］叶于林，于继伟，刘显胜，周萌萌，吕志博．浅析大数据在新冠肺炎疫情防控中的应用［J］．科技视界，2020（22）：16－18.

［29］约翰逊，威克恩．实用多元统计分析（第6版）［M］．北京：清华大学出版社，2008.

［30］岳超缘．决策理论与方法［M］．北京：科学出版社，2003.

［31］运筹学教材编写组，运筹学（第4版）［M］．北京：清华大学出版社，2012.

［32］张钹，朱军，苏航．迈向第三代人工智能［J］．中国科学：信息科学，2020，50（9）：1281－1302.

［33］张铁强．JP 公司中小企业融资增信业务信用风险管理研究［D］．天津：天津大学，2021.

［34］张维迎．博弈论与信息经济学［M］．上海：上海人民出版社，2004.

［35］张晓冬，周晓光，李英姿．数据、模型与决策［M］．北京：清华大学出版社，2022.

［36］Andrew F S. Practical Business Statistics［M］. Burlington：Elsevier，2012.

［37］Aston Z，Zachary C L，Mu L，et al. Dive into Deep Learning［M/OL］. http：//www. d2l. ai/，2022. 08. 12.

［38］Bahdanau D，Cho K，Bengio Y. Neural Machine Translation by Jointly Learning to Align and Translate［C］. Bengio Y，LeCun Y（Eds. ）. Proceedings of the 3rd International

Conference on Learning Representations (ICLR'15). San Diego, USA, 2015.

[39] Bahga A, Madisetti V. Big Data Analytics A Hands - On Approach [M]. Johns Creek, GA, USA: VPT, 2019.

[40] Bengio Y, Courville A, Vincent P. Representation Learning: A Review and New Perspectives [J]. IEEE Transactions on Pattern Analysis and Machine Intelligence, 2013, 35 (8): 1798 - 1828.

[41] Chai J, Zeng H, Li A, et al. Deep Learning in Computer Vision: A Critical Review of Emerging Techniques and Application Scenarios [J]. Machine Learning with Applications, 2021, 6: 100134.

[42] Chatzimouratidis A I, Pilavachi P A. Technological, Economic and Sustainability Evaluation of Power Plants using the Analytic Hierarchy Process [J]. Energy Policy, 2009, 37 (3): 778 - 787.

[43] Chen W T, Huang K, Ardiansyah M N. A Mathematical Programming Model for Aircraft Leasing Decisions [J]. Journal of Air Transport Management, 2018, 69: 15 - 25.

[44] Dor B, Noam K, Raja G. Autoencoders. 2020.

[45] Eiselt H A, Sandblom C L, Operations Research, A Model - Based Approach (Third Edition) [M]. Switzerland: Springer Nature, 2022.

[46] Gross J L, Yellen J, Anderson M. Graph Theory and Its Applications (Third Edition) [M]. Florida: CRC Press, 2019.

[47] Hastie T, Tibshirani R, Friedman J. The Elements of Statistical Learning: Data Mining, Inference, and Prediction (2nd Ed) [M]. New York: Springer, 2009.

[48] Henning M A, van Vuuren J H. Graph and Network Theory, An Applied Approach using Mathematica [M]. Switzerland: Springer Nature, 2022.

[49] Hillier F S, Lieberman G J. Introduction to Operations Research (Tenth Edition) [M]. New York: McGraw - Hill, 2015.

[50] Hinton G E, Salakhutdinov R R. Reducing the Dimensionality of Data with Neural Networks [J]. Science, 2006, 313 (5786): 504 - 507.

[51] Hinton G E. Learning Multiple Layers of Representation [J]. Trends in Cognitive Sciences, 2007, 11 (10): 428 - 434.

[52] https: //bg. qianzhan. com/report/detail/47b592cd9bcd484c. html.

[53] James G, Witten D, et al. An Introduction to Statistical Learning [M]. New York: Springer, 2013.

[54] LeCun Y, Bengio Y, Hinton G. Deep learning [J]. Nature, 2015, 521 (7553): 436 - 444.

[55] Li D and Dong Y. Deep learning: Methods and applications [M]. Foundations and

Trends in Signal Processing, 7 (3 -4): 197 -387, 2014. ISSN 1932 -8346.

[56] Lingfei W, Peng C, Jian P, Liang Z. Graph Neural Networks: Foundations, Frontiers, and Applications [M]. Singapore: Springer Nature, 2022.

[57] Long C, Talbot K. Data Science and Big Data Analytics Discovering, Analyzing, Visualizing and Presenting Data [M]. Indianapolis, IN: John Wiley & Sons, 2015.

[58] Newbold P, Carlson W L et al. Statistics for Business and Economics [M]. Harlow: Pearson, 2013.

[59] Otter D W, Medina J R, Kalita J K. A Survey of the Usages of Deep Learning for Natural Language Processing [J]. IEEE Transactions on Neural Networks and Learning Systems, 2020, 32 (2): 604 -624.

[60] R Core Team, R: A Language and Environment for Statistical Computing. R Foundation for Statistical Computing, http: // www. R - project. org/, Vienna, Austria. 2015.

[61] Render B, Stair JR R M, Hanna M E, et al. Quantitative Analysis for Management (Thirteenth edition) [M]. New York: Pearson Education Limited, 2018.

[62] Rosenblatt F. The Perceptron: A Probabilistic Model for Information Storage and Organization in the Brain [J]. Psychological Review, 1958, 65 (6): 386 -408.

[63] Taha H A. Operations Research: An Introduction (Tenth Edition) [M]. Edinburgh Gate: Pearson Education Limited, 2017.

[64] Vaswani A, Shazeer N, Parmar N, et al. Attention is All You Need [J]. Advances in Neural Information Processing Systems, 2017, 30: 6000 -6010.

[65] Voulodimos A, Doulamis N, Doulamis A, et al. Deep Learning for Computer Vision: A Brief Review [J]. Computational Intelligence and Neuroscience, 2018.

[66] Xie Z, Sun Y, Ye Y, et al. Randomized Controlled Trial for Time - restricted Eating in Healthy Volunteers without Obesity [J]. Nature Communications, 2022, 13 (1): 1 -10.